ELEMENTOS DE ENGENHARIA HIDRÁULICA E SANITÁRIA

Blucher

LUCAS NOGUEIRA GARCEZ
Professor Catedrático da Escola Politécnica da Universidade de São Paulo

ELEMENTOS DE ENGENHARIA HIDRÁULICA E SANITÁRIA

2.ª EDIÇÃO

Elementos de engenharia hidráulica e sanitária
© 1976 Lucas Nogueira Garcez
2ª edição - 1976
15ª reimpressão - 2019
Editora Edgard Blücher Ltda.

Blucher

Rua Pedroso Alvarenga, 1245, 4º andar
04531-934 - São Paulo - SP - Brasil
Tel.: 55 11 3078-5366
contato@blucher.com.br
www.blucher.com.br

Dados Internacionais de Catalogação na Publicação (CIP)
(Câmara Brasileira do Livro, SP, Brasil)

Garcez, Lucas Nogueira

G196e Elementos de engenharia hidráulica e sanitária / Lucas Nogueira Garcez - 2. ed. - São Paulo : Blucher, 1976.

p. ilust.
Bibliografia.
ISBN 978-85-212-0185-4

1. Engenharia hidráulica 2. Engenharia sanitária I. Título.

76-0428 CDD-627
-628

Índices para catálogo sistemático:

1. Engenharia hidráulica 627
2. Engenharia sanitária 628

INDICE

1.0.0. — HIDROLOGIA

1.1.0. — GENERALIDADES E DEFINIÇÃO

Hidrologia é a ciência que trata das propriedades, distribuição e comportamento da água na natureza.

É ciência básica para todos os campos da Engenharia Hidráulica.

O estudo da Hidrologia pode ser dividido em três ramos, os quais, tratam da água nas suas diferentes formas de ocorrência: acima, sôbre e abaixo da superfície da terra:

a) água atmosférica;
b) água superficial;
c) água sub-superficial.

Água atmosférica — Em sua relação com a atmosfera a Hidrologia estuda as chuvas e outras formas de precipitações, suas causas, origens, ocorrência, magnitude, distribuição e variação; é o ramo da meteorologia que compreende todos os fenômenos atmosféricos ligados à água (Hidrometeorologia).

Água superficial — Deflúvio de cursos d'água, lagos e reservatórios, origem e comportamento das águas superficiais.

A Hidrologia das águas superficiais inclui:

— reologia — águas correntes: ribeirões e rios;
— limnologia — reservatórios de água fresca, lagos;
— oceanografia — oceanos e mares.

Êste ramo da Hidrologia chama-se também Hidrografia. A expressão limnologia é usada, às vêzes, em sentido lato, como sinônimo de Hidrografia.

Água subsuperficial — Comumente chamada, água subterrânea; considera a origem, natureza e ocorrência da água subsuperficial, a infiltração da água no solo, sua passagem ou percolação através o solo e a sua saída do solo.

1.2.0. — O CICLO HIDROLÓGICO

Precipitação, escoamento subterrâneo, deflúvio e evaporação são os estágios do ciclo hidrológico. (Fig. 1.1).

Da água precipitada, parte cai diretamente sôbre as superfícies líquidas, parte escôa pela superfície do solo até os rios, ou até os lagos e reservatórios ou até o oceano; parte retorna imediatamente à atmosfera por evaporação das superfícies líquidas, do terreno e das plantas e parte escôa no interior do solo.

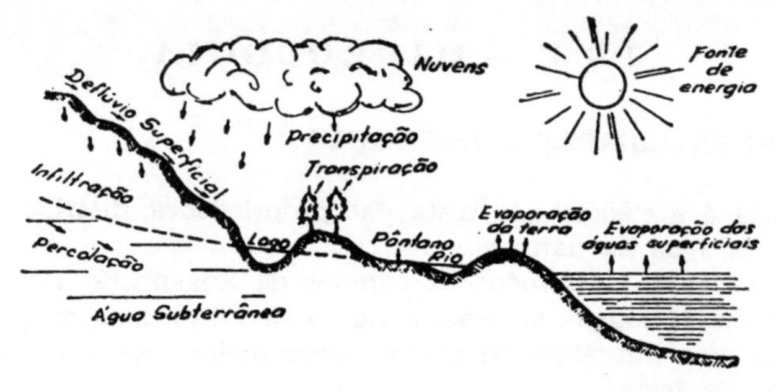

FIG. 1.1

Uma fração da água que iniciou a infiltração retorna à superfície do solo por capilaridade, por evaporação, ou é absorvida pelas raízes dos vegetais e após transpirada. O remanescente da água infiltrada constitui a água subterrânea; parte dela é descarregada à superfície da terra sob a forma de fontes.

A água em escoamento nos cursos de água é conhecida como *deflúvio* (runoff) e provém seja diretamente da precipitação por escoamento superficial seja indiretamente (principalmente nas épocas de estiagem) de lagos e reservatórios e de ressurgimento da água subterrânea.

A evaporação e a precipitação são as fôrças condutoras no ciclo hidrológico, com a irradiação solar como a principal fonte de energia.

1.3.0. — PRECIPITAÇÕES ATMOSFÉRICAS

1.3.1. — *Origem das precipitações.*

A condensação do vapor d'água atmosférico, conseqüência de seu resfriamento ao ponto de saturação, pode ocorrer quando as massas de ar se resfriam:

— devido à ação frontal de outras correntes eólicas;
— devido à presença de topografia abrupta;
— devido à fenômenos de convecção térmica;
— devido à combinação dessas causas.

Existem em decorrência três tipos principais de precipitação:

— tipo frontal;
— tipo orográfico;
— tipo de convecção térmica.

Normalmente entre nós as precipitações se apresentam em forma de chuva, mas se o resfriamento atinge o ponto de congelação pode ocorrer a queda de granizo ou de neve.

Se as partículas condensadas, muito finas, mantêm-se em suspensão junto à superfície do solo ocorre o nevoeiro.

1.3.2. — *Grandezas características de uma precipitação.*

a) *Altura pluviométrica* — h — quantidade de água precipitada por unidade de área horizontal, medida pela altura que a água atingiria se se mantivesse no local sem se evaporar, escoar ou infiltrar. A altura pluviométrica é geralmente medida em mm.

b) *Duração* — t — intervalo de tempo decorrido entre o instante em que se iniciou a precipitação e o instante em que ela cessou; medida geralmente em minutos.

c) *Intensidade* — i — é a celeridade de precipitação; pode ser medida em mm/minuto, mm/hora ou 1/seg/Ha.

d) *Freqüência* — número de ocorrências de uma dada precipitação (h, t), no decorrer de um intervalo de tempo fixado.

A freqüência de uma precipitação pode também ser definida pelo *período de ocorrência* — intervalo de tempo em que uma dada precipitação (h, t) pode ser igualada ou ultrapassada ao menos uma vez.

1.3.3. — *Aspectos gerais da ocorrência e distribuição das chuvas.*

O confronto de registros de dados estatísticos relativos às precipitações evidencia;

a) cada chuva pode ter freqüência de precipitação muito diversa de uma região para outra;

b) duas regiões distintas podem ter a mesma altura pluviométrica média anual, embora as distribuições estacionais das chuvas sejam bastante diferentes;

c) para u'a mesma região, as alturas pluviométricas de um dado intervalo de tempo desviam-se em relação a seu valor médio, de quantidades maiores, à medida que se consideram intervalos de tempo menores;

d) para u'a mesma freqüência de precipitação, na mesma região, a intensidade média diminui à medida que se consideram durações maiores;

e) para u'a mesma freqüência de precipitação e mesma duração, a intensidade média diminui à medida que se consideram áreas maiores na região de observação;

— as chuvas do tipo frontal e orográfico abrangem áreas extensas; são, quase sempre, de intensidade moderada e podem perdurar por vários dias;

— a êsses dois tipos de precipitação estão associados problemas do contrôle das enchentes, aproveitamento hidroelétrico, drenagem, irrigação, navegação, etc.;

— os grandes temporais, caracterizados pela alta intensidade de precipitação, são geralmente originados por convecção térmica, têm curta duração e abrangem áreas limitadas; para essas chuvas é que se dimensionam as galerias de águas pluviais.

1.3.4. — *Coleta de dados. Aparelhos medidores.*

A coleta de dados é feita por aparelhos medidores que se classificam em duas categorias: pluviômetros e pluviógrafos. Os primeiros permitem a coleta das alturas pluviométricas e os últimos das alturas pluviométricas e das durações, simultâneamente.

a) *Pluviômetro* — O usado pelo Serviço Metereológico de São Paulo compõe-se de (Fig. 1.2):

— um reservatório cilíndrico de 256,5 mm de diâmetro e 40 cm de altura, capacidade de 20 litros, terminado por parte cônica munida de uma torneira para a retirada da água.

— um receptor cônico de borda circular com bôca de 252,4 mm, de diâmetro em aresta viva, sobrepondo-se ao reservatório. É a parte mais delicada e importante do aparelho.

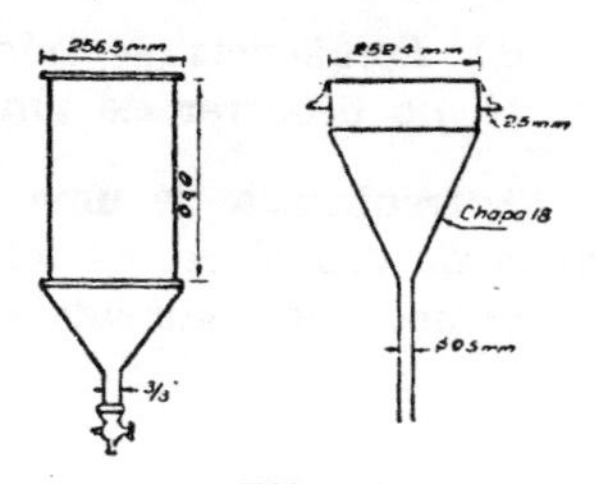

FIG. 1.2

A área de exposição do pluviômetro é de 500 cm². Para a determinação da altura pluviométrica há uma proveta de vidro graduada em escala cuja ménor divisão representa 0,1 mm, no interior da qual se verte a água recolhida pelo pluviômetro.

b) *Pluviógrafos* — são aparelhos registradores, dotados de um mecanismo de relojoaria que imprime um movimento de rotação a um cilindro, no qual existe um papel graduado onde a ponta de um estilete traça uma curva que irá permitir a determinação de h e de t.

1.3.5. — *Análise dos dados. Apresentação dos resultados. Interpretação e previsão da distribuição das precipitações.*

Os dados colhidos no campo devem ser imediatamente submetidos a um tratamento estatístico preliminar, compreendendo:

a) Tabulação;

b) Introdução de correções correspondente a erros sistemáticos;

c) Análise e interpretação da independência entre os dados fornecidos por estações vizinhas;

d) Análise e interpretação da homogeneidade dos dados obtidos em cada estação.

Os dados finais de observação são apresentados em boletins periódicos pluviométricos e pluviográficos.

Admitida a validade das séries obtidas, passa-se ao estudo da *distribuição das precipitações*, que é geralmente analisada segundo três categorias:

a) *Distribuição Geográfica* — Distribuição das alturas pluviométricas sôbre a superfície de um país, região ou bacia hidrográfica; representação gráfica por meio de *curvas isoietas.*

I) Distribuição das médias das precipitações anuais, mensais, sazonais e diárias.

II) Distribuição das alturas pluviométricas das chuvas de determinadas durações e freqüências prováveis.

a) *Seriação histórica e distribuição de freqüências relativamente à ocorrência de precipitação em intervalos de tempo fixados.*

I) Distribuição das alturas pluviométricas anuais, mensais, sazonais ou diárias, em um ponto de uma área limitada.

Estudo das:

tendências seculares

variações cíclicas

variações acidentais ou casuais

II) Distribuição da freqüência de dias chuvosos em cada ano, mês ou estação, em um ponto ou em uma área limitada.

c) *Curvas de intensidade — duração — freqüência das chuvas em um ponto ou em uma área limitada.*

I) Nos estudos de precipitação que mais freqüentemente se deva esperar em um dado local — estimativa do valor central.

II) Grau de dispersão das precipitações superiores ou inferiores ao valor central e a probabilidade de ocorrência dessas precipitações.

III) Correlação entre as quantidades de águas precipitadas e as quantidades de águas ocorrentes em fases subseqüentes do ciclo hidrológico, em particular, estudo da correlação precipitação-deflúvio.

— O projeto econômico de grande número de obras hidráulicas está diretamente ligado à solução dêstes problemas.

— A análise estatística das distribuições observadas sugere a formulação de hipóteses sôbre a lei de distribuição do fenômeno correspondente. A mesma análise dispõe de meios para a verificação da validade das hipóteses formuladas recorrendo aos chamados testes de aderência.

1.4.0. — EVAPORAÇÃO

1.4.1. — *Ocorrência.*

a) Evaporação na superfície das águas:

— reservatórios de acumulação
— oceanos e mares
— lagos
— rios.

b) Evaporação da superfície do solo;

c) Transpiração das plantas:

— evaporação de águas resultante das atividades biológicas dos vegetais.

1.4.2. — *Grandezas características.*

a) *Perdas por evaporação* — Quantidade de água evaporada por unidade de superfície horizontal durante um fixado intervalo de tempo; usualmente é medida pela altura que se evaporou, e expressa em milímetros.

b) *Intensidade de evaporação* — Celeridade com que se processam perdas por evaporação, expressa geralmente em mm/hora ou mm/dia.

1.4.3. — *Fatôres intervenientes.*

a) *Gráu de unidade relativa do ar atmosférico* — relação entre a quantidade de vapor d'água presente e a quantidade de vapor d'água que o mesmo volume de ar conteria se estivesse saturado, expresso em porcentagem.

Quanto maior o gráu de umidade, menor a intensidade de evaporação; o fenômeno é regulado pela lei de Dalton:

$$E = C(p_o - p_a)$$

onde:

E = intensidade de evaporação.

C = constante que depende de outros fatôres intervenientes na evaporação.

p_o = pressão de saturação do ar à temperatura da água.

p_a = pressão do vapor d'água no ar atmosférico.

b) *Temperatura* — Um aumento de temperatura iflui favoràvelmente na intensidade de evaporação, porque torna maior a quantidade de vapor d'água que pode estar presente no mesmo volume de ar, ao se atingir o gráu de saturação dêste. Para cada 10° C de elevação de temperatura, a pressão do vapor d'água de saturação torna-se aproximadamente o dôbro.

c) *Irradiação solar* — insolação — o calor radiante fornecido pelo sol para o fenômeno de evaporação, constitui uma energia motora para o próprio ciclo hidrológico.

d) *Vento* — intervém ativamente no fenômeno da evaporação, aumentando a intensidade desta ao afastar as massas de ar que já tenham gráu elevado de humidade.

e) *Pressão barométrica* — A intensidade da evaporação é maior em elevadas altitudes; a influência, entretanto, é discreta.

f) *Salinidade da água* — A intensidade de evaporação reduz-se com o aumento de teor de sal na água. Em igualdade de condições, há uma diminuição de 2% a 3% ao se passar da água doce para a água do mar.

g) *Evaporação na superfície do solo* — Depende dos fatôres acima e também do solo e do gráu de umidade dêste. Em solos arenosos saturados, a intensidade de evaporação pode igualar ou exceder a referente à superfície das águas. A evaporação no solo diminui com o sombreamento pela vegetação, mas geralmente a transpiração sobrepuja essa diminuição, de modo que a cobertura com vegetação, via de regra, aumenta as perdas totais.

h) *Transpiração* — As perdas de água para a atmosfera dependem também da espécie de vegetação e do estágio do desenvolvimento desta.

i) *Evaporação na superfície das águas* — É função também da profundidade da massa d'água; quanto maior a profundidade, mais acentuada é a diferença entre a temperatura da água e a do ar, devido à maior demora na homogeneização da temperatura dela.

1.4.4. — *Medida da evaporação.*

a) *Evaporação na superfície das águas* — Usam-se recipientes achatados, em forma de bandeja, de secção circular ou quadrada; êsses recipientes cheios de água até certa altura, são instalados sôbre o terreno, próximo à massa de água cuja evaporação se quer medir ou sôbre a própria massa de água (medidores flutuadores).

— *Dimensões usuais*

— diâmetro do círculo ou lado do quadrado: de 0,90 a 2,00 m

— altura do recipiente: 0,25 a 1,00 m

— altura livre do recipiente sôbre a superfície da água: 0,05 a 0 10 m

— *Acessórios*

— Aparelhos para a determinação concomitante de: temperatura, precipitação, vento e umidade.

— *Dificuldades*

— A evaporação é apreciàvelmente afetada pela forma e dimensões do aparelho, disposição ou colocação dos mesmos, submersos parcialmente na água ou assentes no terreno.

— Precisa-se estudar a correlação dos resultados fornecidos pelos diversos tipos de medidores.

— Há ainda a possibilidade da formação de película de poeira ou de óleo devida à secreção de insetos, à perda de água causada por passáros que venham a se banhar no recipiente e o sombreamento parcial ocasionado por dispositivos de proteção contra pássaros.

b) *Evaporação na superfície do solo* — Usam-se recipientes nos quais a amostra do solo é assente sôbre um leito de areia e cascalho; a êsse leito é continuamente administrada uma certa quantidade de água, devidamente medida, em substituição àquela que se perde por evaporação.

Para um solo que contenha vegetação, procede-se anàlogamente, porém, adotando-se u'a amostra de tal tipo. É um processo aplicável para vegetação de raízes curtas.

— *Dificuldades:*

— Além das anteriores, a derivada das diferenças entre as condições naturais existentes no solo e as do recipiente de medida.

c) *Transpiração* — Usa-se um recipiente estanque, contendo terra em quantidade suficiente para nutrir a planta em estudo; êsse recipiente é provido de uma cobertura especialmente destinada a impedir que dêle se desprenda água, a não ser por transpiração; por um dispositivo pode-se oportunamente administrar água à amostra.

1.4.5. — *Análise dos dados. Apresentação dos resultados.*

Previsão das perdas por evaporação.

a) Os dados colhidos são submetidos ao mesmo tratamento preliminar indicado em 1.3.5.

b) Apresentação dos resultados sob a forma de tabelas da "evaporação registrada nos recipientes medidores". Os resultados devem vir acompanhados de indicações sôbre os medidores, para o estudo das correlações;

c) Traçado de curvas de iguais perdas médias, diárias, mensais, sazonais e anuais;

d) Estimativa da perda por evaporação que se deva esperar em uma dada área, em determinado intervalo de tempo: êste problema é resolvido pela análise estatística;

e) *Fórmulas empíricas* — A maioria das fórmulas baseia-se na lei de Dalton, determinando-se experimentalmente o coeficiente C.

Exemplos:

Fórmula de Rohwer, do Bureau of Agricultural Engineering, 1931.

Fórmula de Meyer — Minnesota Resources Commission.

f) *Fórmulas baseadas na estimativa das transformações de energia* — Tem sido tentada a determinação das perdas por evaporação, medindo-se a quantidade do calor radiante recebida do sol e atribuindo-se, à evaporação, o consumo da quantidade de calor não utilizada em outras transformações suscetíveis de medição.

Deve-se observar que a evaporação é a parte preponderante dentre aquelas em que se subdivide a água precipitada, representando, em média, 60 a 70%.

1.5.0. — INFILTRAÇÃO. ÁGUAS SUBTERRÂNEAS

1.5.1. — *Ocorrência.*

a) *Fase de intercâmbio* — ocorre nas camadas superficiais do terreno, em virtude da aspiração capilar ou da utilização da água pelas plantas.

b) *Fase de descida* — quando a ação da gravidade supera a da capilaridade, há o escoamento descendente da água até atingir uma camada impermeável.

c) *Fase de circulação* — saturado o solo, formam-se os lençóis subterrâneos; a água escoa devido à declividade das camadas impermeáveis, sujeita à ação da gravidade.

d) O limite superior dos lençóis não é uma superfície bem delimitada, mas sim forma-se uma verdadeira *franja* — ocasionada pela ação da capilaridade.

e) As camadas de terreno em que se dão as fases de intercâmbio e descida (incluindo a franja de ascenção por capilaridade) são denominadas zonas de *aeração;* aquela em que se desenvolve a fase de circulação é a zona de saturação.

1.5.2. — *Grandezas características.*

a) *Capacidade de infiltração* — Quantidade máxima de água que um solo, em condições pré-estabelecidas, pode absorver por unidade de superfície horizontal, durante a unidade de tempo. Pode ser medida pela altura de água que se infiltrou, expressa em mm/hora e é uma grandeza que caracteriza o fenômeno da infiltração em suas fases de intercâmbio e de descida.

b) *Distribuição granulométrica* — é a distribuição das partículas constitutivas dos solos granulares, em função das dimensões das mesmas. Costuma ser representada gràficamente pela *curva de distribuição granulométrica;* em abscissas figuram, em mm, em escala logarítmica, os tamanhos D das partículas granulares (aberturas de penêiras) e, em ordenadas, as percentagens acumuladas P, das quantidades (em pêso) de grãos de tamanhos menores que aquêles denotados pelas correspondentes abscissas D.

Diâmetro efetivo — é o tamanho D_{10} igual à dimensão de u'a malha (em mm) que deixa passar 10% em pêso do material em exame.

Coeficiente de uniformidade — relação entre o tamanho *D* de u'a malha que deixa passar 60% do material em exame e o diâmetro efetivo: D_{60}/D_{10}.

c) *Porosidade de um solo* — relação entre o volume de vazios e o volume total do solo; geralmente expressa em percentagem.

d) *Velocidade de filtração* — velocidade média fictícia de escoamento da água através um solo saturado, considerando-se como secção de escoamento, não apenas a soma das secções dos interstícios, mas sim tôda a superfície presente. Numèricamente, é igual à quantidade de água que passa através da umidade de superfície de material filtrante, durante a unidade de tempo. É expressa em m/seg ou m/dia ou em m^3/m^2 dia.

e) *Coeficiente de permeabilidade* — É a velocidade de filtração da água em um solo saturado, quando se tem um escoamento com perda de carga unitária a uma certa temperatura. Êsse coeficiente mede a facilidade maior ou menor que cada solo, quando saturado, oferece ao escoamento da água através de seus interstícios. Êle é expresso em m/dia, cm/seg, m^3/m^2 dia.

f) *Suprimento específico* — quantidade máxima de água que se pode obter de um solo saturado, por meio de drenagem natural. Geralmente é expresso em percentagem do volume de solo saturado.

g) *Retenção específica* — quantidade de água que fica retida (por adesão e capilaridade) no solo, após ser êste submetido a um máximo de drenagem natural. É expressa em percentagem do volume de solo saturado.

1.5.3. — *Capacidade de infiltração. Fatôres intervenientes.*

a) *Tipo de solo* — Quanto maior a porosidade, o tamanho das partículas ou o estado de fissuração, maior a capacidade de infiltração. Geralmente as características presentes numa camada superficial de 1 cm aproximadamente são as que mais influem nessa capacidade.

Os tipos de solo variam entre limites amplos.

À título de exemplo apresentamos a classificação proposta em 1931 pelo M. I. T.:

— argilas — diâmetro das partículas: $D < 0{,}002$ mm

— siltes — diâmetro das partículas: $0{,}002 < D < 0{,}06$ mm

— arêias — diâmetro das partículas: $0{,}06 < D < 2{,}00$ mm

— pedregulhos — diâmetro das partículas: $D > 2{,}00$ mm.

b) *Cobertura do solo por vegetação* — Aumenta mais ou menos a capacidade de infiltração, dependendo da espécie e estágio de desenvolvimento da vegetação.

c) *Presença de substâncias coloidais* — Os solos de granulometria muto fina contêm partículas coloidais que molhadas, entumescem, reduzindo os interstícios de infiltração da água.

d) *Gráu de umidade do solo* — Parcela considerável das águas precipitadas em solo sêco pode ser absorvida pelo mesmo, em conseqüência da adesão e capilaridade.

e) *Efeitos da precipitação atmosférica sôbre a superfície* — Segundo Horton, a curva de variação da capacidade de infiltração durante uma chuva é

$$f = f_c + (f_o - f_c)\, e^{-Ft}$$

onde:

f = capacidade de infiltração no instante t
f_c = capacidade de infiltração final
f_o = capacidade de infiltração inicial
F = constante
t = duração da precipitação.

f) *Influência de outros fatôres*:

— ação de animais que escavam o terreno;
— presença de ar nas camadas inferiores e necessidade de expulsão do mesmo, pela água de infiltração;
— temperatura da água — influindo através da viscosidade.

1.5.4. — *Determinação da capacidade de infiltração.*

a) *Infiltrômetro com aplicação de água por inundação* — Usam-se tubos curtos de 9″ a 36″ de diâmetro, cravados verticalmente no solo, de modo a restar uma pequena altura livre sôbre êste; a água é aplicada na superfície delimitada pelo tubo, com uma vazão suficiente para manter, sôbre o terreno, uma carga pré-estabelecida e constante — geralmente — 1/4″.

A capacidade de infiltração em um dado instante, é obtida pela relação entre a vazão de admissão da água e a área de secção do tubo.

b) *Infiltrômetro com aplicação de água por aspersão* — adotado tendo em vista a reprodução da ação de impacto das precipitações atmosféricas sôbre a superfície do solo.

Delimitam-se áreas de aplicação da água, de forma retangular com lados variando de 0,30 m até 3,00 m. A água é aplicada por meio de tubos aspersores horizontais, com movimento rotativo ou não. Por meio de aberturas laterais, eflue a água do escoamento superficial, cuja vazão é medida.

A capacidade de infiltração de um dado instante é medida pela diferença entre as vazões de admissão e de efluência superficial, dividida pela área de aplicação.

1.5.5. — *Análise dos dados. Interpretações de resultados. Aplicações práticas.*

Os dados sôbre infiltração devem ser obtidos e analisados tendo em vista os seguintes objetivos principais:

a) Estudo da variação da capacidade de infiltração dos diversos tipos de condições de solo;

b) determinação da capacidade de infiltração média dos diversos tipos de condições de solo;

c) determinação da capacidade de infiltração média de bacias hidrográficas.

1.5.6. — *Problemas resolvidos com o conhecimento dos dados de infiltração.*

I — *Captação de águas subterrâneas*:

a) Escolha do tipo de captação: poços freáticos, poços profundos, galerias de infiltração.

b) projeto de captação: profundidade, diâmetro e afastamento dos poços, filtros e crivos, bombas, etc.

c) construção e ensaio.

II — *Drenagem do terreno*

a) Escolha do sistema: canais a céu aberto, galerias, poços;

b) Projeto.

III — *Conservação dos lençóis subterrâneos.*

IV — *Projeto de barragens*:

a) Infiltração sob ou através o corpo da barragem;

b) Sôbre-pressões sôbre as fundações do massiço.

VELOCIDADES MÉDIAS EFETIVAS EM MATERIAIS GRANULARES NATURAIS (mm/seg).

TIPO DO MATERIAL	DIÂMETRO DOS GRÃOS (mm)	VELOCIDADES MÉDIAS EFETIVAS	
		J = 1%	J = 100%
Siltes, areia fina, loess	0,005 a 0,25	0,00023	0,23
Areia média	0,25 a 0,50	0,0041	0,41
Areia grossa	0,50 a 2,00	0,022	2,2
Cascalho	2,00 a 10,00	0,106	10,6
Velocidade Máx. em Cascalho	Diâm. efet. = 1,85	0,388	38,8

1.6.0. — ESCOAMENTO SUPERFICIAL. DEFLÚVIO

1.6.1. — *Ocorrência.*

a) *Tipos de cursos d'água* — enxurradas ou torrentes, córregos, rios, lagos e reservatórios de acumulação.

b) *Origem dos cursos d'água* — têm origem, fundamentalmente, nas precipitações atmosféricas. Êstes dão ocorrência a escoamentos superficiais ao se encaminharem, no ciclo hidrológico, através de um dos percursos:

1. escoamento direto pela superfície;

2. infiltração no solo, circulação sob forma de águas subterrâneas e emergência ou afloramento à superfície.

1.6.2. — *Grandezas características.*

a) *Vazões ou descargas em uma secção* de um curso de água:

1. vazões normais ou ordinárias;

2. vazões de inundação ou de enchentes;

3. contribuição unitária: contribuição média que cada unidade de superfície de bacia fornece, na unidade de tempo, para a descarga que passa numa secção, é portanto, a relação entre a descarga e a área da bacia.

b) *Freqüência de uma descarga* em uma secção de um curso d'água é o número de ocorrências da mesma no decorrer de um intervalo de tempo fixado.

c) *Bacia hidrográfica* — relativa a uma secção de um curso d'água — área geográfica, na qual as águas precipitadas afluem à secção considerada.

d) *Coeficiente de escoamento superficial* (ou de deflúvio), relativo a uma secção de um curso de água: Relação entre quantidade de água total escoada pela secção e a quantidade total de água precipitada na bacia de contribuição da secção considerada. O coeficiente pode se referir à uma dada precipitação ou a tôdas as precipitações ocorridas em um fixado intervalo de tempo (mês, estação, ano).

e) *Tempo de concentração* — Tempo necessário para que, a partir do início de uma dada chuva, tôda a bacia passe a contribuir na secção em estudo.

1.6.3. — *Fatôres intervenientes no deflúvio.*

a) *Fatôres que afetam a quantidade de água precipitada.*

1. Quantidade de vapor d'água; existência de grandes superfícies expostas à evaporação, nas proximidades.

2. Condições meteorológicas e topográficas favoráveis à evaporação, à movimentação das massas de ar e à condensação do vapor d'água, tais como temperatura, ventos, pressão barométrica e acidentes topográficos.

b) *Fatôres que afetam o afluxo da água precipitada à secção em estudo.*

1. Área da bacia de contribuição.

2. Conformação topográfica da bacia: declividade, depressões, etc.

3. Condições de superfície do solo e constituição geológica do sub-solo.

— existência de vegetação

— capacidade de infiltração no solo

— natureza e disposição das camadas geológicas: tipos de rochas, condições de escoamento da água através das rochas: coeficiente de permeabilidade, estado de fissuração, situação dos lençóis subterrâneos.

1.6.4. — *Obras de utilização e contrôle da água à montante da secção:*

— irrigação ou drenagem de terrenos

— canalização e retificação de cursos de água

— subtração da água à bacia por captação e recalque para outra bacia

— recebimento de água de outras bacias

— detenção da água por represamento para regularização.

De um modo geral, em um curso d'água, as outras condições sendo as mesmas:

1. A descarga anual aumenta com o crescer da área da bacia de contribuição que se considere.

2. Em uma dada secção, as variações das vazões instantâneas são tanto maiores quanto menor a área de contribuição.

3. As vazões máximas instantâneas (ou as vazões de inundação) em uma secção dependerão da ocorrência de precipitações atmosféricas tanto mais intensas quanto menor fôr a área da bacia de contribuição; à medida que se considerem bacias de contribuição maiores, as chuvas causadoras de inundações mais graves são aquelas de intensidades mais moderadas, porém de duração e área de precipitação maiores.

4. Para uma mesma área de contribuição, as variações das vazões instantâneas serão tanto maiores e dependerão tanto mais das chuvas de grande intensidade quanto menor fôr o tempo de concentração, isto é,

— quanto maior fôr a declividade do terreno

— menores forem as depressões detentoras e retentoras de água

— mais retilíneo fôr o traçado e maior a declividade do curso d'água

— menor fôr a parcela de infiltração

— menor fôr o recobrimento por vegetação.

5. O coeficiente de deflúvio relativo a uma dada precipitação será tanto maior quanto menores forem a capacidade de infiltração ao solo e os volumes de acumulação e retenção de água à montante da secção em estudo.

6. O coeficiente de deflúvio relativo a um longo intervalo de tempo (mês, estação, ano) depende, principalmente, das perdas por infiltração, evaporação e transpiração. Para certas naturezas e disposições de camadas geológicas, a maior capacidade de infiltração poderá ser um fator favorável ao aumento do coeficiente de deflúvio.

1.6.5. — *Coleta e análise dos dados de observação — Apresentação dos resultados.*

a) Os dados de observação sôbre deflúvio referem-se sistemàticamente a bacias hidrográficas.

b) As observações são realizadas por meio da conjugação de dois serviços:

1. Estações fluviométricas ou hidrométricas: instalações medidoras de vazão, assentes em várias secções dos principais cursos d'água existentes na bacia hidrográfica.

2. Estações de observação das quantidades de água correlacionadas ao escoamento superficial ou deflúvio: postos pluviométricos ou pluviográficos, serviços de medição da evaporação e da infiltração.

c) Tratam-se de serviços de grande amplitude, geralmente sob a responsabilidade estatal, os quais complementam os seus elementos de observação com dados regionais ou locais.

d) Os pontos importantes de cada bacia hidrográfica vão sendo providos de instalações observadoras, segundo um critério de importância hidrológica e econômica.

e) Os serviços pluviométricos, compõem-se de duas partes:

— Trabalhos no campo

— Trabalhos no escritório.

f) O trabalho de campo compreende:

1. Inspeção "in loco" para a fixação do local definitivo da estação.

2. Construção e instalação de pôsto fluviométrico, e dos dispositivos de proteção e facilidade para o acesso:

— régua linimétrica (ou linígrafos-registradores)
— referências de nivelamento
— demarcação da secção de medição no curso d'água.
— levantamento topográfico e sondagem na secção de medição
— levantamento geológico das camadas superficiais.

3. Medição de descargas do curso d'água — molinetes.

4. Cometimento do serviço de operação local a pessoa idônea residente nas proximidades.

5. Cadastro detalhado do posto fluviométrico.

6. Conservação e inspeção periódica da estação fluviométrica.

g) O trabalho de escritório compreende:

1. Cálculo da tabela ou curva de funcionamento dos molinetes, mediante ensaios de aferição em laboratórios.

2. Cálculo e traçado da *curva de descarga* em cada secção de medição (correspondência entre alturas fluviométricas e vazões nas secções).

3. Recebimento dos registros das observações dos postos fluviométricos.

4. Correção de erros sistemáticos e acidentais.

5. Análise da homogeneidade dos dados.

6. Tabulação das descargas em cada estação.

7. Traçado dos fluviogramas ("hydrograph" da terminologia norte-americana: — curvas representativas das variações das descargas nas secções de um curso d'água, no decorrer do tempo.

8) Divulgação das observações catalogadas — boletins fluviométricos.

1.6.6. — *Estudos de previsão.*

As séries obtidas nos postos de observação constituem a base para a solução dos seguintes problemas:

1. Estimativa da vazão que mais freqüentemente se deva esperar em uma dada secção de um curso d'água (estimativa do valor central).

2. Estudo do gráu de dispersão das vazões superiores ou inferiores ao valor central e a probabilidade de sua ocorrência.

a) descargas mínimas

b) descargas máximas;

c) vazões das inundações.

3. Determinação das alturas fluviométricas e velocidades de escoamento correspondentes às referidas vazões.

4. Estudo da propagação das ondas de inundação, ao longo das secções de um curso d'água.

5. A determinação dos volumes de água disponível em uma dada secção, durante um fixado intervalo de tempo.

A solução de tais problemas é obtida através de:

1. Análise estatística da distribuição dos dados pluviométricos observados e indução estatística da lei de ocorrência do fenômeno.

2. Estudo estatístico da correlação entre as precipitações atmosféricas e os dados fluviométricos observados, para determinação dos correspondentes coeficientes de deflúvio.

3. Estudo das variações das vazões instantâneas e dos volumes totais disponíveis em função das perdas por evaporação e infiltração.

4. Análise comparativa dos fluviogramas obtidos em diferentes bacias hidrográficas ou em diferentes pontos de uma mesma bacia.

1.6.7. — *Exemplos de coeficientes de deflúvio.*

Rio	Local	Superfície da bacia Km²	Coef. de Deflúvio			Anos de observação
			Máx.	Min.	Méd.	
Itapanhaú	Alto da Serra-Santos	70	0,53	0,37	0,46	1928-1934
Bandeira	Franca	100	0,34	0,22	0,30	1930-1934
Sapucaí	Franca	4070	0,41	0,19	0,32	1931-1934
Esmeril	Franca	500	0,46	0,40	0,43	1930-1931

1.6.8. — *Exemplo de contribuição unitária* (*Vazão específica em L/seg./Km²*).

Rio	Superfície da bacia Km²	Vazão específica			Fonte
		Máxima	Mínima	Média	
Tietê	59.000	67,8	3,05	4,07	E. E. B.
Paraíba (até Campos)	55.800	90,0	4,50	—	Div. de Águas

1.6.9. — *Fórmulas empíricas para a previsão de enchentes.*

Cronològicamente, as mais antigas fórmulas são as devidas a Fuller (1913-1914), que estudou originàriamente as cheias do Rio Tohickon, nos E. U. A., num período de 25 anos. Foram consideradas sucessivamente a máxima enchente no período, depois a maior executada a máxima, a terceira em ordem de grandeza decrescente, etc., conforme o quadro da página seguinte.

Número da enchente em ordem de grandeza decrescente	Razão entre o valor da enchente e o valor da enchente média anual	Média das máximas	Tempo em anos
1	2,10	2,10	25
2	1,59	1,85	12,5
3	1,45	1,71	8,33
4	1,30	1,61	6,25
5	1,21	1,53	5
6	1,15	1,47	4,17
7	1,06	1,41	3,57
8	1,06	1,36	3,33
9	1,01	1,33	2,79
10	1,01	1,29	2,50

Na segunda coluna figuram as razões dos valores das máximas enchentes com o valor médio anual. Se em lugar do número relativo a segunda cheia colocarmos a média das duas maiores enchentes, do referente à terceira, a média das três maiores, e assim sucessivamente, teremos os valores da terceira coluna.

À máxima enchente corresponde uma freqüência de uma vez em 25 anos, à média das duas maiores faz-se corresponder uma freqüência de uma vez em 12,5 anos, etc.

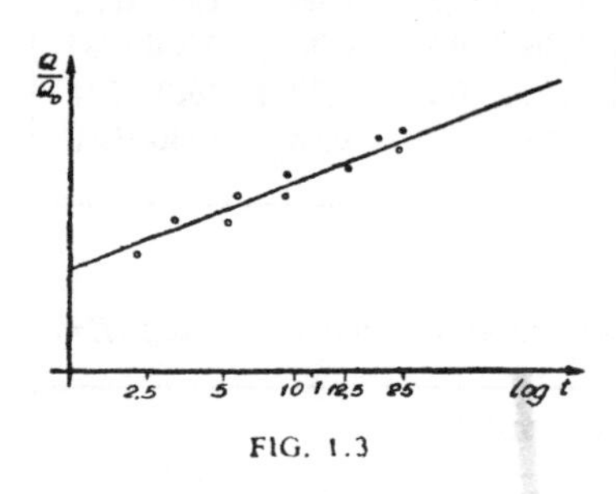

FIG. 1.3

Tomando como abscissas os logarítmos dos tempos e como ordenadas os valores das razões Q/Q_o observa-se que os pontos obtidos estão mais ou menos na reta de equação (Fig. 1.3):

$$Q = Q_o(1 + 0{,}75 \log t)$$

sendo:

Q_o = a média anual das vazões máximas, e

Q = a vazão máxima provável em t anos.

Depois de haver exposto êste caso particular, Fuller considerou conjuntamente os outros rios como se se tratasse de um único rio e sugeriu como expressão da vazão máxima provável, em t anos, a curva:

$$Q = Q_o (1 + 0{,}8 \log t) \qquad (1)$$

Por sua vez Q_o (média anual das máximas absolutas), depende, de acôrdo com Fuller, de Q_d (média anual das vazões máximas diárias) segundo a expressão:

$$Q_o = Q_d (1 + 2{,}66\, A^{-0,3}) \qquad (2)$$

sendo A a área da bacia em km^2, e Q_d, dependente da bacia contribuinte com a lei:

$$Q_d = C A^{0,8} \quad (3)$$

sendo C um coeficiente a determinar, caso por caso, com dados de observação disponíveis.

Substituindo (3) e (2) em (1):

$$Q = C A^{0,8} (1 + 2{,}66 A^{-0,3}) (1 + 0{,}8 \log t) \quad (4)$$

Críticas inúmeras foram feitas às fórmulas de Fuller, como por exemplo:

— a fórmula (3) é completamente empírica

— a fórmula (2) se choca com numerosos dados experimentais

— a fórmula (1) com a pretensão de exprimir, numa fórmula única, todos os cursos de água da terra, é dificilmente aceitável.

A experiência, contudo, tem demonstrado que fórmulas do tipo

$$Q = q_o + q_1 \log t \quad (5)$$

sendo q_o e q_1 constantes a determinar, caso por caso, com base nos valores observados, servem bem para determinar a vazão máxima provável em t anos.

Outras fórmulas empíricas têm surgido, como a de Foster (1924) que procurou determinar uma curva de probabilidade válida na distribuição das vazões, adotando, para isso, a curva tipo III de Pearson. As fórmulas obtidas não diferem muito de (5), mas com a vantagem conceitual sôbre o método de Fuller de indicar fórmula individual para cada curso d'água. Como a prática tem mostrado que os resultados obtidos não diferem muito dos do método de Fuller, é êste mais empregado por ser mais simples.

Para dar uma idéia da aplicação dos métodos estatísticos na previsão de vazões máximas, apresentamos um problema elucidativo.

PROBLEMA

Em um curso d'água que drena uma bacia hidrográfica de 1 120 km^2 são conhecidas as vazões máximas anuais num período de 22 anos (Quadro 1). Prever as vazões máximas que podem ser igualadas ou ultrapassadas uma única vez em 10, em 20, em 50, em 80, em 100, em 200, em 1000 anos:

1 — Pela fórmula empírica de Fuller

2 — Pelo método de Fuller

3 — Pelo método de Foster, usando-se a curva de probabilidades de Pearson — tipo III.

4 — Pelo método de Foster, usando-se a curva normal de probabilidade de Gauss.

5 — Determinar para a bacia hidrográfica o coeficiente α da fórmula empírica de Kresnik, adotando-se para o valor máximo da vazão, o valor correspondente à ocorrência de 1 vez em 1000 anos obtido pelo método de Foster, com o uso da curva III de Pearson.

QUADRO 1

Anos	Q_{max} (m^3/seg)	Anos	Q_{max} (m^3/seg)
1931	40,47	1942	75,95
1932	50,42	1943	32,33
1933	37,26	1944	38,50
1934	37,96	1945	28,41
1935	97,18	1946	55,10
1936	63,72	1947	48,60
1937	77,91	1948	43,69
1938	43,63	1949	10,70
1939	29,28	1950	54,83
1940	24,25	1951	55,79
1941	60,76	1952	27,57

1 — *Fórmula empírica de Fuller*

$Q = Q_o (1 + 0{,}8 \log t)$ na qual

Q_o = média anual das vazões máximas

Q = vazão máxima provável em t anos

$$Q_o = \frac{\Sigma Q_{max}}{n} = \frac{1034{,}31}{22} = 47{,}01 \text{ m}^3/\text{seg}$$

Para $t = 10 \therefore Q_{10} = 47{,}01 \times (10{,}8 \times 1\ \ ) = 84{,}60$ m³/seg.

Para $t = 20 \therefore Q_{20} = 47{,}01 \times (10{,}8 \times 1{,}30) = 95{,}90$ m³/seg.

Para $t = 50 \therefore Q_{50} = 47{,}01 \times (10{,}8 \times 1{,}70) = 110{,}80$ m³/seg.

Para $t = 80 \therefore Q_{80} = 47{,}01 \times (10{,}8 \times 1{,}90) = 118{,}40$ m³/seg.

Para $t = 100 \therefore Q_{100} = 47{,}01 \times (10{,}8 \times 2{,}00) = 112{,}10$ m³/seg.

Para $t = 200 \therefore Q_{200} = 47{,}01 \times (10{,}8 \times 2{,}30) = 134{,}50$ m³/seg.

Para $t = 1000 \therefore Q_{1000} = 47{,}01 \times (10{,}8 \times 3{,}00) = 159{,}70$ m³/seg.

2 — *Método de Fuller.* Do Quadro 1 extrai-se sucessivamente a máxima enchente no período, depois a maior, excetuada a máxima, a terceira, em ordem de grandeza decrescente. As razões dos valores das máximas enchentes para o valor médio anual (Q/Q_o) são os números que figuram na segunda coluna do Quadro 2.

QUADRO 2

N.° da enchente em ordem de grandeza decrescente	Razão Q/Q_o (2)	Média das máximas (3)	Tempo em anos (4)
1	2,06	2,06	22,00
2	1,65	1,85	11,00
3	1,61	1,77	7,33
4	1,35	1,67	5,50
5	1,29	1,59	4,50
6	1,19	1,53	3,67
7	1,17	1,47	3,14
8	1,16	1,44	2,75
9	1,07	1,39	2,44
10	1,03	1,36	2,20

Se em lugar do número relativo à segunda enchente colocarmos o relativo à média das duas maiores enchentes, do referente à terceira cheia, a média das três maiores, e, assim, sucessivamente, teremos os valores da terceira coluna do Quadro 2.

Exemplifiquemos para as duas primeiras linhas do Quadro 2.

2.ª coluna: o primeiro número 2,06 é o quociente de 97,18 m³/seg. (vazão máxima no ano de 1935) por 47,01 m³/seg. (média anual das vazões máximas). O segundo número 1,65 é o quociente de 77,91 m³/seg. (vazão máxima do ano de 1937) por 47,01 m³/seg.

3.ª coluna: O segundo número 1,85 é a média aritmética de 2,06 e 1,65, isto é, dos dois primeiros números da 2.ª coluna, o terceiro número, 1,77 é a média aritmética dos três primeiros números da coluna 2, e, assim sucessivamente.

À máxima enchente corresponde uma freqüência de uma vez em 22 anos; à média das duas maiores faz-se corresponder uma freqüência de uma vez em 11 anos, etc. Tomando-se como abscissa os logarítmos dos tempos e como ordenadas os valores das razões Q/Q_o da coluna 3, pode-se observar que os pontos obtidos estão mais ou menos numa reta de equação.

$$y = \frac{Q}{Q_o} = q_o + q_1 \log t,$$

podendo-se determinar gràficamente q_o (ordenada à origem) e q_1 (coeficiente angular). Como exercício, determinemos q_o e q_1 pelo método dos mínimos quadrados. As equações de condição serão:

$$x = \log t, \quad y = Q/Q_o, \quad \begin{cases} q_o + q_1 \left(\frac{\Sigma x}{n}\right) = \left(\frac{\Sigma y}{n}\right) \\ q_o \left(\frac{\Sigma x}{n}\right) + q_1 \left(\frac{\Sigma x^2}{n}\right) = \left(\frac{\Sigma xy}{n}\right) \end{cases}$$

A tabela 3 contém todos os elementos para determinar os coeficientes de q_o e q_1 no sistema de equações de condição.

TABELA 3

t	$x = \log t$	$y = \frac{Q}{Q_o}$	x^2	xy	y calc.
22	1,34	2,06	1,80	2,76	2,09
11	1,04	1,85	1,08	1,92	1,87
7,33	0,86	1,77	0,75	1,53	1,74
5,50	0,74	1,67	0,55	1,23	1,65
4,50	0,65	1,59	0,42	1,03	1,58
3,67	0,56	1,53	0,31	0,86	1,51
3,14	0,50	1,47	0,25	0,74	1,47
2,75	0,44	1,44	0,19	0,63	1,42
2,44	0,39	1,39	0,15	0,54	1,38
2,20	0,34	1,36	0,13	0,46	1,35
Σ	6,87	16,13	5,63	11,70	
$\frac{\Sigma}{n}$	0,69	1,61	0,56	1,17	

Teremos no caso:

$$q_o + 0,69\, q_1 = 1,61$$

$$0,69\, q_o + 0,56\, q_1 = 1,17$$

$$q_o = 1,09$$

$$q_1 = 0,75,$$

isto é, a equação da reta será:

$$y = \frac{Q}{Q_o} = 1,09 + 0,75 \log t$$

Os valores da última coluna da tabela 3, foram calculados pela equação da reta e a sua comparação com os da terceira coluna permite constatar a precisão da variação linear de y com $x = \log t$.

Resta-nos uma observação final:

A reta $Q = Q_o(1{,}09 + 0{,}75 \log t)$ é quase coincidente com a reta representativa da fórmula empírica de Fuller:

$$Q = Q_o(1 + 0{,}8 \log t).$$

Apliquemos a fórmula $Q = Q_o(1{,}09 + 0{,}75 \log t)$ aos períodos pedidos:

pª $t = 10$, $x = \log t = 1{,}00$ $Q_{10} = 1{,}84\ Q_o = 1{,}84 \times 47{,}01 = 86{,}40$ m³/seg

pª $t = 20$, $x = \log t = 1{,}30$ $Q_{20} = 2{,}07\ Q_o = 2{,}07 \times 47{,}01 = 97{,}20$ "

pª $t = 50$, $x = \log t = 1{,}70$ $Q_{50} = 2{,}37\ Q_o = 2{,}37 \times 47{,}01 = 111{,}20$ "

pª $t = 80$, $x = \log t = 1{,}90$ $Q_{80} = 2{,}52\ Q_o = 2{,}52 \times 47{,}01 = 118{,}40$ "

pª $t = 100$, $x = \log t = 2{,}00$ $Q_{100} = 2{,}59\ Q_o = 2{,}59 \times 47{,}01 = 121{,}50$ "

pª $t = 200$, $x = \log t = 2{,}30$ $Q_{200} = 2{,}82\ Q_o = 2{,}82 \times 47{,}01 = 132{,}40$ "

pª $t = 1000$, $x = \log t = 3{,}00$ $Q_{1000} = 3{,}34\ Q_o = 3{,}34 \times 47{,}01 = 156{,}90$ "

3 — *Método de Foster, usando-se a curva de probabilidade de Pearson (tipo III).*

É sabido que o método de Foster, como o de Allen Hazen-Gibrat baseia-se nos três seguintes conceitos fundamentais:

a) supondo-se realizadas, em intervalos de tempo regulares, *n* medidas de vazão em uma secção, elas se afastarão do valor médio em conseqüência das diversas condições existentes no momento das medições. Pode-se tentar aplicar à distribuição das vazões a teoria dos erros de observação, considerando-se entretanto, curvas diversas da normal de Gauss, pois não podendo a vazão ser negativa, a curva de dispersão a ela referente não pode ser simétrica.

b) Considerando-se como possíveis em uma determinada secção da rêde hidrográfica, todos os valores da vazão, de zero a infinito, desde que se divida um trecho limitado dêsse campo em intervalos Δx (por ex. de 1 m³/seg., 10 m³/seg.), pode-se, pelas medidas feitas, conhecer a freqüência das vazões em cada intervalo; se as medidas forem muito numerosas, a freqüência observada será muito vizinha da probabilidade, é possível, pois, regularizando oportunamente os valores observados, desenhar uma curva $f(x)$, tal que $f(x)\ \Delta x$ possa representar à probabilidade de que a vazão seja compreendida entre

$$x - \frac{\Delta x}{2} \quad \text{e} \quad x + \frac{\Delta x}{2}$$

por uma conhecida propriedade da teoria das probabilidades.

c) A curva assim obtida, representando a probabilidade teórica da vazão x associada aos valores das freqüências observadas, permite também avaliar o afastamento entre probabilidade e freqüência. Esta avaliação é de notável interêsse, pois a curva pode ser utilizada em um intervalo mais amplo do que aquêle em que foram feitas as observações; essas se referem a um período passado, e, com base nelas podemos determinar a probabilidade num período mais longo, compreendendo o futuro (previsão de cheias).

Apoiado nesses conceitos fundamentais, Foster adotou como curva de probabilidade válida na distribuição das vazões a curva assimétrica tipo III de Pearson.

A tabela 5, retirada da página 176 do "Water Supply and Waste-Water Disposal" de Gordon-Geyer, facilita enormemente a aplicação do método. Para o cálculo das medidas centrais e dos coeficientes de variação e obliquidade, deve-se dispor convenientemente os dados em uma tabela, o que fizemos na tabela 4.

TABELA 4

Anos	Vazões máx. em m^3/seg.	Desvios da média x	x^2	x^3	% de tempo que a cheia não é excedida
49	10,70	−36,31	1318,42	− 47.872	4,35
40	24,25	−22,72	618,02	− 11.790	8,70
52	27,57	−19,44	377,91	− 7.347	13,05
45	28,41	−18,60	345,95	− 6.435	17,40
38	29,28	−17,73	314,35	− 5.573	21,75
43	32,33	−14,68	215,50	− 3.164	26,10
33	37,26	− 9,75	95,06	− 927	30,45
34	37,96	− 9,05	81,90	− 741	34,80
44	38,50	− 8,51	72,42	− 616	39,15
31	40,47	− 6,54	42,77	− 280	43,50
38	43,63	− 3,38	11,42	− 39	47,85
48	43,69	− 3,32	11,02	− 37	52,20
47	48,60	+ 1,59	2,53	+ 4	56,55
32	50,42	3,41	11,63	40	60,90
50	54,83	7,82	61,15	478	65,25
46	55,10	8,09	65,44	529	69,60
51	55,69	8,78	77,09	677	73,95
41	60,76	13,75	189,06	2.600	78,30
36	63,72	16,71	279,22	4.666	82,65
42	75,95	28,94	837,52	24.238	87,00
37	77,91	30,90	954,81	29.504	91,35
35	97,18	50,17	2517,03	126.279	95,70
Σ	1034,31		8400,23	+104.194	
M	47,01				

TABELA 5

Tábua de áreas da Curva de Freqüência Assimétrica — Tipo III de Pearson

Valores de $\frac{x}{\sigma} = \frac{X - M}{\sigma}$ para valores fixados de $\frac{100\,A}{n}$ (a partir do limite inferior) para determinadas obliquidades

$\frac{d}{\sigma} = \frac{M - M_0}{\sigma}$ coeficiente de obliquidade $\frac{d}{\sigma} = \frac{M - M_o}{\sigma}$

Coeficiente de variação $c_v = \frac{M}{\sigma}$

σ = desvio padrão M = média aritmética M_o = moda

Área A a partir do limite inferior
Área proporcional A/n
Área B = n − A
Área proporcional B/n = 1 − A/n
Limite inferior
M_o (moda) M X (média)

Valores de 100 A/n a partir do limite inferior	Desvios $\frac{x}{\sigma} = \frac{(X - M)}{\sigma}$ para os seguintes valores $\frac{d}{\sigma} = \frac{M - M_o}{\sigma}$ da obliquidade												
	0,0	0,1	0,2	0,3	0,4	0,5	0,6	0,7	0,8	0,9	1,0	1,2	1,4
0,01	−3,73	−3,32	−2,92	−2,53	−2,18	−1,88	−1,63	−1,42	−1,25	−1,11	−1,00		
0,1	−3,09	−2,81	−2,54	−2,28	−2,03	−1,80	−1,59	−1,40	−1,24	−1,11	−1,00		
1,0	−2,33	−2,18	−2,03	−1,88	−1,74	−1,59	−1,45	−1,32	−1,19	−1,08	−0,99	−0,83	−0,71
5,0	−1,65	−1,58	−1,51	−1,45	−1,38	−1,31	−1,25	−1,18	−1,11	−1,04	−0,97	−0,82	−0,71
10,0	−1,28	−1,25	−1,22	−1,19	−1,16	−1,12	−1,08	−1,05	−1,00	−0,95	−0,90	−0,70	−0,70
20	−0,84	−0,85	−0,85	−0,86	−0,86	−0,86	−0,85	−0,84	−0,82	−0,80	−0,78	−0,71	−0,65
50	0,00	−0,03	−0,06	−0,09	−0,13	−0,16	−0,19	−0,22	−0,25	−0,28	−0,30	−0,35	−0,38
80	0,84	0,83	0,82	0,80	0,78	0,76	0,74	0,71	0,68	0,64	0,61	0,54	0,47
90	1,28	1,30	1,32	1,33	1,34	1,34	1,35	1,34	1,33	1,32	1,30	1,25	1,20
95	1,65	1,69	1,74	1,79	1,83	1,87	1,90	1,93	1,96	1,98	2,00	2,01	2,02
99	2,33	2,48	2,62	2,77	2,90	3,03	3,15	3,28	3,40	3,50	3,60	3,78	3,95
99,9	3,09	3,38	3,67	3,96	4,25	4,54	4,82	5,11	5,39	5,66	5,91	6,47	6,99
99,99	3,73	4,16	4,60	5,04	5,48	5,92	6,37	6,82	7,28	7,75	8,21		
99,999	4,27	4,84	5,42	6,01	6,61	7,22	2,85	8,50	9,17	8,84	10,51		
99,9999	4,76	5,48	6,24	7,02	7,82	8,63	9,45	10,28	11,12	11,96	12,81		

Média aritmética das vazões máximas

$$M = \frac{\Sigma Q_{max}}{n} = \frac{1034,31}{22} = 47,01$$

Desvio padrão:

$$\sigma = \sqrt{\frac{\Sigma x^2}{n-1}} = \sqrt{\frac{8400}{21}} = \sqrt{400} = 20,00$$

Coeficiente de variação:

$$c_v = \frac{\sigma}{M} = \frac{20,00}{47,01} = 0,426$$

Coeficiente de obliquidade

$$\frac{d}{\sigma} = \frac{\Sigma x^3}{2\sigma \Sigma x^2} = \frac{104.194}{2 \times 20,00 \times 8400} = \frac{104.194}{336.000} = 0,310$$

Obliquidade ajustada com o coeficiente de Hazen:

$$\frac{d'}{\sigma} = \left(1 + \frac{8,5}{n}\right)\frac{d}{\sigma} = (1 + 0,386) \times 0,310 \cong 0,43$$

As coordenadas necessárias ao traçado da curva que melhor se ajusta aos dados observados, são obtidas com o auxílio da Tabela 5 e são apresentadas na Tabela 6 (Tabela das freqüências calculadas das vazões). Uma observação deve ser ainda feita sôbre a última coluna da Tabela 4. A percentagem acumulada de ocorrência de valor igual ou menor que as magnitudes observadas é calculada pela fórmula

$$100 \sum_{1}^{Q} \frac{f}{n+1}$$

para levar em conta que tanto podem ocorrer um valor mais alto que o máximo observado como um menor que o mínimo verificado. Para a nossa série de 22 valores, a percentagem de ocorrência de valores iguais ou menores que o menor observado não é $100 \times \frac{1}{22}$, mas sim, $100 \times \frac{1}{23} = 4,35\%$. Idênticamente a percentagem de ocorrência de valores iguais ou menores que o menor observado não é $100 \times \frac{22}{22} = 100\%$, mas $100 \times \frac{22}{23} = 95,7\%$.

Os pontos observados de ajustamento são apresentados no diagrama 7 traçado em papel logarítmico de probabilidade.

Verifica-se, no diagrama, que o ajustamento é bastante satisfatório.

TABELA 6

% de tempo 100 A/n	$\frac{x}{\sigma}$ (2)	$\frac{x}{\sigma} \times$ (2)	Vazões X = x + M
1	−1,69	−33,80	13,21
5	−1,36	−27,20	19,81
10	−1,15	−23,00	24,01
20	−0,86	−17,20	29,81
50	−0,14	− 2,80	44,21
80	+0,77	+15,40	62,41
90	1,34	26,80	73,81
95	1,84	36,80	83,81
99	2,94	58,80	105,81
99,9	4,34	86,80	133,81
99,99	5,61	112,20	159,21

Os valores das cheias que podem ser previstas para serem igualadas ou excedidas no máximo uma vez em 10, 20, 50, 100, 200 e 1000 anos, serão:

1 vez em 10 anos Q_{10} = 75 m³/seg lido a 10 % ou 90 %

1 vez em 20 anos Q_{20} = 85 m³/seg lido a 5 % ou 95 %

1 vez em 50 anos Q_{50} = 100 m³/seg lido a 2 % ou 98 %

1 vez em 100 anos Q_{100} = 106 m³/seg lido a 1 % ou 99 %

1 vez em 200 anos Q_{200} = 118 m³/seg lido a 0,5% ou 99,5%

1 vez em 1000 anos Q_{1000} = 134 m³/seg lido a 0,1% ou 99,9%

4 — *Método de Foster,* usando-se a curva normal de probabilidade de *Gauss.*

Pouco utilizado em virtude da observação contida na alínea *a* dos conceitos fundamentais enunciados no método anterior. É aqui desenvolvido ùnicamente com o objetivo de comparar os resultados com os obtidos com o ajustamento pela curva assimétrica do tipo III de Pearson. É òbviamente um caso particular da Tabela 5, correspondente à obliquidade $\frac{d}{\sigma} = 0$.

Retirando da Tabela 5 os valores de $\frac{x}{\sigma}$ para $\frac{d}{\sigma} = 0$, podemos organizar como no caso anterior a Tabela 8. A comparação das tabelas 4, 6 e 8 permite concluir que os valores obtidos pela curva de Gauss afastam-se mais dos valores observados (o que "a priori" já era conhecido) e de um modo geral são menores que os obtidos pela curva III de Pearson.

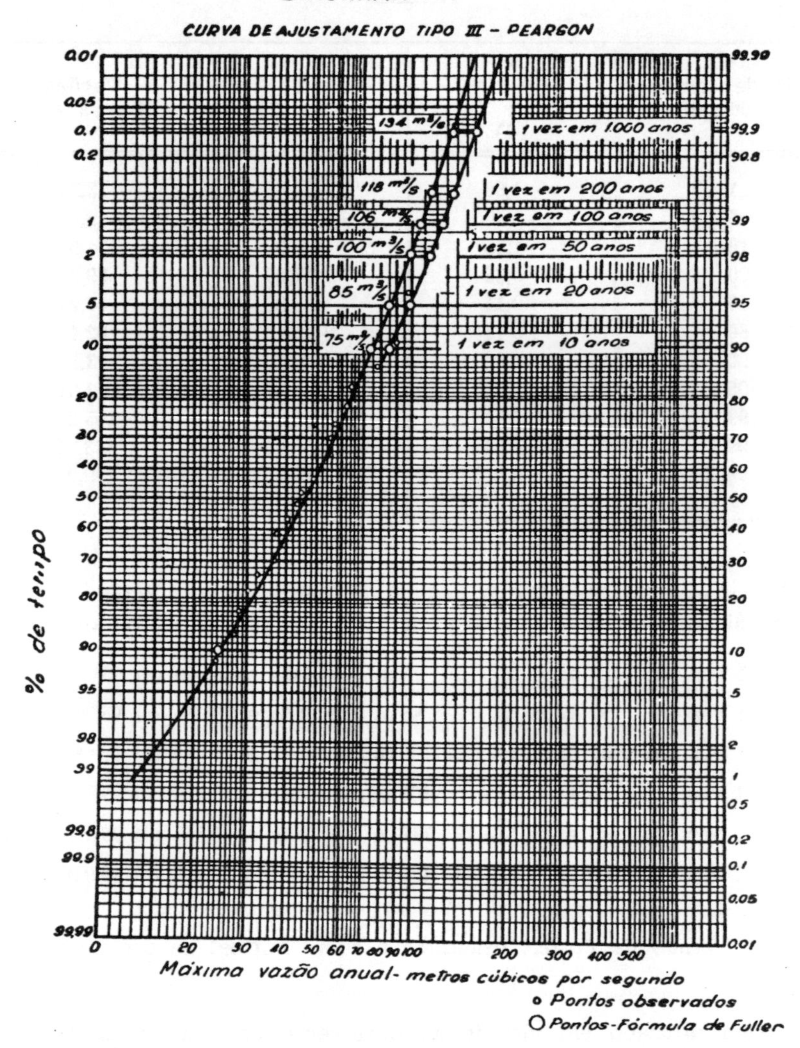

Poderíamos traçar no diagrama 7 a curva de ajustamento de Gauss, de onde retiraríamos os valores solicitados, como no caso anterior. Entre outros, encontraríamos:

1 vez em 20 anos Q_{20} = 80 m³/seg lido a 95 %
1 vez em 100 anos Q_{100} = 93,60 m³/seg lido a 99 %
1 vez em 1000 anos Q_{1000} = 108,80 m³/seg lido a 99,9%

com o intuito de comparação marcamos também no diagrama 7 os pontos obtidos no método de Fuller. Podemos observar um certo paralelismo entre a curva de Fuller e a Pearson tipo III, dando a primeira valores 15% mais altos que os obtidos pelo método de Foster na parte 3 dêste Problema.

TABELA 8

% Tempo 100 A/n	$\frac{x}{\sigma}$ (2)	x $\sigma \times$ (2)	Vazões X = x + M
1	−2,33	−46,60	0,41
5	−1,65	−33,00	14,01
10	−1,28	−25,60	21,41
20	−0,84	−16,80	30,21
50	0,00	0,00	47,01
80	+0,84	+16,80	63,81
90	1,28	25,60	72,61
95	1,65	33,00	80,01
99	2,33	46,60	93,61
99,9	3,09	61,80	108,81
99,99	3,73	74,60	121,61

5 — *Determinação do coeficiente α da Fórmula empírica de Kresnik para a bacia hidrográfica considerada.*

Sabe-se que Kresnik propôs para a vazão máxima a fórmula empírica

$$Q_{max} = \alpha \frac{32}{0,5 + \sqrt{A}} A,$$

na qual A é a área da bacia hidrográfica em km^2 e α um coeficiente que depende das condições climatológicas, natureza e forma de bacia.

Adotando-se para Q_{max} o valor correspondente à ocorrência de 1 vez em 1000 anos obtido na parte 3 dêste Problema, teremos imediatamente

$$\alpha = \frac{Q_{max}(0,5 + \sqrt{A})}{32\,A} = \frac{134\,(0,5 + \sqrt{1120})}{32 \times 1120} = \frac{134 \times 33,80}{32 \times 1120} = 0,126 \cong 0,13$$

Observa-se que Kresnik na Alemanha determinou α por medidas diretas em mais de 200 bacias, tendo obtido valôres compreendidos entre 0,03 e 1,61.

1.7.0. — BIBLIOGRAFIA

YASSUDA, E. — *"Hidrologia"* — Curso professado na Faculdade de Higiene e Saúde Pública da Universidade de São Paulo, 1955.

SUPINO, G. — *"Le Reti Idrauliche"* — Nicola Zanichelli — Editore — Bologna, 1938.

LINSLEY, KOHLER and PAULHUS — *"Applied Hydrology"* — McGraw-Hill Book, New York, 1949.

FAIR AND GEYER — *"Water Supply and Waste Water Disposal"* — John Wiley and Sons — New York, 1948.

FOSTER, E. — *"Rainfall an Runoff"* — The Mc Millan Co., New York, 1948.

MEYER, A. F. — *"The Elements of Hydrology"* 2.ª Ed. — John Wiley and Sons, New York, 1948.

WISLEY and BRATER — *"Hydrology"* — John Wiley and Sons, New York, 1949.

2.0.0. — ABASTECIMENTO URBANO DE ÁGUA

2.1.0. — GENERALIDADES

O suprimento de água em quantidade suficiente e qualidade satisfatória a um centro habitado tem influência decisiva sôbre:

a) Contrôle e prevenção de doenças;

b) Práticas que promovem o aprimoramento da saúde:

1. Hábitos higiênicos: asseio individual, limpeza de utensílios, etc.
2. Serviços de limpeza pública.
3. Práticas esportivas e recreativas.

c) Estabelecimento de dispositivos relacionados ao confôrto e à segurança coletiva, como por exemplo:

1. Instalação de acondicionamento de ar.
2. Aparelhamento para combate a incêndios, etc.

d) Desenvolvimento industrial, conduzindo, pelo progresso material, à elevação do padrão de vida da comunidade.

2.2.0. — ASPECTOS SANITÁRIOS

2.2.1. — *Doenças relacionadas à água.*

a) de importância primária:

— cólera
— febres tifóide e paratifóides.
— disenterías
— amebíases.

b) de importância secundária:

— ancilostomose
— ascaridioses
— esquistossomose
— hepatite infecciosa
— perturbações gastro-intestinais de etiologia obscura
— infecções dos olhos, ouvidos, nariz e garganta
— cáries dentárias

— fluorose
— bócio
— saturnismo
— cianose
— poliomielite.

As doenças de importância primária são as epidemiològicamente mais importantes, para as quais a água desempenha papel saliente na transmissão.

Incluem-se na outra categoria — importância secundária — as doenças de incidência relativamente pequena e aquelas para as quais a transmissão por via da água do abastecimento se dá de maneira secundária.

Algumas doenças persistem em estado endêmico em algumas regiões e noutras ocorrem sob a forma de surtos epidêmicos. É o caso da cólera, endêmica na Índia e na China; a longevidade do agente etiológico na água, e o caráter explosivo dos surtos colocam-na no tôpo da classificação das moléstias de importância primária. Por ordem decrescente vêm, a seguir: as febres tifóides e paratifóides, disenterias bacilares, enterites e amebíases.

À medida que se aperfeiçoam os serviços de abastecimento de água e o sistema de esgotos de uma cidade, diminue sensìvelmente a incidência dessas doenças.

Estatísticas norte-americanas sôbre mortalidade por febre tifóide, referentes às 80 maiores cidades mostram a diminuição do coeficiente de mortalidade com o tempo. Essa diminuição deve-se a uma série de fatores, entre os quais o aperfeiçoamento daquêles serviços (de água e de esgotos) tem influência marcante.

ANO	Coeficiente de mortalidade por febre tifóide por 100.000 habitantes
1910	20,0
1930	1,5
1945	0,4

2.2.2. — *Alguns dados estatísticos.*

BRASIL — 1960 (I.B.G.E.)

Número de cidades (com mais de 1000 habs.)	2300	%
Cidades com rêdes de água	1699	74%
Cidades com rêdes de esgotos	1122	49%

ESTADO DE SÃO PAULO — 1965

Número de cidades	503	%
Cidades com rêdes de água	433	75,5%
Cidades com rêdes de esgotos	293	51,0%

CAPITAL DO ESTADO (Dados do DAE — 1966)

Anos	Prédios Existentes	Prédios Abastecidos	Prédios não Abastecidos	Porcentagem Abastecidos de Prédios
1930	113.442	87.606	25.836	77%
1935	131.158	104.741	26.417	80%
1940	176.415	135.242	41.173	76%
1945	222.010	164.128	57.802	74%
1950	266.950	211.021	55.929	79%
1955	364.666	256.459	108.207	71%
1960	535.973	377.056	158.917	70%
1965	688.260	513.130	175.130	75%

2.3.0. — ASPECTOS ECONÔMICOS

A influência direta é mais importante das obras de Saneamento Urbano reside no acréscimo da vida média dos habitantes e a maior eficiência nas atividades econômicas dos cidadãos, possibilitando o aumento da renda nacional.

A melhoria de um serviço de abastecimento de água acarretando a diminuição da taxa de morbi-mortalidade se traduz ainda por uma economia indireta que se pode estimar aproximadamente. Por exemplo, se na cidade de São Paulo se conseguisse o abaixamento de 1% nessa taxa, se teria uma economia anual apreciável, como se poderá ver a seguir.

Admitindo, para cada óbito evitado, 10 enfermidades prevenidas e com base na renda anual "per capita" igual a NCr$ 1.200,00, pode-se avaliar como valor econômico de um homem em São Paulo, aproximadamente NCr$ 10.000,00.

O custo médio de uma enfermidade, incluindo despesas com médicos, remédios e descontos de salários pode ser estimulada em NCr$ 100,00.

Para a população de 5.000.000 habitantes, teríamos:
valor médio das vidas poupadas por ano:

0,001 × 5.000.000 × NCr$ 10.000,00 = NCr$ 50.000.000,00

valor das enfermidades evitadas:

10 × 5.000 × NCr$ 100,00 = NCr$ 5.000.000,00

Economia anual .... NCr$ 55.000.000,00

Essa importância anual seria suficiente para amortizar vultoso capital a ser empregado em obras essenciais.

2.4.0. — ÓRGÃOS CONSTITUTIVOS DE UM ABASTECIMENTO URBANO DE ÁGUA

O sistema de abastecimento geralmente compreende: (Fig. 2.1)

- — captação
- — adução
- — recalque
- — tratamento
- — reservação
- — distribuiçao.

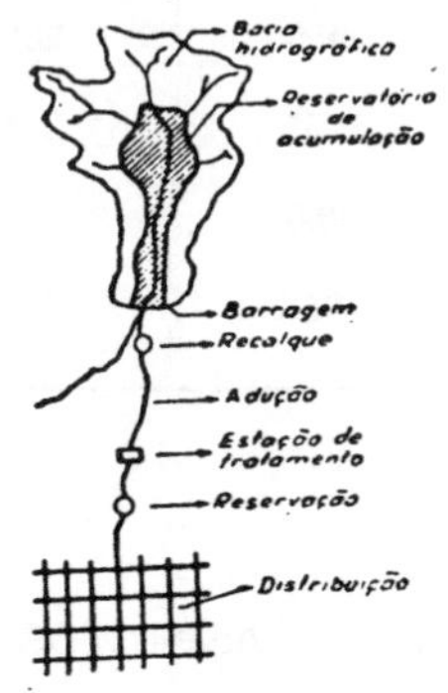

FIG. 2.1

A seqüência indicada não é obrigatória, assim como podem não existir algumas partes: p. exemplo, recalque, tratamento, etc.

Considerada a quantidade de água disponível, ela poderá ser suficiente para satisfazer continuamente à demanda atual e a prevista num prazo razoável, ou, em caso contrário, não será suficiente, o que poderá indicar a necessidade da construção de um reservatório de acumulação.

Quanto à qualidade da água poderemos ter dois casos: ou ela satisfaz naturalmente os chamados padrões de potabilidade ou não. Neste último caso há necessidade de construir uma Estação de Tratamento.

Finalmente, quanto à posição altimétrica relativa da captação, poderá ser necessária ou não a construção de uma Estação de Recalque (Bombeamento).

2.5.0. — QUANTIDADE DE ÁGUA A SER FORNECIDA

2.5.1. — *Usos da água.*

1. *Uso doméstico*

— bebida
— banhos e outras medidas de asseio corporal
— fins culinários
— irrigação de jardins e pequenas hortas particulares
— criação de animais domésticos
— limpezas diversas na habitação, lavagem de roupas, etc.

2. *Uso público*

— escolas, presídios, quartéis e outros edifícios públicos
— irrigação de parques, lavagem e irrigação de ruas
— fontes ornamentais e chafarizes
— limpeza de esgotos
— proteção contra incêndios.

3. *Uso comercial e industrial*

— indústrias diversas
— escritórios, entrepostos, armazéns, estações ferroviárias, etc.
— instalações de acondicionamento de ar

4. *Perdas e desperdícios*

— deficiências técnicas do sistema, acarretando perdas e vazamentos
— má utilização do líquido

2.5.2. — *Grandezas Características.*

1. Volume total anual, medido geralmente em m^3.

2. Volume médio diário, medido geralmente, em m^3/dia; obtém-se dividindo o volume total anual pelo número de dias do ano.

3. Quota média diária "per capita", expressa em 1/hab./dia; obtém-se dividindo o volume médio diário pela população abastecível.

4. Quota média diária por pessoa ligada ao sistema, expressa em 1/hab./dia; obtém-se dividindo o volume médio diário pela população abastecida ou efetivamente conectada ao sistema.

2.5.3. — *Fatôres que influem no Consumo.*

1. Características da população
— hábitos higiênicos
— situação econômica
— educação sanitária.

2. Desenvolvimento da cidade — a quota média diária "per capita" aumenta com o crescimento da cidade.

Exemplo: São Paulo:

1929 — 850.000 habitantes .... — 250 l/hab./dia
1946 — 1.750.000 habitantes .... — 300 l/hab./dia
1970 — 6.000.000 habitantes (previsão) .... — 350 l/hab./dia

3. Presença de indústrias:

— tipo de indústria
— zoneamento de bairros industriais.

4. Condições climáticas.

— Precipitação atmosférica
— Umidade do ar
— Temperatura

5. Características do abastecimento de água

— qualidade da água distribuída
— pressões na rêde de distribuição
— taxa d'água
— modo de distribuição: serviço medido
— administração do serviço.

2.5.4. — *Variações no Consumo.*

1. Variações diárias — o consumo diário "per capita" é variável nos vários dias do ano. A relação entre o seu valor no dia de maior consumo e o seu valor médio anual denomina-se *coeficiente do dia de maior consumo* k_1

— valores adotados ou preconizados por k_1:

— Estados Unidos — 1,20 a 2,40 (valor médio 1,75)
— Europa (França) — 1,50
— Brasil — S. Paulo — Capital — 1,30 a 1,50
Interior — 1,25

2. Variações horárias — o consumo horário "per capita" é também variável ao longo das horas do dia. A relação entre o seu valor na hora de maior consumo e o seu valor médio diário, chama-se *coeficiente da hora de maior consumo* k_2:

— valores adotados para k_2:

— Estados Unidos — 1,50 a 2,00
— Europa (França) — 1,50
— Brasil — S. Paulo — 1,50 (Capital e Interior)

3. Variações acidentais — Nas grandes cidades têm importância as demandas para combate a incêndios. Nas nossas cidades do interior não se dimensiona o sistema para suportar as vazões necessárias ao combate a incêndios.

Exemplo de um critério para estimativa das vazões totais de incêndio — Fórmula americana da National Board of Fire Underwriters — Para uma população P (em milheiros de habitantes), a vazão em l/seg. será:

$$Q = 64{,}34 \times \sqrt{P}(1 - 0{,}01 \times \sqrt{P})$$

A fórmula é aplicável para cidades até 200.000 habitantes, para as quais Q = 0,77 m³/seg; para populações superiores deve-se prever um acréscimo que vai de 0,13 a 0,50 m³/seg.

Para a previsão dos volumes de água a consumir nos incêndios, recomendam as companhias norte-americanas de seguros contra fogo adotar-se para a duração mínima dos incêndios:

— populações até 2500 habitantes .... — 5 horas
— populações acima de 2500 habitantes ..... — 10 horas

2.5.5. — *Fixação do Volume de Água a Distribuir em uma Cidade.*

1. Fixação da quota "per capita" diária.

Deve-se atender aos vários usos da água na localidade em estudo e aos valores locais dos fatôres que influem no consumo.

I — Dados estatísticos disponíveis:

a) da própria cidade — consumos registrados anteriores. Exemplo: São Paulo:

1929 — 250 l/hab./dia
1946 — 300 l/hab./dia

b) de cidades semelhantes com abastecimento satisfatório.

II — Dados preconizados por sanitaristas e por organizações sanitárias. Exemplo: Saturnino de Brito, nos estudos para abastecimento da Capital de São Paulo em 1905:

Uso doméstico:

— bebida: 2 l/ha./dia
— preparo de alimentos: 6 l/hab./dia
— lavagem de utensílios: 9 l/hab./dia
— abluções diárias: 5 l/hab./dia
— banho de chuveiro: 30 l/hab./dia
— lavagem de roupa: 15 l/hab./dia
— limpeza de aparelhos sanitários: 10 l/hab./dia

77 l/hab./dia (41%)

Uso em serviços públicos (incluindo lavagem de esgotos) .... 30 a 35 l/hab./dia (19%)
Uso industrial .... 25 a 50 l/hab./dia (27%)
Perdas e desperdícios .... 15 a 25 l/hab./dia (13%)

Total .... 187 l/hab./dia

Para localidades americanas a AWWA preconiza em média:

— uso doméstico	140 l/hab./dia (34%)
— uso industrial comercial	160 l/hab./dia (38%)
— uso público	40 l/hab./dia (10%)
— usos diversos e perdas	75 l/hab./dia (18%)
Total	415 l/hab./dia

Os sanitaristas da F. S. E. S. P. (Fundação Serviço Especial de Saúde Pública — Ministério da Saúde) têm preconizado:

— Vale do Rio Doce, para localidades com população até 7.500 habitantes — 132 l/hab./dia (35 gpcpd).

— Vale Amazônico:

Cidades até 3.000 habitantes — 90 l/hab./dia (24 gpcpd)

Cidades com população superior a 3.000 habitantes — 115 a 135 l/nab./dia (30 a 35 gpcpd).

III -- Prescrições governamentais.

S. Paulo — Capital — (D. A. E.)

1946 — 300 l/hab./dia
1960 — 340 l/hab./dia
1980 — 400 l/hab./dia

S. Paulo — Interior — 200 l/hab./dia (C. N. S. O. S. — Codificação de Normas Sanitárias para Obras e Serviços — Lei n.° 1561-A de 29-12-1951).

Estados Unidos — (A. W. W. A. — American Water Works Association) ≃ 400 l/hab./dia.

2.6.0. — PRAZO PARA O QUAL AS OBRAS SÃO PROJETADAS

São levados em consideração os seguintes fatôres:

a) Vida útil das instalações e equipamentos e rapidez com que se tornam obsoletos.

b) Maior ou menor dificuldade de extensão ou ampliação das instalações.

c) População futura: características do crescimento.

d) Taxa de juros e amortização do empréstimo.

e) Nível econômico da população.

f) Facilidades ou Dificuldades na obtenção de financiamentos.

g) Diminuição do poder aquisitivo do dinheiro no período do empréstimo.

h) Funcionamento da instalação nos primeiros anos quando trabalha com folga.

DADOS MÉDIOS SÔBRE DURAÇÃO DAS OBRAS

Tipo de Instalação	Características Especiais	Período de projeto em anos
Grandes barragens e adutoras	Ampliação difícil e dispendiosa	25 a 40
Poços, sistema distribuidor, filtros e decantadores	Ampliação fácil	15 a 20
Encanamentos de diâmetro superior a 0,30 m	Substituição dispendiosa	20 a 25
Encanamentos de diâmetro igual ou inferior a 0,30 m	Substituição fácil e de pequeno custo	15 a 20
Edifícios, reservatórios	Ampliação difícil	30 a 40
Maquinária e equipamento	Tornam-se ràpidamente obsoletos	10 a 20

2.7.0. — ESTIMATIVA DE POPULAÇÃO

2.7.1. — *Critérios Gerais.*

1. Fixa-se o período de tempo durante o qual o sistema de abastecimento deverá satisfazer e estima-se a população futura correspondente a êsse prazo. Geralmente é adotado para pequenas instalações.

OBS. Para cidades do interior do Brasil fixam-se prazos entre 20 e 30 anos.

2. Fixa-se uma população limite e determina-se qual o tempo para que ela seja atingida. Êsse critério é geralmente adotado para grandes instalações, quando a execução das obras por etapas se impõe.

Exemplo: Plano geral de abastecimento de água para S. Paulo — População em 1970 — 6.000.000 habitantes; execução devendo acompanhar a curva de crescimento da população.

2.7.2. — *Estimativas de crescimento da população.*

A principal fonte de dados sôbre população é constituída pelos recenseamentos decenais feitos pelo Govêrno Federal. A população cresce por nascimento, decresce por mortes, aumenta ou diminue por migração e aumento por anexação. Se a soma dessas alterações fôr positiva há aumento positivo, caso contrário, diminuição.

Tôdas as quatro parcelas são infuenciadas por fatôres relacionados à comunidade, ao país e ao mundo. A curva característica do crescimento de uma população, quando há influência decisiva dos nascimentos e óbitos, é uma curva em S, na qual se observam taxas crescentes e *a* e *b*, e decrescem à medida que se aproxima do valor de saturação L ou limite superior. (Fig. 2.2).

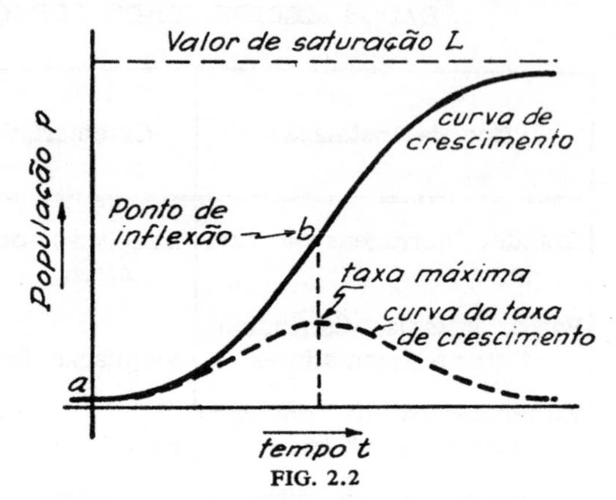

FIG. 2.2

Dois tipos de problemas ligados à população aparecem nos problemas de engenharia sanitária.

1. Estimativa da população no meio de um ano determinado ou em data contida entre dois censos (interpolação).

Na interpolação, dois casos podem ser considerados: crescimento aritmético e crescimento geométrico. Sendo

$$\frac{dp}{dt}$$

a velocidade de crescimento de população, temos para o crescimento aritmético

$$\frac{dp}{dt} = k_a,$$

constante, independente da população; para o crescimento geométrico

$$\frac{dp}{dt} = k_g \cdot p,$$

velocidade proporcional à população p. Neste caso, sendo

$$\frac{1}{p}\,\frac{dp}{dt}$$

a chamada *velocidade de crescimento específica*, pode-se definir o crescimento geométrico como de velocidade de crescimento específica constante.

A curva em S, chamada logística, pode ser definida em sua forma diferencial como sendo a curva na qual a velocidade de crescimento específica é proporcional à população residual (L — p), isto é:

$$\frac{1}{p}\,\frac{dp}{dt} = k_l\,(L - p)$$

$$\left(\text{Nesta expressão } \frac{1}{p}\,\frac{dp}{dt} = \frac{d\log p}{dt}\right)$$

As formas integrais das expressões acima são:

— crescimento aritmético:

$$p = p_o + k_a\,(t - t_o)$$

— crescimento geométrico:

$$p = p_o\,e^{k_g(t - t_o)}$$

— crescimento logístico:

$$p = \frac{L}{1 + \left(\frac{L}{p_o} - 1\right) e^{k_l L(t_o - t)}}$$

onde (p_o, t_o) são as coordenadas de um ponto qualquer, conhecido e *e* é a base do sistema de logarítmos neperianos.

A curva logista pode ser expressa também por

$$p = \frac{L}{1 + e^{k_l L(t_l - t)}}$$

sendo t_l o instante em que ocorre a inflexão, isto é, aquêle no qual a população é L/2 e onde a curva logística apresenta um ponto de inflexão.

O Eng. José Cerqueira Dias de Moraes, publicou na Revista DAE n.º 26, uma série de tabelas para facilitar o cálculo do crescimento logístico.

Os processos de comparação gráfica baseiam-se no ajustamento de uma série de pontos observados por meio de uma curva arbitrária, sem se procurar estabelecer a equação da mesma. Para obter o ajustamento da curva pode-se empregar, também, o método dos mínimos quadrados.

As extrapolações seriam feitas prolongando-se a curva obtida também por processo puramente gráfico. O prolongamento da curva pode ser feito simplesmente pelas características anteriores da curva obtida ou utilizando-se, como elemento auxiliar, os dados de outros núcleos que no momento já tenham população superior à da comunidade em estudo. O método requer uma escolha criteriosa dos dados a serem utilizados como elementos de comparação, levando-se na devida conta os fatôres que justifiquem a comparação com o núcleo em estudo.

2.7.3. — *Distribuição da população dentro da área urbana.*

É de capital importância estudar a distribuição da população na área urbana e estimar a evolução da densidade demográfica em cada bairro ou setor. Como exemplo de um estudo dessa natureza sugerimos a leitura do artigo "Projeto de distribuição de água para Santos. Previsão de densidades demográficas" do Eng. Fernando Reis Dias (Revista "Engenharia" — n.º 180 — Novembro 1957 — págs. 132 a 143).

Apenas a título de informação podemos ainda indicar:

Buenos Aires — Zona Central: 600 hab/Ha
Zona Intermediária: 240 hab/Ha
Zona Periférica: 180 hab/Ha

Valores comumente adotados nas nossas cidades do interior:
100 a 200 hab/Ha.

2.8.0. — DETERMINAÇÃO DA QUANTIDADE DE ÁGUA PARA ATENDER OS CONSUMOS NORMAIS

Sendo:

q_o = a quota média diária "per capita" no início do plano (ano t_o)
q = a quota média diária "per capita" no fim do plano (ano t)
k_1 = coeficiente do dia de maior consumo
k_2 = coeficiente da hora de maior consumo
p_o = população abastecida no início do plano
p = população a abastecer no fim do plano
$t - t_o$ = duração do plano.

tem-se:

— Volume médio diário a distribuir:

no início do plano:

$$V_{m,o} = p_o q_o$$

no fim do plano:

$$V_m = pq$$

— Volume a distribuir no dia de maior consumo:

no início do plano:

$$V_o = k_1 p_o q_o$$

no fim do plano:

$$V = k_1 pq$$

— Vazão em litros por dia a distribuir na hora de maior consumo do dia de maior consumo:

no início do plano:

$$V_{max.o} = k_1 k_2 p_o q_o$$

no fim do plano:

$$V_{max} = k_1 k_2 pq$$

Com o intuito de melhor esclarecer o importante problema da determinação da vazão de distribuição façamos alguns exemplos:

2.8.1. — *Determinação de vazão de distribuição por unidade de área.*

Quota média diária "per capita": 200 litros.

Coeficientes de variação de consumo: $k_1 = 1{,}25$, $k_2 = 1{,}50$.

Vazão em l/seg por habitante:

$$\frac{k_1 k_2 \times 200}{86.400} = \frac{1{,}25 \times 1{,}50 \times 200}{86.400} = 0{,}00434$$

N.° de habitantes por unidade de área: 120 hab/Ha.

Vazão de distribuição por unidade de área: q

$$q = 120 \times 0{,}00434 \simeq 0{,}52 \text{ l/seg por Ha.}$$

2.8.2. — *Determinação de vazão de distribuição por unidade de comprimento.*

N.° de habitantes por unidade de comprimento: 0,7 hab/ml

Vazão em l/seg por hab. = 0,00434

Vazão de distribuição por unidade de comprimento:

$$q = 0{,}7 \times 0{,}00434 = 0{,}003 \text{ l/seg por ml.}$$

2.9.0. — CAPTAÇÃO

2.9.1. — *Mananciais.*

a) *Águas Pluviais*

— Captadas pela superfície de telhados e encaminhadas para cisternas que armazenam a água para o abastecimento individual.

— Captadas por superfície especialmente preparadas, encaminhadas para reservatórios destinados ao abastecimento de pequenas comunidades.

b) *Águas Superficiais*

— Rios ou lagos com capacidade adequada, permitindo a captação direta.

— Cursos d'água com vazões de estiagem insuficientes mas com vazões médias anuais adequadas; o suprimento é assegurado pela construção de uma barragem criando um reservatório de acumulação.

c) *Águas subterrâneas*

— Fontes naturais — de encosta
— de fundo de vale

— Poços — poços escavados (de pequeno e grande diâmetro)
— poços cravados
— poços perfurados

— Galerias de infiltração — galerias de encosta
— galerias juxta-fluviais (com ou sem reservatório de água).

2.9.2. — *Captação de águas superficiais e pluviais.*

I) *Águas Pluviais*

A água de chuva é raramente usada para o abastecimento de cidades.

a) *Proveniência* — Captada pela superfície de telhados dos edifícios ou por áreas coletoras especialmente preparadas.

b) *Qualidade das Águas* — Geralmente boa, dependendo das impurezas presentes no ar.

As águas das primeiras chuvas devem ser rejeitadas, pois podem arrastar consigo impurezas presentes nos telhados ou superfícies coletoras. Devem ser desviadas por dispositivos apropriados.

c) *Cisternas* — Reservatórios utilizados para o armazenamento da água da chuva; além dessa função, podem também filtrar a água, como indicado na figura 2.3.

A sua capacidade (volume de água que deve ser armazenado) é função dos usos da água no local, da população e abastecer e do período de estiagem.

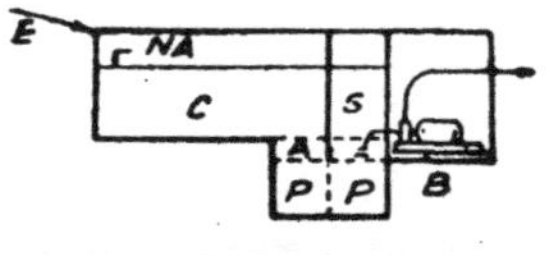

FIG. 2.3

Requisitos construtivos (Fig. 2.3). Entrada (E) da água na cisterna munida de um dispositivo para o desvio das águas das primeiras chuvas; (C) cisterna pròpriamente dita; (A) camada de areia — material filtrante; (P) camadas de pedregulho; (S) poço de sucção; (B) compartimento das bombas. Além disso, devem ser previstos: extravasor para desvio do excesso de água e descarga de fundo para esgotamento e limpeza. É conveniente evitar a iluminação solar, pois esta favorece o desenvolvimento de micro-organismos inconvenientes.

II) *Águas Superficiais*

Uma captação de águas superficiais deve atender a requisitos que dizem respeito a:

— garantia de funcionamento
— qualidade das águas, e
— economia da instalação.

a) *Garantia de funcionamento*

1. Quantidade de água.

— Vazão em quantidade suficiente nas épocas de estiagem (vazões mínimas superiores à vazão de adução) — tomada de água colocada diretamente no curso d'água;

— Vazão insuficiente durante as estiagens, mas vazão média anual superior à demanda (vazões mínimas inferiores à vazão de adução). Construção de um reservatório de acumulação;

— Vazão média anual inferior à vazão de adução — neste caso deve-se procurar outro manancial que forneça tôda a água necessária, ou que complemente o volume requerido pelo abastecimento da cidade.

2. Conhecimento da posição do nível mínimo do manancial para localizar a tomada em cota abaixo dêsse mínimo e da posição do nível máximo devido a requisitos de segurança estrutural e contra inundações.

3. Proteção contra ações danosas diversas: ondas, ação da correnteza, impacto de corpos flutuantes.

4. Proteção contra obstruções, desmoronamentos e inundações.

5. Localização da captação em planta:

— Rios de pequena oscilação de nível — junto à margem

— exemplos:

— canal de derivação
— muro de retenção
— portos abertos próximo à margem
— proteção simples do tubo de tomada.

— Rios com grande oscilação de nível — afastado da margem

— exemplos:

— caixas de tomada simples
— tubos perfurados assentes sôbre estacas
— tôrres de tomada (grandes instalações).

— Reservatórios de acumulação — junto à barragem

— exemplos:

— tôrres de tomada
— tubo de tomada com proteção simples
— tubos perfurados assentes sôbre estacas.

b) *Qualidade das águas.*

Procurar captar sempre águas da melhor qualidade possível, localizando adequadamente a tomada e protegendo sanitàriamente a região.

Observa-se que qualquer água superficial, sob o ponto de vista da possibilidade de poluição ou mesmo contaminação, é sempre considerada como suspeita.

Tomada d'água em rios.

— Ponto de tomada livre de focos de poluição e localizado à montante da cidade;

— Proteção adequada contra peixes, corpos flutuantes e substâncias grosseiras em suspensão (emprêgo de crivos, grades e caixas de areia);

— Localização da tomada, de preferência em trechos retilíneos — se certas condições indicarem ser conveniente a localização em trecho curvo, colocá-la no lado externo (côncavo) da curva.

Tomada d'água em reservatórios de acumulação.

— Localização da tomada a uma profundidade que evite a ação das ondas e de correntezas no transporte de sedimentos;

— Estudo da ação do vento, sua direção e sua influência sôbre o transporte de sedimentos e no revolvimento do lôdo do fundo do reservatório.

Em barragens profundas a tomada d'água deve ser provida de aberturas providas de comportas para se poder captar a água em diferentes profundidades, evitando:

— micro-organismos que vivem próximo à superfície e que se proliferam sob a ação da luz solar; exemplo: algas que podem causar mau gôsto e mau odor e sérios transtornos nas estações de tratamento de água;

— água superficial com temperatura elevada no verão;

— turbidez da água superficial devida ao vento;

— elevado teor de CO_2 das águas próximos à superfície;

— teor elevado de Fe, Mn, côr, dureza se captando próximo à superfície;

— estudar o plankton (conjunto dos micro-organismos de vida aquática);

— evitar captar próximo ao fundo (sedimentos, Fe, etc.).

c) *Economia das instalações.*

Entre as soluções que são sanitàriamente recomendáveis, escolher a de menor custo.

Deve-se observar quanto ao curso d'água:

— permanência do canal
— natureza do leito
— velocidade da corrente

e quanto ao local:

— natureza das margens
— custo dos terrenos adjacentes
— facilidade para a instalação de estações de recalque e outras obras.

III) *Exemplos de Captação de Águas Superficiais*

a) *Cursos de água com pequena oscilação de nível*

1. Canal de derivação. (Fig. 2.4)

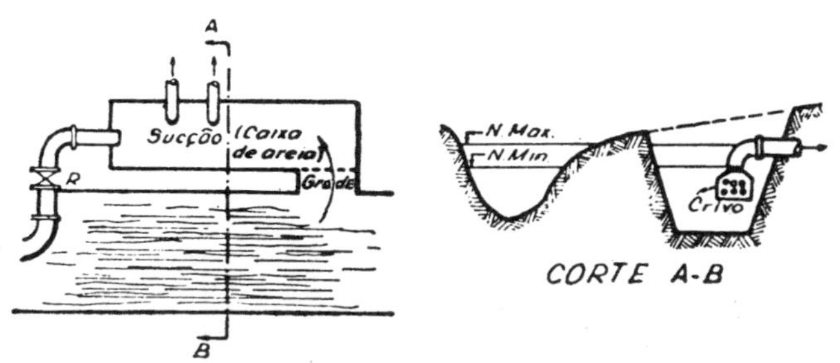

FIG. 2.4

Canal aberto paralelamente ao eixo do curso de água, funcionando simultâneamente como poço de sucção e caixa de areia. A água atravessa uma grade G (proteção contra a entrada de substâncias grosseiras) geralmente formada de barras metálicas de 1/4″ a 1/2″ de espessura com passagens de 5 cm. O tubo de tomada tem em sua extremidade uma peça — o crivo — com aberturas reduzidas para limitar a entrada de substâncias sólidas e de pequenos peixes, com dimensões entre 1/8″ e 1/4″.

A limpeza do canal que funciona com caixa de areia é facilitada pela abertura das comportas "C" durante os períodos de grande vazão.

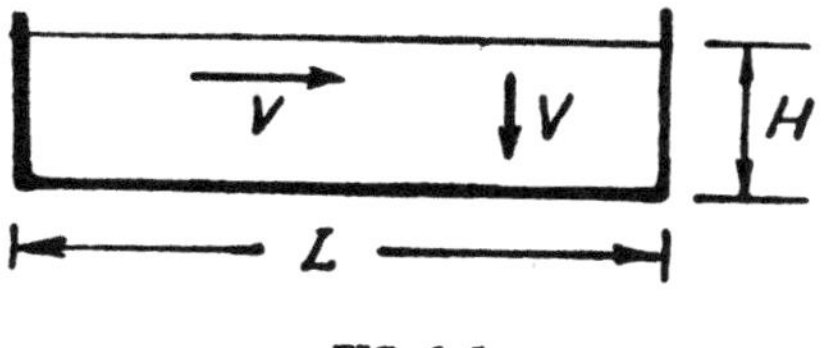

FIG. 2.5

Para o funcionamento efetivo como caixa de areia é necessário um certo comprimento útil L e fixar o tamanho mínimo da partícula de areia que se quer remover. Nos casos correntes é comum a remoção de partículas com diâmetro D = 0,2 mm, cuja velocidade de sedimentação é v = 2,5 cm/seg. Sendo V a velocidade da água, H a profundidade do canal e L o seu comprimento, tem-se: (Fig. 2.5).

$$L = \frac{V}{v} H$$

Na prática adotam-se velocidades V ≤ 0,35 m/seg e um comprimento total percurso da água) acrescido de 50%; L_1 = 1,50 L.

O registro R só será aberto quando se tornar necessário limpar o canal de derivação para remover as substâncias depositadas.

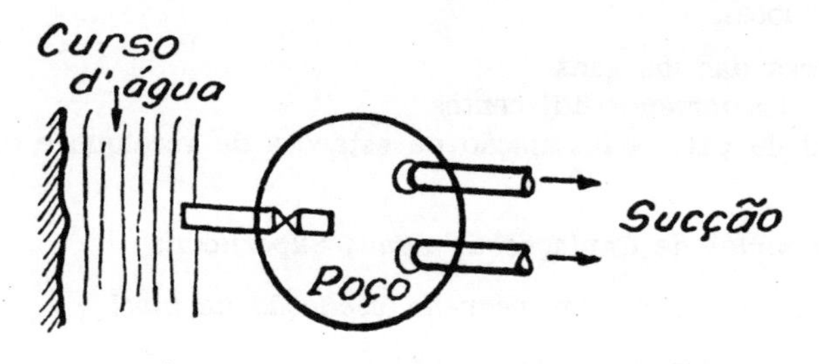

FIG. 2.6

2. Poço aberto próximo à margem. (fig. 2.6)
3. Tomada com proteção por muro ou tubo. (Fig. 2.7)

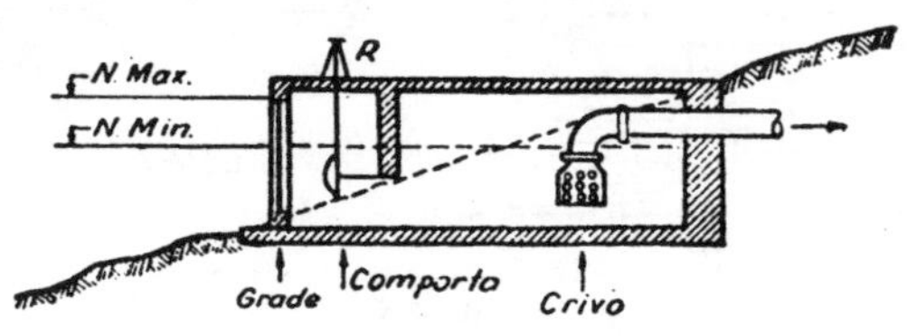

FIG. 2.7

4) Proteção simples do tubo de tomada..

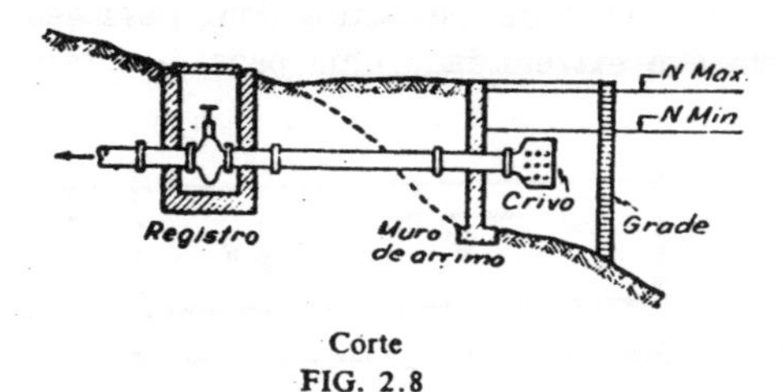

Corte
FIG. 2.8

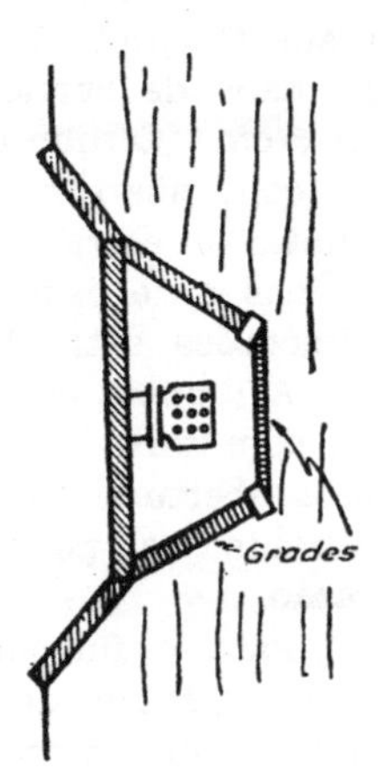

Planta

O tubo de tomada é protegido por uma caixa de tomada simples, constituída de pequenas vigas de concreto superpostas. O exemplo da figura 2.8 é o da captação construída no rio Ohio (E. Unidos), para a cidade de Stenbenville.

b) *Cursos d'água de grande oscilação de nível.*

1. Caixas de tomada simples. (Fig. 2.9)

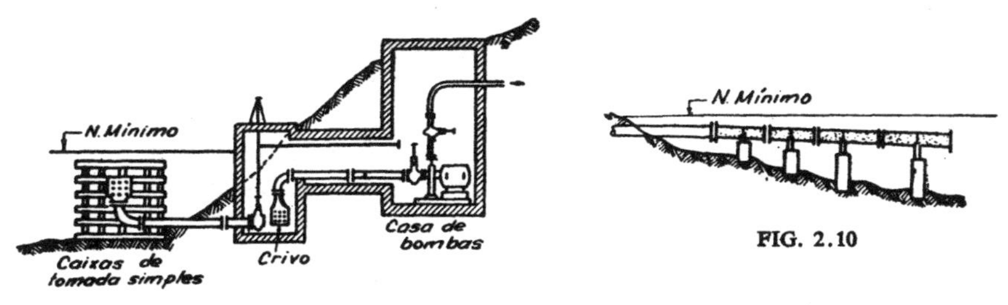

FIG. 2.9

FIG. 2.10

2. Tubos perfurados assentes sôbre estacas (Fig. 2.10)

3. Tôrre de tomada (grandes instalações). (Fig. 2.11 e 2.12)

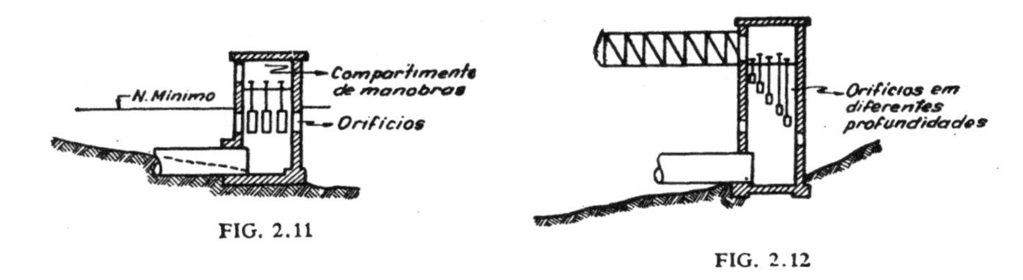

FIG. 2.11

FIG. 2.12

IV) *Águas Subterrâneas*

Exemplifiquemos com alguns tipos característicos de captação:

a) *Captação por galerias de infiltração* — Captação do lençol de água de pequena espessura ou de fontes de emergência (de fundo de vale), neste caso captando à meia encosta se evita a região do vale, geralmente pantanosa.

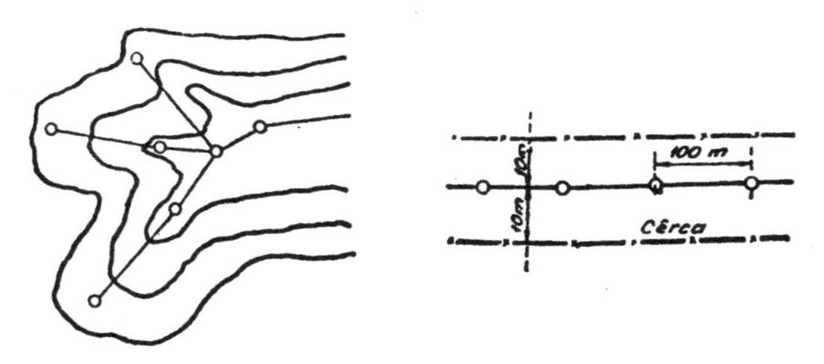

FIG. 2.13

Em planta: As canalizações coletoras devem ter o seu eixo colocado transversalmente à direção do escoamento do lençol d'água. (Fig. 2.13)

— Numa faixa de 20 m (10 para cada lado) do eixo das canalizações coletoras deve-se retirar tôda a vegetação e evitar a presença de certos animais, cercando o local.

— Construir paralelamente às canalizações, e a uma certa distância delas, valetas que evitem a passagem das enchurradas.

— Colocação de poços de visita para inspeção, a distância de 100 m uns dos outros (200 m para grandes diâmetros), em tôdas as mudanças de direção, diâmetro e declividade, no início das canalizações e nas junções entre os condutos.

Em corte: É recomendável dar ao poço de visitas uma profundidade adicional, que possa funcionar como caixa de areia, permitindo a retirada de parte das substâncias minerais (areias) eventualmente transportadas pela água. (Fig. 2.14)

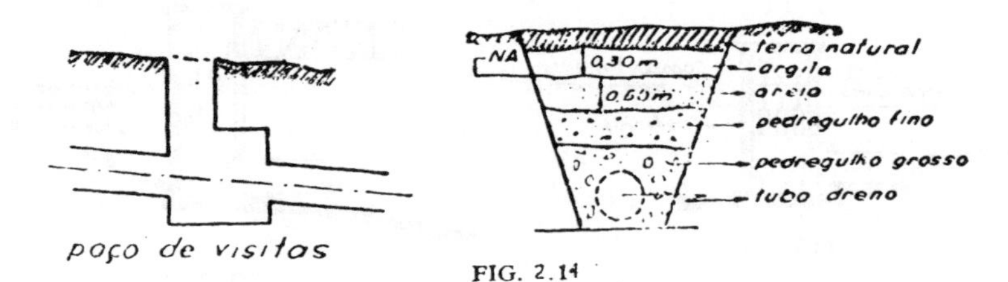

FIG. 2.14

A captação é feita por tubos tipo dreno (tubos com perfurações em sua parede) que são envolvidos por material de granulometria relativamente grande (pedregulho grosso). Sôbre a camada de pedregulho grosso são colocadas camadas sucessivas de pedregulho fino, areia, argila e terra natural.

A água coletada pelos drenos é encaminhada para um conduto geral e dêste para um poço de sucção de onde se fará o recalque.

Como medida sanitária final é necessário desinfetar todo o sistema antes da utilização da água. Para isso é empregado um desinfetante, geralmente o Cloro ou um de seus compostos. Neste caso é comum usar-se uma solução que contenha 50 ppm (partes por milhão) de cloro e um período de contacto de 12 horas, após o que deve ainda haver 5 ppm de cloro residual no sistema.

b) *Poços perfurados* — A perfuração é um método de construção comum aos poços profundos. Há dois processos que podem ser empregados:

— sondas hidráulicas rotativas

— sondas de percussão.

c) *Proteção do poço contra a poluição* — Na extremidade superior do poço:

— prolonga-se o revestimento acima do nível do piso de 0,15 m, no mínimo;

— constroi-se um piso circundando-o;

— emprêgo de dispositivos para o desvio de águas superficiais;

— uso de cobertura adequada;

— se necessário, prevê-se a colocação de bombas para o esgotamento de águas poluidas.

A proteção contra a penetração de águas poluidas que se infiltraram na parte externa do poço faz-se com a colocação, em certas profundidade, de argamassa de cimento e areia.

Terminada a construção deve ser feita a desinfecção do poço. Emprega-se uma solução de cloro (ou um de seus compostos) na dosagem de 100 ppm com um período de contácto de 24 horas; é desejável na água do poço um residual de 5 ppm.

d) *Filtros* — Dispositivos através dos quais a água penetra no poço. Podem ser constituídos de perfurações na própria camisa do revestimento ou filtros especiais.

Podem ser colocados diretamente em contato com o terreno ou requerem a descida de pedregulho que envolverá o filtro no caso de solos soltos.

e) *Retirada da água* — Há dois métodos principais para a retirada da água:

— Elevação por ar comprimido (Air Lift).

— Emprêgo de bombas do tipo de turbina que trabalharão submersas.

2.10.0. — RESERVATÓRIOS DE ACUMULAÇÃO

2.10.1. — *Finalidades.*

Criar um lago artificial ou reservatório para armazenar um certo volume de água destinada a: abastecimento de água, abastecimento industrial, aproveitamento hidroelétrico, irrigação, contrôle de enchentes, regularização de cursos d'água, etc.

O reservatório será um elemento regularizador entre as vazões disponíveis à montante e as vazões necessárias ou permissíveis à jusante.

a) *Abastecimento de água, abastecimento industrial, aproveitamento hidroelétrico e irrigação.*

As vazões disponíveis do curso d'água, embora em média sejam superiores às necessidades do consumo, apresentam mínimos inferiores a essas demandas. O reservatório acumulará a água durante os períodos chuvosos para cedê-las nas estiagens.

b) *Contrôle de enchentes.*

Manter à jusante uma vazão compatível com a capacidade do canal, evitando inundações e, conseqüentemente, a possibilidade de perda de vidas. destruição de propriedades e culturas, etc.

c) *Regularização de cursos d'água.*

Manter à jusante vazões mínimas compatíveis com a navegação, necessidades sanitárias, (lançamento de esgotos), contrôle das margens, fins recreativos ou estéticos, etc.

2.10.2. — *Tipos de solução.*

Na construção de reservatórios pode-se ter em vista:

— uma única finalidade

— finalidades múltiplas

— utilização completa dos recursos hidráulicos de uma bacia.

a) *Reservatório construído para atender a uma só finalidade* — Nas obras de alguma importância, em geral, os reservatórios atendem a várias finalidades. Mesmo que se construísse um reservatório para atender a uma única finalidade, êle, indiretamente, serviria a outras. Por exemplo:

— um reservatório que cubra uma extensa área, assegura um certo contrôle de enchentes;

— um reservatório projetado para contrôle de enchentes pode ser utilizado para regularização de vazões mínimas;

— podem ser atendidos, simultâneamente, o abastecimento de água e o aproveitamento hidroelétrico;

— a elevação do nível de água pode permitir a irrigação de extensas áreas de terreno, etc.

b) *Finalidades múltiplas* — É um tipo de solução bastante comum. Como exemplo notável pode ser citada a barragem de Hoover (antiga barragem Boulder) no Rio Colorado, nos Estados Unidos. Foi projetada para controlar as inundações à jusante, regularizar a vazão e a navegação à jusante no Rio Colorado, irrigação, aproveitamento hidroelétrico (850.000 HP) e abastecimento de água de pequenas comunidades.

Alguns pormenores dessa obra;

— Barragem: altura, 220 m; largura na base, 195 m; largura no coroamento, 354 m; arco com 150 m de raio no eixo.

— Extravasores: capacidade 11.200 m³/seg.

— Lago: superfície, 593 km²; largura máxima, 15 km; açoreamento, 0,5% da capacidade máxima por ano; capacidade máxima, 37.000.000.000 m³; comprimento, 207 km.

c) *Planejamento de conjunto* (utilização completa dos recursos hidráulicos de uma bacia). Requer estudos completos o planejamento vasto, envolvendo as possíveis utilizações e as conseqüências advindas da construção dos reservatórios. Particular atenção é dada às facilidades de transporte, estudo das condições sanitárias e econômicas da região, produção de energia elétrica, agricultura, indústria, possibilidades de desenvolvimento, etc. Como exemplo notável cita-se o T.V.A. (Tennessee Valley Authority) com atribuições sôbre o vale do Rio Tennessee, nos Estados Unidos. No Brasil temos a Comissão Interestadual da Bacia do Paraná-Uruguay, criada á poucos anos e, mais recentemente, o D.A.E.E. (Departamento de Águas e Energia Elétrica) criou os serviços do Paraíba, do Ribeira, etc.

Como exemplos possíveis no Brasil, temos os relativos às bacias do Amazonas, São Francisco, Tocantins, etc.

2.10.3. — *Projeto de Reservatórios de acumulação.*

a) *Estudos preliminares*

1. Determinação das vazões do curso d'água:

— dados estatísticos existentes, obtidos consultando anuários fluviométricos do Ministério da Agricultura ou publicações de entidades estaduais.

— medidas diretas.

— estimativa baseada no regime de chuvas da região e nos coeficientes de deflúvio.

— dados de bacias já estudadas e que apresentam condições semelhantes às da bacia em estudo.

2. Regime das chuvas;

— registro por medidores especiais — pluviógrafos e pluviômetros.

3. Estudos de evaporação.

4. Estudos de infiltração.

b) *Cálculo da capacidade.*

1. Fatôres a considerar

— volumes fornecidos pelo curso d'água

— volumes de demanda

— perdas

— Nos estudos é adotado, como unidade de tempo, o mês. Escolhe-se um intervalo de tempo suficientemente amplo — o quanto o permitirem os dados — e determinam-se todos os volumes mensais que interessam ao cálculo.

— Consideram-se volumes de demanda aquêles que são necessários para a solução do problema em causa — no caso, abastecimento de água de uma cidade.

— São *perdas*, no sentido mais amplo possível:

— a evaporação — que é considerada apenas na superfície das águas do próprio reservatório. Pode-se admitir "a priori" no cálculo, a evaporação referente a uma área de 3 a 10% da área da bacia hidrográfica e, posteriormente, se necessário, refazer o cálculo com a área inundada correta ou considerar no fim do cálculo um acréscimo de capacidade para atender às perdas por evaporação.

— a infiltração — supõe-se um valor constante por mês, depende da natureza do terreno e da altura da barragem. Merece particular importância o estudo da infiltração através das barragens de terra — capítulo importante que é estudado na Mecânica dos Solos.

— Vazões mínimas à jusante — a fim de que o curso d'água possa continuar a desempenhar as múltiplas funções a que está sujeito.

— Volume a fornecer a entidades públicas e particulares que têm direitos já assegurados sôbre o rio.

2. *Diagramas de massas* — Gráficos que permitem o cálculo da capacidade útil do reservatório. Os mais conhecidos, entre nós, são:

— diagrama do RIPPL para esgotamento constante

— diagrama do RIPPL para esgotamento variável

— diagrama do HILL.

A determinação da capacidade pode ser também feita com o auxílio de cálculo analítico.

3. *Diagrama de RIPPL — demanda constante* — Suponhamos o caso concreto apresentado na tabela da página seguinte.

1		2		3	4	5	6	7	8	9
Período		Volumes mensais		Diferenças mensais entre volumes fornecidos pelo curso d'água e perdas	Volumes mensais de demanda	Diferença entre os volumes das colunas 4 e 3	Diferenças acumuladas da coluna 5	Volumes disponíveis acumulados	Volumes de demanda acumulados	Observações
Ano	Mês	Curso D'água	perdas							
1931	J	8,6	0,4	8,2	1,8	− 6,4	—	8,2	1,8	E
	F	6,3	0,4	5,9	1,8	− 4,1	—	14,1	3,6	E
	M	6,7	0,4	6,3	1,8	− 4,5	—	20,4	5,4	E
	A	8,1	0,4	7,7	1,8	− 5,9	—	28,1	7,2	E
	M	3,4	0,4	3,0	1,8	− 1,2	—	31,1	9,0	E
	J	0,9	0,4	0,5	1,8	+ 1,3	1,3	31,6	10,8	D
	J	0,6	0,4	0,2	1,8	+ 1,6	2,9	31,8	12,6	D
	A	0,6	0,4	0,2	1,8	+ 1,6	4,5	32,0	14,4	D
	S	0,5	0,4	0,1	1,8	+ 1,7	6,2	32,1	16,2	D
	O	0,5	0,4	0,1	1,8	+ 1,7	7,9	32,2	18,0	D
	N	0,7	0,4	0,3	1,8	+ 1,5	9,4	32,5	19,8	D
	D	2,1	0,4	1,7	1,8	+ 0,1	≠ 9,5	34,2	21,6	D
1932	J	7,6	0,4	7,2	1,8	− 5,4	4,1	41,4	23,4	S
	F	8,0	0,4	7,6	1,8	− 5,8	—	49,0	25,2	E
	M	9,3	0,4	8,9	1,8	− 7,1	—	57,9	27,0	E
	A	9,0	0,4	8,6	1,8	− 6,8	—	66,5	28,8	E
	M	4,2	0,4	3,8	1,8	− 2,0	—	70,3	30,6	E
	J	0,8	0,4	0,4	1,8	+ 1,4	1,4	70,7	32,4	D
	J	0,9	0,4	0,5	1,8	+ 1,3	2,7	71,2	34,2	D
	A	0,8	0,4	0,4	1,8	+ 1,4	4,1	71,6	36,0	D
	S	0,7	0,4	0,3	1,8	+ 1,5	5,6	71,9	37,8	D
	O	1,8	0,4	1,4	1,8	+ 0,4	≠ 6,0	73,3	39,6	D
	N	3,6	0,4	3,2	1,8	− 1,4	4,6	76,5	41,4	S
	D	8,1	0,4	7,7	1,8	− 5,9	—	84,2	43,2	E

E → água escoando pelo extravasor   D → nível de água baixando   S → nível de água subindo

COLUNA 1 — Período de tempo em meses.

COLUNA 2 — Volumes mensais fornecidos pelo curso d'água em milhões de m^3 e volumes mensais de perdas também em milhões de m^3.

COLUNA 3 — Diferenças entre os volumes mensais fornecidos pelo curso d'água, e os volumes mensais de perdas — (volumes mensais disponíveis).

COLUNA 4 — Volumes mensais de demanda — abastecimento de água de uma cidade — obtidos a partir do volume anual no fim do plano (para a população prevista).

COLUNA 5 — Diferença entre os volumes mensais de demanda e os volumes mensais disponíveis. O sinal negativo indica que há excesso de água e o sinal positivo indica que o volume de demanda, nos meses correspondentes, supera o volume de água disponível.

COLUNA 6 — Diferenças acumuladas da coluna 5. Para preencher esta coluna foi admitida a hipótese inicial de o reservatório estar cheio. Os valores negativos não foram computados pois correspondem a meses em que há excesso de água (volume disponível superando a demanda). Começa-se a soma pelos valores positivos, prosseguindo-se até a diferença acumulada se anule, desprezando-se todos os valores negativos seguintes, recomeçando-se a soma quando aparecer o primeiro valor positivo, etc.

— Na coluna 6, no período abrangido, nota-se que ocorreram duas estiagens. Na primeira, o déficit máximo foi de 9,5 milhões de m^3. Para que o reservatório pudesse enfrentar as conseqüências da estiagem e fornecer água à cidade deveria ter um volume reservado igual a 9.500.000 m^3 no início das sêcas. Se os dados para o cálculo correspondem a um intervalo de tempo suficientemente amplo, principalmente quando as condições hidrológicas variam muito de ano para ano, é possível a fixação de um valor seguro para a capacidade do reservatório.

Tendo em vista o traçado do diagrama de RIPPL calculemos as colunas 7 e 8.

COLUNA 7 — Volumes acumulados da coluna 3 (Volumes disponíveis acumulados).

COLUNA 8 — Volumes acumulados da coluna 4 (Volumes de demanda acumulados).

Traçado do Diagrama de RIPPL — No eixo das abscissas são marcados os tempos em meses e no eixo das ordenadas os volumes acumulados em milhões de metros cúbicos. (Fig. 2.15).

Com os valores da coluna 7 traça-se a curva dos volumes disponíveis acumulados e com os valores da coluna B a reta da demanda acumulada.

Pelos pontos A e B (de máximos e de mínimos relativos) traçam-se tangentes paralelas à reta de demanda acumulada. A tangente passando por A deverá cortar a curva à direita (pontos C) e a tangente passando por B deverá cortar a curva à esquerda (pontos D).

No período I o nível de água no reservatório estará descendo e no período II estará subindo; o ponto B representa o instante em que terminou a estiagem e se inicia a estação chuvosa; o ponto C representa o instante em que o reservatório está cheio e a água começa a escoar pelo extravasor; ao intervalo de tempo compreendido entre os instantes correspondentes aos pontos A e C se denomina período crítico as ordenadas BE representam os máximos déficits de água no reservatório durante os respectivos períodos de estiagem. A capacidade útil do reservatório pode ser determinada com a escolha do valor da ordenada máxima BE determinada no diagrama de RIPPL ou, então, tomando-se em consideração todos os valores dessas ordenadas, com base na análise estatística pode-se escolher um valor que apresente uma freqüência razoável (valor igualado ou excedido uma vez cada 20, 50 ou 100 anos).

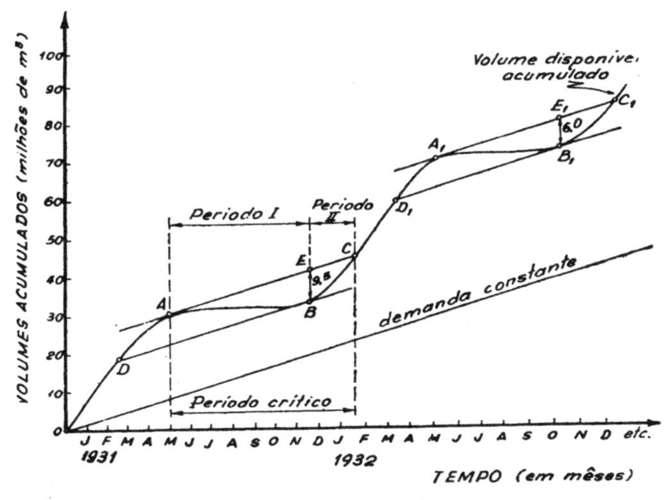

FIG. 2.15

4) Diagrama de RIPPL para demanda variável — Neste caso se calcularia uma outra coluna efetuando as diferenças entre as colunas 7 e 8 (volumes disponíveis acumulados menos volumes de demanda acumulados). As tangentes seriam paralelas ao eixo das abscissas. Todo o raciocínio feito para o cálculo anterior, vale para êste. (Fig. 2.16).

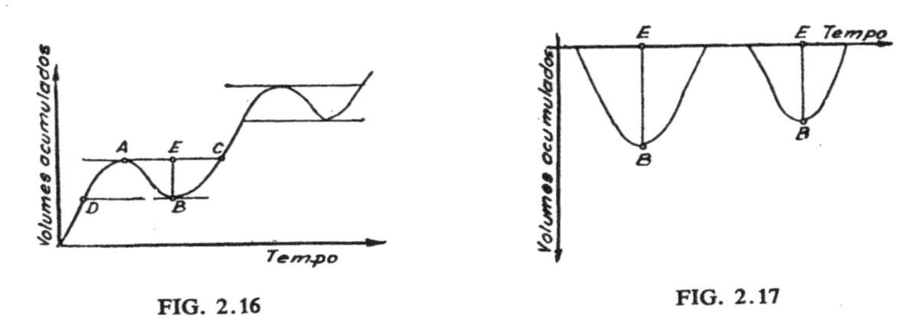

FIG. 2.16

FIG. 2.17

5) Diagrama de HILL — Neste diagrama consideram-se sòmente os períodos em que há déficit de água no reservatório (valores retirados da coluna 6). A capacidade do reservatório é determinada com base nas ordenadas BE. (Fig. 2.17).

2.10.4. — *Aspectos Sanitários do Represamento.*

a) *Qualidade das águas.*

O represamento tem ação benéfica sôbre:

— *Turbidez* — devido à baixa velocidade da água no reservatório dá-se a deposição de parte do material sólido em suspensão e, conseqüentemente, uma redução na turbidez.

— *Côr* — redução devida à ação da luz solar. A redução é tanto maior quanto maior a intensidade e tem efeito mais acentuado próximo à superfície livre.

— *Redução do número de bactérias* — devido à escassez de alimentos, ação de microorganismos bacteriófagos e ação solar. Experiências feitas nos Estados Unidos com armazenamento de 3 semanas a 3 meses revelaram redução variando de 35 a 90% e na Inglaterra (Londres) com uma semana de reservação em repouso, redução de até 90% na contagem das bactérias causadoras da febre tifóide e da cólera.

— *Ações adversas* — Aparecimento de condições insatisfatórias devido ao contacto da água com vegetação ou matéria orgânica existente no local;

— desenvolvimento de algas nas zonas rasas podendo causar mau gôsto e mau odor na água e sérios transtornos nas estações de tratamento;

— poluições e contaminação da água devido a causas diversas.

b) *Preparo do local*

— Remoção da vegetação — corte e transporte das árvores, queima dos arbustos e da vegetação rasteira.

— Corte e atêrro das margens para evitar zonas rasas, adotando taludes com declividades fortes e de preferência revestidos.

— Atêrro e drenagem das regiões alagadiças.

— Esvasiamento das fossas existentes, atêrro dos buracos com areia e pedregulho.

— Cobrir com areia e pedregulho as áreas intensamente poluidas (estábulos, cocheiras, etc.).

Antigamente era recomendada a raspagem e remoção da camada superior de terreno (solo vegetal) para eliminar a matéria orgânica. Observa-se, porém, que após um curto período no qual existe influência sensível dessa matéria orgânica sôbre a qualidade da água (principalmente mais gôsto e mais odor), há pouca diferença, nesse aspecto, entre a água dos reservatórios que foram e que não foram assim tratados. A eliminação dessa raspagem representa sensível economia.

c) *Contrôle das bacias.*

— Desapropriação das áreas contribuintes, quando são relativamente pequenas (problema que é passível de discussão); em caso contrário desapropriação de faixas contornando os bordos do reservatório e áreas incluindo os afluentes principais.

— Seria desejável a remoção das residências das faixas marginais.

— Prover de facilidades sanitárias as residências da bacia, tratar os esgotos de suas comunidades.

— O uso das bacias e reservatórios como locais de recreio — só em casos excepcionais. Proibição se a água vai ser distribuída sem tratamento; em caso contrário parece não haver inconvenientes.

— Pic-nics — restritos a áreas com possibilidades sanitárias (abastecimento de água, esgotos, coleta de lixo, etc.).

— Natação, iatismo, caça, pesca, remo, etc. — Só em locais afastados de tomada de água.

— Emprêgo de inspetores sanitários, devidamente treinados e esclarecidos, com função educativa e policial.

— Adoção de um programa de educação sanitária, dos moradores e dos visitantes por meio de cartazes, publicações, assistência técnica, etc., que dê ênfase à importância sanitária das proibições e restrições exigidas.

2.10.5. — *Assoreamento* (Siltagem).

Deposição do material carreado pelos cursos de água, no interior do reservatório, devido à diminuição da velocidade e da turbulência das águas. Em conseqüência há uma diminuição progressiva da capacidade do reservatório (Exemplo: Barragem Hoover, capacidade 37.000.000.000 m^3, assoreamento 185.000.000 m^3/ano. — 0,5% ao ano — em 50 anos se terá uma diminuição da capacidade de cêrca de 25% — 9.000.000.000 m^3).

A remoção do material raramente se justifica econômicamente; além disso a experiência mostra ser difícil a remoção eficiente.

Pode-se, entretanto, diminuir a quantidade de material transportado para o reservatório atuando sôbre os fatôres que influem no assoreamento, ou seja, combatendo a erosão (reflorestamento da bacia hidrográfica ou criação de qualquer cobertura vegetal e adoção, pelos agricultores, do sistema de cultivo racional do solo).

Em alguns casos tem-se construído pequenos reservatórios auxiliares à montante, que retenham parte do material e que permitam fácil limpeza.

Em outros casos, para remoção parcial de depósitos são utilizadas descargas durante a época das cheias.

2.11.0. — ADUÇÃO

2.11.1. — *Generalidades.*

Entende-se por adução o conjunto de encanamentos, peças especiais e obras de arte destinados a promover a circulação da água num abastecimento urbano entre:

a) a captação e o reservatório de distribuição ou diretamente à rêde de distribuição.

b) a captação e a estação de tratamento.

c) a estação de tratamento e o reservatório ou a rêde de distribuição.

d) o reservatório e a rêde de distribuição.

As adutoras geralmente não apresentam distribuição em marcha (às vêzes existem sangrias destinadas ao abastecimento de pontos intermediários).

Quando de uma adutora principal derivam-se várias adutoras secundárias, estas são chamadas de sub-adutoras.

2.11.2. — *Classificação.*

a) de acôrdo com a energia de movimentação da água:

1. adução por gravidade
2. adução por recalque
3. adução mista: parte por gravidade, parte por recalque.

b) de acôrdo com o modo de escoamento:

1. adução em conduto livre
2. adução em conduto forçado
3. adução mista: parte em conduto forçado, parte em conduto livre.

2.11.3. — *Vazão de dimensionamento.*

a) Sistemas desprovidos de distribuição.

— a adutora é dimensionada para atender à hora de maior consumo no dia de maior consumo.

Sendo:

k_1 e k_2 os coeficientes de variação do consumo,

q a quota média diária "per capita",

p a população a ser abastecida,

a vazão Q em litros por dia será:

$$Q = k_1 k_2 qp$$

e em litros por segundo:

$$Q = \frac{k_1 k_2 qp}{86400}$$

b) Sistemas providos de reservatórios de distribuição de capacidade suficiente para funcionar como volante para as variações horárias de consumo. É o caso mais freqüente na prática. A adutora deve ser dimensionada para atender à vazão média do dia de maior consumo.

A adução poderá ser contínua (24 horas por dia) ou intermitente (n horas por dia).

1. Adução contínua:

— vazão em litros por dia

$$Q = k_1 qp$$

— vazão em litros por segundo

$$Q = \frac{k_1 qp}{86400}$$

2. Adução intermitente:

— vazão em litros por hora

$$Q = \frac{k_1 qp}{n}$$

— vazão em litros por segundo

$$Q = \frac{k_1 qp}{3600 n}$$

Se o reservatório de distribuição servisse de volante também para as variações diárias do consumo, a adutora seria dimensionada para atender à vazão média anual (fórmulas do ítem b — (2) sem o coeficiente k_1). A solução conduziria a um mínimo de custo para a adutora, mas em conjunto, quase sempre é mais dispendiosa.

— Entre os casos mencionados em *a* e *b* podem ser ideados sistemas intermediários.

2.11.4. — *Adução por gravidade.*

I — *Adutora em conduto livre*

1. *Características gerais* — líquido em escoamento com a superfície livre constantemente sob a pressão atmosférica. A linha piezométrica efetiva está contida, em todo o percurso, nessa superfície livre. Em terrenos acidentados exige um desenvolvimento muito grande ou a construção de obras de arte para a transposição das depressões.

2. *Tipos de condutos livres.*

a) canais a céu aberto

I — Abertos, em terra, com ou sem revestimento. Geralmente têm secção trapezoidal. Em abastecimento de água para consumo urbano só são permitidos na adução desde a Captação até uma Estação de Tratamento.

II — Calhas de madeira, de concreto armado ou metálicas — adotam-se geralmente secções retangulares, trapezoidais ou circulares.

b) condutos livres providos de cobertura (galerias e túneis). Construidos em alvenaria, concreto armado, material cerâmico, cimento-amianto, chapas ou perfis metálicos ou madeira. Quando a secção é pequena prefere-se secção circular. Nas grandes secções às vêzes são adotadas outras formas (retangulares, ovóides, ferradura, semi-elítica, etc.) com melhores características construtivas e estruturais.

3. *Dimensionamento das adutoras em conduto livre.*

a) São conhecidos:

I — A vazão Q determinada pelo critério exposto em 2.11.3.

II — O desnível H e a distância mínima L entre os pontos de partida e de chegada e a conformação do terreno em diversos caminhamentos possíveis.

III — As características de resistência ao escoamento oferecida pelas paredes de diferentes tipos de condutos disponíveis.

IV — O custo unitário de construção, usando-se os diferentes tipos de condutos.

b) É fixado pela prática, um intervalo de escolha da velocidade média V, no qual o limite inferior (aproximadamente 0,30 m/seg) visa impedir a sedimentação de materiais em suspensão e o desenvolvimento de vegetação aquática na canalização e o limite superior visa a proteção do canal contra desgaste excessivo, conforme os dados da seguinte tabela.

Limites máximos aconselhados para a velocidade de escoamento nas adutoras

Tipo de Canalização	Velocidade máxima (m/seg)
— Tubulações:	
Aço e ferro fundido	3,60 a 6,00
Concreto	3,00 a 4,50
Madeira	4,50
— Túneis:	
Não revestidos	3,60
Revestidos com concreto	3,00 a 4,50
Revestidos com aço	3,60 a 6,00
— Secções especiais com abertura:	
Revestidas com concreto	4,50
Revestidas com alvenaria de tijolos	5,40
— Canais:	
— Canais em terra sem revestimento	
— Terra comum	0,75 a 1,00
— Areia	0,30 a 0,60
— Pedregulho ou argila compacta	1,50 a 1,80
— Canais em rocha	2,40 a 4,50
— Canais revestidos com concreto	3,00 a 4,00

c) Têm-se, assim os elementos hidráulicos e econômicos suficientes para, por tentativas, determinarem-se o tipo e as dimensões da secção de escoamento, a declividade e o material a ser usado na adutora mais econômica.

— Emprega-se como equação da resistência ao escoamento a fórmula de Chézy

$$V = C \sqrt{RI}$$

onde:

V é a velocidade média em m/seg

R o raio hidráulico da secção em m

I a declividade do conduto em m/m

C o coeficiente de Chézy

— Para determinação do coeficiente C são muito usadas as fórmulas de Bazin, Ganguillet e Kutter, e Manning, apresentadas no Curso de Hidráulica Geral.

II — *Adutora em conduto forçado*

1. *Características gerais* — A pressão interna é diferente da pressão atmosférica. A pressão efetiva é medida pela ordenada, relativamente ao eixo do conduto, da linha piezométrica.

2. *Traçado* — A canalização acompanha, em linhas gerais, a ondulação da superfície do solo. O traçado é condicionado por:

a) Garantia de pressões internas não muito elevadas.

b) Garantia ou pelo menos tendência para obtenção de pressões efetivas constantemente positivas (facilidade de expulsão de ar pelas ventosas e diminuição da possibilidade de intromissão de água exterior suspeita. Para adutora de secção constante a linha piezométrica será pràticamente uma linha reta (reta ab da figura 2.18). Às vêzes, por um traçado assim direto, pode não ser possível manter a canalização abaixo da linha piezométrica (trecho CDE). Em tais casos, mediante uma caixa de passagem em D dividiremos a adutora em dois trechos AD e DB, dimensionadas separadamente. A linha piezométrica é então a linha quebrada acb.

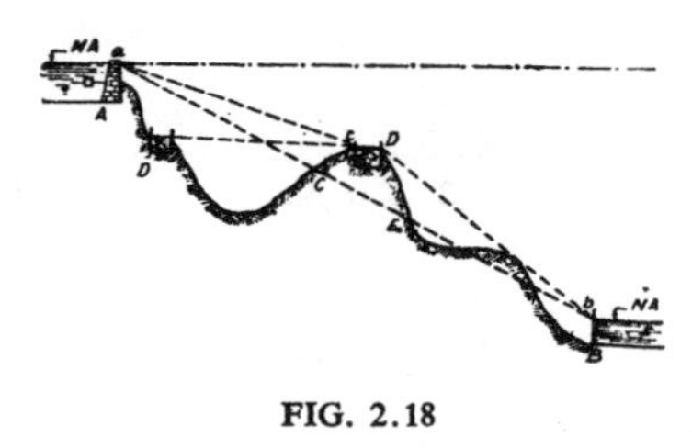

FIG. 2.18

Às vêzes é mais fácil contornar o ponto alto, outras vêzes se justifica a abertura de um corte profundo ou mesmo de um túnel.

Em casos mais desfavoráveis há necessidade de se recorrer a uma bombeamento para a travessia do ponto alto.

Quando a situação topográfica faz com que a canalização se afaste demasiadamente da linha piezométrica, pode-se obter melhores resultados econômicos quebrando-se a linha piezométrica por meio de caixas intermediárias (de quebra-pressão). Na figura, por exemplo, colocando-se a caixa em D.

Deve-se lembrar que nas operações de fechamento da adutora à montante (ponto A) ou à jusante (ponto B) a tubulação deverá resistir, também a sobrepressão devido aos golpes de ariete. Na prática muitas vêzes é mais econômico dar-se à água uma descarga sempre livre na extremidade de jusante, usando-se extravasoras de sobras, porque então as pressões dinâmicas a serem previstas não incluirão as sobrepressões devidas ao golpe de ariete. Outras vêzes usam-se válvulas de segurança especiais destinadas à proteção contra os golpes de ariete.

3. *Dimensionamento* — As fórmulas mais empregadas são a universal e a de Hazen-Williams:

$$V = 0{,}355\,C \times D^{0{,}63} \times j^{0{,}54}$$

na qual V é a velocidade média em m/seg, D o diâmetro em m, j a perda de carga unitária em m/m e C o chamado coeficiente de Hazen-Williams.

Em 7.11.0 e 8.1.0 no I volume apresentamos ábacos e tabelas destas fórmulas.

4. Precauções especiais a serem consideradas.

I — Instalação de registros de parada, de distância em distância, e, especialmente, em depressões e elevações importantes, possibilitando reparos e inspeções rápidas;

II — Instalação de ventosas para expulsão do ar, nos pontos altos, situados abaixo da linha piezométrica;

III — Colocação de registros para descarga e limpeza da linha nos pontos baixos;

IV — Instalação de válvula de retenção em pontos que evitem grande perda de água, em um eventual acidente.

2.11.5. — *Adução por Recalque.*

a) *Características Gerais*

As linhas de recalque funcionam sempre como conduto forçado, apresentando, assim, comportamento hidráulico muito semelhante às adutoras por gravidade em conduto forçado. Diferem delas pelo fato de a energia para o escoamento lhes ser dada por um conjunto elevatório, acionado por uma fonte de energia.

b) *Dimensionamento da adutora e do conjunto elevatório.*

São dados do problema:

— a vazão Q

— o desnível geométrico h_G

— o comprimento L da adutora.

São incógnitas:

— o diâmetro D

— a potência N do conjunto elevatório.

O problema é indeterminado sob o ponto de vista estritamente hidráulico: escolhido um material para a adutora há muitos valores do par (D, N) que resolvem o problema, pois, fixado um D qualquer é sempre possível calcular um N que promova o escoamento da vazão Q à altura h_G na distância L. (Fig. 2.19)

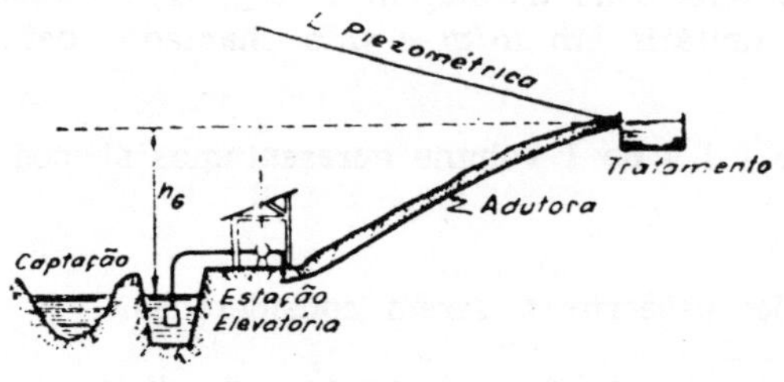

FIG. 2.19

A indeterminação é levantada introduzindo-se a condição de que o par (D, N) a ser adotado conduza ao custo mínimo do sistema.

Êste problema foi resolvido em 8.6.4 no I volume, conduzindo ao resultado final conhecido por fórmula de Bresse

$$D = k\sqrt{Q}$$

em que D é expresso em metros e Q em m^3/seg e k um coeficiente que tem dimensões de uma velocidade elevada à potência — 1/2.

O coeficiente k depende do pêso específico da água, do regime de trabalho e do rendimento do conjunto elevatório, da natureza do material da tubulação, e dos preços unitários vigentes: preço da unidade de comprimento do tubo de diâmetro unitário e preço de unidade de potência do conjunto elevatório.

c) *Cálculo da potência do conjunto elevatório.*

Conhecida a vazão e determinado o diâmetro, calcula-se a perda de carga total h_T no sistema de recalque:

$$h_T = h_S + h_B + h_R,$$

sendo:

h_S = perda de carga na canalização de sucção

h_B = perda de carga na bomba

h_R = perda de carga no conduto de recalque

A altura manométrica de recalque $H = h_G + h_T$, sendo h_G o desnível geométrico.

A potência N será:

$$N = \frac{\gamma Q H}{75r}$$

onde: N é a potência em HP, γ o pêso específico do líquido recalcado em kg*/m³, Q a vazão de recalque em m³/seg, H a altura manométrica em metros, r o rendimento do conjunto elevatório, igual por sua vez, a $r = r_M r_B$, sendo r_M o rendimento do motor e r_B o rendimento da bomba.

d) *Precauções especiais a serem consideradas.*

Além das relativas às adutoras em conduto forçado, mais as seguintes:

1. Conjunto elevatório de reserva.

2. Instalação de uma válvula de retenção na saída da bomba, seguida de um registro de gaveta.

2.12.0. — RESERVATÓRIO DE DISTRIBUIÇÃO

2.12.1. — *Finalidades.*

a) Garantia da quantidade de água.

1. Armazenamento para atender às variações de consumo.

— Permite um escoamento com diâmetro uniforme na adutora, possibilitando a adoção de diâmetros menores.

— Permite um funcionamento uniforme para as bombas e para as instalações de tratamento, possibilitando funcionamento mais econômico.

— Proporciona uma economia no dimensionamento da rêde de distribuição.

2. Armazenamento para atender às demandas de emergência.

— Evita interrupções no fornecimento de água, no caso de acidentes no sistema da adução, na estação de tratamento ou mesmo em certos trechos do sistema de distribuição.

— Oferece maior segurança ao abastecimento, quando a demanda de emergência se destina a combate a incêndio.

b) Melhoria das condições de pressão da água na rêde de distribuição.

— Possibilitam melhor distribuição da água aos consumidores e melhores pressões nos hidrantes (principalmente quando localizados junto às áreas de máximo consumo).

— Permite u'a melhoria na distribuição de pressões sôbre a rêde, por constituir fonte distinta de alimentação durante a demanda máxima, quando localizado à jusante dos condutos mestres.

— Garante uma altura manométrica constante para as bombas, permitindo o seu dimensionamento na eficiência máxima, quando alimentado diretamente pela adutora de recalque.

2.12.2. — *Classificação*

a) De acôrdo com a localização no sistema de abastecimento:

1. Reservatórios de montante.
2. Reservatórios de jusante ou de sobras.

b) De acôrdo com a localização no terreno:

1. Reservatórios enterrados.
2. Reservatórios semi-enterrados.
3. "Stand-pipes".
4. Reservatórios elevados.

c) De acôrdo com o material de construção: reservatórios de alvenaria, concreto armado, aço, madeira e outros materiais.

2.12.3. — *Volume de água a ser armazenado.*

a) Critérios de dimensionamento.

1. Dá-se ao reservatório capacidade que o possibilite preencher tôdas as finalidades apresentadas a pouco. Em cada caso, atribui-se maior ênfase a uma ou a algumas daquelas finalidades, que serão então o fator de dimensionamento determinante.

2. Entre nós, em geral, o dimensionamento é baseado na reservação para atender às flutuações horárias de demanda. Ao volume assim resultante acrescenta-se uma pequena quantidade suplementar para atender a eventuais demandas de emergência. É um critério de acentuada economia no custo inicial da obra.

3. Por um critério de grande segurança, adotado por exemplo, nos Estados Unidos, a capacidade seria determinada por uma combinação de três finalidades: incêndios, variações de consumo e certas situações de emergência decorrentes de falhas no sistema.

b) Exemplo da determinação da capacidade de um reservatório para atender exclusivamente às variações de consumo.

Período (Hora)	Consumo (% s/Total)	Adução de 8 horas (das 6 às 14 horas)			Adução de 16 horas (das 6 às 22 horas)			Adução contínua (24 horas)		
		Adução % s/Total	Diferenças % posit.	Diferenças % negat.	Adução % s/Total	Diferenças % posit.	Diferenças % negat.	Adução % s/Total	Diferenças % posit.	Diferenças % negat.
0-2	5,6	0,0		5,6	0,0		5,6	8,4	2,8	
2-4	5,3	0,0		5,3	0,0		5,3	8,4	3,1	
4-6	5,3	0,0		5,3	0,0		5,3	8,3	3,0	
6-8	8,1	25,0	16,9		12,5	4,4		8,3	0,2	
8-10	11,0	25,0	14,0		12,5	1,5		8,4		2,6
10-12	11,2	25,0	13,8		12,5	1,3		8,4		2,8
12-14	11,0	25,0	14,0		12,5	1,5		8,3		2,7
14-16	10,8	0,0		10,8	12,5	1,7		8,3		2,5
16-18	9,8	0,0		9,8	12,5	2,7		8,3		1,4
18-20	8,5	0,0		8,5	12,5	4,0		8,3		0,1
20-22	7,3	0,0		7,3	12,5	5,2		8,3	1,0	
22-24	6,1	0,0		6,1	0,0		6,1	8,3	2,0	
TOTAL	100,0	100,0	58,7	58,7	100,0	22,3	22,3	100,0	12,1	12,1

No exemplo acima as capacidades necessárias seriam aproximadamente:

Adução Contínua — 12% do Consumo Diário
Adução de 16 horas — 22% do Consumo Diário
Adução de 8 horas — 59% do Consumo Diário

2.12.4. — *Comparação entre os vários tipos de reservatórios.*

a) **Quanto à localização no sistema de abastecimento.**

1. **Reservatórios de montante.**

— Os reservatórios são ditos de montante quando o afluxo de água à rêde se faz exclusivamente por seu intermédio. Em conseqüência:

a) Os condutos mestres que dêle partem devem ser dimensionados para atenderem à demanda horária máxima — hora de maior consumo no dia de maior consumo.

b) A oscilação de pressões na rêde é grande. Na figura 2.20 foram representadas as linhas piezométricas das situações extremas LP_1 é linha

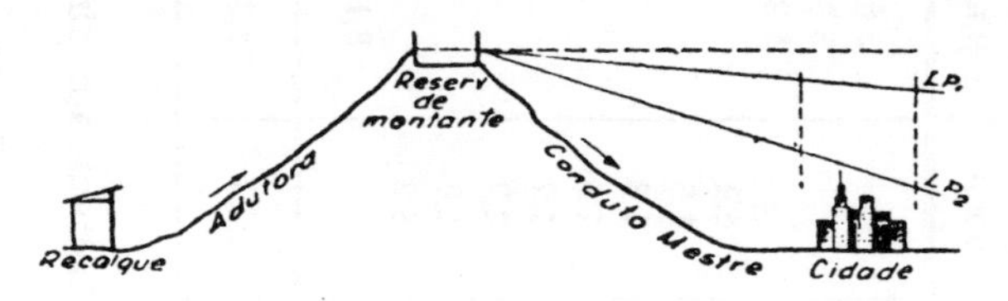

FIG. 2.20

piezométrica correspondente aos intervalos de tempo de consumo mínimo (quando circulam as vazões mínimas) e LP_2 é a linha piezométrica correspondente aos intervalos de tempo de consumo máximo (quando circulam as vazões máximas); as diferenças de quota entre as duas linhas piezométricas ao longo da rêde de distribuição são sensìvelmente grandes.

c) No caso de acidentes no conduto mestre há uma interrupção imediata na distribuição.

d) Quando a adução é feita por recalque, permite que as bombas trabalhem com altura manométrica pràticamente constante, portanto, com o máximo rendimento possível.

2. Reservatório de jusante (reservatório de sobras).

Nos reservatórios de jusante, a água aduzida aflue diretamente para a rêde e apenas as sobras instantâneas é que vão ter ao reservatório. Êste recebe água durante as horas de menor consumo da cidade e fornece-a durante as horas de maior consumo. Em conseqüência:

a) As vazões de dimensionamento dos condutos principais são menores, pois nos períodos de grande demanda a alimentação da rêde se faz pelas duas extremidades. É usual calcular o conduto mestre sòmente para a vazão do dia de maior consumo.

b) A oscilação de pressões é, em relação ao primeiro caso, comparàvelmente menor. Na figura 2.21 estão representadas as linhas piezométricas das situações extremas LP_1, correspondendo aos intervalos de tempo em que o consumo de água na cidade é mínimo (a diferença entre a vazão

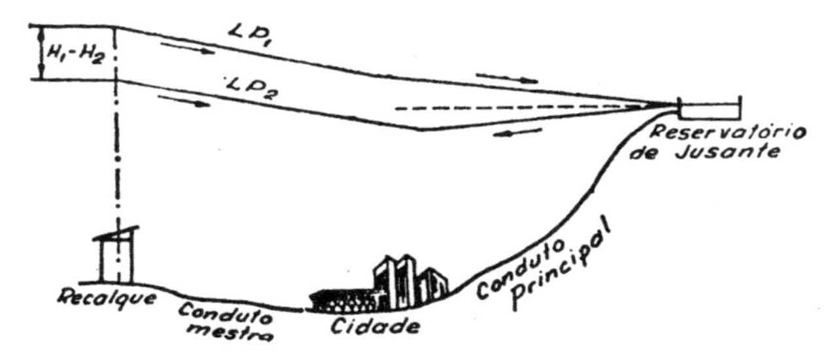

FIG. 2.21

afluente e a vazão consumida vai para o reservatório de sobras) LP_2, correspondendo aos intervalos de tempo em que o consumo é máximo (o reservatório de sobras fornece uma vazão que aflue pelo conduto principal à cidade). A diferença de quota entre as duas linhas piezométricas ao longo das canalizações da rêde é sensìvelmente menor do que no caso do reservatório à montante.

c) No caso de um acidente no conduto mestre o abastecimento da cidade continuará a processar-se apesar de com certa deficiência, até que se esgote o volume de água do reservatório de sobras.

d) No caso de adução por recalque as bombas trabalham com baixa eficiência dada a considerável variação manométrica (H_2 — H_1).

b) Quanto ao material de construção.

A escolha do material de construção para o reservatório depende de condições locais. Entre nós tem sido preferido o concreto armado.

c) Quanto à localização no terreno.

1. Reservatórios enterrados — são construídos geralmente de concreto armado, às vêzes em alvenaria. Os reservatórios enterrados são as estruturas mais econômicas, devendo ser adotados sempre que possível. Suas formas mais comuns são a paralelepipédica e a tronco-de-pirâmide, sendo esta a mais econômica. Ambos são retangulares em planta e divididos ao meio por uma parede vertical que os separa em dois compartimentos — o que se recomenda para limpeza. É condição econômica, com referência ao volume de concreto empregado, que as dimensões x e y estejam na relação de 3 para 4. (Fig. 2.22)

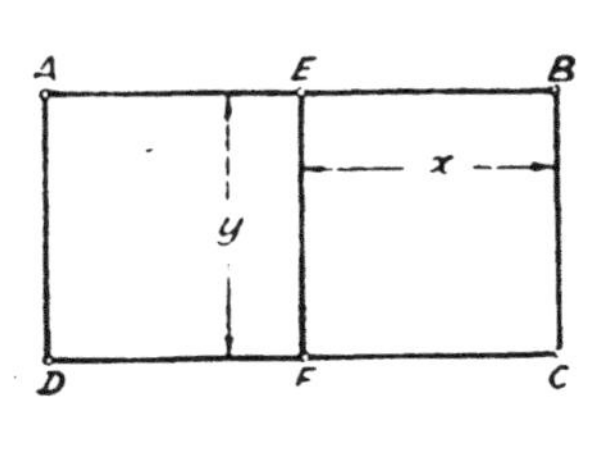

FIG. 2.22

2. "Stand-pipes" — reservatórios cilíndricos de grande diâmetro, assentes verticalmente sôbre a superfície do solo. São feitos de aço ou concreto armado.

3. Reservatórios elevados — impostos por condições piezométricas aliadas às condições topográficas desfavoráveis. São construídos de concreto armado ou de aço e têm geralmente forma cilíndrica, sendo que

a maior economia, quanto ao volume de material de construção é dar-lhes dimensões tais que o seu diâmetro seja igual a duas vêzes a altura da água.

2.12.5. — *Precauções especiais.*

a) Os reservatórios de distribuição devem ter capacidade de armazenamento adequada e serem criteriosamente localizados.

b) Proteção contra águas de inundação, seja localizando-os em terreno inacessível a enchentes, seja pela previsão de diversores laterais e de declividade na superfície do solo circunvizinho.

c) Proteção contra águas do sub-solo e tubulações de esgotos — localização em áreas de drenagem fácil e uso de tubulação de ferro fundido, bem protegida, para o afastamento dos esgotos dentro de uma faixa de 15 m em tôrno ao reservatório.

d) Divisão em dois compartimentos com possibilidade de funcionamento independente.

e) Previsão de uma descarga de fundo e de um extravasor em cada compartimento. Proteção das respectivas tubulações de descargas de modo a impedir a poluição por refluxo de água poluida ou entrada de animais.

f) Cobertura. Provisão de poços e aberturas para inspeção, protegidas por tampas especiais.

g) Uso de tubos de ventilação protegidos por telas.

h) Desinfeção, após a construção, ou após cada reparo ou limpeza.

2.12.6. — *Esquema das canalizações e registro de um reservatório enterrado — Exemplo.*

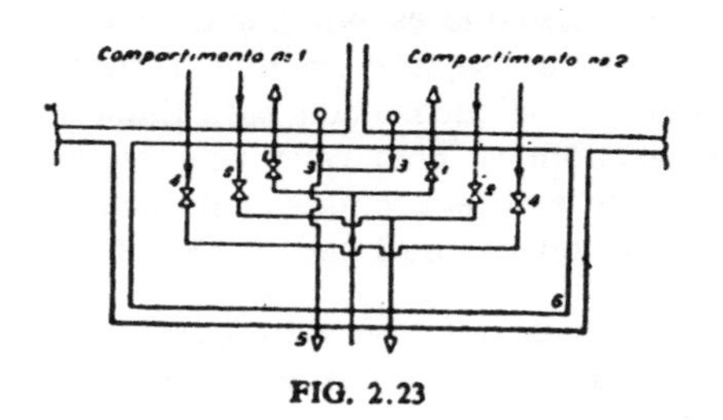

FIG. 2.23

1. Canalizações de entrada de água.

2. Canalizações para saída de água.

3. Canalizações extravasoras, desprovidas de registro para o seu funcionamento automático.

4. Canalizações de descarga de fundo para limpeza, providas de registro.

5) Canalização de descarga comum às canalizações extravasoras e de descarga de fundo.

6. Câmara ou compartimento de manobras.

2.13.0. — RÊDE DE DISTRIBUIÇÃO

2.13.1. — *Generalidades.*

Entende-se por Rêde de Distribuição o conjunto de tubulações e peças especiais destinadas a conduzir a água até os pontos de tomada das instalações prediais, ou aos pontos de consumo público. As tubulações, geralmente, distribuem em marcha e se dispõem formando uma rêde.

A rêde de distribuição é, em geral, a parte de maior custo no sistema de abastecimento, compreendendo, em média, cêrca de 70% do custo total, chegando, mesmo, a mais de 80% em abastecimento de pequenas coletividades.

2.13.2. — *Traçado das rêdes de distribuição.*

Os traçados podem esquemàticamente ser agrupados do seguinte modo:

a) "Espinha de peixe" — conduto tronco passando pelo centro da cidade, dêle derivando, como ramificações, os outros condutos principais; é um traçado comumente adotado nas cidades lineares.

b) "Grelha" — condutos troncos dispostos mais ou menos paralelamente; numa extremidade são ligados a uma canalização mestra alimentadora, dessa extremidade para jusante os seus diâmetros decrescem gradativamente.

c) "Anel" — Canalizações principais formando circuitos fechados nas zonas principais a serem abastecidas: resulta a rêde de distribuição tìpicamente malhada.

Em cidades cuja topografia é acidentada, com áreas com excessivas diferenças de cota é conveniente dividir a rêde em dois ou mais sistemas ou andares independentes.

2.13.3. — *Classificação das rêdes de distribuição.*

a) De acôrdo com os modos possíveis de alimentação de cada trecho distribuidor:

1. rêde ramificada.
2. rêde malhada.

b) De acôrdo com o suprimento de água para diferentes usos:

1. rêde única.
2. rêde dupla.

2.13.4. — *Comparação entre os diferentes tipos de rêde.*

a) Rêde ramificada e rêde malhada.

1. *Rêde ramificada* — canalização distribuidora com um sentido único de alimentação. Uma interrupção no escoamento em uma tubulação com-

promete todo o abastecimento à jusante da mesma. É um tipo de rêde admissível em pequenas coletividades de traçado linear.

2. *Rêde malhada* — O escoamento da água pode se efetuar por sentidos diferentes, dependendo da superfície piezométrica. É uma rêde de bom funcionamento quando criteriosamente dimensionada. Aplicada na grande maioria dos casos que ocorrem na prática

b) Rêde única e rêde dupla.

Rêde dupla — Existe uma rêde para água potável e outra completamente diferente para distribuição de água não potável para certos usos públicos, industriais e comerciais.

A rêde dupla tem as seguintes vantagens:

— menores diâmetros para a canalização de água potável;

— maior facilidade de obtenção de mananciais de capacidade e qualidade adequadas.

— menor custo de construção e operação da estação de tratamento d'água, quando esta fôr necessária.

Em contraposição apresentam-se as seguintes desvantagens:

— péssimos resultados sanitários seja pela grande possibilidade de engano na utilização por parte dos consumidores, seja pela facilidade de interligações perigosas entre os dois sistemas.

— resultados econômicos duvidosos, quando muitas das operações industriais necessitam de água de boa qualidade — por exemplo: indústrias de papel, bebidas, etc.

Tão sérias são as desvantagens que a dupla canalização só é admissível em casos especiais e com precauções extremas para a separação efetiva dos dois sistemas.

Exemplos dêsses casos especiais:

— irrigação de campos de cultura ou vias públicas, desde que com rêdes totalmente externas aos edifícios;

— irrigação de ruas com água do mar, como nos "sea water pipe systems", de algumas cidades marítimas norte-americanas.

2.13.5. — *Generalidades sôbre o dimensionamento das canalizações das rêdes de distribuição.*

a) São conhecidos:

1. O comprimento de cada trecho da rêde.

2. As cotas topográficas de cada trecho da rêde.

3. As condições técnicas a serem satisfeitas pela rêde:

a) vazão a ser distribuida em marcha, em cada trecho da rêde;

b) condições relativas à construção, financiamento e manutenção do sistema distribuidor, principalmente sob os aspectos sanitário e econômico; são introduzidos elementos que tornam o problema determinado, o que seria impossível com os dados puramente hidráulicos.

b) Devem ser determinados em cada trecho da rêde:

— os diâmetros das tubulações.

— as vazões que se escoarão pelas secções.

— as alturas piezométricas disponíveis.

c) *Condições técnicas a serem satisfeitas pela rêde:*

1. Vazão de distribuição em marcha — entre nós a rêde é dimensionada para a demanda da hora de maior consumo do dia de maior consumo. Nos E. Unidos, por exemplo, além dessa exigência, mais as demandas para combate a incêndios, de acôrdo com as especificações da N B F U.

2. Velocidade e vazões limites: Intimamente relacionadas às condições de bom funcionamento e de custo mínimo do sistema.

Entre nós são muito adotados os seguintes valores (Bonnet):

Diâmetro nominal m	Valores limites		Diâmetro nominal m	Valores limites	
	Velocidade m/seg	Vazão l/seg		Velocidade m/seg	Vazão l/seg
0,050	0,60	1,20	0,250	1,00	49,1
0,060	0,70	2,00	0,300	1,10	77,8
0,075	0,70	3,10	0,350	1,20	115,5
0,100	0,75	5,90	0,400	1,25	157,0
0,125	0,80	9,80	0,450	1,30	207,0
0,150	0,80	14,10	0,500	1,40	275,0
0,200	0,90	28,30	0,600	1,60	452,0

3. Diâmetros das canalizações — Determinados, em cada trecho, em função das vazões que deverão comportar e em função da perda de carga máxima admissível no trecho. Conhecida a vazão que cada trecho poderá comportar, escolhe-se o diâmetro respeitando os limites da tabela acima.

Há interêsse em se limitar também inferiormente o diâmetro dos condutos, para se precaver do máu funcionamento decorrente das incrustações na canalização e também para garantia de certas demandas de emergência.

O D.O.S. (Departamento de Obras Sanitárias) prescreve para cidades do interior como mínimo, D = 0,050 m e o D.A.E. (Departamento de Águas e Esgotos), para a cidade de São Paulo, D = 0,075 m. Nos Estados Unidos, para as canalizações que alimentam hidrantes, D ≧ 0,150 m.

4. Alturas piezométricas disponíveis — em qualquer ponto da rêde a água deve se manter com pressão sempre acima de um certo valor mínimo para a sua adequada utilização nos edifícios e para o combate a incêndios e também para impedir a contaminação por penetração de águas suspeitas na canalização.

O D.O.S. prescreve valores limites de 15 m de altura de água para a pressão dinâmica mínima e 45 m de altura de água para a pressão estática máxima.

2.13.6. — *Dimensionamento das rêdes ramificadas.*

Como é conhecido o sentido do escoamento da água em cada trecho da rêde, resulta o valor da vazão em cada secção. Substitui-se a vazão variável ao longo de cada trecho pela vazão constante fictícia que lhe seja hidràulicamente equivalente. Sabemos da Hidráulica que, em primeira aproximação, a vazão fictícia é a média aritmética das vazões de montante e de jusante. Em correspondência à vazão à *montante* fixa-se o diâmetro obedecendo-se a uma tabela como a indicada. Com a vazão fictícia e o diâmetro, calcula-se a perda de carga em cada trecho e verificam-se as pressões disponíveis ao longo da rêde. Caso as pressões sejam insatisfatórias, modifica-se ou o traçado ou a distribuição de diâmetros das canalizações, ou, ainda, a cota piezométrica de alimentação da mesma (por exemplo a altura do reservatório de distribuição).

2.13.7. — *Dimensionamento de rêdes malhadas.*

a) *Generalidades* — É um problema complexo, porque não se conhece "a priori" o sentido de escoamento da água nas canalizações da rêde. O problema é hidràulicamente indeterminado, pois se m é o número de nós e n o número de trechos, o problema contém m + n incógnitas (m cotas piezométricas e n diâmetros). A indeterminação pode ser levantada de duas maneiras:

1. Diminuindo o número de incógnitas, como por exemplo, atribuindo valores às cotas piezométricas nos nós;

2. Aumentando o número de equação distintas, introduzindo, por exemplo, as condições de mínimo custo.

O critério (2) é demasiadamente trabalhoso e injustificável na prática. Geralmente são usadas soluções aproximadas, chegando-se, por tentativas à precisão desejada.

b) *Método de seccionamento fictício* — Supõem-se seccionados os circuitos fechados, transformando-se a rêde malhada em uma rêde ramificada fictícia. Fixam-se, assim, os trajetos que a água deverá seguir para atingir os diferentes pontos da rêde. Dois são os critérios para a fixação dêsses trajetos:

1. as canalizações são consideradas como condutos livres que devem irrigar tôda a cidade — critério em que se dá o máximo aproveitamento das condições topográficas.

2. a água, para atingir cada ponto da rêde, deve percorrer trajeto o mais curto possível.

É o critério mais empregado pois conduz a soluções mais simples e a resultados mais próximos da realidade.

Feito isto o problema recai no dimensionamento de uma rêde ramificada. Verifica-se a hipótese de seccionamento adotada, calculando-se o intervalo de variação entre as pressões máxima e mínima observadas de acôrdo com os diversos caminhamentos. Pode-se considerar como tolerável uma diferença de 1,0 m.

Se a diferença ultrapassar o limite tolerável, altera-se o traçado da rêde ou o seccionamento inicialmente adotado ou ainda os diâmetros de alguns trechos.

Procede-se sucessivamente até chegar-se a uma conclusão satisfatória. O projeto não deve perder de vista a importância da disposição dos condutos principais em circuito para que a rêde funcione efetivamente como rêde malhada.

c) *Método de tentativas diretas* — Supõe-se rêde já dimensionada (diâmetros já conhecidos) e admite-se numa primeira tentativa, uma certa distribuição das vazões (ou das perdas de carga) em todo o sistema. Calculam-se as perdas de carga (ou as vazões) nos diversos trechos. Ajusta-se por meio de tentativas sucessivas, a distribuição dos valores, até que sejam satisfeitas certas condições hidráulicas conhecidas inicialmente.

Altera-se o pré-dimensionamento admitido para a rêde se o resultado a que se chegar (vazões ou perdas de carga ajustadas para cada trecho) não satisfizer as condições exigidas e refaz-se o cálculo.

O principal método adotado é o de Hardy-Cross, que foi apresentado em 8.7.0 no I volume.

2.13.8. — *Causas comuns de contaminação.*

Organismos patogênicos podem penetrar na rêde de distribuição:

a) em pontos onde ela não esteja suficientemente vedada;

b) em trechos em que a pressão de serviço seja inferior à pressão atmosférica;

c) em extremidades ou derivações da rêde, em que a pressão efetiva de serviço seja inferior àquela que atúa num sistema de canalizações ou aparelhos sanitários com os quais a rêde de água potável esteja conectada.

2.13.9. — *Principais defeitos a serem evitados ou corrigidos.*

a) Operação intermitente da rêde, acarretando redução demasiada de pressão em trechos da mesma;

b) Falta de contrôle sôbre o consumo d'água, contrôle que pode ser racionalmente obtido pelo serviço medido e nunca por meio de manobras periódicas de registros, pois estas podem acarretar pressões negativas na rêde;

c) Insuficiência ou falta de bombeamento quando necessário, e de reservação para fazer fase aos requisitos de pressão e volume;

d) Insuficiência de capacidade de escoamento de condutos principais ou secundários;

e) Ocorrência de pressão efetiva de serviço inferior a 15 metros (de preferência 25 metros);

f) Má distribuição piezométrica na rêde, conseqüência de traçado e (ou) dimensionamento inadequados das instalações e (ou) má localização ou ausência de reservatórios de distribuição.

g) Má execução e falta de manutenção de canalizações, juntas, peças especiais e outros órgãos acessórios da rêde;

h) Ramais prediais de diâmetros inadequados;

i) Existência de interconexões perigosas, com um sistema de abastecimento secundário, de qualidade duvidosa, em qualquer ponto da rêde;

j) Inexistência ou impropriedade das sanções de códigos de instalações prediais e normas sanitárias, destinadas a proteger a qualidade da água da rêde pública, contra defeitos das instalações prediais;

l) Ligação ao sistema, de novas canalizações, sem prévia desinfecção;

m) Falta de turmas de reparo, com transporte e equipamentos adequados, capazes de realizarem rápidos consêrtos e de manter um sistemático serviço de procura de vazamentos;

n) Inexistência de residuais de cloro, pelo menos dentro da zona de efeito bactericida, nos pontos extremos da rêde, como resultado da má operação.

2.14.0. — SISTEMAS DE FORNECIMENTO AO CONSUMIDOR. HIDRÔMETROS

2.14.1. — *Modos de fornecimento da água aos prédios.*

Há três tipos de distribuição de água aos prédios:

a) *Torneira livre* — A água é distribuida ao consumidor sem qualquer restrição ou contrôle, por uma taxa fixa, independente de consumo.

Em conseqüência:

1. a taxa é independente do consumo:

2. há um incentivo a todos os desperdícios, não havendo preocupação, da parte do consumidor, em restringir ao necessário o uso da água; cria-se, assim, o que se convencionou chamar o "consumidor insaciável";

3. o fornecimento de água é precário devido às perdas e aos desperdícios.

b) *Pena d'água* — Fornecimento d'água limitado por secções estranguladas — intercala-se em cada ramal predial um diafragma com orifício de secção reduzida, dependente da altura piezométrica local.

Em conseqüência:

1. a taxa d'água é fixa, e, portanto, independente do consumo;

2. há uma correção apenas parcial dos defeitos da torneira livre;

3. os resultados são, ainda, precários, porque as alturas piezométricas variando, em cada ponto da rêde, durante o dia, as vazões são também variáveis.

c) *Serviço medido* — O consumidor tem a água que desejar ou precisar, mas paga uma tarifa correspondente à demanda efetiva.

Neste modo de distribuição:

1. a tarifa d'água depende do volume efetivamente consumido;

2. são intercalados medidores ou hidrômetros nos ramais prediais;

3. há o estabelecimento obrigatório de um valor mínimo na tarifa, correspondente a uma quota mínima, a fim de que a situação econômica, aliada à falta de educação sanitária, não force a utilização da água a ficar abaixo de um mínimo desejável. É êste o único sistema racional e o que deve ser sempre indicado; pode-se tolerar, transitòriamente, a pena d'água, nunca a torneira livre.

14.2. — *Hidrômetros.*

a) Tipos:

1. De acôrdo com o princípio de funcionamento:

a) Hidrômetros de velocidade (ou de turbina):

I — Hidrômetros de velocidade, com rotor de palhetas — incidência da água tangencialmente ao rotor. Indicados nos casos gerais de instalações domiciliárias. Há dois tipos:

1.° — hidrômetros de jacto único (unijacto):

2.° — hidrômetros de jactos múltiplos (multijactos).

II — Hidrômetros de velocidade, tipo Woltman — incidência da água axialmente ao rotor. Indicados, geralmente, para medição de grandes volumes: grandes consumidores, canalizações mestras da rêde pública, adutoras, etc.

b) Hidrômetros de volume (ou de êmbolo) — a quantidade de água que passa é medida por enchimentos e esvaziamentos sucessivos de compartimentos delimitados por peças móveis. Permitem medições mais precisas, por isso sendo particularmente indicados quando se quer coibir, severamente, as perdas e desperdícios. O seu emprêgo, porém, está condicionado à qualidade rigorosamente boa da água distribuída, pois, são mais suscetíveis de interrupções devido a impurezas eventualmente presentes, principalmente areia.

2. De acôrdo com a posição do mostrador e engrenagens de indicação:

a) Hidrômetros de mostrador sêco — o movimento do rotor é transmitido, por meio de seu eixo, ao primeiro trem de engrenagens ("engrenagens de redução"), situado na parte superior da câmara de medida; acima dessas engrenagens redutoras acha-se o segundo trem de engrenagens ("engrenagens de indicação" ou "relojoaria"), e entre ambos êsses trens é interposta uma placa de separação estanque, provida de uma gacheta, através da qual um eixo transmite o movimento. Nessas condições, as engrenagens redutoras ficam localizadas num compartimento cheio de água, ao passo que as engrenagens indicadoras se acham isoladas desse compartimento e trabalham sêcas.

b) Hidrômetros de mostrador molhado ou submerso — ambos os trens de engrenagens (redutoras e indicadoras) estão localizadas em compartimento molhado. A pressão da água é suportada por um espêsso disco de vidro que se acha acima do mostrador. Desaparecem a gacheta (necessária nos hidrômetros de mostrador sêco) e o respectivo atrito. Por isso, os hidrômetros de mostrador submerso são mais sensíveis que os de mostrador sêco, sendo preferíveis os casos em que se pretende medir até as menores vazões horárias (contrôle de perdas e desperdícios). Entretanto êsse tipo de hidrômetro é mais suscetível de perturbações devidas a impurezas da água. O hidrômetro de mostrador sêco, conseqüentemente, substitui-o, com vantagens, no caso de águas que apresentem substâncias decantáveis.

b) *Grandezas características do funcionamento de hidrômetros.*

1. Início de funcionamento — vazão horária a partir da qual o hidrômetro começa a se movimentar, fornecendo, de maneira contínua, indicações de consumo.

2. Limite de sensibilidade — vazão horária especificada, sob a qual o medidor já deve estar em funcionamento.

3. Limite inferior de exatidão — vazão horária a partir da qual o hidrômetro começa a dar indicações de consumo com erros insignificantes dentro de um "campo de tolerância" admitido para êsses erros.

4. C nominal do hidrômetro (ou vazão característica ou vazão de plena carga) — vazão horária para a qual a perda de carga hidráulica no aparelho é de 10 metros de coluna d'água.

5. Vazão normal — vazão horária correspondente à perda de carga de 2,5 metros de coluna d'água.

6. Campo de medição — intervalo de vazões dentro do qual o hidrômetro funciona com erros compreendidos dentro do "campo de tolerância para os erros". Nos hidrômetros de volumes, costuma ser constante a tolerância especificada para os erros de indicação. Nos de velocidade, em geral são especificados dois campos de tolerância:

a) ± 5%, entre o limite inferior de exatidão e 5% da vazão característica;

b) ± 2%, entre 5% e 100% da vazão característica.

7. Campo teórico de medição — intervalo de vazões compreendido entre o limite inferior de exatidão e a capacidade nominal do hidrômetro.

8. Campo prático de medição — intervalo de vazões compreendido entre o limite inferior de exatidão e a vazão normal.

9. Vazão máxima permitida — vazão horária máxima admissível em cada tipo de hidrômetro, tendo-se em conta, além das condições de funcionamento eficiente, a preservação do aparelho contra desgastes excessivos.

10. Exemplo de um diagrama representativo das grandezas características do funcionamento de hidrômetros: vide o desenho — "Curvas características de um hidrômetro de velocidade, de 3 metros cúbicos de capacidade nominal". (Fig. 2.24).

c) *Escolha de hidrômetros para um sistema de distribuição.*

1. Especificação do tipo de hidrômetro, tendo-se em conta a qualidade da água distribuída e a precisão que se deseja para a medição.

2. Especificação das grandezas características do funcionamento dos hidrômetros, tendo-se em conta os consumos prediais previstos, a precisão desejada para a medição e as máximas perdas de cargas admitidas nos ramais prediais.

Exemplos:

a) De acôrdo com as normas alemãs de 1935 — (DIN — DVGW 3260-3261) referentes a hidrômetros domiciliários, cujo orifício de passagem da água não excede 40 mm, os seguintes valores limites não podem ser ultrapassados:

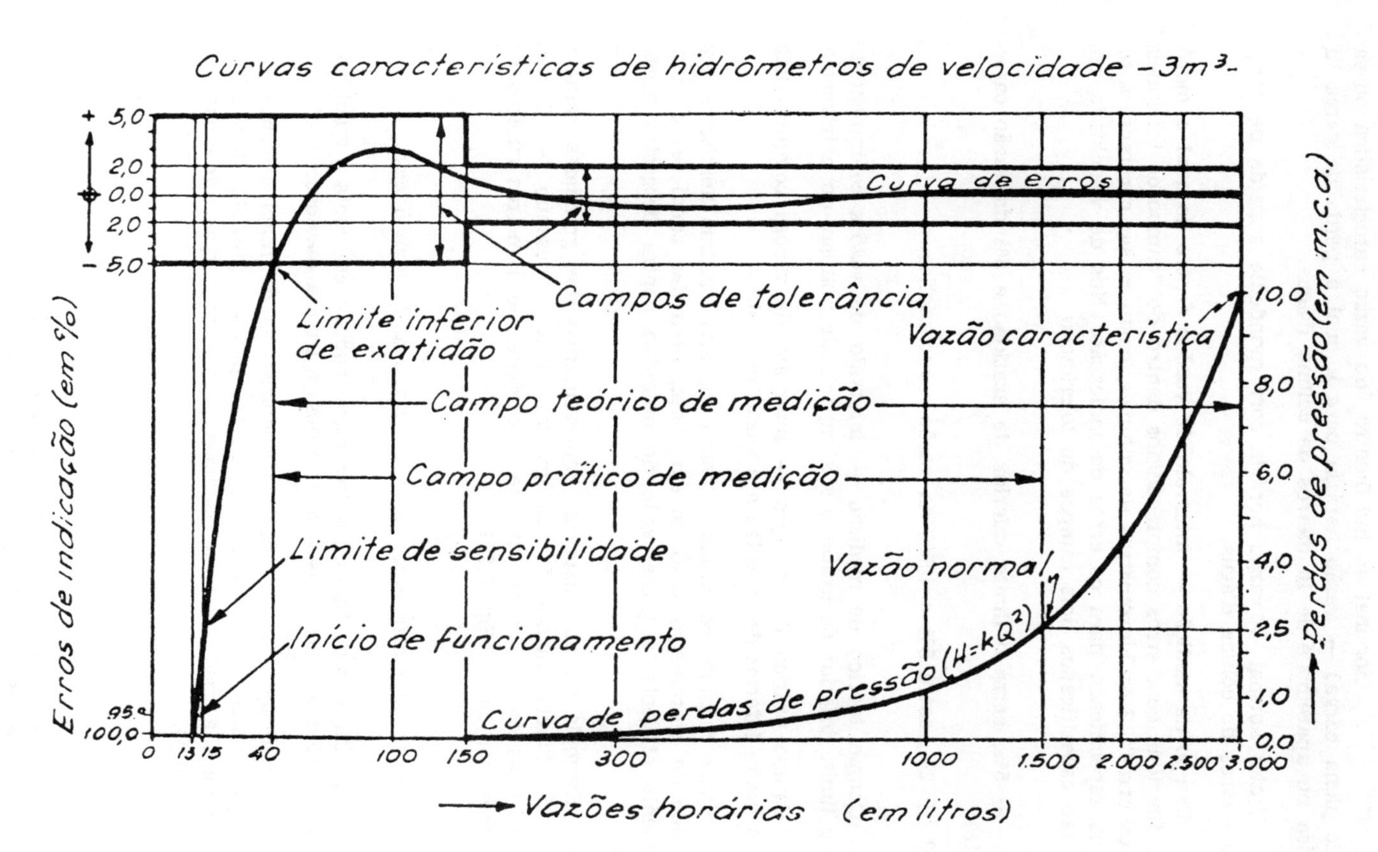
Curvas características de hidrômetros de velocidade – 3m³
+ 5,0
2,0
0,0
2,0
− 5,0
95,0
100,0
Erros de indicação (em %)
Curva de erros
Campos de tolerância
Limite inferior de exatidão
Vazão característica
Campo teórico de medição
Campo prático de medição
Limite de sensibilidade
Vazão normal
Início de funcionamento
Curva de perdas de pressão ($H = kQ^2$)
10,0
8,0
6,0
4,0
2,5
1,0
0,0
Perdas de pressão (em m.c.a.)
0
13
15
40
100
150
300
1000
1.500
2.000
2.500
3.000
Vazões horárias (em litros)

FIG. 2.24

Capacidade nominal			3 m³	5 m³	7 m³	10 m³	20 m³
Hidrômetro de velocidade, com jatos múltiplos	Mostrador sêco	Limite de sensibilidade l/h	18	25	35	50	90
		Limite inferior de exatidão l/h	40	60	80	110	185
	Mostrador submerso	Limite de sensibilidade l/h	17	22	30	45	70
		Limite inferior de exatidão l/h	35	50	65	90	150
Hidrômetro de volume	Mostrador sêco ou submerso	Limite de sensibilidade l/h	5	7	10	12	20
		Limite inferior de exatidão l/h	15	20	30	35	50

Essas normas estabelecem, ademais, os seguintes campos de medição e de tolerância para os erros:

I — Para hidrômetros de volume ou de velocidade, funcionando em sentido positivo (em avanço):

1.° — Campo de medição inferior, compreendido entre o limite inferior de exatidão e 5% da capacidade nominal — Êrro tolerável: ± 5%.

2.° — Campo de medição superior, delimitado entre 5% e 100% de vazão característica — Êrro tolerável: ± 2%.

II — Para hidrômetro de velocidade, funcionando em sentido negativo (em retrocesso): a tolerância nos erros de indicação é mantida em ± 5%, para ambos os campos, superior e inferior.

I — Para hidrômetros de volume, funcionando em sentido negativo: a tolerância para o campo superior continua sendo de ± 2%, como na indicação em sentido positivo.

b) De acôrdo com boas fábricas européias, os hidrômetros domiciliários de velocidade ou volume devem apresentar os seguintes valores limites para as vazões máximas permitidas:

Capacidade nominal	3	5	7	10	20
Vazões máximas permitidas:					
por mês (m^3) ...	90	150	210	300	600
por dia (m^3) ...	6	10	14	20	40
instantânea (l/s)	0,8	1,4	1,9	2,8	5,5

c) Os hidrômetros de 3 m^3 de capacidade representam cêrca de 98% dos medidores necessários às nossas cidades e costumam ser fabricados com diâmetros de 10 — 13 — 15 e 20 milímetros (3/8" — 1/2" — 5/8" e 3/4"). Os de 5 m^3 são de 20 mm (3/4").

"Por outro lado, como certos regulamentos estabelecem que o diâmetro do ramal domiciliário — que é função não só da carga piezométrica, como da capacidade e fins a que se destina o prédio, em caso algum pode ser inferior a 3/4 de polegada — houve serviços de águas que julgaram que também o diâmetro do hidrômetro não poderia, em caso algum, ser inferior a 20 mm (3/4"). Com essa errônea pressuposição, foram adquiridos vários milhares de hidrômetros de 20 mm — 5 m^3 de vazão característica — e colocados em prédios, cujo consumo aconselhava o emprêgo de medidores de menor capacidade, de 3 m^3. Conseqüentemente, além da despesa inicial por hidrômetro ter sido inùtilmente majorada de cêrca de 20%, em se tratando de pequenos escoamentos horários e medição da água passou a ser feita com menor sensibilidade e exatidão".

d) *Instalação de hidrômetros.*

1. "A instalação de hidrômetros deve ser feita com plena observância dos preceitos da boa técnica, eliminando-se todos os dispêndios supérfluos de material e tempo, — vantagens que, desde logo, ficarão asseguradas para o caso normal de sua retirada da rêde, por ocasião das aferições periódicas, revisões e consêrtos".

2. Deve-se tomar o cuidado de não instalar o aparelho em um ponto alto da canalização, onde seja possível a acumulação de ar na câmara de medição, o que impediria o funcionamento correto do medidor.

3. O local de instalação do hidrômetro deve ser fàcilmente acessível, sêco e situado logo à entrada do ramal no domicílio, a fim de que, antes do medidor, não seja possível fazer-se qualquer derivação da rêde.

4. "Os hidrômetros devem ser colocados em posição horizontal, cuidadosamente verificada em ambas as direções, transversal e longitudinal".

5. "Antes e depois dos medidores devem ser colocados registros de comporta ("gate valve") sendo que um poderá ser usado pelo consumidor, para fechamento da rêde domiciliária, por ocasião de consêrtos de seus aparêlhos; outro pelo fornecedor, para abertura e fechamento da rêde externa; a manobra simultânea de ambos facilitará a eventual retirada do hidrômetro para reparações ou aferições".

6. "Em se tratando de ligações novas ou de reparações na rêde domiciliária, antes de se ligar o contador deve-se proceder a rigorosa lavagem interna das canalizações, para que sejam removidos todos os corpos ex tranhos (detritos, areia, estopa, aparas metálicas etc.) que, casualmente, nêles tenham ficado. Para êsse fim, em seu lugar coloca-se um pedaço de cano, rosqueado nas extremidades, e de mesmo comprimento que o medidor".

7. "No caso de primeiro estabelecimento do serviço de hidrômetros, é aconselhável que se inicie a sua instalação em prédios de zonas residenciais, situadas na parte mais baixa da cidade, onde maior é a pressão, a fim de que seja conseguida, desde logo, a mais rápida regularização da pressão na rêde distribuidora e a maior redução de abusos e desperdícios do líquido precioso".

e) *Operação e manutenção dos hidrômetros.*

1. Organização de pessoal habilitado para a instalação dos hidrômetros.

2. Organização de pessoal habilitado para a leitura dos hidrômetros.

3. Organização de almoxarifado, laboratório e pessoal habilitado para os trabalhos de ensaio, regulação e reparo de hidrômetros. Revisão sistemática de todos os hidrômetros, dentro de períodos variáveis de 2 a 4 anos, segundo condições locais relacionadas, em particular, com a natureza da água e a limpeza interna da rêde distribuidora.

2.15.0. — TUBOS USADOS EM SISTEMAS DE ABASTECIMENTO D'ÁGUA

2.15.1. — *Tipos de tubos.*

a) De acôrdo com o material: tubos de ferro fundido, concreto simples, concreto armado, cimento-amianto, cerâmica, aço, madeira e materiais especiais.

b) De acôrdo com as condições de escoamento:

1. Tubos para condutos forçados: ferro fundido, concreto armado, cimento-amianto, aço, madeira, materiais especiais.

2. Tubos para condutos livres: concreto simples, concreto armado, cerâmica, cimento-amianto, ferro fundido, aço e madeira.

c) Os tubos de ferro fundido têm sido os mais empregados. Usados tanto em obras de captação como em adutoras e, principalmente, em rêdes de distribuição.

Os tubos de concreto simples e os tubos cerâmicos podem ser usados em obras de captação ou nas adutoras em conduto livre, conduzindo água bruta até a uma estação de tratamento. Ocasionalmente, podem ser destinados a conduzir água potável, desde que haja condições locais de boa proteção sanitária de tubulação.

Os tubos de concreto armado são indicados principalmente no caso de adutoras de diâmetro grande, tanto para o funcionamento em conduto livre como para condutos sob pressão baixa a moderada.

Os tubos de aço são empregados nas adutoras, principalmente nos casos de canalizações de diâmetro grande e de alta pressão interna. Eventualmente, são empregados em trechos de rêde de distribuição que não apresentem muitas interconexões.

Tubulação de madeira têm sido usadas tanto em adutoras como em canalizações mestras de rêdes distribuidoras. Esta última aplicação, contudo, tem-se tornado cada vez menor.

Os tubos de cimento-amianto têm encontrado, ùltimamente, uma aplicação extensa em canalizações de diâmetro pequeno e moderado, tanto em adutoras como em rêdes de distribuição.

Tubos de materiais especiais são empregados em casos particulares em que intervem circunstâncias especiais: tubos flexíveis de cobre, tubos de alumínio etc.

2.15.2. — *Tubos de ferro fundido.*

a) Classificação.

1. De acôrdo com o processo de fabricação:

a) tubos fundidos em moldes fixos:
moldes horizontais
moldes verticais

b) tubos centrifugados (50 a 600 mm).

2. De acôrdo com o tipo de juntas:

a) tubos de ponta e bôlsa.

b) tubos de flange.

c) tubos com juntas especiais: junta Gibault, Dresser, Molox, Duplex, Simplex, Victaulic etc.

b) Normas e especificações brasileiras.

1. Especificação recomendada, EB-43, para tubos de ferro fundido centrifugado.

a) Fixa as características exigíveis no recebimento de tubos de ferro fundido centrifugados, destinados a serviços de abastecimento d'água e estabelece as condições técnicas a que deve obedecer o seu fornecimento.

b) Estabelece três classes de tubos: *LA, A e B*, caracterizadas por espessuras normais, respectivos pesos e tolerâncias especificados. E, pelas seguintes pressões internas de prova, respectivamente: 20, 25 e 30 kg/cm^2.

2. Método brasileiro, MB-65, para ensaio de pressão interna em tubos de ferro fundido centrifugado.

3. Método brasileiro, MB-66, para ensaio de cisalhamento em tubos de ferro fundido centrifugado.

c) Fabricantes brasileiros de tubos de ferro fundido:

1. Companhia Metalúrgica Barbará.

2. Companhia Ferrobrasileiro S/A.

2.15.3. — *Juntas de ponta e bôlsa em tubos de ferro fundido.*

a) Junta de chumbo.

1. Consumo aproximado de corda alcatroada e de chumbo — Vide Catálogo Barbará.

2. Profundidade da camada de chumbo na junta:

De acôrdo com a Especificação norteamericana 7D.1 — A. W. W. A.:

Diâmetro nominal (polegadas)	Profundidade mínima da camada de chumbo (polegada)
3 a 20	2 1/4
24, 30, 36	2 1/2
36 e maiores	3

3. Deflexões máximas em cada junta:

As tubulações usualmente são assentes mais ou menos em paralelo com o eixo das ruas. Muitas vêzes têm de sofrer mudança de direção, tanto orizontal como verticalmente. Essas deflexões não sendo demasiadas, podem dispensar o uso de peças especiais. Isto é, podem ser conseguidas nas próprias juntas de ponta e bôlsa. A tabela abaixo indica as deflexões possíveis, segundo o Cast Iron Pipe Research Association:

Diâmetro do tubo	Deflexão em uma junta
4″	4° 0′
6″	3° 30′
8″	3° 14′
12″	3° 0′
16″	2° 41′
20″	2° 9′
24″	1° 47′
30″	1° 26′

Quando a tubulação é assente de acôrdo com essa tabela, o afastamento entre a superfície externa da ponta e a correspondente superfície interna da bôlsa não deve exceder 0,80 poleg. e o espaço para se recalcar o chumbo não deve ser inferior a 0,25 poleg. Tais limites devem ser estabelecidos porque, defletindo-se a junta, nos diâmetros pequenos á uma redução de espaço para se recalcar o chumbo e, nos diâmetros grandes, reduz-se a profundidade efetiva da bôlsa. Isto é, a ponta não deve se aproximar demasiadamente da bôlsa, pois, senão, não se poderá recalcar o chumbo adequadamente. E a extremidade da ponta não deve se afastar excessivamente da face transversal interna da bôlsa porque, do contrário, não restaria profundidade suficiente para as camadas de estopa e de chumbo.

4. Exigências para a qualidade do chumbo, de acôrdo com a especificação norteamericana 7D.1 — A.W.W.A.:

O chumbo para as juntas deve conter pelo menos 99,73% de chumbo puro. Deverão ser obedecidos os seguintes limites máximos de impurezas:

Arsênico, antimônio e estanho, em conjunto ..	0,015%
Cobre	0,080
Zinco	0,002
Ferro	0,002
Bismuto	0,250
Prata	0,020

5. A estopa deve ser introduzida em fieiras retorcidas, em quantidade tal que proporcione a fixação da ponta em posição correta no interior da bôlsa. Cada conjunto de fieiras deve ser cortado em comprimento pouco superior que o da circunferência externa da ponta do tubo, de modo que as extremidades das mesmas se transpassem. Êsses trechos em que as extremidades se transpassam devem ser alternados no diversos conjuntos da fieira intercalados. Cada conjunto de fieira deve ser introduzido e socado com o auxílio de uma estopeadeira adequada. Deve restar, no final, uma profundidade suficiente para a camada de chumbo.

6. Cada junta deve ser preenchida por meio de um derrame único e contínuo do chumbo fundido. Após o seu resfriamento, o chumbo deve ser recalcado por um operador habilitado, resultando uma junta estanque sem fender-se a bôlsa. O operador usa um dispositivo pneumático ou ferramentas manuais (mais comum entre nós). Ferramentas manuais: recalcadora (ou rabatedora) e marreta de 1,50 a 2,0 kg.

b) *Juntas com compostos de enxofre.*

1. Fabricantes dêsses compostos: Tegul, Hydrotite, Metalium, Leadite, etc.

2. Características:

a) Precedidos pela introdução de estopa ou material funcionalmente similar, tal como nas juntas de chumbo.

b) Introduzidos no espaço entre a bôlsa e a ponta por meio de um derrame único e contínuo do material fundido.

c) Ao se resfriarem, não sofrem contração como o chumbo, de modo que dispensam o trabalho penoso e demorado de se recalcar a junta.

d) Nas juntas de chumbo, um vazamento tende a piorar progressivamente; nas juntas com êsses compostos, tem-se observado muitos vazamentos quando se enche a linha pela primeira vez, mas êsses vazamentos tendem a se estancar após alguns dias. Por essa razão, as juntas de chumbo são às vêzes preferidas nas linhas que não sejam mantidas constantemente cheias d'água.

e) Apresentam um pêso específico muito menor que o chumbo.

3. Profundidade mínima da camada de compostos de enxofre na junta:

Especificação 7D.1 — A. W. W. A.

Diâmetro nominal (polegadas)	Profundidade mínima (polegadas)
3″ a 24″	2 1/2″
30″ a 36″	2 3/4″
48″	3 1/2″
54 , 60	4

c) *Juntas com lã de chumbo.*

1. Chumbo em forma filamentosa, geralmente fornecido na forma de corda.

2. O material é inserido em fieiras, a frio, no espaço entre a bôlsa e a ponta; cada fieira é recalcada antes de se colocar a fieira seguinte.

3. Originàriamente usado na Alemanha e, hoje, muito usado também nos EE.UU., principalmente para o trabalho em valas úmidas ou sob a água, quando há necessidade de confecção de juntas a frio.

4. Quando bem rebatidas, tornam-se mais compactas que as juntas de chumbo fundido. A camada de lã de chumbo rebatida pode, por isso, ter uma profundidade de apenas 1 3/8″ e 1 5/8″.

5. Nos EE. UU., são mais dispendiosas que as juntas de chumbo fundido, para diâmetros menores que 24″, para diâmetros maiores, custam aproximadamente o mesmo.

d) *Juntas com cimento:*

1. Muito usadas nos EE. UU., na região da costa do Pacífico.

2. Para a confecção dêste tipo de juntas, a A. W. W. A. recomenda o seguinte método (especificação de 1938, para assentamento de tubos):

Coloca-se a estopa ou material funcionalmente similar, deixando-se uma profundidade para a camada de cimento não inferior a 3″. Introduz-se a pasta de cimento (cimento Portland). A pasta deve ser bem sêca: relação água/cimento em tôrno de 1/12 a 1/15 em pêso. Recalca-se a pasta até que ela se torne tão compacta quanto possível. A pasta deverá ser tão sêca que produza um som metálico quando rebatida. A pasta não deverá ser usada quando já tenha iniciado a sua péga ou quando já tenha sido preparada há mais de uma hora.

3. As juntas não devem ser confeccionadas em valas com água. Não se deve permitir que nenhuma água entre em contacto com a junta até que se tenha iniciado a péga.

4. Antes de se fazer a junta, a canalização deve ser adequadamente fixa em suportes que impeçam qualquer deslocamento na junta antes do endurecimento do cimento.

5. A estopa deve ser absolutamente isenta de óleo ou graxa e deve ser umidecida prèviamente com uma pasta fina de água e cimento.

6. Logo depois de confeccionada, a junta deve ser submetida a um processo de cura por meio de uma cobertura de terra úmida ou estopa molhada.

7. Não se deve encher a linha antes de decorridas 12 horas após a confecção da junta. Pressões na linha não devem ser permitidas antes de 36 horas. Os ensaios de vazamento das juntas só devem ser feitos depois de 2 semanas.

2.15.4. — *Tubos de cimento-amianto.*

a) Tipos:

1. Tubos tipo "pressão", para condutos forçados.

2. Tubos para condutos livres, tipo "esgoto".

b) Material de uso recente.

c) Possibilidade de grandes aplicações futuras.

d) Características vantajosas:

1. Em locais onde o concreto, o ferro fundido e o aço sejam sujeitos a condições de água ou solo agressivo. A mistura de cimento e amianto, desde que devidamente preparada, além de apresentar grande resistência à tração, é ainda muito resistente às ações ordinárias de solos agressivos.

2. Pequena resistência ao escoamento da água. Não é sujeito à corrosão.

3. Preço inferior ao do ferro fundido.

4. Facilidade de trabalho: pêso muito inferior ao de ferro fundido; transporte mais econômico; facilidade de colocação na vala e confecção de juntas.

e) Características desvantajosas:

1. Necessidade de maior proteção contra cargas externas.

2. Necessidade de assentamento aprimorado.

f) Fabricantes brasileiros:

1. Brasilit — tubos para pressão, de classe 4 e classe 7, com pressões de serviço de 4 e 7 kg/cm², respectivamente. Pressões de ensaio de, respectivamente, 12 a 17 kg/cm². Fabricam também tubos para condutos livres.

2. Eternit — tubos para pressões de classes 10, 15, 20 e 30 (pressões de ensaio, em kg/cm²); tubos para condutos livres.

Fabricam também tubos para condutos livres.

g) Juntas:

1. Juntas de ponta e bôlsa, com anel de borracha (Brasilit).

2. Juntas "Simplex" (Eternit).

3. Juntas especiais: Junta "Gabault".

2.15.5. — *Tubos de Concreto.*

a) Tipos:

1. Tubos de concreto simples.

2. Tubos de concreto armado.

a) Sem camisa de aço

I) Sem protensão

II) Com protensão

b) Com camisa de aço

I) Sem protensão

II) Com protensão

b) Características:

1. Os tubos de concreto podem ser mais econômicos, dependendo das facilidades locais. Principalmente em obras de captação e adução, com diâmetros grandes.

2. Baixa resistência ao escoamento da água. Não são normalmente sujeitos à corrosão.

3. Em condutos livres são usados tubos de concreto simples ou tubos de concreto armado, sem camisa de aço, sem protensão e sem armadura simples ou dupla. Se bem que os tubos de concreto simples possam ser projetados para resistir a cargas externas elevadas, prefere-se, em tais circunstâncias e quando se trata de grandes diâmetros, dotá-los de ar-

maduras. Tornam-se mais leves e geralmente mais econômicos em igualdade de resistência. A armadura dupla é indicada no caso dos referidos esforços serem muito elevados.

4. Até há pouco tempo, os tubos de concreto simples, e mesmo de concreto armado, só podiam ses usados em canalizações onde a pressão interna estivesse abaixo de certos limites, de modo que não fôsse ultrapassada a tensão admissível à tração do concreto. Nos tubos de concreto armado, fissuras no concreto acarretariam infiltrações agressivas à armadura. Pressões altas, exigiam paredes muito espessas, aumentando conseqüentemente o pêso dos tubos e dificultando o seu transporte e assentamento. Por isso, o emprêgo dos tubos de concreto teve de se cingir a casos de pressões reduzidas, até que surgiram duas soluções notáveis.

5. A primeira solução consistiu em incluir uma camisa cilíndrica de chapas de aço na parede do tubo, resolvendo-se o problema da estanqueidade. Criou-se, assim, o chamado sistema "Bonna". Além da camisa de aço, usa-se nesse sistema um concreto excepcionalmente rico e excelentemente adensado (vibrado ou centrifugado), o que aumenta consideràvelmente a tensão admissível do material. Foram dêsse tipo a maioria dos tubos da primeira linha da Adutora do Ribeirão das Lages, destinada a abastecer a cidade do Rio de Janeiro (vazão de 225.000 m^3/dia, 51.850 m de 1,75 m de diâmetro, 20.595 m de tubos de 1,50 m de diâmetro e 1.967 m de túneis-aquedutos escavados em rocha e revestidos de concreto). Os tubos empregados nessa linha foram fabricados pela Sociedade Anônima Industrial de Tubos (SITUBOS*). Obedeceram, tanto os de 1,75m como os de 1,50 m a dois tipos diferentes, conforme a pressão de serviço a que estão sujeitos. Para pressões internas inferiores a 25 metros de coluna d'água, são simplesmente de concreto centrifugado, com espiras de resistência e geratrizes de distribuição. Para pressões superiores, até o máximo de 80 m de coluna d'água, os tubos têm camisa de aço, são internamente centrifugados e vibrados na parte externa, onde se situa a armadura principal.

6. A segunda solução consistiu em se usar tubos de concreto protendido. Êstes, em linhas gerais, são tubos de concreto armado com pouca armadura, envolvidos numa hélice de arame de aço especial, e de passo variável conforme a pressão interna a que se destinam. Durante o enrolamento o arame é distendido. A armadura, ao se contrair, exerce pressão radial de fora para dentro, sôbre o tubo. Assim, quando o tubo é solicitado por uma pressão interna, só se produz tração em sua parede depois que se anula a compressão inicial. Nestas condições, a armadura em hélice sofre um aumento de tração, mas é sempre possível dimensioná-la de modo que não seja ultrapassada sua tensão admissível. Depois de concluído o enrolamento da armadura em hélice, o tubo é recoberto por uma camada protetora de argamassa. Hoje, há diversas patentes para fabricação de tubos dessa natureza. No Brasil é explorada a patente do engenheiro italiano Mazetti, pela Sociedade Industrial Tetracap Ltda. de São Paulo.

(*) Atualmente BRASILIT.

7. A fábrica norteamericana Lock Joint Pipe Co., de East Orange, N. J., teve a idéia original de associar a protensão aos tubos com camisa de aço. Nesse sistema, enrola-se, sôbre a camisa de aço, revestida internamente de concreto, arame de aço especial, sob tensão, o que submete a camisa e o concreto a uma compressão inicial. Depois, em virtude da pressão interna, a camisa se alia ao arame, e é solicitada à tração, atingindo, simultâneamente com êles os respectivos limites de elasticidade para uma pressão 2,5 vêzes a pressão máxima de serviço. Dêsse tipo são os tubos da segunda linha da Adutora do Ribeirão das Lages, no Rio de Janeiro.

c) Juntas.

1. Juntas rígidas.

a) Tipos:

Ponta e bôlsa.

Encaixe à meia espessura.

Luvas metálicas ou de concreto armado.

b) Em geral, são calafetadas com argamassa de cimento e areia (1:2, em pêso) ou com argamassa de cimento, cal e areia (1:1:4, em pêso).

c) São empregadas, de preferência, em canalizações assentes em terrenos firmes e indepressíveis e onde não haja variação sensível de temperatura.

2. Juntas semi-rígidas.

a) Tipos:

Ponta e bôlsa.

Luvas metálicas ou de concreto armado.

b) Diferenciam-se das juntas rígidas pelo sistema de calafetação. Usa-se material betuminoso, chumbo, ou outro material mais ou menos plástico.

A composição do material betuminoso pode ser a seguinte:

pixe (p. f. 65°C)	30%
creosoto (com mais 30% de fenois)	10%
argila refratária em pó	60%

c) São juntas que permitem pequenos movimentos e possibilitam a acomodação dos tubos no terreno, sem prejuízo da vedação.

3. Juntas elásticas.

a) Tipos:

Ponta e bôlsa, com anel de borracha.
"Simplex" (luva), com anéis de borracha.
"Gibault"

Juntas especiais: Ex.: junta de ponta e bôlsa dos tubos de concreto protendido com camisa de aço, da "Lock Joint Pipe Co.".

b) As juntas elásticas visam dar certa flexibilidade à canalização aliada à perfeita estanqueidade, permitindo assim a adaptação dos tubos ao terreno, quando surgir algum movimento, sem prejuízo da vedação. Nesse sentido, os fabricantes têm-se esmerado, a fim de aperfeiçoar cada vez mais os tipos de juntas. E, na verdade, seus esforços têm tido pleno êxito como se verifica pela variedade e perfeição das juntas existentes.

2.15.6. — *Tubos de aço.*

a) Tipos:

1. Tubos de chapas de aço rebitadas.
2. Tubos de chapas de aço soldadas.
   a) tubos com emendas retilíneas.
   b) tubos com emendas-espiral.
3. Tubos sem costura (tubos Mannesmann).

b) Características:

1. Os tubos confeccionados por meio de chapas rebitadas umas às outras foram os primeiros a serem usados.

2. Substituiu-se, em grande parte, o sistema de emendas rebitadas, pela soldadura das chapas, após o aperfeiçoamento dos processos de solda elétrica e oxi-acetilênica. Os tubos soldados são superiores aos rebitados, tanto na resistência das emendas como na capacidade de escoamento.

3. As tubulações soldadas com emendas retilíneas são formadas emendando-se por soldagem, sucessivamente, vários tubos feitos de chapas soldadas pelas geratrizes.

4. Os tubos soldados em espiral fabricam-se, enrolando-se em espiral uma tira de aço e soldando-se de tôpo uma tira a outra; e, assim, são feitas longas secções contínuas sem emendas circunferênciais, até de 15m de comprimento. Exemplo: tubos ARMCO, soldados em espiral, com uma variedade de diâmetros comerciais e de espessuras das paredes dos tubos.

5. Os tubos Mannesmann, provenientes da Alemanha, eram fabricados sem soldadura, com um comprimento até de 14 m e provados a uma pressão de 50 atmosferas. No Brasil já se iniciou a fabricação dêste tipo de tubo.

6. Principais vantagens dos tubos de aço: resistência às pressões elevadas, leveza e facilidade de instalação.

7. Devido à espessura relativamente pequena das paredes dos tubos de aço, no emprêgo dêstes deve ser dedicada especial atenção:

a) à ação de cargas externas, no caso de tubulações enterradas;

b) ao efeito das reações de apoio, no caso de tubulações assentes sôbre berços;

c) à ação de contricção (pressão de colapso) oriunda do vácuo relativo no interior da tubulação, em tubulações de sucção ou em tubulações sujeitas a descargas eventuais;

d) à ação corrosiva das águas.

O Manual de Hidrotécnica, publicado pela Armco Industrial e Comercial S/A, em seu capítulo terceiro, fornece uma série de tabelas e recomendações destinadas à consideração dêsses fatores na prática.

8. Precauções deve também ser tomada nas tubulações descobertas (ou aéreas), provendo-se de juntas de dilatação, para impedir-lhes a flambagem, quando os esforços térmicos (variação de temperatura) excederem o limite de resistência da parede metálica.

c) Juntas.

1. Juntas rebitadas — Os tubos a serem emendados são colocados de tôpo, um encostado ao outro, recobertos por uma luva que é prêsa em ambos por meio de rebites. Junta raramente usada em tubos soldados, salvo os de grande diâmetro e forte espessura, que apresentem dificuldade de soldagem no campo.

2) Juntas telescópicas ou de simples encaixe — Os tubos são providos de ponta e bôlsa, que se encaixam à fôrça, por meio de pancadas de malho ou por pressão de macaco. Juntas recomendáveis sòmente para baixas pressões.

3. Juntas especiais — Dresser, Victaulic etc. Nas tubulações de pequeno diâmetro, são preferíveis às soldaduras, pela dificuldade de se lhes refazerem os revestimentos internos. Também são aconselháveis para canalizações de pequena extensão, em que não se justificaria a mobilização do equipamento para solda. Essas juntas são de fácil colocação, sem demandar mão de obra especializada. Permitem também fazer-se face a problemas de vibração ou dilatação térmica a que a tubulação possa estar sujeita. (Figs. 2.25 a 2.29).

6. Juntas soldadas no campo — Pode-se fazer solda elétrica ou a oxi-acetileno. Os tubos são soldados de tôpo ou encaixados um no outro mediante alargamento da extremidade de um dêles. Êste último processo é mais eficiente e expedito que o primeiro. Juntas Dresser ou similar, com anéis centrais longos, espaçadas de 120 a 150 m, servem comumente de emendas térmicas, nas tubulações retilíneas. Nas curvilíneas, tanto no sentido horizontal como vertical, ou em cotovelos, dispensam-se essas juntas especiais, salvo nos vértices mais altos.

5. Juntas de flanges — usadas em casas de bombas, instalações industriais e ligações a registros e outros órgãos acessórios.

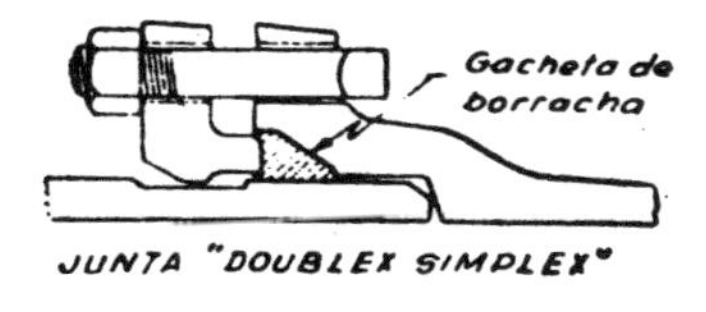

FIG. 2 25

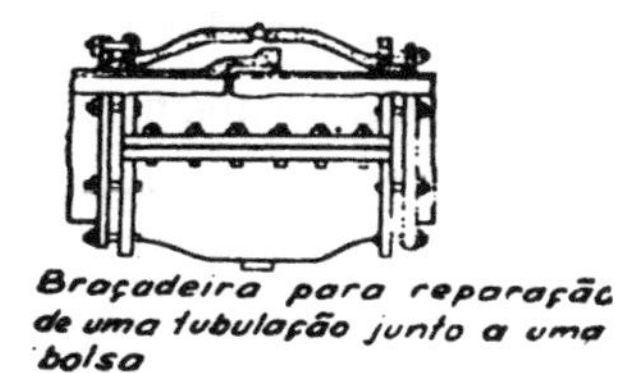

FIG. 2.26

Na junta "Victaulic" a pressão interna aumenta a tensão de vedação da gacheta

FIG. 2.27

FIG. 2.28

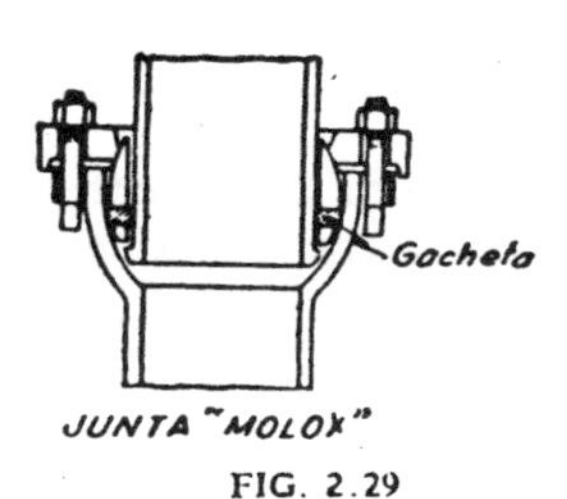

FIG. 2.29

2.16.0. — CONSTRUÇÃO DE CANALIZAÇÕES. PROTEÇÃO DAS TUBULAÇÕES

2.16.1. — *Esforços a que estão sujeitas as canalizações.*

a) Tensão tangencial, normal às geratrizes, causadas pela pressão interna do líquido.

b) Tensão longitudinal, causada pela pressão interna quando há mudança de direção ou obstrução da canalização ou outra mudança das condições de escoamento.

c) Tensão longitudinal devida a variações térmicas.

d) Tensões de compressão e de flexão causadas por:

1. pêso próprio da canalização;

2. pêso da água na canalização;

3. cargas externas:

a) pressão da terra de recobrimento;

b) pressão de sobrecargas: caminhões, trens, etc.

e) Tensões causadas pelas reações dos apoios sôbre os quais os tubos estejam assentes.

2.16.2. — *Tensões tangenciais causadas pela pressão interna.*

$$F = \frac{1}{2} p \cdot D$$

F = fôrça de tração por unidade de comprimento de tubo, conseqüente à pressão *p*.

Espessura de parede teòricamente necessária:

$$e = \frac{p \cdot D}{2 \cdot \sigma_o}$$

p = pressão interna (pressão normal de trabalho acrescida de um valor adicional correspondente ao golpe de ariete).

À espessura assim obtida, os fabricantes ainda acrescentam um valor destinado a fazer face a defeitos de fabricação, à corrosão e outros fatores imprevistos.

2.16.3. — *Tensões longitudinais causadas por mudanças de direção ou de outra condição de escoamento.*

a) Normalmente, êsses esforços são resistidos por meio de ancoragem da tubulação. A ancoragem é feita na própria secção onde aparecem os esforços. Ou, um pouco afastadas, desde que os tubos e as juntas (de flanges) tenham resistência para transmitir os esforços.

b) Fôrça a ser resistida pela ancoragem, no caso de uma curva:

1. Direção da fôrça: bissetriz do ângulo da curva.

2. Sentido da fôrça: do centro da curva para fora.

3. Intensidade: soma da resultante dos empuxos devidos à pressão interna com a fôrça centrífuga devida à velocidade de escoamento.

$$I = 2 \cdot A \left(\frac{\gamma \cdot V^2}{g} + p \right) \text{sen} \frac{\theta}{2}$$

I = intensidade da fôrça

A = área da secção da canalização

γ = pêso específico da água

g = aceleração da gravidade

p = pressão interna da água

V = velocidade de escoamento da água

θ = ângulo da curva.

c) Fôrça a ser resistida pela ancoragem, no caso de uma obstrução da canalização: registro fechado, ramal ou derivação com a ponta fechada por um cap, plug ou registro etc.

1. Direção da fôrça: eixo da canalização.

2. Sentido: de dentro para fora da canalização.

3. Intensidade:

$$I = p \cdot A$$

$$A = \frac{\pi D^2}{4} \qquad D = \text{diâmetro}$$

d) Fôrça a ser resistida no caso de um tê: é análoga ao caso anterior:

1. Tê em uma rêde:

$$I = p \cdot A$$

$$A = \frac{\pi D^2}{4} \qquad D = \text{diâmetro do derivante}$$

2. Tê de ponta e bôlsa, com um derivante fechado por um plug ou cap.

3. Tê com derivante de flange, fechado.

2.16.4. — *Tensões longitudinais causadas por variações térmicas.*

Variações térmicas agindo sôbre uma tubulação de tal modo rígida que não lhe seja possível contração ou expansão provocam tensões longitudinais de compressão ou de tração calculadas pela fórmula:

$$S = E \cdot T \cdot C,$$

S = tensão unitária na área da secção transversal do material, devida à variação de temperatura.

E = módulo de elasticidade do tubo.

T = variação de temperatura.

C = coeficiente de dilatação linear do tubo.

Se se desejar que o tubo expanda ou contraia com as variações de temperatura, devem ser colocadas juntas de dilatação. E, nestas, o deslocamento da tubulação pode ser calculada pela expressão:

$$M = L.C.T.$$

onde L = comprimento da tubulação afetada.

Variações de temperatura e de comprimento da tubulação não são normalmente consideradas nos projetos de tubulações de ferro fundido enterradas.

2.16.5. — *Tensões devidas ao pêso próprio da canalização, pêso da água e cargas externas.*

a) Os esforços tendentes a flexionar os tubos podem ocorrer segundo duas direções:

1. Flexão no plano transversal ao eixo do tubo, tendendo a achatar a sua secção circular;

2. Flexão no plano longitudinal, ao longo do eixo do tubo, entre suportes sôbre os quais êste esteja apoiado.

b) As condições de estabilidade da tubulação, com respeito à flexão no plano longitudinal, são verificadas assimilando-se a tubulação a uma viga assente sôbre apoios. As cargas atuantes nessa viga são conhecidas: pêso da tubulação e da água e cargas locais suplementares. São também conhecidas as características de resistência da viga: forma da secção, módulo de elasticidade e tensões admissíveis do material. O problema geralmente consiste em se determinar o espaçamento dos apoios (berços) tendo-se em conta a resistência ou uma deformação longitudinal máxima da tubulação e, ainda, a capacidade de carga do terreno. Êste problema geralmente ocorre nas tubulações aéreas (não enterradas). Nas tubulações enterradas, geralmente os tubos são apoiados contìnuamente em todo o seu comprimento, desaparecendo as flexões longitudinais. Nestes casos, a má fiscalização do assentamento pode acarretar muitos casos de arrebentamento de tubos, pelas seguintes razões principais:

1. Reenchimento ou apiloamento deficiente sob a semi-circunferência inferior dos tubos, em certos trechos. Nesses trechos, os tubos não estarão devidamente suportados, ficando em balanço. No trecho vizinho, onde o suporte seja adequado, haverá uma concentração de esforços que poderá romper a canalização. Fenômeno análogo pode ocorrer, não por falta de apiloamento ou reenchimento, mas devido à natureza instável do terreno do fundo da vala. Tubos curtos, com articulações (juntas flexíveis) podem contribuir bastante para prevenir tais acidentes.

2. Assentamentos de tubos diretamente sôbre blocos, isolados de pedra, preexistentes no fundo da vala ou introduzidos junto com o material de reenchimento. A rigidez dêsses blocos faz com que o apoio da tubulação se concentre sôbre os mesmos, ocasionando, geralmente, arrebentamentos.

Nos terrenos em rocha, a vala deve ser escavada no mínimo com 10 a 15 cm abaixo da geratriz inferior do tubo, para a interposição de uma camada de areia ou terra fina, que servirá de apoio uniforme para o tubo.

c) A condição de estabilidade da tubulação, com respeito à flexão no plano transversal, é um problema bem mais simples no caso de tubulações aéreas (não enterradas). O pêso próprio dos tubos e o pêso da água são valores bem conhecidos, que devem ser resistidos pelos materiais a serem fornecidos pelos fabricantes de tubos.

No caso de tubulações enterradas, o problema é bastante complexo, porque intervêm as cargas externas devidas à terra de recobrimento e às sobrecargas (caminhões, trens etc.). O efeito destas varia com a atuação maior ou menor do empuxo da terra e depende de uma série de fatôres: altura e natureza da terra de recobrimento, largura e formato da vala, elasticidade das paredes do tubo etc. Êste assunto foi minuciosamente pesquisado por Anson Marston, e seus companheiros, no Iowa State College of Agriculture and Mechanics Arts, tendo sido desenvolvida uma extensa teoria. Êste assunto pode ser estudado nas seguintes publicações:

1. Marston, A., and A. O. Anderson: Theory of loads on pipe in ditches. Iowa Engineering Experiment Station, Bulletin n.° 31, 1913.

2. Marston, A.: Theory of external loads on closed conduits. Iowa Engineering Experiment Station, Bulletin, n.° 96, 1930.

3. Associação Brasileira de Cimento Portland: Tubos de concreto. Boletim n.° 56, 1949.

4. Andrade, R. D.: Métodos de assentamento de tubos de concreto. São Paulo, Boletim do D. E. R., Jan.-Abril.-Jul.-Out., 1947 (Publicado, em separata, pela Soc. Ind. Tetracap Ltda.).

A resistência de um tubo à flexão no seu plano transversal é determinada, em laboratório, pelo chamado ensaio de compressão diametral pelo método dos três cutelos.

A resistência de um tubo às cargas externas, para uma dada condição de assentamento do mesmo, é geralmente diferente da sua resistência, determinada pelo ensaio dos três cutelos. O coeficiente relacionando o primeiro valor ao segundo, foi determinado experimentalmente no Iowa Engineering Experiment Station, para variadas condições de assentamento. Êsse coeficiente foi denominado fator de equivalência.

As experiências demonstraram que o fator de equivalência pode variar bastante, isto é, entre 1,0 a 3,5, dependendo do cuidado com que se faça o assentamento. Êste cuidado diz respeito principalmente ao embasamento do tubo, isto é, ao material sôbre o qual se assenta a semi-circunferência inferior do tubo. Tal material deve ser firme, compacto, uniforme e sem falhas. Material arenoso cuidadosamente colocado sob o tubo ou berços contínuos de concreto constituem exemplos de bons embasamentos.

Outra observação importante diz respeito à influência da largura da escavação, no caso de tubos assentes em vala, isto é, inteiramente enterrados em vala aberta no terreno. Neste caso, para uma dada profundidade da vala e um dado tipo de embasamento, é a largura da vala, *no tôpo* do tubo, que determina a carga da terra de recobrimento sôbre o tubo e não o diâmetro dêste. A largura da vala, ao nível do tôpo do tubo, é fator decisivo no cálculo da ação de cargas externas sôbre o mesmo. Deve ser tão estreita quanto praticável, para atenuar tal ação. Acima do nível do tôpo do tubo, a vala pode se alargar indefinidamente, sem que aquela carga sôbre o tubo aumente apreciàvelmente.

2.16.6. — *Proteção das canalizações contra a corrosão.*

a) *Tipos de corrosão*:

1. Auto-corrosão.

2. Corrosão galvânica.

3. Corrosão eletrolítica causada por correntes perdidas.

4. Corrosão eletrolítica causada por diferenças de tensão mecânica no metal.

b) *Auto-corrosão:* causada pela tendência dos metais de entrar em solução na água.

É o tipo mais importante.

c) *Corrosão galvânica:* causada pela diferença de potencial elétrico gerada pelo contácto de metais diferentes (emendas, soldas, etc. ou impurezas no metal); o meio líquido externo fecha o circuito, formando-se uma pilha elétrica; o metal de potencial de oxidação maior funciona como ânodo e é corroido; o outro, funcionando como cátodo, é protegido.

d) *Corrosão eletrolítica causada por correntes perdidas.*

Correntes elétricas positivas, atingindo as canalizações, escoam-se por estas. Em certas juntas ou em outros trechos de canalização em que a sua resistência à passagem da corrente elétrica seja elevada, ou em terrenos úmidos, a corrente elétrica deixa a canalização. Nesses pontos de descarga da corrente, o metal funciona como ânodo e a canalização, sofre, externamente, uma corrosão.

Essas correntes elétricas perdidas que atingem as canalizações geralmente provêm de trilhos de bondes elétricos (correntes contínuas) ou de descargas (fios terra) de aparelhos elétricos prediais. As correntes alternadas têm um efeito corrosivo bem menor que as correntes contínuas (geralmente menos que 1%).

e) *Corrosão eletrolítica causada por diferenças de tensão mecânica no metal.*

Resultam da diferença de potencial que aparece quando duas partes de um metal, sujeitas a tensões diferentes, são postas em contácto. Geralmente, a parte mais solicitada apresenta potencial mais alto, funcionando como ânodo, sendo então corroida.

f) *Proteção contra a corrosão.*

1. Revestimentos não metálicos.

a) Características: Em geral têm ação apenas mecânica, constituindo uma barreira colocada sôbre o metal para isolá-lo do ambiente corrosivo.

b) Tipos:

I — revestimento à base de pixe ou de asfalto, aplicados externa e internamente;

II — revestimentos com argamassa de cimento e areia, aplicados internamente.

2. Revestimentos metálicos.

a) Revestimentos inatacáveis.

I — Características: ação mecânica, isolando o metal do ambiente corrosivo; a proteção tem ação maléfica, acelerando a corrosão, nos pontos de descontinuidade do revestimento.

II — Exemplos: revestimentos com cobre, níquel, estanho, cromo.

b) Revestimentos sacrificáveis:

I — Características: usam-se metais menos nobres que o metal a ser protegido, os quais constituem o ânodo a ser desgastado pela corrosão.

II — Exemplo: revestimento com zinco (tubos galvanizados).

3. Proteção catódica.

a) Características:

I — Dispositivo para a proteção da canalização contra a corrosão externa;

II — Consiste em se ligar a canalização em circuito com o polo negativo de um gerador de corrente contínua, cujo polo positivo se conecta a ânodos enterrados no solo. O potencial elétrico da canalização torna-se inferior ao potencial do solo e assim, as correntes elétricas passam a se deslocar do solo para a canalização. A canalização, funcionando como cátodo, não sofre corrosão.

b) Aplicação: A proteção catódica é usada para proteger a canalização, não só contra a corrosão nos casos comuns, como também, contra a ação de correntes elétricas extraviadas.

4. Descargas apropriadas de correntes elétricas extraviadas para o solo.

a) É um método de proteção das canalizações contra a ação das correntes extraviadas.

b) Descarrega-se a corrente elétrica da canalização para leitos de aço, coque ou zinco enterrados nas proximidades da canalização e a ela conectados por meio de condutores isolados.

5. Tratamento da água a ser conduzida pela canalização.

a) Destina-se à proteção da tubulação contra a corrosão interna.

b) Consiste em se acondicionar os teores de oxigênio dissolvido, gás carbônico e o pH e demais fatôres relacionados à corrosividade, de modo a se reduzir a corrosividade da água. Em certos casos, promove-se também a deposição de uma película protetora na tubulação.

2.17.0. — FINANCIAMENTO E CUSTEIO. TAXA D'ÁGUA

2.17.1. — *Generalidades.*

Constata-se um desequilíbrio entre o extraordinário progresso técnico no projeto e construção de abastecimentos urbanos de água, de um lado, e a rotina na solução dos problemas de caráter econômico-fiscal para a obtenção de financiamento para a execução, conservação e operação dêsse serviço essencial de utilidade pública, de outro lado. Há agravamento do problema em países sub-desenvolvidos, de economia débil, com falta de continuidade administrativa, maximé nos períodos inflacionários. No Brasil, o financiamento pode ser obtido nas Caixas Econômicas e em órgãos federais de financiamento (FISANE), e assim mesmo com grande dificuldade. Os bancos e outros estabelecimentos de crédito, oficiais ou particulares, só operam a curto prazo, não se interessando por financiamento de obras públicas.

TAXA E TARIFA DE ÁGUA (*)

A Tarifa de Água

O Seminário sôbre Tarifas, organizado em 1960 pela Organização Panamericana da Saúde definiu: "Uma tarifa de água é a base do sistema que possibilita a faturação (cobrança) dos consumos".

A tarifa é, em sentido estrito, o preço que corresponde a determinadas condições de um serviço público e em sentido amplo, seria o próprio conjunto dessas condições.

Tarifa, conceitualmente, em técnica fazendária, é o preço que se cobra a fim de satisfazer uma necessidade, devendo-se nesse caso, acrescentar que se trata de uma necessidade pública.

(*) Esta parte foi transcrita do "Manual Brasileiro de Tarifas de Água", de autoria do Prof. José M. de Azevedo Netto.

Segundo o autor italiano Luigi Einaudi, existe preço público quando o homem logra satisfazer uma necessidade pública através de um serviço que não se deseja confiar a uma emprêsa privada, com o propósito de evitar a fixação de preços privados, os quais poderiam resultar excessivos em decorrência do monopólio criado.

Constitui princípio fundamental de todo o sistema tarifário o seguinte: o custo dos serviços deve ser suportado pelos usuários ou beneficiários. A exploração de um serviço deficitário levaria uma emprêsa particular a uma situação insustentável e igualmente em se tratando de um órgão da administração pública, apresentaria graves riscos, exigindo como remédio único para cobrir os deficits, a utilização de recursos de outras fontes, contràriamente à lógica e às boas normas administrativas.

Segundo Oswaldo Bahamonde "o estabelecimento de um sistema de tarifas tem tanto de arte como de ciência".

Os estudos modernos sôbre a fixação de tarifas leva a distinguir dois grupos de despesas ou de gastos, que intervêm em sua formação:

a) despesas de capital e amortizações;

b) despesas e gastos operacionais.

Os gastos de operação podem por sua vez ser subdivididos em gastos fixos e gastos variáveis, sendo que os primeiros independem do volume de água fornecido, enquanto os segundos variam diretamente com as vazões distribuídas.

A fixação de um limite inferior para o consumo, pode, em muitos casos, corresponder ao conceito de pagamento pelo direito ao serviço.

Todo serviço de abastecimento de água é obrigado a manter obras e instalações adequadas para prestação de serviço, com capacidade para atender a maior solicitação dos usuários. Isto obriga a dimensionar as canalizações e estruturas para um consumo superior ao normal. Para compensar tais gastos o serviço deverá contar com recebimentos, sob o conceito de demanda potencial.

Necessidade.

Em capítulos anteriores procuramos mostrar a importância do abastecimento de água e o vulto dos recursos necessários para a sua realização e continuidade. Demonstramos, ainda, que os recursos que vêm sendo destinados a êsse setor da Engenharia, são insuficientes para o atendimento das necessidades mínimas. Dessas premissas, pode-se depreender a importância da cobrança dos serviços diretamente prestados, que é feita através da taxa ou da tarifa de água e sempre que houver possibilidade e fôr o caso, de outros tributos.

Os serviços de abastecimento de água podem ser prestados sem a cobrança de taxa ou de tarifa, porém neste caso surgem várias inconveniências entre as quais predominam pela sua importância, as seguintes:

a) a indisciplina e imprevisão de consumo em decorrência de abusos, desperdícios e perdas, com conseqüências para o projeto, operação e manutenção dos sistemas de abastecimento de água;

b) o encarecimento dos serviços;

c) o pagamento dos benefícios prestados a alguns, pela população tôda, inclusive pelas pessoas não servidas.

Os serviços de gás, transporte coletivo e outros, também poderiam ser cobrados de tôda a população, através de encargos gerais, porém ressaltaria a vista de qualquer pessoa a impropriedade dêsse método de cobrança.

Conceito. Taxa ou Tarifa?

Tradicionalmente no Brasil o pagamento pelo uso da água, denomina-se "taxa de água", sendo essa a denominação encontrada mais comumente nas publicações sôbre o assunto. Nos últimos anos entretanto, os sanitaristas brasileiros e autoridades responsáveis pelos serviços, verificaram a conveniência de optar pela designação "Tarifa de Água", por razões que apresentamos a seguir.

Conceitualmente a taxa é um pagamento de natureza geral e obrigatória, exigida e imposta pelo Govêrno em decorrência de um serviço prestado ou pôsto à disposição. Em outras palavras, a taxa é um tributo fixado oficialmente e aplicável de forma geral. A taxa sendo uma espécie de tributo sòmente pode ser criada ou alterada por lei, e para ser arrecadada é necessário que tenha sido incluída no orçamento.

A palavra tarifa, é de origem arábica e significa "pauta ou escalas de preços ou de valores".

A tarifa corresponde a uma forma de pagamento por um serviço ou benefício prestado e cobrado de acôrdo com uma medida ou escala. Pressupõe, portanto, a medição ou avaliação quantitativa.

As tarifas porém, cobradas pelo Govêrno ou por emprêsa autorizada, não são impostos, não se aplicam de maneira uniforme (cada um paga o benefício recebido de acôrdo com sua extensão), e não correspondem a serviços compulsórios.

São exemplos de taxas: a taxa de conservação de ruas, a taxa do serviço de lixo, e também a taxa de água, quando fixada por lei como tributo.

São exemplos de tarifa: a tarifa de eletricidade, a tarifa de gás, a tarifa de telefones e a tarifa de água, quando estabelecida com base na medida do serviço prestado (utilidade).

Durante muitos anos os serviços de água no país eram quase sempre prestados por repartições públicas que cobravam taxa fixada por lei.

Mais recentemente, as características dos serviços exigiram, em muitos casos, a formação de órgãos e serviços autárquicos ou até mesmo empresariais. Por outro lado, a inflação brasileira tornou-se tão violenta e im previsível ao ponto de tornar impossível a previsão de custos, gastos e despesas orçamentárias. Ocorreram então situações como a seguinte: — Uma autarquia responsável pelo abastecimento de água tomando por base as despesas e encargos financeiros do ano anterior, fazia as suas previsões de recursos necessários para o ano seguinte, e encaminhava através do Poder Executivo ou Poder Legislativo, a sua proposta orçamentária ou projeto de lei propondo a alteração da taxa de água.

Às vêzes a proposta orçamentária era aprovada com emendas ou alterações e freqüentemente o projeto de lei modificando a taxa de água não chegava a ser aprovado, ou então conseguia passar com alterações profundas e injustificáveis. Os meses e até os anos se sucediam com a repetição dessa rotina, sem a possibilidade de a repartição ajustar a sua taxa de maneira a contornar os efeitos da inflação. A velocidade com que os custos se elevavam era muitíssimo superior à velocidade de tramitação e aprovação dos projetos de lei. Com o decorrer do tempo, cada vez mais o valor cobrado pelo serviço se distanciava do seu custo real, obrigando os governos a estabelecer subsídios até que, em muitas ocasiões, se chegou ao ponto em que os aumentos exigidos para a atualização dos pagamentos se tornaram assustadores, criando um impasse para os legisladores e para o Govêrno. A impossibilidade de se prever com acêrto a variação futura de custos e despesas em um regime inflacionário acentuado, era outro fator negativo a predominar e mais ainda, haviam os anos de eleições, os de fim de govêrno e também os anos de início de govêrno a tolher a ação dos engenheiros responsáveis pelos serviços.

Essa situação descrita repetiu-se centenas de vêzes e pode-se mencionar como exemplo característico o da cidade de São Paulo. Como medida de salvação em fins de dezembro de 1955, foi incluído numa lei geral (Lei Estadual n.º 3.330 de 30-12-1955) o art. 31, que estabeleceu o seguinte: "poderá ser reajustado por decreto do Poder Executivo, periòdicamente, com base no custo médio verificado no semestre imediatamente anterior, o preço dos serviços postos a livre disposição dos interessados pelo Estado, diretamente, ou através de entidade autárquica". Com fundamento nesse dispositivo, o Departamento de Águas e Esgotos de São Paulo, propôs o reajuste das tarifas de consumo de água, aferidas através de hidrômetros, resolvendo uma situação reconhecidamente calamitosa. A partir dessa época, o DAE de São Paulo passou a reajustar periòdicamente as tarifas de água, com base em decretos do Poder Executivo.

Em outras cidades do país, por razões semelhantes, os órgãos responsáveis pelo serviço de abastecimento, passaram também a cobrar os serviços através de tarifas.

CARACTERÍSTICAS DE UMA TARIFA DE ÁGUA

Através das tarifas de água o custo real dos serviços deve ser distribuído entre todos os consumidores de forma racional e justa, de tal modo que cada um venha a pagar retribuição correspondente ao benefício recebido.

O serviço de abastecimento de água exige a aplicação de capital e o trabalho permanente de pessoal, o consumo de energia, o gasto de materiais, a manutenção de equipamentos, etc., e como são benefícios prestados, êles devem ser retribuídos com o pagamento de importância suficiente para a amortização, operação, manutenção e desenvolvimento. Essa retribuição devida pelos beneficiários geralmente é feita pelo pagamento de taxa ou tarifa, estabelecidas com base nas características e extensão do próprio benefício. É importante ressaltar desde logo que o valor da própria água, via de regra, é nulo, não se cobrando pela água, e sim apenas pelos serviços de captação, bombeamento, adução, purificação, reservação, distribuição, etc.

Qualquer pessoa poderá ir ao rio, se fôr o caso, e retirar a água necessária ao seu consumo, sem nada pagar. Porém se essa mesma pessoa desejar receber água à sua vontade, em seu domicílio, com melhor qualidade, deverá pagar as despesas feitas para êsse confôrto e segurança.

As tarifas de água devem ser:

a) simples

b) racionais

c) justas

d) adequadas

e) de aplicação geral.

As condições desejadas de uma estrutura tarifária sòmente serão atingidas, quando forem satisfeitas tôdas essas características.

Simplicidade é a qualidade essencial de uma estrutura tarifária. As tarifas complexas, são dificilmente compreendidas pelo público e, geralmente, são de aplicação trabalhosa e onerosa para os serviços. A meticulosidade de alguns técnicos tem levado os mesmos a elaborar extensas e intrincadas estruturas tarifárias de difícil aceitação. Além disso a diferenciação de categorias dessas tarifas, na maioria das vêzes, obedece a critérios subjetivos que não encontram apoio técnico ou econômico.

O trabalho que elas exigem, para a sua aplicação dentro de normas aceitáveis, sobrecarrega desnecessàriamente as seções responsáveis.

Exemplo de uma tarifa complicada é a de uma cidade que para o consumo comercial diferencia o tipo de atividade, a categoria dos estabelecimentos e até o seu próprio trabalho. Às vêzes a diferenciação chega a tal ponto, que para uma barbearia com quatro cadeiras se propõe aplicar uma base diferente daquela indicada para um salão com apenas três cadeiras.

Tais detalhes em nada contribuem para a melhoria da cobrança, e, pelo contrário, estabelecem dificuldades e pontos de atrito. As tarifas devem ser, pois, simples e de fácil aplicação.

Outro atributo importante de uma estrutura tarifária, é a racionalidade. Os critérios e as bases de estruturação deverão ser racionais e perfeitamente justificáveis, sob o ponto de vista técnico e econômico. A fixação de limites inferiores, o estabelecimento de classes e a determinação de preços básicos, devem obedecer a critérios lógicos.

As tarifas devem também ser justas. Esta qualidade faz com que determinados consumidores não paguem mais nem menos do que o valor equitativo. Não é objetivo dos serviços de abastecimento de água, auferir lucros ou tirar vantagens injustificadas de determinada categoria de consumidor.

Além disso, as tarifas devem ser adequadas, entendendo-se por isto, a condição necessária para que elas produzam a receita indispensável para o bom desenvolvimento dos serviços. As tarifas adequadas constituem a base capaz de assegurar a estabilidade financeira indispensável para os serviços.

Por isso, as tarifas devem ser revistas, alteradas ou ajustadas sempre que houver necessidade, sem delongas, para que seja garantido, senão o autofinanciamento dos serviços, pelo menos a sua continuidade.

Nos países sujeitos a desvalorização rápida da moeda (inflação intensa), a revisão das bases tarifárias deve ser feita com maior freqüência, para evitar a necessidade de alterações exageradamente grandes em decorrência de postergação.

A revisão periódica de tarifas inadequadas pode oferecer novas fontes de arrecadação e maiores recursos para o aperfeiçoamento e expansão dos serviços.

A experiência demonstra que tôdas as vêzes que uma tarifa se torna insignificante, ou vil, o público em geral passa a subestimar e desconsiderar o próprio serviço.

Finalmente, uma tarifa deve ser de aplicação geral, e não discriminativa. Deve-se aplicar igualmente a todos os bairros abastecidos, para os consumidores sem distinção, observados os critérios gerais e as condições de consumo.

CLASSIFICAÇÃO DAS TARIFAS DE ÁGUA

As tarifas de água podem ser classificadas em Simples e Compostas.

As tarifas simples baseiam-se exclusivamente no consumo de água, isto é, no volume medido.

As tarifas simples podem ainda ser uniformes ou apresentar base variável crescente ou decrescente.

O mais simples dos preços públicos é a tarifa uniforme ou de base constante, na qual permanece fixo o preço unitário que se paga pelo produto recebido.

As tarifas simples e uniformes também denominadas de base constante, subdividem-se ainda em dois tipos, quer apresentem um limite inferior (mínimo) quer sejam contínuas, sem qualquer limite.

Exemplos:

1 — *Tarifa simples uniforme sem limite mínimo*
O metro cúbico de água fornecido na cidade "A", será cobrado na base de N Cr$ 0,25/m³, qualquer que seja o consumo;

2 — *Tarifa simples uniforme com limite inferior*
Na cidade "B", a tarifa de água é a seguinte: Até doze metros cúbicos por mês, será cobrado o valor mínimo de NCr$ 3,00/mês. Acima de doze metros cúbicos, NCr$ 0,25/m³

Neste caso de tarifa simples e uniforme, a prática recomenda estabelecer gastos mínimos ou limites inferiores, qualquer que seja o volume real que venha a ser consumido, a fim de que possam ser recompensados certos gastos fixos de exploração.

A maioria das autoridades no assunto, considera muito importante estabelecer êsse limite inferior para efeito de cobrança, pelas seguintes razões: qualquer que seja o consumo, existem sempre certas despesas forçadas, relativas à leitura de hidrômetros, preparação e recebimento de contas, contabilização etc., as quais têm que ser enfrentadas pelo serviço, seja o consumo de água, grande ou pequeno, ou até mesmo inexistente em certas ocasiões. A cobrança de um valor mínimo correspondente ao limite inferior, possibilita a arrecadação para cobrir em todos os casos, essas despesas inevitáveis.

Em alguns países africanos, êsse limite inferior não tem sido estabelecido, porém os departamentos de água, nesses casos, cobram em separado uma quota destinada a cobrir essas despesas forçadas.

O limite inferior estabelecido na maioria das tarifas, com freqüência é errôneamente chamado de "consumo mínimo'. Na realidade não é um consumo mínimo e em geral nem é consumo. Suponhamos, para esclarecer, que em uma cidade o limite inferior tenha sido fixado em 15 m³/mês e que em uma residência tenha sido medido apenas 9 m³ em determinado mês; o consumo nesse caso é de 9 m³ e o consumo mínimo poderia ter sido qualquer outro, porém para efeito de pagamento deverá ser observado o *limite* inferior de 15 m³/mês pelas razões expostas.

Muito se tem discutido a respeito do limite inferior a ser cobrado, e algumas cidades estabeleceram valôres demasiadamente elevados para êsses limites. Isto se deve, talvez à confusão que vinha sendo feita com o denominado volume mínimo de água para satisfazer às necessidades higiênicas.

Quando se estabelece por exemplo a quota diária de 200 litros/habitante abastecido, algumas pessoas imaginam que para uma família padrão, de cinco pessoas por habitante, dever-se-ia considerar 1.000 litros por dia, ou 30.000 litros por mês, em correspondência à quota per capita e por isso são levadas inadvertidamente ao limite inferior de 30 m³/mês. Entretanto, deve-se ter em conta que a quota diária de abastecimento, de 200 litros per capita, representa um valor médio entre os diversos consumidores, levando em conta ainda consumos de outra natureza, como perdas e desperdícios. O exame da distribuição real de consumo em uma cidade através do histograma de consumos, revela sempre que uma parte considerável da população se satisfaz com consumos muito inferiores ao valor da dotação per capita.

A fixação criteriosa dos limites inferiores das quotas de consumo, deve ser precedida da análise da distribuição de freqüências por consumos na cidade que se considera ou em cidades semelhantes da mesma região, caso não se disponha de dados locais. Em geral, adota-se como limite inferior, o valor correspondente ao primeiro quartil da distribuição, isto é, o consumo que compreende 25% da população. Geralmente o limite inferior em nossas cidades fica compreendido entre 10 e 20 metros cúbicos por mês; valôres inferiores a 10 m^3/mês podem dificultar a cobrança e a arrecadação para cobrir as já mencionadas despesas certas. Valôres superiores a 20 m^3/mês, muitas vêzes conduzem a desperdícios e além disso, oneram demasiadamente a população mais humilde.

TARIFAS SIMPLES VARIÁVEIS

(ou tarifas diferenciais ou ainda tarifas de base variável)

Neste caso o preço cobrado por metro cúbico não permanece uniforme, variando à medida que se eleva o consumo. Dois casos podem ocorrer: valôres decrescentes e valôres crescentes. De um modo geral, tradicionalmente se considera a tarifa diferencial com base variável decrescente, a mais perfeita técnicamente.

As estruturas com base ou escala variável decrescente guardam grande semelhança com as tarifas de energia elétrica e são as mais comumente adotadas nos Estados Unidos. A redução gradual do valor cobrado pelo metro cúbico de água consumido, à medida que se eleva o consumo, baseia-se nos seguintes pontos:

a) num serviço de abastecimento de água existem gastos fixos inevitáveis que devem ser repartidos ou distribuídos entre os usuários, gastos êsses que não são proporcionais ao consumo. Nessas condições ocorre que para um consumo mensal de 30 m^3, as despesas reais não são o dôbro daquelas que correspondem a um consumo de 15 m^3 (a leitura de hidrômetro, a preparação das contas, a cobrança, a contabilização, etc., é a mesma nos dois casos).

b) nas obras de abastecimento de água à medida que se eleva a capacidade e o volume aduzido, geralmente se reduz o seu custo unitário de tal maneira, que muitas vêzes executam-se obras de maior magnitude para atender a consumos mais elevados podendo-se reduzir o custo por metro cúbico com vantagem para o serviço e para todos os consumidores. Neste caso, os grandes consumidores apresentariam a vantagem de concorrer para a redução do custo básico.

c) muitas cidades enfrentam a necessidade de intensificar a implantação e a expansão de indústrias com a finalidade de criar novos empregos e elevar o padrão de vida de suas populações.

A tarifa decrescente pode se tornar um atrativo para as indústrias (ao contrário das tarifas de valor crescente, que às vêzes são consideradas um castigo).

Exemplo de tarifas simples decrescentes:

Cidade "C"

até 20 m^3/mês	N Cr$ 0,26/m^3
de 20 a 50 m^3/mês (adicionais)	0,23/m^3
de 50 até 100 m^3/mês (adicionais)	0,20/m^3
acima de 100 m^3/mês (adicionais)	0,17/m^3

Uma tarifa dêste tipo apenas se justifica nos casos em que houver relativa facilidade de adução (mananciais amplos e próximos) e também grande facilidade para o financiamento das obras. Sempre que o crédito fôr limitado e difícil a obtenção de financiamento, êste tipo de tarifa sobrecarrega a entidade responsável pelo serviço de água na parte que se relaciona à capacidade de obtenção de financiamento, em benefício dos grandes consumidores, principalmente da indústria. Nos Estados Unidos a tarifa com base decrescente é mais comumente encontrada, porque os recursos de capital são mais fàcilmente obtidos.

As tarifas simples com valor crescente têm sido preferidas e adotadas por muitos municípios brasileiros, pelas razões seguintes:

1 — o financiamento sendo difícil de ser obtido e muitas vêzes apresentando altas taxas de juros, as disponibilidades existentes são aproveitadas para abastecer o maior número de pessoas.

2 — os grandes consumidores, inclusive as indústrias, possuem maiores recursos, podendo pagar mais pela água consumida, do que os pequenos consumidores.

É conveniente, entretanto, lembrar que a idéia de se cobrar valôres crescentes com o aumento de consumo implica na existência de dificuldades de financiamento e nas limitações das fontes de abastecimento. Deve-se ainda ter em vista que o aumento do valor cobrado por metro cúbico nos escalões superiores não deve ser arbitrário e nem exagerado, admitindo-se em muitos casos uma variação até o limite de 1:2, ou eventualmente de 1:3. As escalas crescentes exageradas e injustificáveis poderão levar grandes consumidores a procurar soluções individuais de abastecimento, soluções estas que algumas vêzes poderão se tornar lesivas para o serviço e para a comunidade. Exemplo típico ocorreu em uma cidade onde o exagêro na cobrança levou uma indústria de produtos alimentícios a procurar uma fonte de má qualidade para o seu abastecimento.

Exemplo de Tarifa com preço por m^3 crescente:

Cidade "D"

Os primeiros 10 m^3/mês	N Cr$ 0,20/m^3
entre 10 e 50 m^3	0,25/m^3
entre 50 e 100 m^3	0,30/m^3
acima de 100 m^3	0,35/m^3

No caso de sistemas tarifários com base crescente ou com base decrescente, é muito importante estabelecer-se a razão entre o preço máximo por metro cúbico cobrado e o preço mínimo por metro cúbico.

Essa relação não deve ser arbitrária e não pode ter valor exagerado. Em geral, a razão entre os preços extremos está compreendida, entre 1,5:1 e 2,5:1.

TARIFAS COMPOSTAS

As tarifas compostas compreendem duas ou mais partes (duas ou mais quotas) uma das quais é função exclusiva do consumo, sendo a outra fixada com base em um atributo da propriedade (imóvel).

A parte relativa ao consumo de água segue em linhas gerais, tudo o que já foi dito a respeito das tarifas simples.

A outra parte que, em geral, se destina a cobrir os gastos fixos de um serviço, é calculada independentemente dos consumos de água. Para se esclarecer bem o assunto, deve-se lembrar que num serviço de abastecimento de água existem gastos fixos e despesas variáveis. Os gastos fixos em um determinado período são independentes do volume de água fornecido e compreendem entre outros, juros, amortizações, alugueres etc. Ainda que hipotèticamente, se o serviço de água reduzisse à quinta parte o volume fornecido, ou até mesmo interrompesse o fornecimento, êstes gastos seriam inalterados e teriam que ser feitos.

Em contraposição aos gastos fixos, existem as despesas variáveis que variam proporcionalmente com o volume de água fornecido e que compreendem itens tais como energia elétrica, produtos químicos, combustível etc.

A quota, ou parte da tarifa que é independente do consumo, pode ser destinada a retribuir os juros, amortizações e depreciação ou pode corresponder a todos os gastos fixos, podendo incluir até mesmo o pessoal fixo mínimo e indispensável e respectivos encargos sociais.

Essa quota como foi dito, geralmente é estabelecida com base em um atributo ou uma qualidade do imóvel abastecido. Pode, por exemplo, ser calculada sôbre os metros de frente dos lotes, sôbre as áreas dos terrenos (ocupados ou não), área e tipo de construção etc.

Muitas vêzes no passado, procurou-se adotar como critério de cobrança o valor venal ou o valor locativo dos prédios. Neste caso, entretanto, os órgãos encarregados do serviço sempre tiveram dificuldades em determinar, revisar e atualizar tais valôres, dando margem, em muitos casos, a reclamações justas e propiciando em outros casos negociações ilícitas entre os encarregadcs de lançamento e o público.

Pode-se mencionar o exemplo do DAE de São Paulo (a não ser seguido) que chegou a ter um número de funcionários lançadores superior ao de todos os outros departamentos do mundo.

Preferível é adotar-se um critério racional com base em uma característica mensurável do imóvel, independente, pois de critérios subjetivos, sujeitos a discussões.

Assim é que o custo de um sistema de abastecimento de água compreendendo tantos quilômetros de rêde de distribuição, pode ser apresentado em têrmos médios e unitários em N Cr$ ....../metro de canalização distribuidora, e N Cr$ ....../per capita, etc. Igualmente as prestações fixas de juros e amortização podem ser distribuídas em relação a tôda a extensão do sistema distribuidor.

Um método de cobrança que vem dando bons resultados em cidades do interior do Estado de São Paulo, compreende justamente duas partes: uma corresponde a juros e amortização (despesas de construção) aplicáveis a todos os imóveis servidos pelo sistema, inclusive terrenos, e outra calculada em função do volume de água consumido e equivalente às despesas de operação dos serviços.

A primeira parcela incide sôbre as frentes dos lotes enquanto que a segunda baseia-se na leitura dos hidrômetros.

Exemplo "E" (interior do Estado de São Paulo)

"A taxa na cidade "E" será cobrada em duas partes:

a) Taxa de construção: N Cr$ 0,10 por metro linear de frente dos lotes;

b) Taxa de utilização: N Cr$ 0,18 por m³ de água fornecida sendo de N Cr$ 2,00 o valor mínimo cobrado."

Exemplo "F" — Campinas (Estado de São Paulo)

"Art. — A taxa do fornecimento de água recai sôbre todos os imóveis (prédios e terrenos) que tenham frentes ou entrada para logradouros públicos no Município, servidas de rêde abastecedora.

Parágrafo Único — A taxa é devida ainda que os imóveis referidos neste artigo, não se sirvam da rêde.

Art. — A taxa será constituída de duas parcelas:

a) uma referente aos imóveis;

b) outra referente ao volume de água consumido"

Exemplo "G" (Tarifa proposta para uma cidade do Nordeste):

"Art. — As tarifas de serviço de água e esgotos incidirão sôbre as unidades prediais localizadas nos logradouros servidos pelas respectivas rêdes, mesmo que não as utilizem.

Art. — Para fins de cálculo e lançamento das tarifas dos serviços de água, são estabelecidas duas quotas:

I — Quota de construção, com base no custo unitário de obras por m^2 de terreno;

II — quota de consumo, com base no consumo de água.

Art. — A quota de construção será calculada a razão de N Cr$ .... por metro quadrado de terreno, com ou sem edificações, nos logradouros públicos servidos pela rêde de água.

Art. — A quota de consumo será cobrada de acôrdo com o custo operacional do serviço, proporcionalmente ao volume consumido.

Art. — Os preços unitários para cobrança das tarifas serão reajustados semestralmente nos meses de janeiro e de julho de cada ano, em função do custo real apurado.

Na prática verifica-se a existência de critério diverso ou diferente para a determinação da parte destinada a cobrir os encargos fixos. Assim, essa parcela poderá corresponder:

a) exclusivamente aos chamados gastos comerciais compreendendo leitura de hidrômetros, preparação de contas, cobranças, contabilização, etc.;

b) ao compromisso com juros e amortização, não devendo neste caso ser confundidos com a contribuição de melhoria.

2.17.2. — *Classificação dos serviços de utilidade pública para efeito de taxação.*

Inicialmente deve-se recordar a diferença entre taxa e impôsto: taxa é a retribuição específica por determinados serviços prestados; impôsto é a contribuição paga pelo cidadão para permitir ao Estado realizar os seus vários objetivos. A taxa deve cobrir apenas o custo do serviço prestado (self-supporting).

Para efeito de taxação os serviços de utilidade pública podem ser classificados em:

a) de utilização compulsória: indispensáveis à vida em coletividade abastecimento de água, remoção de esgotos, remoção do lixo, etc.

b) de utilização facultativa — trazem mais confôrto ao cidadão, se bem que não imprescindíveis à vida em coletividade — telefone, gás, etc.

Para os serviços de utilização facultativa, como critério geral, para a taxação, pode-se admitir que a taxa seja proporcional à utilização. Para os de utilização compulsória deve existir o mínimo de uso impôsto pelas condições sanitárias.

2.17.3. — *Novos princípios fundamentais de taxação racional para fazer face ao financiamento de obras sanitárias.*

O exemplo apresentado em 2.17.2 além de patentear a inexequibilidade econômica de um empreendimento imprescindível à vida de uma pequena coletividade, mostra uma situação de profunda injustiça social, fazendo recair apenas sôbre os consumidores atuais todos os ônus de um melhoramento que vem beneficiar de um modo geral tôda a coletividade, e, em particular, alguns proprietários que lucram com valorizações imobiliárias decorrentes das obras públicas. Com efeito, na construção de uma rêde de águas coloca, o Poder Público, tubulação não apenas nos lotes com edificações, mas, também, nos sem construção. O simples fato de passar água em frente de um lote sem construção, faz com que o terreno adquira "mais valia", pelo potencial de utilização pôsto à disposição.

O uso potencial deve ser cobrado por uma "taxa de melhoria" ou benefício. Lamentàvelmente, apesar de prevista na própria Constituição Federal (art. 30) a contribuição de melhoria depende, ainda, de leis federais normativas (art. 5.°, inciso XV, letra b da Constituição), as quais apesar de 14 anos de vigência da atual Carta Magna, ainda não foram tôdas promulgadas. Por êste motivo e pela oposição organizada de muitos interessados não tem o Poder Público podido lançar mão dessa contribuição, a não ser em casos especiais, como, por exemplo, na Lei de Pavimentação, vigente na Capital Paulista (decreto-lei 64 de 19-12-40).

Deixando de lado o aspecto da possibilidade legal, examinemos os benefícios que derivam da execução de obras sanitárias nos centros urbanos. Verifica-se imediatamente que alguns dêsses benefícios se estendem por tôda a região e proporcionam bem-estar geral à comunidade; outros recebe-os de modo particular a propriedade privada e, finalmente outros, atingem diretamente a pessoa usuária das instalações.

É preciso chegar-se a uma distribuição equitativa dos encargos a serem impostos para assegurar a obtenção dos recursos necessários, quer para a construção, quer para a conservação e operação das obras.

a) O benefício geral que recebe tôda a comunidade deverá ser pago por todos os proprietários, com base no valor da propriedade (contribuição "ad-valorem");

b) o benefício específico que recebem as propriedades imobiliárias localizadas com frente para as instalações sanitárias deverá ser pago de acôrdo com a extensão da frente da propriedade (contribuição de melhoria);

c) o benefício individual que recebem as pessoas pelo uso efetivo dos serviços deverá ser pago pelo consumidor.

No caso em exame de um serviço de abastecimento d'água, a taxa d'água deveria ser proporcional ao consumo medido pelo hidrômetro predial, respeitando um consumo mínimo, fixado por condições higiênicas.

Êsses três benefícios devem servir de base da distribuição equitativa dos encargos aos três correspondentes grupos de beneficiários. Impor todo o pêso do financiamento a um grupo sòmente (como costumamos fazer, taxando apenas o consumidor atual), é uma flagrante injustiça social, e uma discriminação contrária à justiça tributativa, maximé quando a diferença é a favor dos donos das propriedades contíguas às instalações sanitárias, que recebem, graciosamente, uma valorização, à custa do sacrifício de outros.

Não devemos esquecer o princípio de eqüidade que afirma que ninguém pode beneficiar-se à custa de outrem.

2.17.4. — *Exemplo americano de aplicação de novos princípios fundamentais.*

Um dos mais representativos exemplos de aplicação dos novos princípios fundamentais da taxação racional é o do "Washington Suburban Sanitary District" que cobre hoje uma área de 518 km² e uma população de 300.000 habitantes, gozando de tôdas as prerrogativas de uma verdadeira autarquia, com faculdades semelhantes às que se concedem às municipalidades.

A lei de criação da autarquia estabelecia que os serviços da dívida deviam ser cumpridos:

a) por meio de impostos, lançados a tôdas as propriedades da região;

b) por meio de contribuições especiais, de melhoria, impostas às propriedades vizinhas às instalações, cobradas em forma de um gravame unitário sôbre a extensão linear da frente servida;

c) os gastos de exploração e conservação das instalações seriam cobertos pelos usuários, em base da quantidade de água registrada por hidrômetros.

Desde sua organização (1918) até hoje o Distrito desenvolveu um vasto plano de obras sanitárias que custou cêrca de 35.000.000 de dólares com recursos originários das seguintes fontes:

a) impostos por benefício geral	5,3%
b) contribuições por benefício direto	45,7%
c) tarifas de água consumida	49,9%
Total	100,0%

No Uruguai reparte-se o custo da construção entre as propriedades, deixando o encargo devido ao funcionamento e à conservação, por conta dos usuários das obras.

2.17.5. — *Princípios fundamentais enunciados em 1951 nos Estados Unidos por uma comissão conjunta de engenheiros e advogados.*

Em 1951, depois de um trabalho de quase 4 anos, uma comissão conjunta da American Society of Civil Engineers e da American Bar Association (Section of Municipal Law), apresentou um relatório intitulado "Fundamental Considerations in Rates and Rate Structures for Water and Sewage Works", que está destinado a ter decisiva influência no problema de taxação racional dos serviços de utilidade pública no setor do abastecimento de água e de remoção de esgotos.

Os conceitos fundamentais, relativamente ao plano de distribuição dos encargos ocasionados pelos gastos de construção, financiamento e manutenção dos serviços de abastecimento de água e de esgotos, podem ser assim sintetizados:

> "As contribuições e cobrar para se obter o total de recursos que se necessitam anualmente a fim de financiar os sistemas de abastecimento de água e coleta de líquidos residuais devem ser distribuídas equitativamente entre os *usuários* dos serviços, isto é, aquêles que se servem diretamente das instalações e os *beneficiários*, isto é, aquêles que embora presentemente não tenham ligações com elas, recebam benefícios em razão de sua existência. A distribuição de encargos, entre um e outro grupo, deverá ser feita na proporção em que se efetuaram os gastos que produzem o benefício geral e os que se fizeram para ser possível o uso efetivo e imediato das instalações. Também não se podem perder de vista os gastos que se destinam a atender as necessidades do uso futuro das instalações, gastos êstes que, em última análise, se traduzem em benefícios diretos aos imóveis situados próximos às obras".

Por êsses conceitos, em lugar de três grupos de beneficiários (como no caso do "Washington Suburban Sanitary District"), dois, apenas, são os grupos: o dos *beneficiários* pròpriamente ditos e o dos *usuários*.

Tudo se resume em fazer uma distribuição equitativa de encargos.

Algumas observações podem ser feitas quanto a esta distribuição num serviço de abastecimento de água. Existindo previsão para o combate a incêndios, não apenas a inversão feita com hidrantes como também a relativa ao acréscimo de capacidade das tubulações, dos reservatórios de distribuição e do bombeamento (se existir) constituem maior benefício para os proprietários.

As obras de adução e distribuição conduzem ao melhoramento geral da comunidade, não apenas sob o ponto de vista higiênico, como econômico.

Um critério que poderia ser tentado seria o de distribuir 5% dos gastos com o sistema de abastecimento pelas propriedades situadas na área urbana.

Por outro lado, o usuário é responsável, diretamente, pelo custo das instalações de cuja utilização imediata êle é o maior beneficiário.

Uma parte da capacidade das tubulações e reservatórios bem como da estação de tratamento é feita em seu proveito. Além disso, o usuário é o maior responsável pelos gastos que exigem o funcionamento e conservação das obras.

Várias organizações estão já aplicando os conceitos fundamentais expostos pela Comissão Conjunta.

2.17.6. — *Estudos para o estabelecimento da taxa d'água na capital de São Paulo.*

Entre nós a aplicação dos princípios da taxação racional tem-se mostrado difícil, em parte pela inexistência de leis normativas regulando a contribuição de melhoria, em parte pela impossibilidade de se avaliar com precisão o capital invertido (por exemplo na Capital paulista, o serviço de abastecimento de água é anterior a 1892 e, a partir desta data, obras de ampliação vêm sendo executadas mediante recursos orçamentários e aplicações de crédito dos mais variados tipos, em moeda-ouro e em moeda-papel em divisas estrangeiras de várias procedências), e, em parte, pela deficiente organização administrativa que não permite determinar com exatidão as despesas de administração.

Os melhores estudos se referem à análise dos fatôres que influem no cômputo do valor da "taxa d'água" ou da "tarifa de água":

a) juros e amortização do capital invertido;

b) fundos de reserva para desenvolvimento das instalações;

c) conservação, custeio e administração dos serviços;

d) volume de água remunerado.

Em 1948 o engenheiro José Piratininga de Camargo publicou, no Boletim n.º 20 da Repartição de Águas e Esgotos de São Paulo, interessante artigo: "Estudo para a revisão da taxa d'água", de onde podem ser extraídos os seguintes dados:

a) juros e amortização do capital invertido NCr$ 56.800,00 por ano;

b) fundo de reserva para o desenvolvimento dos serviços: não existe — as obras de desenvolvimento são executadas com recursos de empréstimos;

c) manutenção, custeio e administração dos serviços: estimava, na época, o eng. Piratininga, em cêrca de NCr$ 50.000,00 por ano;

d) volume de água remunerado: do total aduzido e distribuido na Capital, apenas 55,5% eram remunerados, consistindo, os 44,5% as parcelas destinadas ao consumo gratuito e perdas.

2.18.0. — BIBLIOGRAFIA

FLINN, WESTON AND BOGERT — *"Waterworks Handbook"*, McGraw-Hill Book Co., 1927.

SCHOKLITCH, A. — *"Arquitetura Hidráulica"*, Gustavo Gili — Editor, 1935.

DAVIS, C. V. — *"Handbook of Applied Hydraulics"*, — McGraw-Hill Book Co., 1942.

STEEL, E. W. — *"Water Supply and Sewerage"*, McGraw-Hill Book Co., 1938.

FAIR AND GEYER — *"Water Supply and Waste Water Disposal"* — John Wiley and Sons, 1954.

LINSLEY-FRANZINI — "*Elements of Hydraulic Engineering*", McGraw-Hill Book Co., 1955.

YASSUDA, E. — "*Curso de Saneamento*", Faculdade de Higiene e Saúde Pública de São Paulo, 1955.

MARTINS, J. A. — "*Curso de Abastecimento de Água e Sistemas de Esgotos*" — Faculdade de Higiene e Saúde Pública de São Paulo — 1955.

ASSIS, OMAR P. — "*Escolha e instalação de Hidrômetros*", Engenharia, São Paulo, n.º 40, Dez. 1945.

DENKERT, A. — "*Hidrômetros Domiciliários*" — Boletim do Instituto de Engenharia, São Paulo, n.º 151, Janeiro 1940.

GARCEZ, L. N. — AZEVEDO NETTO — "*Métodos Novos para o Estudo das Redes Hidráulicas*" — Revista DAE — n.º 19.

PIRATININGA DE CAMARGO, J. — "*Estudos para a Revisão da Taxa D'água*" — Revista DAE, n.º 20.

CARLOS A. GUARDIA — "*Como Financiar Obras de Saneamento*" — Revista DAE, n.º 24.

AMERICAN SOCIETY OF CIVIL ENGINEERS (and American Bar Association) — *Fundamental Considerations in Rates and Rate Structures for Water and Sewage Works*", Ohio State Law Journal — 1951.

AZEVEDO NETTO, J. M. — "*Manual Brasileiro de Tarifas de Água*" — CRAM, Recife, 1967.

3.0.0. — SISTEMAS DE ESGOTOS

3.1.0. — GENERALIDADES

A formação e o rápido desenvolvimento dos centros urbanos é um fenômeno característico da civilização moderna, iniciada a partir da chamada revolução industrial.

Por sua vez, o adensamento demográfico urbano cria e agrava problemas que podiam outrora ser resolvidos com relativa facilidade, como por exemplo, o da remoção das águas residuárias das atividades humanas e dos resíduos sólidos de um centro habitado e o seu destino final apropriado.

Êsse problema surge quando as primeiras povoações permanentes começam a florescer, mas a sua solução é inicialmente fácil, através sistemas individuais, ou, mesmo, pequenos sistemas coletivos, como os estudados no Saneamento Rural. Mesmo ao surgir, o problema se apresenta quase sempre, apenas no seu aspecto de remoção dos refugos sólidos ou líquidos, de vez que os cursos d'água ou o solo garantem uma conveniente disposição sanitária. Agrava-se com o aumento de densidade demográfica urbana, pois as soluções indicadas para os sistemas individuais ou os chamados sistemas rurais não encontram áreas suficientes, dentro dos limites restritos dos lotes urbanos. Por outro lado, o aumento da quantidade de refugos líquidos e sólidos pode tornar impossível a sua disposição sanitária num curso d'água ou no solo por simples remoção e lançamento "in-natura".

Um nôvo e complexo problema surge então: o do tratamento das águas residuárias ou dos refugos sólidos. Nada melhor do que o do crescimento urbano da cidade de São Paulo para mostrar o aparecimento e o agravamento do problema da remoção e disposição sanitária das águas residuárias.

Fundada em 1554 numa elevação à pequena distância do Rio Tamanduateí, durante cêrca de três séculos o problema da disposição dos resíduos, no seu sentido público, não existiu. As instalações individuais de fossas sêcas ou poços negros ou eventualmente a construção de canalizações para o despêjo de resíduos líquidos de parte do aglomerado urbano, no Rio Tamanduateí, resolviam o problema num centro urbano, de baixa densidade demográfica (em 1850 a população da capital paulista não chegava a 20.000 habitantes).

Foi no último quartel do século XIX que a cidade conheceu o "rush" demográfico. De pouco mais de 25.000 habitantes em 1870, a população passa a quase 70.000 habitantes em 1890, a 240.000 em 1900, a 580.000 em 1920, a 1.000.000 em 1934, a 1.330 000 em 1940, 2.150.000 em 1950 e a de 3.825.351 em 1960!

A modesta área urbana situada à margem esquerda do Tamanduateí nos três primeiros séculos de vida da cidade, cresceu vertiginosamente, no último século, atingiu a margem direita do Tamanduateí, espraiou-se na imensa varzea até o rio Tietê, ocupou as duas margens do principal curso d'água urbano e atingiu, ainda, as bacias de outros de seus tributários, o mais importante dos quais é o rio Pinheiros. Ao finalizar o século passado o problema do afastamento dos esgotos já apresentava gravidade. Promoveu-se a construção de um emissário marginal ao Tietê, fêz-se na área urbana o transporte hídrico dos dejetos e o seu lançamento "in-natura", através os emissários, no rio Tietê. Até 1920 ou 1930, a disposição dos esgotos, seu lançamento no rio Tietê, não apresentava maiores dificuldades. Mas o desmesurado aumento dos despejos líquidos, acrescidos das águas residuárias das indústrias, esgotou a capacidade natural do curso d'água receptor (rio Tietê) de tratar a matéria orgânica nêle depositada.

O chamado fenômeno de auto-depuração do curso d'água não mais se realiza na área urbana. Nesses últimos vinte e cinco anos, o problema, cuja solução só agora começou a ser dada, tornou-se de tal gravidade que não é exagêro afirmar-se serem hoje os rios da zona urbana de São Paulo verdadeiros esgotos a céu aberto.

A completa solução do problema dos esgotos da área metropolitana de São Paulo está, pois, a exigir a imediata atenção de tôdas as autoridades responsáveis. São Paulo é, assim, um exemplo — e um triste exemplo — do aparecimento e da complexidade crescente na solução definitiva de problemas urbanos como o dos esgotos públicos, em conseqüência do adensamento demográfico.

3.2.0. — OBJETIVOS A SEREM ATINGIDOS COM OS SISTEMAS PÚBLICOS DE ESGOTOS

Os objetivos a serem atingidos com o estabelecimento de um sistema público de esgotos em um centro urbano são de natureza sanitária, social e econômica.

O principal objetivo sanitário é o contrôle e prevenção de enfermidades, conseguido por:

a) remoção rápida e segura das águas residuárias e dos dejetos e resíduos líquidos das atividades humanas;

b) tratamento dos resíduos líquidos, se necessário;

c) disposição sanitária dos esgotos, por meio do lançamento adequado dos mesmos em corpos receptores naturais.

Os objetivos sociais visam a melhoria das condições de confôrto e segurança dos habitantes e podem ser realizados por:

a) eliminação de aspectos ofensivos ao senso estético e desaparecimento dos odores fétidos;

b) em áreas em que o lençol freático é pouco profundo, drenagem do terreno, com afastamento rápido de parte das águas precipitadas;

c) prevenção de desconfortos e mesmo de acidentes devido às chuvas intensas;

d) utilização dos cursos d'água urbanos como elementos de recreação e práticas esportivas.

O objetivo econômico fundamental, aliás intimamente relacionado aos objetivos sanitários e sociais, é o aumento da vida eficiente dos indivíduos, com o acréscimo da renda nacional "per capita", seja pelo aumento da vida provável, seja pelo aumento da produtividade. Conjuntamente com o objetivo fundamental, realiza-se quase sempre:

a) implantação e desenvolvimento de indústrias e conseqüente afluxo de novos habitantes atraídos pelas facilidades de confôrto e de trabalho;

b) conservação dos recursos hídricos naturais contra a poluição excessiva; manutenção dêsses recursos e das terras marginais em condições de pleno aproveitamento;

c) conservação de vias públicas, preservação do trânsito e proteção de propriedades e obras de arte contra a ação erosiva ou de inundações ocasionadas pelas águas pluviais.

3.3.0. — CLASSIFICAÇÃO E COMPOSIÇÃO DOS LÍQUIDOS A SEREM ESGOTADOS

Os líquidos residuários a serem esgotados podem ser assim classificados:

a) Esgôto doméstico, incluindo as águas imundas ou negras e as águas de lavagem;

b) Águas residuárias das indústrias, também chamadas despejos ou resíduos líquidos industriais;

c) Águas de infiltração;

d) Águas pluviais.

Quanto à composição de cada uma das parcelas podemos, esquemàticamente, indicar:

Esgôto doméstico

— Águas imundas — parcela que contém matéria fecal; com elevado teor de matéria orgânica instável, putrescível, podendo exalar mau cheiro. Hospedam grandes quantidade de microorganismos, inclusive, eventualmente, microorganismos patogênicos; além disso podem incluir vermes, parasitos e seus ovos expelidos com as fezes de indivíduos atacados de verminoses.

— Águas de lavagem ou de limpeza — compreendendo, principalmente:

a) de cozinha — proveniente de limpeza de utensílios culinários e de alimentos, elevado teor de gorduras e substâncias orgânicas instáveis (eventualmente podem hospedar agentes patogênicos, como, por exemplo, o protozoário responsável pela disenteria amebiana).

b) de banhos e abluções — com grande conteúdo de sabão, partículas epidérmicas e, mais raramente, germes patogênicos.

c) de roupas — com teor considerável de sabão, e com mais possibilidades de hospedar germes patogênicos.

d) de aposentos — com partículas minerais, englobando as poeiras nocivas das habitações, gorduras e, eventualmente, germes patogênicos.

Águas residuárias das indústrias, entre as quais destacamos:

a) águas residuárias orgânicas — provenientes de indústrias de laticínios, de gêneros alimentícios, fábricas de papel, cortumes, matadouros, indústrias têxteis, destilarias, etc. Caracterizam-se pelo alto teôr em matéria orgânica, podendo ocasionar graves problemas de poluição em cursos d'água. Raramente contêm organismos patogênicos.

b) águas residuárias tóxicas ou agressivas — provenientes de indústrias de metais, produtos químicos, explosivos, etc. Podem ser responsáveis por ações corrosivas nas tubulações de esgotos, perturbações no funcionamento de estações de tratamento de esgotos e poluição química de cursos d'água. Geralmente não hospedam organismos patogênicos.

c) águas residuárias inertes — provenientes de indústrias de cerâmica, lavagem de caolim e areias, aparelhos de refrigeração, etc. Podem ocasionar incrustações em canalizações de esgôto e poluição física dos cursos d'água.

Águas de infiltração

— Parcela das águas do sub-solo que penetra inevitàvelmente nas canalizações de esgotos, as quais, por falta de absoluta estanqueidade das juntas, funcionam, também, como sistema drenante do sub-solo.

Águas pluviais

— Parcela de águas das chuvas que, não se infiltrando nem se evaporando, tende a escoar superficialmente. Contém impurezas, areias, argilas, etc., causadoras de distúrbios principalmente de natureza física.

3.4.0. — PREVISÃO DE VAZÕES

3.4.1. — *Classificação dos sistemas de esgotos.*

Os sistemas de esgotos costumam ser classificados de acôrdo com as espécies de líquidos a esgotar:

a) *Sistema Unitário* (ou "tout à l'égout"), promove o afastamento conjunto do esgôto doméstico, das águas residuárias das indústrias, das águas de infiltração e das águas pluviais em um único sistema de canalizações.

b) *Sistema separador absoluto* — Dois sistemas distintos de canalizações: um destinado exclusivamente às águas pluviais e outro ao conjunto de esgôto doméstico, águas residuárias das indústrias e águas de infiltração; êsse conjunto é comumente designado por esgôto sanitário.

c) *Sistema separador parcial* (ou misto) — Combinação dos dois sistemas precedentes. Geralmente é projetado para funcionar como sistema unitário para as chuvas moderadas, normais. Canalizações suplementares são previstas para receberem e esgotarem, separadamente, os volumes dos grandes temporais.

3.4.2. — *Classificação de acôrdo com o traçado da rêde de esgotamento.*

A topografia da área urbana e o traçado das vias públicas impõem certos traçados às redes de esgotos, alguns bem característicos, como os seguintes:

a) traçado perpendicular;

b) em leque;

c) interceptador;

d) distrital ou seccional;

e) radial.

3.4.3. — *Características dos principais traçados das rêdes de esgotos.*

a) O perpendicular (fig. 3.1) impõe-se em cidades atravessadas ou circundadas por cursos d'água volumosos, ou grandes massas d'água. A rêde compõe-se de vários coletores troncos independentes, de traçado mais ou menos perpendicular às margens do curso d'água, no qual são feitos os lançamentos. Traçado natural e muito econômico, mas que, à medida que a cidade se desenvolve, favorece o aparecimento de condições insalubres no curso receptor, junto à zona habitada.

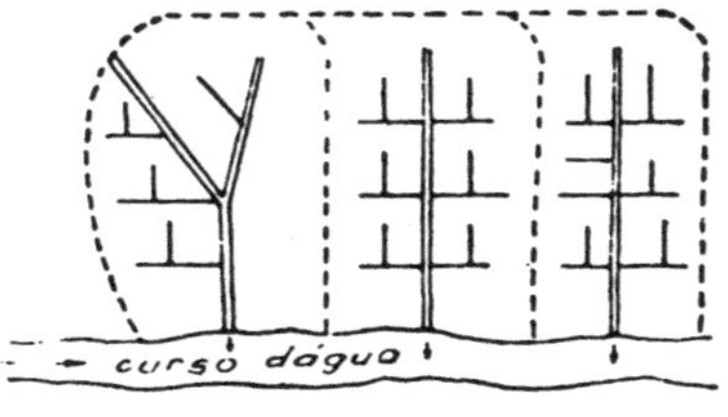

FIG. 3.1

b) O inconveniente sanitário do traçado perpendicular é sanado com o interceptador, onde se dispõe de um interceptador dos despejos trazidos pelos coletores troncos perpendiculares, conduzindo-os a um ponto de lançamento convenientemente localizado. (Fig. 3.2).

c) O traçado em leque é próprio de terrenos acidentados; o coletor tronco corre pelos fundos de vales ou pelas partes baixas das bacias e nêle incidem os coletores secundários, com um traçado em forma de leque ou de espinha de peixe. (Fig. 3.3).

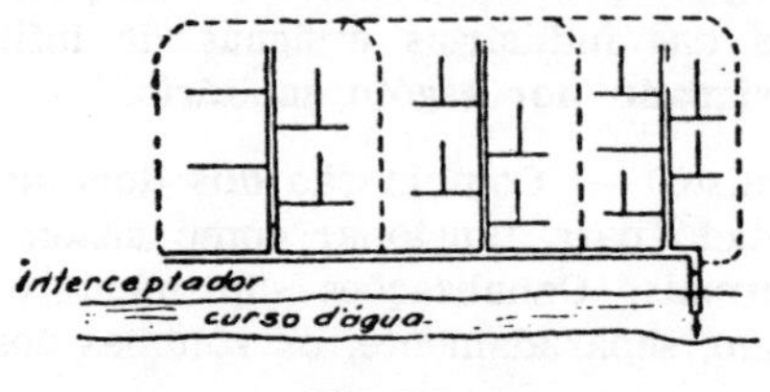

FIG. 3.2

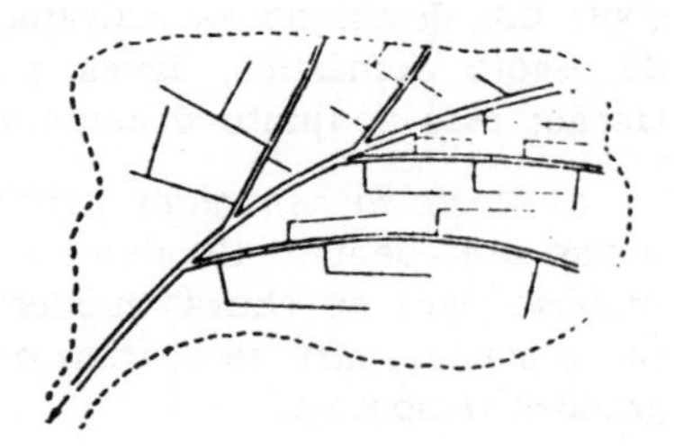

FIG. 3.3

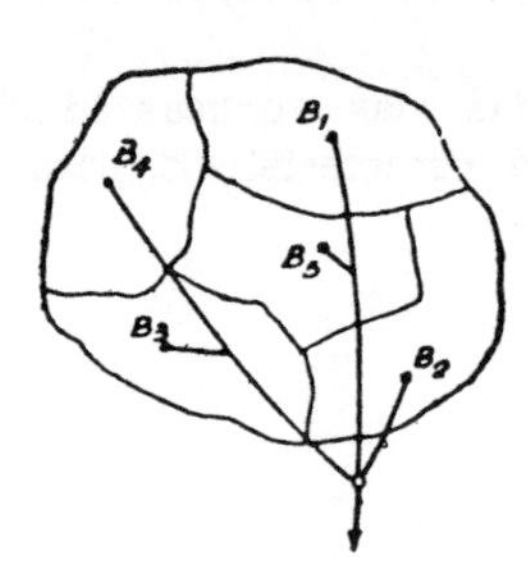

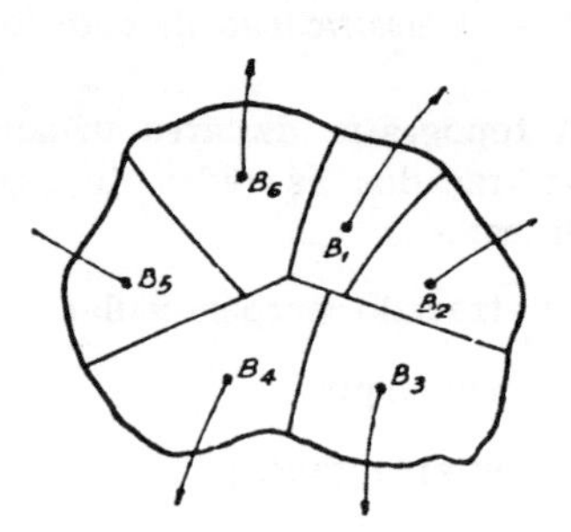

FIG. 3.4

d) Os traçados distrital e radial são impostos nas cidades de topografia plana. A cidade é dividida em distritos ou em setores independentes (Fig. 3.4). Em cada um, criam-se pontos baixos, para onde são dirigidos os esgotos (pontos B_1, B_2, B_3, etc.). Há, então, necessidade de estações elevatórias para o recalque do esgôto, dos pontos baixos até o seu destino final. Em 1909 Saturnino de Brito projetou para o Rio de Janeiro (na época com 800.000 habitantes) um traçado seccional, com 8 secções independentes. Na mesma época o grande engenheiro projetou para a cidade de Santos um traçado com 22 secções, e uma estação elevatória terminal única que, recebendo os despejos das secções, recalcava-os para o lançamento na ponta de Itaipus, distante 9 km da teminal. A ponte pênsil de São Vicente foi feita para suportar o emissário. O exemplo mais característico do traçado radial era o da rêde de esgotos de Berlim, parcialmente destruído na última guerra. O seccionamento se fazia mais ou menos por setores, em número de 12.

3.4.4. — *Comparação entre os sistemas de esgotos unitário e separador absoluto.*

A única vantagem indiscutível do sistema unitário é o de dar escoamento dos esgotos de um centro urbano, por meio de um único sistema de canalizações.

Fatôres de natureza sanitária, econômica e financeira, indicam, quase sempre, como solução mais conveniente, o sistema separador absoluto. Entre outros:

a) O escoamento dos esgotos sanitários separadamente exige canalizações de diâmetro relativamente pequeno. A rêde é de custo muitíssimo menor que a do sistema unitário, de grandes dimensões, para o escoamento das águas pluviais.

b) A rêde de esgotos sanitários funciona contínua e uniformemente (a menos das variações diárias e horárias) e é indispensável logo na primeira fase do saneamento urbano.

c) As águas pluviais ocorrem periòdicamente; não havendo sistema de canalizações para recebê-las, escoam pelas sargetas até os cursos d'água que porventura existam no centro urbano. O escoamento superficial e o lançamento direto, na maioria das vêzes, não criam problemas de saúde pública, podendo-se deixar a construção das galerias de águas pluviais, para uma segunda fase, quando se tratar não mais de problemas ligados à própria salubridade da área urbana, mas, sim, relacionados ao confôrto dos habitantes e à economia e conservação das ruas.

d) A disposição e destino final dos esgotos sanitários é, geralmente, um problema complexo. Quando houver necessidade de estação de tratamento ou de recalque, as vantagens financeiras, econômicas e operacionais do sistema separador absoluto são óbvias.

e) No caso particular de nossas cidades do interior é de se observar que na primeira fase do saneamento urbano (das pequenas cidades) é totalmente inexistente o sistema de canalizações subterrâneas de águas pluviais. Nas grandes cidades européias é, ainda, muito difundido o sistema unitário, que tem o seu exemplo mais típico no "tout-à-l'égout" parisiense.

3.4.5. — *Partes constitutivas de um sistema de esgotos sanitários.*

a) Rêde de esgotos sanitários

— coletores gerais

— órgãos acessórios: poços de visitas, tanques fluxíveis, etc.

b) Estações elevatórias

c) Estações de tratamento.

d) Emissários.

e) Obras de lançamento em corpos receptores.

3.4.6. — *Quantidade de líquido a ser esgotada.*

a) *Esgôto Doméstico* — Intimamente relacionado ao volume de água distribuído à população, dependendo de todos os fatôres que influem no consumo de água. Em particular, acompanha as variações diárias e horárias dêste. A relação entre a vazão de esgotos e a de água de abastecimento público é um dado característico de cada cidade, mas, normalmente, está compreendida entre 0,70-1,30 uma parte da água pode não retornar ao esgôto, infiltração por irrigação de jardins, etc.; por outro lado, abastecimentos particulares, principalmente industriais, ou penetração de parcela de águas pluviais podem aumentar o volume dos despejos.

Em geral, o cálculo da quantidade máxima de líquido a ser esgotada é feito adotando-se um valor para êste coeficiente de correlação e multiplicando-o pela demanda de água na hora de maior consumo do dia de maior consumo.

As especificações do Departamento de Obras Sanitárias (D. O. S.) prescrevem, na ausência de dados estatísticos, a adoção do coeficiente de correlação 0,75 para o cálculo global da vazão de esgotos domésticos, adicionando-se ainda a eventual contribuição das águas de infiltração.

b) *Águas de infiltração* — A quantidade depende da estanqueidade das juntas, do nível do lençol freático e das características do solo e só pode ser estimada com o conhecimento das condições locais. A experiência tem mostrado que essa contribuição está compreendida entre 0,0002 e 0,0008 l/seg, por metro de coletor.

c) *Águas residuárias das indústrias* — Devem ser computadas caso por caso, levando-se em conta a localização e os característicos de cada indústria, consumo de água, com particular interêsse pelos abastecimentos próprios de água, volume dos despejos líquidos, horas de máxima carga, etc.

Em qualquer caso deve, o Poder Público, estudar cuidadosamente as condições de recebimento das águas residuárias das indústrias na rêde pública, tendo em vista:

1.°) O encarecimento do sistema devido ao aumento do volume a esgotar e, eventualmente, a tratar (e a conseqüente possibilidade de cobrança de taxas ou tarifas especiais).

2.°) A possibilidade de danos e perturbações nos coletores, estação de tratamento, instalações de recalque, emissários, em conseqüência de despejos contendo resíduos agressivos, tóxicos, explosivos ou inflamáveis, líquidos a altas temperaturas ou resíduos contendo muita matéria sedimentável.

O cuidadoso exame individual dos despejos industriais pode orientar o poder público na fixação de certas normas ou exigências, como, por exemplo:

I — Impedir, em certos casos, a introdução, no sistema público, dos resíduos atrás indicados ou fixar certos tipos de pré-tratamento, para atingir as condições mínimas de recebimento na rêde pública;

II — Limitar e regular as descargas de substâncias potencialmente venenosas;

III — Estabelecer taxas ou tarifas especiais.

d) *Águas pluviais* — A quantidade de águas pluviais a ser prevista depende das condições hidrológicas locais, em particular da escolha da chuva crítica e do coeficiente de escoamento superficial.

A determinação dessa quantidade merece um capítulo especial.

3.5.0. — PROJETO E DIMENSIONAMENTO

(Sistema separador absoluto)

3.5.1. — *Dimensionamento da rêde — Dados e elementos a determinar.*

São conhecidos:

a) o comprimento de cada trecho da rêde;

b) o perfil topográfico das ruas em cada trecho;

c) a vazão a ser coletada em marcha, em cada trecho;

d) as condições técnicas a serem satisfeitas pela rêde; essas condições se referem à instalação, funcionamento e manutenção do sistema coletor, tanto sob o aspecto sanitário quanto econômico, introduzindo elementos que limitam o campo de soluções a intervalos restritos, o que seria impossível com os dados puramente hidráulicos.

Devem ser determinados:

a) as vazões que podem se escoar pelas secções de cada trecho;

b) os diâmetros dos tubos de cada trecho;

c) as cotas topográficas em que serão assentados os coletores, isto é, a profundidade em que ficará cada coletor no terreno, em cada ponto da rêde (perfís dos coletores relativamente aos perfís das ruas).

3.5.2. — *Condições técnicas a serem satisfeitas pela rêde (segundo as Normas do Departamento de Obras Sanitárias do Estado de São Paulo).*

a) Vazão a ser coletada em marcha: a rêde deve ser dimensionada de modo a comportar a vazão da hora de maior contribuição do dia de maior contribuição no fim do plano. Esta contribuição será calculada na base de 75% da água distribuída, considerando-se em separado a água de infiltração.

b) Condições de escoamento.

— a rêde deverá funcionar como conduto livre.

— a lâmina líquida máxima será de meia secção no fim do plano.

— a declividade mínima dos condutos será tal que, com a contribuição máxima futura, a velocidade mínima seja de 0,75 m/seg. Esta deve ser calculada pela fórmula de Bazin, com $\gamma = 0{,}16$. Na Tabela seguinte são apresentados os valôres das declividades mínimas de cada conduto e, para comparação, os valôres adotados nos Estados Unidos (fórmula de Manning, n = 0,015):

Diâmetros		Declividades Mínimas (m/m)		
(mm)	(polegadas)	DOS São Paulo V_{min} = 0,75 m/seg	Estados Unidos V_{min} = 0,60 m/seg	DAE São Paulo V_{min} = 0,60 m/seg
150	6	0,0070	0,0060	0,0070
200	8	0,0050	0,0040	0,0050
225	9	0,0040	0,0035	0,0040
250	10	0,00325	0,0029	0,0035
300	12	0,0025	0,0022	0,0025

3.5.3. — *Cálculo da Rêde.*

É feito de maneira semelhante ao das rêdes ramificadas de distribuição de água.

São prefixados os sentidos de escoamento do esgôto em todos os trechos da rêde; procura-se acompanhar ao máximo o sentido de escoamento natural indicado pelo perfil topográfico das ruas.

Daí resulta o valor da vazão em cada secção.

O perfil topográfico de cada rua e os limites permissíveis para a profundidade dos coletores, determinam um intervalo de escolha para a declividade e, portanto, para o diâmetro (conforme tabela acima). Por tentativas, vão-se escolhendo, nesses intervalos, os diâmetros e declividades a serem adotados.

3.6.0. — TUBULAÇÕES E ÓRGÃOS ACESSÓRIOS. SECÇÕES ESPECIAIS

3.6.1. — *Materiais empregados.*

a) Manilhas de grês cerâmico vidradas;

b) Tubos de cimento-amianto;

c) Tubos de cimento;

d) Tubos de concreto;

e) Tubos de ferro-fundido.

Nas rêdes de esgotos o material empregado quase que com exclusividade é o grês cerâmico vidrado.

3.6.2. — *Órgãos acessórios.*

a) Poços de visitas (Fig. 3.5) — Câmaras que permitam o acesso aos coletores para inspeção, desentupimento, etc. São localizados:

— nas extremidades iniciais dos coletores;

— nas mudanças de direção dos coletores;

— nos cruzamentos de coletores;

— nos pontos de mudança de declividade dos coletores;

— nos pontos de mudança de diâmetro dos coletores:

— em trechos longos, de modo que a distância entre os dois poços de visitas não exceda 100 m.

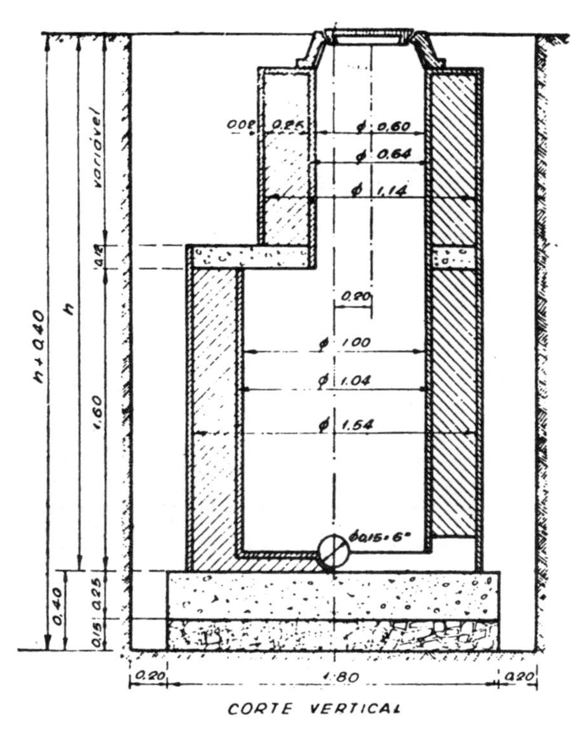

CORTE VERTICAL

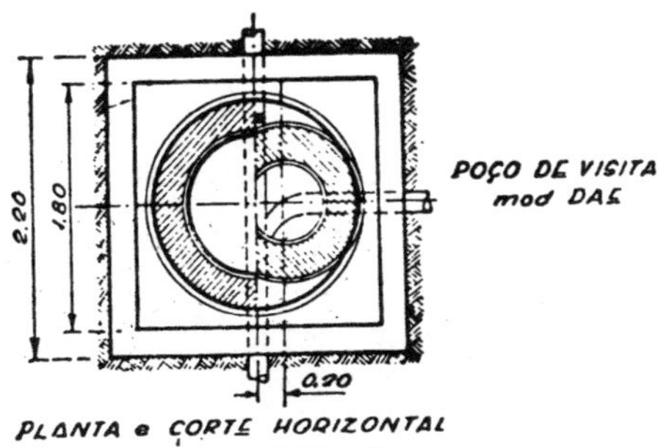

PLANTA e CORTE HORIZONTAL

FIG. 3.5

b) Tanques fluxíveis (Fig. 3.6) — aparelhos automáticos para descargas periódicas de água em pontos da rêde de modo a impedir a formação de depósitos no coletor. De acôrdo com as normas vigentes são localizados:

— quando a lâmina d'água é insuficiente ($<$ 0,05 m).

— quando a declividade fôr insuficiente para garantir $V > V_{min}$.

Um tanque fluxível pode servir a 1,2 ou 3 coletores e a sua descarga tem ação de limpeza até 300 metros.

Entretanto, a moderna técnica tem mostrado não haver necessidade de seu emprêgo na rêde de esgotos. Inúmeras cidades do interior do Estado de S. Paulo construiram rêdes de esgotos desprovidas de tanques fluxíveis sem que se tivesse notícia de mau funcionamento dessas rêdes.

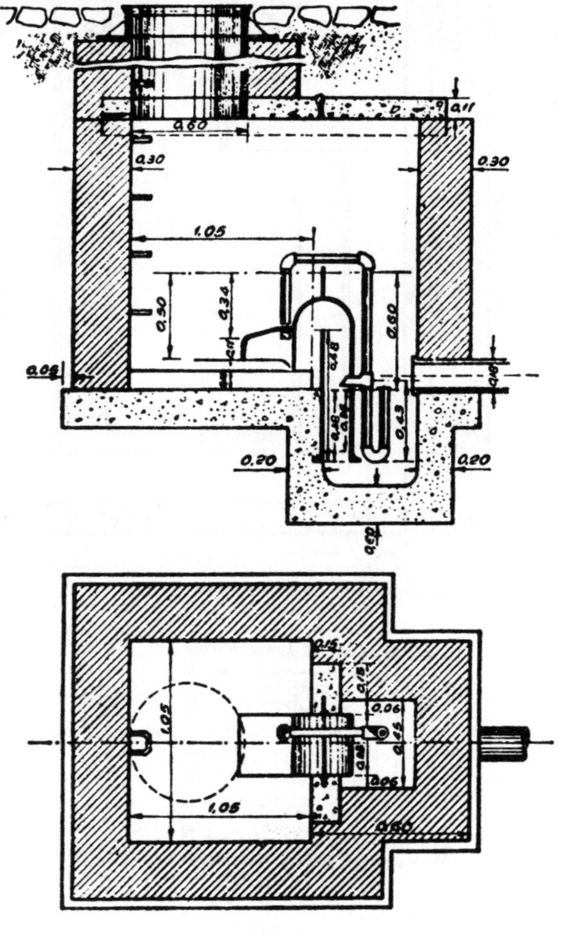

FIG. 3.6

Por outro lado parece certo que se deva utilizar tanques fluxíveis para descargas periódicas no interior de condutos que funcionem como sifões invertidos.

3.6.3. — *Estações elevatórias de esgotos.*

Impostas quando não se pode fazer todo o esgotamento por gravidade. Serão estudadas à parte.

3.6.4. — *Emissários.*

São as canalizações destinadas a conduzir os esgotos:

a) da rêde coletora ao ponto de lançamento;

b) da rêde coletora à estação de tratamento (se houver);

c) da estação de tratamento (se houver) ao ponto de lançamento.

São projetados para funcionarem como condutos livres com as mesmas características da rêde, salvo a lâmina máxima que poderá ser 3/4 da secção.

3.6.5. — *Secções de canalizações de grandes dimensões.*

Para grandes coletores gerais, interceptadores ou emissários de sistema separador absoluto (e para as secções de escoamento dos sistemas unitário e misto), pode haver vantagem na utilização de secções especiais. Os fatôres determinantes da forma geométrica, além das características hidráulicas, são: facilidade de inspeção, razões estruturais (para garantir maior resistência às cargas externas), razões econômicas, razões constru-

	Tipo de Secção	Relação à Secção Circular		Elementos Hidráulicos em Relação à Altura		
		Capacidade X	Altura Y	Área	Perímetro Molhado	Raio Hidráulico
1	Oval 1 × 3/4	0,96857	1,15783	0,60488 H^2	2,80138 H	0,21592 H
2	Ovóide	0,95280	1,20782	0,56505 H^2	2,72991 H	0,20698 H
3	Oval (Padrão)	0,91808	1,29456	0,51046 H^2	2,64330 H	0,19311 H
4	Semi-elítica	0,91603	1,02687	0,81311 H^2	3,33984 H	0,24346 H
5	Ferradura	0,95554	0,98499	0,84719 H^2	3,33789 H	0,25381 H
6	Em forma de cesto	0,98535	0,97922	0,83126 H^2	3,25597 H	0,25530 H
7	Ferradura Achatada, I	0,92717	0,89166	1,06544 H^2	3,80006 H	0,28037 H
8	Ferradura Achatada, II	0,92522	0,88392	1,08646 H^2	3,84140 H	0,28383 H
9	Quadrada (3 lados molhados)	1.39626	0,75000	1,00000 H^2	3,00000 H	0,33333 H

tivas e com objetivo de aumentar a velocidade de escoamento para pequenas profundidades da lâmina líquida. Cada uma das formas responde a uma ou algumas das exigências referidas. Por exemplo, as secções ovóides dão maiores velocidades do que a dos condutos circulares, à paridade de condições, para as baixas profundidades da lâmina líquida.

Indicamos, no quadro anterior, os fatôres hidráulicos de 9 secções típicas de esgotos de grandes dimensões. No quadro, o fator X de uma particular secção, multiplicado pela capacidade necessária dá a capacidade da secção circular, tendo a mesma velocidade. O fator Y indica a relação entre a altura da secção particular e o diâmetro da secção circular que tem e mesmo raio hidráulico.

Secções transversais não circulares

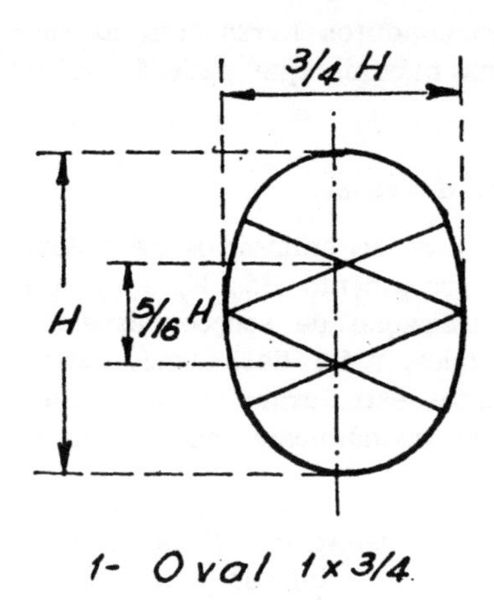

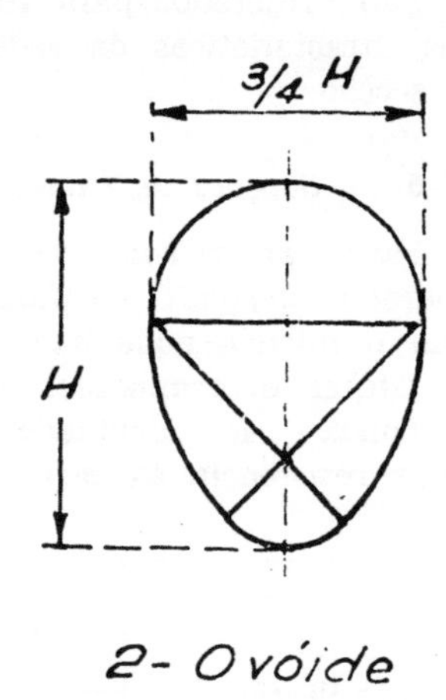

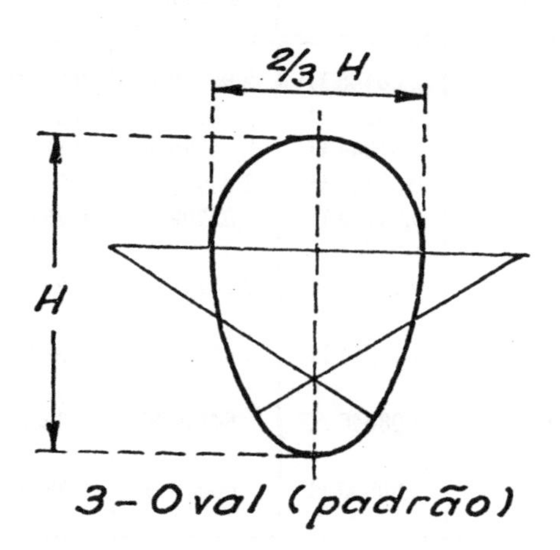

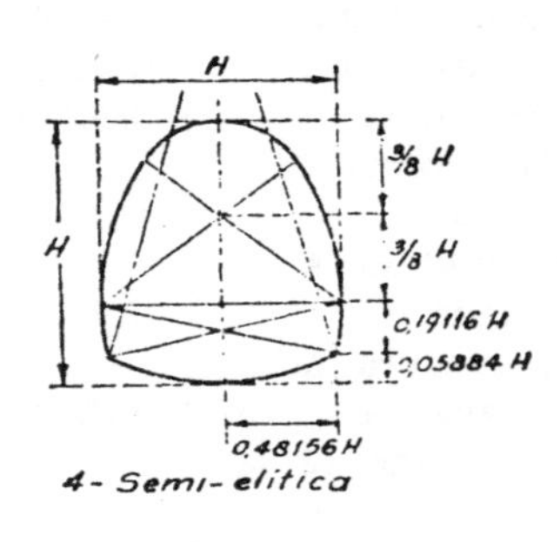

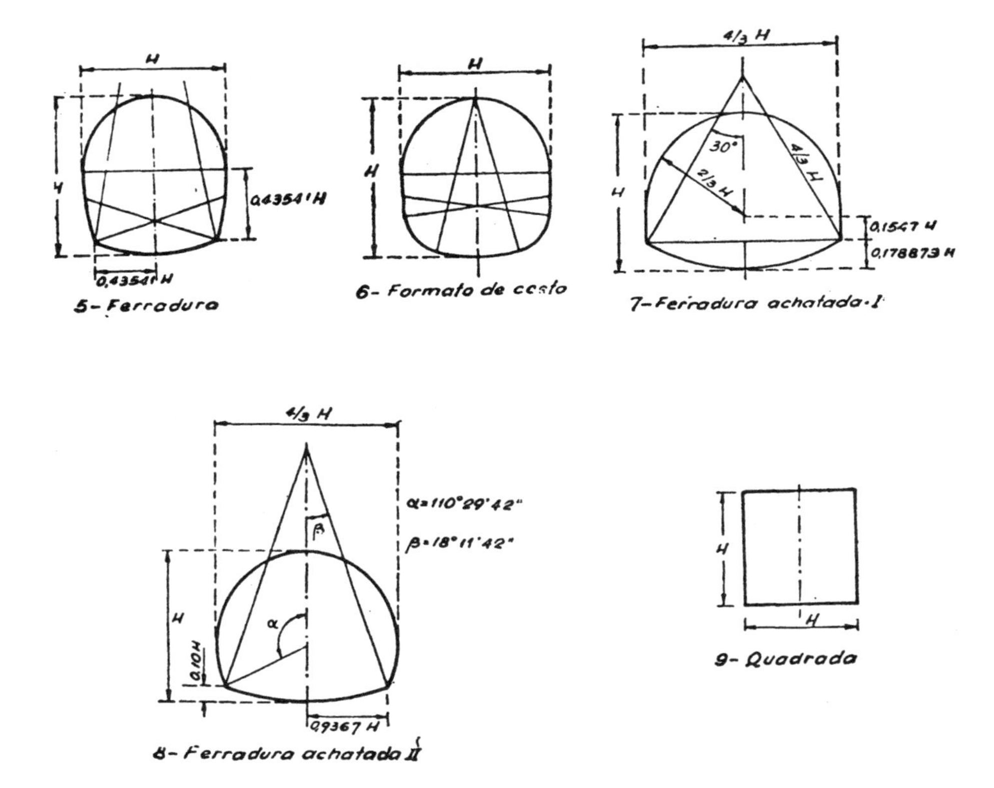

Algumas normas européias fixam, também, gabaritos de secções ovóides. A título de exemplificação, indicamos a Norma Francesa de 1949 (NF P 16-401), na qual as secções padronizadas se aproximam da chamada série racional dos tipos ovóides, concebidos por Caquot. (Fig. 3.7) e tabela.

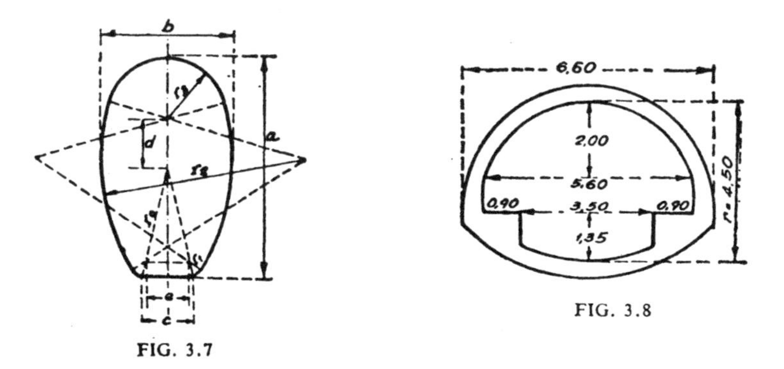

FIG. 3.7

FIG. 3.8

Finalmente, para dar idéia da magnitude dos coletores unitários parisienses, indicamos, esquemàticamente, o corte do coletor de Asnières, que é cronològicamente o primeiro dos grandes coletores parisienses. (Fig. 3.8).

Tipos		Dimensões em Centímetros								Perímetro	Secção m²	Raio Hidráulico médio
		axb	r_0	r_1	r_2	r_3	c	d	e			
Excepcionalmente visitáveis	100	100 × 62,5	50	16	90	27,75	35	22,25	13	264	0,51	19,3
	130	130 × 80	62	18,25	117	36	38,5	32	14	341	0,83	24,3
Semi-visitáveis	150	150 × 90	70	18,75	135	41,5	37,5	38,5	15	390	1,09	28,0
Visitáveis	180	180 × 108	70	22,5	162	50	45	60	17,5	468	1,57	33,5
	200	200 × 120	70	22	180	55,5	50	74,5	19	519	1,93	37,2

3.7.0. — ESTAÇÕES ELEVATÓRIAS

3.7.1. — *Generalidades.*

No projeto de esgotamento de um distrito plano há necessidade de se concentrar o esgôto em certos pontos convenientes de onde o líquido é recalcado, seja para uma estação terminal elevatória, seja para a disposição final. É o caso dos traçados distritais ou seccionais e radiais já estudados.

Outros casos de necessidade de bombeamento são:

a) Nas estações de tratamento de esgotos, para criar cargas indispensáveis ao ciclo de tratamento;

b) No esgotamento do sub-solo de edifícios, em cotas inferiores aos coletores públicos.

Certos requisitos gerais de índole sanitária devem ser obedecidos no projeto, escolha e operação do equipamento de recalque. Por exemplo, o Departamento de Saúde do Estado de New York prescreve, entre outras exigências, as seguintes:

— As estações principais de recalque devem ser providas, no mínimo, de três conjuntos elevatórios, tendo capacidades tais que, se a maior delas estiver fora de serviço, as duas restantes possam bombear a vazão máxima de esgotos. A energia deve ser disponível, pelo menos, de duas fontes diversas.

— As estações menores devem possuir unidades de reserva. Todos os equipamentos deverão ser protegidos por construções adequadas. Os tubos de sucção e descarga não poderão ser inferiores a 0,10 m (4"). Para facilitar a limpeza e reparos, as bombas devem ser colocadas em poços rasos ou dispostas de modo a poderem ser fàcilmente retiradas. As bombas para o esgôto bruto devem ser precedidas por barras ou grades.

O Departamento de Saúde do Estado de Illinois recomenda o uso de bombas automàticamente controladas, precedidas de dispositivos capazes de remover corpos que possam causar entupimentos.

3.7.2. — *Casa das Bombas.*

Variam desde os simples poços até as grandes instalações de recalque, abrigadas em edifícios às vêzes monumentais. É importante o tratamento arquitetônico e urbanístico do edifício e das imediações; isso não apenas auxilia a vencer a resistência da população ao estabelecimento de tais construções, como, às vêzes, serve para despertar interêsse para com as obras de Saneamento Urbano.

A ventilação e a iluminação apropriadas do interior do edifício devem constituir preocupação importante do arquiteto. As paredes devem ser revestidas de material lavável e com pinturas claras. Bombas auxiliares de esgotamento dos pisos no caso de inundações, devem ser previstas.

3.7.3. — *Tipos de bombas.*

Atualmente são usadas quase que exclusivamente as bombas centrífugas, que são as mais simples, mais eficientes e ocupam menor espaço; adaptam-se bem tanto às grandes como às pequenas instalações e se prestam, seja ao contrôle automático, seja ao contrôle à distância. Trabalham, em geral, com baixa altura manométrica, raramente superior a 10 metros.

3.7.4. — *Bombas centrífugas para esgotos.*

A principal diferença entre as bombas centrífugas para esgôto e as destinadas à água limpa reside na disposição e dimensões dos canais interiores e impulsores, de modo a permitir a passagem, pelo corpo da bomba, de materiais em suspensão e flutuação. Em algumas bombas a passagem livre é igual à área do tubo de descarga, mas na maioria delas é de 75% a 90% da secção de descarga.

Os norte-americanos costumam fixar como capacidade mínima das bombas centrífugas de esgotos, cêrca de 25 litros por segundo, pois as pequenas bombas entopem com maior facilidade. No contrôle do entupimento a forma do impulsor é extraordinàriamente importante. O uso do bronze nos impulsores está se generalizando em detrimento do ferro fundido

3.7.5. — *Instalação das bombas centrífugas.*

Podem ser classificadas em três categorias:

a) Bombas submersas no esgôto;

b) Bombas instaladas no poço sêco, abaixo do nível do esgôto no poço de coleta;

c) Bombas instaladas no poço de coleta acima do nível do esgôto.

As do tipo (a) ligam-se por um vertical ao motor situado sempre acima do esgôto. As dos tipos (b) e (c) podem ser tanto de eixo vertical como horizontal. O tipo (a) é o mais desvantajoso.

3.7.6. — *Poços coletores de esgôto.*

O seu principal objetivo é agir como volante, de modo a tornar mínimas as flutuações de carga nas bombas; servem também como poço de sucção. Poços muito pequenos ocasionam funcionamento irregular ou intermitente das bombas criando embaraços também na Estação de Tratamento, quando existente.

Por outro lado, poços de grande capacidade favorecem o depósito de substâncias em suspensão e possibilitam condições sépticas. A capacidade teórica pode ser determinada por diagrama de massas, tomando-se em consideração o número e a capacidade das bombas em funcionamento.

3.7.7. — *Dados para o projeto da Estação Elevatória.*

a) número e capacidade das bombas;

b) carga a ser vencida pelas bombas;

c) características das bombas e sua combinação de modo a se ter o conjunto mais econômico.

A carga a ser vencida pelas bombas para qualquer vazão de operação é determinada por:

a) Carga estática (diferença de nível entre a sucção e a descarga);

b) perda de carga por atrito nas tubulações;

c) perdas localizadas (entrada e saída, curvas, registros, etc.).

3.7.8. — *Outros dispositivos para elevação dos esgotos.*

Ejetores: dispositivos automáticos que trabalham a ar comprimido ou água sob pressão. Podem funcionar com vazões reduzidas, até 1 litro/seg, dispensam caixa coletora e gradeamento e são de funcionamento seguro. São particularmente indicados para hospitais, ambulatórios, etc., onde se possa temer a presença de corpos estranhos dos esgotos.

3.7.9. — *Esgotos de aparelhos instalados no sub-solo, em nível inferior ao da rêde de esgotos.*

Os despejos de aparelhos em que não há possibilidade de esgotamento por gravidade são encaminhados a uma caixa coletora, de onde são recalcados a um nível conveniente para o lançamento por gravidade na canalização de esgotos.

Caixa Coletora — (funciona também como poço de sucção). Capacidade determinada em função dos aparelhos a esgotar e das características da bomba de elevação; adota-se um valor útil mínimo igual ao número de litros acumulado em 4 minutos durante o período de vazão máxima e um volume máximo igual à metade da capacidade horária de cada bomba.

Profundidade mínima de 90 cm, a contar do nível da canalização afluente mais baixa.

Paredes e o fundo da caixa inclinados (mínimo de 45°) para evitar depósitos, quando a caixa fôr esvasiada.

Caixa metálica ou de concreto, estanque, com tampa impermeável aos gases e dispositivo de inspeção.

Ventilação direta, por canalização com diâmetro igual ou superior ao da tubulação de recalque.

Bombas — De construção especial, à prova de entupimentos. Instalação de 2 grupos, no mínimo, para funcionamento alternado.

Instalação de forma a não se ter escorvamento, isto é, devem trabalhar com sucção em carga. São desejáveis bombas de baixa rotação, no máximo igual a 1800 R. P. M.

Diâmetro mínimo da canalização de recalque, 4".

Funcionamento automático, com dispositivos de alarme, para indicação de falhas na operação.

Capacidade de instalação — Determinada à base das descargas dos aparelhos instalados, levando-se em consideração fator de simultaneidade de descarga e coeficiente de segurança.

Quanto à vazão de descarga dos aparelhos e fator de simultaneidade de uso reportamo-nos ao estabelecido no Capítulo "Instalações Prediais" Relativamente ao fator de segurança é conveniente a adoção de um valor igual a 1,5 para levar em conta que nos sistemas prediais o teor em sólidos nos líquidos residuários é maior do que nos esgotos públicos.

3.7.10. — *Tipos de instalações de Estações Elevatórias Públicas.*

Em homenagem ao Eng. Saturnino de Brito, pioneiro da engenharia sanitária no Brasil e o primeiro engenheiro a utilizar a elevação mecânica por bomba centrífuga acoplada a motor elétrico, como sistema público de esgotamento de cidades planas, (Santos e Recife), indicamos os esquemas das estações elevatórias seccionais construidas em Santos e no Recife (Santos — 10 estações e Recife — 9 estações), em funcionamento desde 1912. (Fig. 3.9).

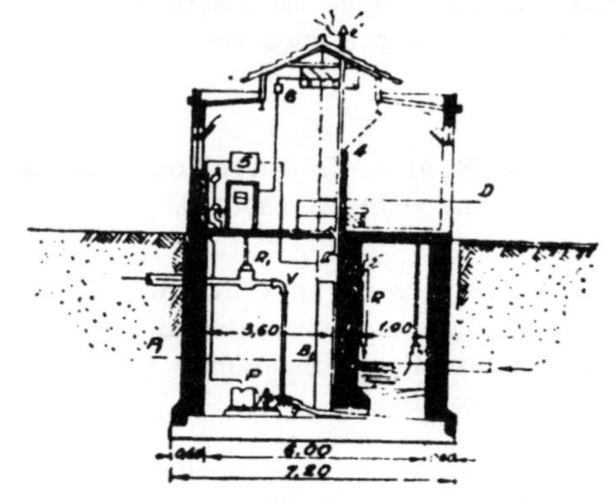

FIG. 3.9

Incluimos também um esquema de um pequeno tipo de estação elevatória, muito difundida na Europa e Estados Unidos. (Fig. 3.10)

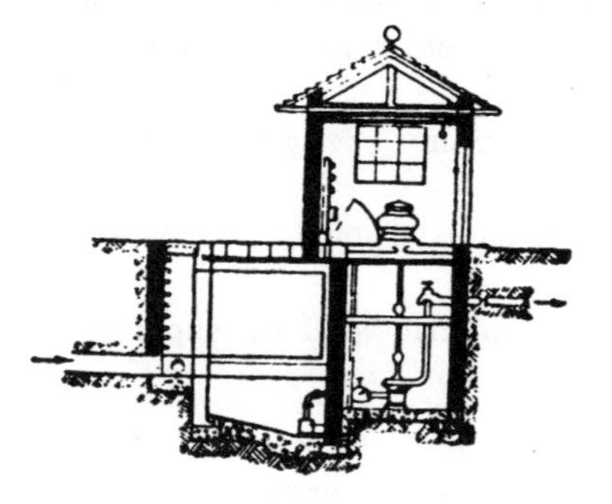

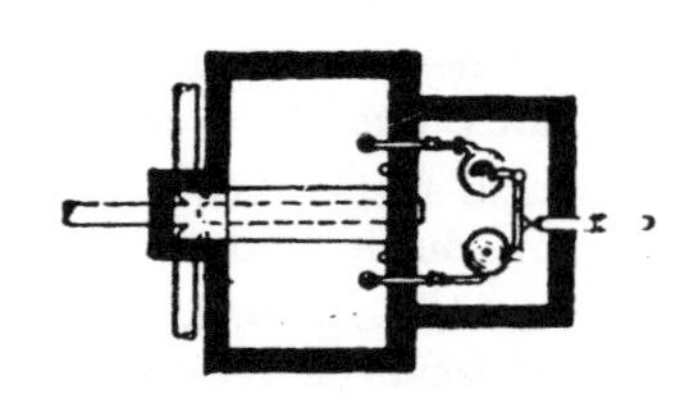

FIG. 3.10

3.7.11. — *Tipo de instalação de um ejetor a ar comprimido para esgotamento de aparelhos sanitários prediais situados em nível inferior ao coletor público.*

A figura 3.11 indica um exemplo de instalação de ejetor a ar comprimido, funcionando conjugado a um compressor de ar.

O ejetor acumula o esgôto no seu interior, até um certo nível quando, automàticamente, abre-se a válvula de admissão de ar, o que eleva a pressão no interior do aparelho, fechando a válvula de retenção da canalização afluente e forçando o escoamento do líquido pela canalização de recalque.

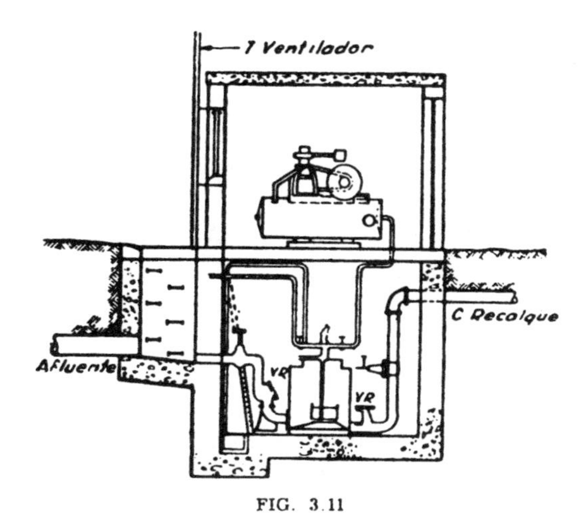

FIG. 3.11

3.8.0. — CONSTRUÇÃO DAS CANALIZAÇÕES DE PEQUENA SECÇÃO: TUBOS EMPREGADOS. CONFECÇÃO DE JUNTAS

3.8.1. — *Tubos cerâmicos vidrados.*

a) *Vantagens*

a) Baixo preço;

b) Facilidade de obtenção em qualquer localidade;

c) Superfície interna lisa, impermeável e resistente a ácidos e outras substâncias químicas;

d) Resistência suficiente para ser usado sob aterros comuns.

Os tubos cerâmicos fabricados em São Paulo se rompem com pressões internas da ordem de 8 kg/cm^2.

b) *Dimensões em cm*

Diâmetro Nominal		Comprimento Útil	Profundidade da Bôlsa	Espessura do Corpo do Tubo	Espessura da Bôlsa	Folga Mínima entre a Ponta e a Bôlsa
cm	Polegadas					
10	4	60	6	1,5	No mínimo	1,3
15	6	60 ou 100	6	1,8	igual a	1,3
20	8	60 ou 100	7	2,0	3/4 da	1,3
23	9	60 ou 100	7	2,2	espessura	1,3
25	10	60 ou 100	7	2,4	do corpo	1,3
30	12	60 ou 100	7	2,5	do tubo	1,3

c) *Especificações gerais*

a) revestimento interno e externo com uma camada de vidro; deve estar isento de bolhas quebradas, fendas, falhas e estrias de queima;

b) superfícies interna da bôlsa e externa da ponta devem ter entalhadas duas estrias com 4 a 8 mm de profundidade, paralelas às suas diretrizes, de secção triangular ou semi-circular;

c) fratura deverá apresentar textura compacta, homogênea e bem cerrada;

d) as peças especiais, tês, junções, curvas, etc., terão também ponta e bôlsa;

e) no ensaio de resistência à pressão interna, a carga de ruptura mínima individual será de 2 kg/cm² e para a média de 5 corpos de prova deverá ser:

100 mm	4″	6 kg/cm²
150 — 200 mm	6″ — 8″	5 kg/cm²
250 — 300 mm	10″ — 12″	4 kg/cm²

f) pode-se também realizar ensaio de compressão transversal pelo método dos três cutelos.

d) *Juntas*

Ao lado da fragilidade das manilhas quanto à resistência aos choques, as juntas constituem o ponto mais fraco das canalizações de esgotos cerâmicos.

São comumente feitas ou com argamassa de cimento e areia ou com pixe.

Para a argamassa de cimento e areia pode ser usado o traço 1:1.

A junta com pixe é usada também para tubos de cimento-amianto; é feita introduzindo-se estopa seguida de pixe misturado com areia.

3.8.2. — *Tubos de concreto.*

Os tubos de concreto podem ser usados a partir do diâmetro de 150 mm (6″), entretanto são mais aconselhados a partir de 15″.

São confeccionados em fôrmas metálicas fixas, sendo o concreto compactado por intensa vibração ou então pela centrifugação. A cura, terminada a confecção, é da mais alta importância. É indispensável a dosagem racional com o contrôle do fator água-cimento para garantia da resistência e impermeabilidade.

O tamanho das maiores partículas do agregado graúdo não deve ser superior à quarta parte da espessura da parede. Os tubos comercialmente conhecidos como HUME têm o comprimento de 1,83 m até 15″ e de 2,44 m dêste diâmetro em diante. As juntas são feitas normalmente com argamassa de cimento e areia tubos com menos de 15″ podem ter juntas de pixe.

3.8.3. — *Canalizações de cimento-amianto.*

Oferecem algumas vantagens, tais como:

a) mais leves que as de concreto de mesmo diâmetro;

b) mais compridos os tubos do que as manilhas de grês cerâmico, reduzindo o número de juntas e mantendo bem o alinhamento;

c) de fácil colocação e fàcilmente cortáveis com serra ou serrote, como se fôssem de madeira;

d) superfícies bastante lisas, oferecendo menor resistência ao escoamento do que o concreto;

e) resistem bem à ação corrosiva do esgôto;

f) pressão interna de serviço podendo ir até 10 kg/cm^2;

g) juntas, ou de tipo especial com borracha ou feitas com pixe.

Relativamente ao custo, as manilhas de grês cerâmico são, ainda, mais baratas e sua obtenção, em localidades do interior, mais fácil, dada a difusão da indústria cerâmica em várias regiões do Estado.

3.8.4. — *Tubos de ferro fundido.*

Usados em casos especiais em que se deva tirar partido da alta resistência do material, quando comparado aos anteriores. Por exemplo: casos excepcionais na rêde onde não se pode garantir a profundidade mínima de 1,50 m, travessia de canalizações de esgotos sob estradas de ferro ou auto-estradas de tráfego pesado; sifões para travessias de cursos d'água ou vales profundos, linhas de recalque de líquidos servidos, etc.

3.8.5. — *Indicações sôbre a construção das canalizações de grandes secções.*

As grandes secções exigem, geralmente, canalizações construídas no próprio local. Quase sempre dá-se preferência à estrutura de concreto armado por razões de ordem econômica e construtiva. São obras estruturais, via de regra, de grande importância, e o seu estudo deve ser feito em cadeiras distintas do curso de engenharia (Grandes Estruturas e Concreto).

Relativamente ao dimensionamento hidráulico e à forma da secção, reportamo-nos ao estabelecido anteriormente.

Quanto às observações gerais sôbre a construção, podemos indicar:

a) a construção pode ser feita em dois ou mais estágios;

b) a parte inferior (invert, cunette) é concretada em primeiro lugar e, em seguida o arco; no caso de três estágios, em segundo lugar concretar-se-iam as paredes;

c) as várias secções concretadas são construidas com juntas estanques;

(A concretragem do invert em primeiro lugar permite a simplificação do serviço, pois todos os materiais serão transportados sôbre êle, utilizando-se, muitas vêzes, dispositivos montados em rodas, correndo sôbre trilhos, para auxiliar na construção de fôrmas).

d) a parte inferior recebe um acabamento especial de modo a torná-la bem lisa (cement-gun, às vêzes revestimento com peças especiais de tijolos cerâmicos vidrados);

e) relativamente às fôrmas, tratando-se de obras, via de regra, extensas, a utilização reiteradas vêzes do material das fôrmas é um fator que deve presidir a escola do material. Nem sempre, em obras dessa natureza, a madeira leva vantagem, sob o ponto de vista econômico, às fôrmas metálicas;

f) particular cuidado deve ser tomado quanto às fundações, pois, pela sua natureza, os interceptadores e emissários podem atravessar terrenos inundáveis ou de fraca resistência.

3.9.0. — CONSERVAÇÃO E MANUTENÇÃO DOS SISTEMAS DE ESGOTOS

3.9.1. — *Importância de um cadastro do sistema de esgotos.*

Na conservação e manutenção racionais de um sistema de esgotos é importante a existência de um cadastro que permita conhecer a posição de qualquer parte do sistema; a posição das canalizações em cada trecho de rua e os respectivos "grades", a localização de todos os órgãos acessórios e a situação em planta e elevação das outras canalizações subterrâneas (água, gás, cabos de fôrça, cabos telefônicos, etc.).

Infelizmente, entre nós, ainda não se deu a devida atenção a êsse fato.

3.9.2. — *Inspeções.*

A freqüência com que se fazem inspeções de rotina, varia muito. A falta de compressão, no que diz respeito à necessidade e utilidade das operações de conservação e manutenção dos sistemas de esgotos, a deficiência de pessoal habilitado e a ausência de um plano metódico conduzem à errônea prática de se inspecionar a canalização sòmente quando surgem distúrbios no escoamento e, mesmo assim, a inspeção é feita apenas nos trechos em que as falhas aparecem. Entretanto, a boa técnica e a experiência de outros países estão a indicar a conveniência de se fazer inspeção:

a) cada três meses em canalizações colocadas em terrenos planos, ou em trechos que já apresentaram falhas no escoamento devido a uma qualquer das causas de obstrução;

b) uma vez por ano, em tôdas as canalizações da rêde;

c) de uma a duas vêzes por mês, nas canalizações principais, nos interceptadores e nos emissários;

d) uma vez por mês nos equipamentos de elevação mecânica;

e) uma vez por mês nos sifões;

f) de uma a duas vêzes por mês nos dispositivos escorvadores dos tanques fluxíveis.

As finalidades das inspeções são:

a) revelar entupimentos ou obstruções parciais;

b) verificar as ligações clandestinas (muito mais freqüentes do que se imagina):

c) verificar o funcionamento dos aparelhos de contrôle;

d) examinar as condições de tôdas as estruturas;

e) efetuar medidas diretas de vazão, para o conhecimento certo das flutuações de descarga.

3.9.3. — *Métodos para a inspeção.*

a) *Canalizações de pequena secção*

A inspeção é feita pelo exame da canalização do interior dos poços de visita. A simples observação do aspecto do líquido escoado no conduto aberto, no fundo do poço de visita, permite ao operador experimentado, concluir da existência ou não de obstrução entre o poço de visita considerado e os dois contíguos; líquido coberto de escuma pode denotar ação sética; depósito de materiais sólidos no fundo do poço de visita ou sinais de esgotos nas paredes denotam ou insuficiência de velocidade ou ocasional inundação. A inspeção é feita iluminando-se o fundo com uma lâmpada de segurança (à prova de explosão), com luz dirigida de tal forma que não ofusque os operadores, podendo-se, também, utilizar espelhos ou periscópios.

b) *Canalizações de grande secção.*

Neste caso o operador entrará na canalização, e, em muitos casos, poderá percorrê-la em barco. Aqui, a verificação de defeitos, obstruções, ligações clandestinas, etc., é direta.

3.9.4. — *Precauções antes de entrar em um poço de visitas.*

Se o cheiro característico de gasolina é perceptível, há necessidade de uma ventilação interna. O mesmo se aplica para o gás de iluminação. É de se notar que no interior das tubulações de esgotos podem ser encontrados gases ofensivos provenientes da decomposição da matéria orgânica: CO, CO_2, CH_4, NH_3, SO_2, Cl_2.

Quando houver suspeita da presença de gases nocivos o operador deve estar munido de máscara, além da ventilação intensa que deve ser feita.

Como precaução geral, quando há um homem na canalização ou no fundo de um poço de visitas, deve haver um outro à superfície, para o pedido de socorro, em caso de acidente.

3.9.5. — *Origem e efeitos fisiológicos das matérias voláteis perigosas encontradas nas rêdes de esgotos.*

Nome	Origem mais freqüente	Limite inferior explosivo em % de pêso (gás/ar)	Máxima concentração tolerável (gás/ar) em % de pêso (gás/ar)	Efeitos Fisiológicos
Óxido de Carbono CO	Vazamentos de tubulações de gás, tubos exaustores de motores industriais, chaminés.	12,5	0,01	Asfixia: extremamente venenosos
Metana CH_4	Decomposição orgânica	5,6	—	Asfixia
Hidrogênio Sulfurado H_2S	Decomposição orgânica	4,3	0,02	Irritação das mucosas externas
Gasolina	Postos de lavagem, garagens, etc.	1,4	1,00	Tonturas, dôres de cabeça
Gás de iluminação	Condutores de gás	5,0	0,005	Irritação das mucosas externas
Amônia NH_3	Fugas de instalações de refrigeração	16,0	0,03	Irritação das mucosas externas (vistas)

Quase todos êsses gases ocorrem em ambientes desprovidos de oxigênio; daí as medidas de prevenção visando a segurança dos operários; ventilação (às vêzes forçada), exaustão e a garantia da aeração do esgôto, que deve trabalhar, no máximo, a meia secção; exame da atmosfera interior, antes da descida dos operários (exame feito por meio de chamas que mudam de côr e intensidade em função dos gases existentes na tubulação).

3.9.6. — *Natureza das obstruções das canalizações de esgotos.*

a) crescimento de raízes;

b) depósito de graxas e gorduras;

c) depósito de areia;

d) depósito de outras espécies;

e) ruptura das canalizações.

As raízes penetram nas canalizações através das juntas defeituosas. Há espécies vegetais que emitem raízes em profusão, as quais podem penetrar no interior da tubulação, em busca de água e de matéria orgânica, formando uma verdadeira teia ou barba, que causa entupimentos.

Como medidas preventivas podem ser indicadas, entre outras: remoção de árvores numa certa faixa, nas vizinhanças da tubulação; precaução na execução das juntas, inclusive, às vêzes, envolvendo-as com um anel de cobre que é tóxico para a maior parte das plantas. O uso de sulfato de cobre nas canalizações, pode, também, contribuir para a destruição das raízes.

— A graxa e a gordura podem se encontrar no interior da canalização, por aderência à parede dos tubos.

Medidas preventivas: instalação de caixas separadoras de gordura em certos prédios especiais: hotéis, cozinhas coletivas, restaurantes, etc. Nos domicílios comuns, os sifões das pias funcionam como incipiente retentor de gorduras.

— Areia, pedregulho, cinzas, lôdo, poderão ser carreados pela canalização de águas pluviais, ou ser introduzidos na rêde através dos aparelhos sanitários.

— Ao interior da rêde podem, ainda, ir ter pequenos objetos, papel, animais mortos (de pequenas dimensões), etc.

As medidas preventivas nos dois últimos casos consistem em campanhas educativas visando esclarecer o povo sôbre a verdadeira função dos aparelhos sanitários que não devem ser entendidos como um receptáculo de todos os resíduos domésticos que podem passar pelos seus tubos de descarga.

— A ruptura de canalizações pode resultar de fundações deficientes, cargas externas excessivas, vibração, infiltrações que retiram a terra de sob a canalização, deterioração progressiva, etc.

3.9.7. — *Lavagem das canalizações.*

A lavagem por inundação é empregada para eliminar graxas e depósitos de matérias extranhas de menor importância. A lavagem é feita introduzindo no poço de visita mangueira de incêndio ligada a um hidrante. A mangueira deve ser colocada de tal forma que o jato do bocal jorre diretamente no interior da canalização.

3.9.8. — *Remoção de raízes.*

Para cortar raízes nas canalizações até 16" de diâmetro, usam-se varas flexíveis (taquaras cortadas, hastes de cana indiana, etc.) com dispositivos cortadores que se fazem girar, dando rotações às varas. Para canalizações de maior diâmetro utiliza-se equipamento mecânico apropriado, facas espiraladas manobradas por cabos.

3.9.9. — *Retirada dos depósitos de areia e pedregulho.*

Utilizam-se dispositivos apropriados em forma de cilindro, arrastados por meio de cabos. Pode-se, ainda, utilizar um aparelho, tipo turbina, que combina a lavagem por inundação com o corte de raízes e a extração de areia.

3.9.10. — *Considerações a respeito da utilização das canalizações de esgôto.*

Além das medidas preventivas para evitar obstruções já indicadas, é indispensável o contrôle de certos despejos líquidos industriais, tais como:

— Despejos explosivos e inflamáveis de postos de limpeza de automóveis, oficinas mecânicas, garagens, etc.

— Despejos que contêm sólidos em quantidades excessivas — grãos usados em cervejarias, resíduos de matadouros, cinzas, etc.

— Despejos corrosivos, como os das oficinas de galvanização, por exemplo.

Em conseqüência dêste contrôle devem ser concedidas facilidades para as indústrias que se dispuzerem a fazer o tratamento preliminar de suas águas residuárias ao mesmo tempo que multas devem ser estabelecidas aos responsáveis por danos causados às canalizações.

3.9.11. — *Contrôle de explosões.*

As explosões nos esgotos, muito mais freqüentes do que se possa pensar, são devidas à presença de misturas explosivas, originadas por:

a) gasolina de garages, depósitos de combustíveis, postos de limpeza;

b) gás de iluminação que penetra nos esgotos em virtude de vazamentos nas canalizações de gás;

c) substâncias químicas acidentalmente descarregadas nos esgotos;

d) produtos da decomposição (ver quadro do ítem 3.9.5).

Para prevenir as explosões pode-se:

a) exigir dispositivos que impeçam a entrada de gasolina nas canalizações;

b) estimular a Cia. de Gás a pesquisar os seus vazamentos;

c) inspecionar e investigar a proveniência das substâncias combustíveis que aparecem nos esgotos.

3.9.12. — *Indicações sôbre pessoal e equipamento de uma turma volante permanente de manutenção dum pequeno sistema de esgotos.*

a) *Equipamento*

a) 1 caminhão pequeno (pick-up) de 500 a 1000 kg de capacidade, com bomba movida pelo próprio motor;

b) 200 metros de varas de limpeza, geralmente de bambu ou taquara;

c) utensílios diversos: mangueira de incêndio para limpeza de bancos de areia e de lôdo, inclusive acessórios, bocais e ligação de mangueira à bomba;

d) jôgo de ferramentas: cortador de raízes (facas espirais, garras, unhas), pás especiais, raspadeiras e escôvas circulares de limpeza, de piassaba;

e) medicamentos de urgência.

b) *Pessoal.*

No mínimo três homens:

— 1 motorista e mecânico.

— 2 operários para limpeza, para atuar em dois poços de visitas, contíguos.

Nos grandes sistemas de esgotos, as turmas volantes têm organização muito mais complexa. A título de exemplo, citamos o pessoal de uma turma volante de Chicago (Estados-Unidos):

— 1 engenheiro encarregado.

— 1 engenheiro para coleta e interpretação de dados estatísticos.

— 3 operários braçais.

— 2 operários especializados.

3.9.13. — *Financiamento. Custeio de um sistema de esgotos. O problema da taxa de esgotos.*

Reportamo-nos aos princípios gerais estabelecidos quando do estudo da taxa d'água.

É de se indicar a tendência moderna nos Estados-Unidos e Europa, de estabelecer as taxas de esgotos, com base na água efetivamente entregue ao consumidor.

3.10.0. — BIBLIOGRAFIA

BABBITT, H. — *"Sewerage and Sewage Treatment"*, 5th Edition, John Wiley and Sons, 1940.

LINSLEY AND FRANZINI — *"Elements of Hydraulic Engineering"*, McGraw-Hill Book Co., 1955.

STEEL — *"Water Supply and Sewerage"*, McGraw-Hill Book Co., 1938.

DAVIS — *"Handbook of Applied Hydraulics"*, McGraw-Hill Book Co., 1942.

KOCH, P. — *"Les réseaux d'égouts"*, *Dunot*, Éditeur, Paris, 1954.

YASSUDA, E. — *"Curso Preparatório de Saneamento"*, Faculdade de Higiene e Saúde Pública de São Paulo, 1953.

AZEVEDO NETTO, J. M. — *"Esgotos de aparelhos instalados no sub-solo em nível inferior ao da rêde de esgotos"*, Boletim n.º 20 da DAE, Abril de 1948.

GARCEZ, L. N. e MARTINS, J. A. — *Apostilas do Curso de Abastecimento de Águas e Sistemas de Esgotos*, da Faculdade de Higiene e Saúde Pública de São Paulo, 1954.

ESCRITÓRIO SATURNINO DE BRITO — *"Técnica Brasileira em Projeto e Construção de Esgotos"* — Comunicação apresentada ao IV.º Congresso Interamericano de Engenharia Sanitária, 1954.

MEICHES, J. — *"Normas e Especificações para Projetos de Rêdes de Esgotos Sanitários da Cidade de São Paulo"*, Boletim n.º 27 do DAE, Maio de 1956.

WISLEY, W. H. — *"La Conservación de las Cloacas en la Práctica*, in Manual Gilette, 1953, pág. 155.

WATER and SEWERAGE WORKS — *"Reference and Data Number"*, 1956.

4.0.0. — CARACTERES DAS ÁGUAS DE ABASTECIMENTO

4.1.0. — CONCEITOS FUNDAMENTAIS

A água quìmicamente pura não existe à superfície da terra. A expressão água pura é usada como sinônimo de água potável, para exprimir que uma água tem qualidade satisfatória para uso doméstico.

Diz-se que uma água é contaminada quando ela hospeda organismos potencialmente patogênicos ou contêm substâncias tóxicas que a tornam perigosa, e, portanto, imprópria para o consumo humano ou uso doméstico.

Diz-se que uma água é poluída quando ela contém substâncias de tal caracter e em tais quantidades que a sua qualidade é alterada de modo a prejudicar a sua utilização ou a torná-la ofensiva aos sentidos da vista, paladar e olfato.

Claro que a contemplação pode acompanhar a poluição.

As substâncias, que pelos seus caracteres próprios, ou pelos elevados teores, causam a poluição da água, são chamadas *"impurezas da água"*.

Òbviamente, o conceito de "impureza da água", tem significado muito relativo, dependendo inteiramente das características próprias da substância poluidora e do seu teor *face ao uso específico para o qual a água se destina.*

Assim as impurezas têm pequena importância nas águas de lavagem e irrigação das vias públicas, podem ter influência em certos usos industriais e são fundamentais no uso da água como bebida.

4.2.0. — IMPUREZAS DAS ÁGUAS

As impurezas mais comumente encontradas nas águas de abastecimento podem ser assim classificadas:

a) *Em suspensão*

— Bactérias, eventualmente patogênicas, muitas prejudiciais às instalações.

— Algas, protozoários, fungos, virus.

— Vermes e larvas.

— Areia, silte e argila.

— Resíduos industriais e domésticos.

b) *Estado coloidal.*

— Substâncias corantes vegetais.

— Silica, vírus.

c) *Em dissolução.*

— Sais de cálcio e de magnésio (Bicarbonatos, Carbonatos, Sulfatos e Cloretos).

— Sais de sódio (Bicarbonatos, Carbonatos, Sulfatos, Fluoretos e Cloretos.

— Óxidos de Ferro e Manganez.

— Chumbo, Cobre, Zinco, Arsênico, Selênio, Bóro.

— Iôdo, compostos de Fenól, Fluor.

d) *Substâncias albuminóides e amoniacais.*

— Nitritos e Nitratos.

— Gases (Oxigênio, Bióxido de Carbono, Gas sulfidrico, Nitrogênio).

4.3.0. — POTABILIDADE DAS AGUAS

Para poder ser utilizada como bebida a água deve ser:

a) potável;

a) agradável aos sentidos da vista, paladar e olfato.

Para ser potável a água deve ser:

a) não contaminada e portanto incapaz de infectar seu consumidor com qualquer moléstia de transmissão hídrica;

b) isenta de substâncias venenosas;

c) isenta de quantidades excessivas de matéria orgânica e mineral.

4.3.1. — *Segurança contra infecção.*

Relativamente aos agentes patogênicos, as enfermidades de transmissão hídrica classificam-se em:

a) ocasionadas por bactérias;

b) ocasionadas por protozoários;

c) ocasionadas por vermes e larvas;

d) ocasionadas por virus;

e) ocasionadas por fungos.

Os agentes patogênicos que podem ser veiculados pela água têm origem nos dejetos:

a) de pessoas enfêrmas;

b) de pessoas aparentemente sãs, mas que são portadoras dos germes patogênicos.

Exemplos de doenças infecciosas ocasionadas por bactérias: febre tifóide, febre paratifóide (salmonellóse), disenteria bacilar (shigellose), cólera.

As fébres paratifóides e a disenteria bacilar figuram ainda com elevados coeficientes de mortalidade nas capitais brasileiras.

Quanto às moléstias transmissíveis por protozoários, a disenteria amebiana (amebiase) é ainda a mais difundida.

Os ovos de certos vermes intestinais e as larvas de outros podem passar dos portadores aos cursos d'água e dêsses aos sistemas de abastecimento. A schistosomóse é uma infecção ocasionada por uma forma larval (cercária) de um verme.

As infecções ocasionadas por virus são de etiologia ainda pouco conhecida; entretanto não se pode afastar a hipótese da transmissão hídrica da poliomilite ou paralisia infantil.

O único fungo que supõe-se poder ser veiculado pela água é o agente patogênico responsável pela enfermidade conhecida como histoplasmóse, de epidemiologia ainda pouco conhecida.

4.3.2. — *Ausência de substâncias venenosas.*

Quatro tipos de contaminantes tóxicos podem ser encontrados nos sistemas públicos de abastecimento de água:

a) contaminantes naturais de uma água que esteve em contacto com formações minerais venenosas;

b) contaminantes naturais de uma água no qual se desenvolveram determinadas colônias de microorganismos venenosos;

c) contaminantes introduzidos na água em virtude de certas obras hidráulicas defeituosas (principalmente tubos metálicos) ou de práticas inadequadas no tratamento de água;

d) contaminantes introduzidos nos cursos d'água por certos despejos industriais.

Os contaminantes naturais de origem mineral incluem o fluor, o selênio, o arsênico e o bóro, e, com exceção do fluor, raramente são encontrados em teores capazes de ocasionar danos.

Quanto ao fluor, teores maiores que 1 ppm são responsáveis pela fluorose dos dentes, e, por outro lado, ausência de fluoretos beneficia o aparecimento de cáries dentárias; o teor ótimo é em tôrno de 1 ppm.

Os contaminantes naturais ocasionados por colônias de microorganismos venenosos, como certos tipos de algas, dão à água aspecto repulsivo ao homem, que tem assim uma defesa natural através os seus sentidos; não obstante, a mortandade de gado que ingere êsses contaminantes tem sido verificada.

Os contaminantes introduzidos pela corrosão de tubulações metálicas podem ocasionar distúrbios, principalmente em águas moles ou que contenham certo teor de bióxido de carbono (o que pode ocorrer por prática inadequada no tratamento da água).

Dos metais empregados nas tubulações, o único de toxidez comprovada (e comulativa) é o chumbo, que pode ocasionar o envenenamento conhecido como saturnismo.

Cóbre, zinco, ferro, mesmo em pequenas quantidades, dão à água gôsto metálico característico e são responsáveis por certos distúrbios em determinadas operações industriais.

O tratamento químico da água para a coagulação, desinfecção e destruição de algas ou contrôle da corrosão pode ser uma fonte potencial de contaminação.

Tôdas as variedades de contaminantes tóxicos podem provir dos despejos líquidos industriais. Daí a importância sanitária do contrôle dos despejos industriais.

4.3.3. — *Ausência de quantidades excessivas de matérias orgânicas e mineral.*

A água pode ser perigosa sem ser desagradável aos sentidos, desagradável sem ser perigosa.

Para ser agradável a água deve ser desprovida de côr, turbidez, gôsto e cheiro e ser arejada e de temperatura refrescante. Essas qualidades são apreciadas, pelo menos, por quatro dos sentidos do homem: 1) vista (côr e turbidez), 2) olfato (cheiro), 3) paladar (gôsto) e tacto (temperatura).

a) *Côr e turbidez.*

A côr é comumente de origem vegetal e ocasionada por substâncias em estado coloidal ou em solução.

A turbidez é devida a matéria em suspensão como argila, silte, substâncias orgânicas finamente divididas e organismos do "plankton".

As águas residuárias industriais, os produtos da corrosão e o desenvolvimento de algas, têm, com freqüência, efeito preponderante na turbidez.

b) *Gôsto e cheiro* (ou sabor e odor).

Relacionam-se intimamente com a ocorrência de contaminação e com a presença de certas substâncias indesejáveis, como matéria orgânica em decomposição, microorganismos em desenvolvimento, resíduos industriais e substâncias decorrentes do tratamento impróprio dado à água. O ferro, o manganez e os produtos metálicos da corrosão, são também responsáveis por odores e sabores peculiares.

c) *Temperatura.*

As águas superficiais sofrem discretamente a influência das variações ocasionais de temperatura. Para ser agradável a água deve dar a sensação de refrescar o organismo humano.

4.4.0. — CARACTERES DAS ÁGUAS RESIDUÁRIAS — CICLO DO NITROGÊNIO

A matéria orgânica contida nas águas residuárias é instável e decompõe-se ràpidamente através reações químicas e bio-químicas. (Fig. 4.1).

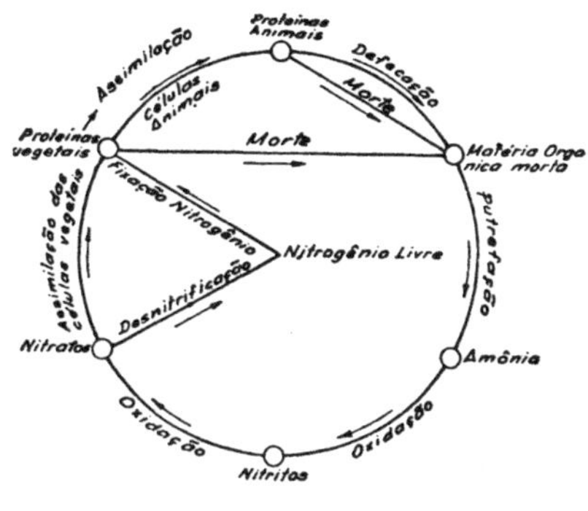

FIG. 4.1

O esgôto fresco contêm de 2 a 4 ppm de oxigênio livre.

No processo da decomposição aeróbia êste oxigênio livre é consumido com rapidez pelas bactérias aeróbias ou facultativas.

Em 20 ou 30 minutos o oxigênio livre é consumido e se inicia o processo anaeróbio de decomposição — *putrefação.* Durante êste processo os compostos orgânicos complexos são transformados em formas mais simples assimiláveis pelos sólos; o processo é acompanhado do desprendimento de certas matérias voláteis como o H_2S, bióxido de carbono, metana, etc.

A etapa final na decomposição do esgôto é a oxidação, na qual são formados compostos estáveis, simples e não ofensivos, como os nitratos. Êsses são retirados do solo pelo metabolismo dos organismos vegetais e transformados em compostos nitrogenados complexos (proteinas vegetais), os quais pela assimilação dos animais formam as proteinas animais.

O ciclo está então completo, garantindo a rotatividade do elemento nitrogênio à superfície da terra.

4.5.0. — CARACTERÍSTICAS DAS ÁGUAS DE ESGOTOS

Ordinàriamente o esgôto sanitário contém de 500 a 1.000 ppm de matéria sólida. As características físicas e químicas do esgôto variam continuamente, exigindo análises periódicas.

A matéria sólida compreende os sólidos em suspensão e os sólidos dissolvidos. Os sólidos em suspensão podem ainda ser classificados em sedimentáveis e não sedimentáveis.

A mais importante característica de uma água residuária é a sua *demanda bioquímica de oxigênio* (B.O.D. ou D.B.O.).

Se existir adequada quantidade de oxigênio, a decomposição aeróbia do esgôto continuará até que tôda a matéria orgânica tenha sido oxidada.

A quantidade de oxigênio necessária para êste processo é a demanda bioquímica de oxigênio (BOD).

As águas poluídas continuariam a absorver oxigênio durante meses e não seria praticável determinar a demanda total de oxigênio. Na prática determina-se o oxigênio consumido pelo esgôto num período de 5 dias à temperatura constante de 20° C.

Outras características das águas residuárias são: pH, amônia livre, proteinas, nitrogênio amoniacal, nitritos, nitratos, H_2S, etc.

As características biológicas são geralmente de pouca significação, dado que existem milhões de bactérias e outros microorganismos (freqüentemente os patogênicos também).

4.6.0. — COMPOSIÇÃO MÉDIA DO ESGÔTO SANITÁRIO — DADOS EUROPEUS, NORTE-AMERICANOS E BRASILEIROS.

a) *Dados europeus*, segundo IMHOFF, para uma contribuição "per capita" de 150 l/dia, em partes por milhão.

	Matéria Mineral	Matéria Orgânica	TOTAL	BOD - 5 dias - 20°C
1) Sólidos em suspensão	120	300	420	160
a) sedimentáveis ..	90	200	290	100
b) não sedimentáveis	30	100	130	60
2) Sólidos dissolvidos .	300	150	450	140
TOTAL	420	450	870	300

b) *Dados norte-americanos*, segundo FAIR, para uma contribuição "per-capita" de, aproximadamente, 300 l/dia (80 galões), em partes por milhão:

	Matéria Mineral	Matéria Orgânica	TOTAL	BOD - 5 dias - 20°C
1) Sólidos em suspensão	85	215	300	140
a) sedimentáveis ..	50	130	180	65
b) não sedimentáveis	35	85	120	75
2) Sólidos dissolvidos .	265	265	530	40
TOTAL	350	480	830	180

c) *Dados brasileiros*, Estação Experimental de Tratamento de Esgotos João Pedro de Jesus Netto (Ipiranga, 1950).

B.O.D.	308 mg/litro
Sólidos em suspensão	295 mg/litro
Temperatura das águas residuárias	21,4° C
pH	6,8
Turbidez	400

Santos e São Vicente (1954)

B.O.D.	317 mg/litro
Sólidos decantáveis	2 cm^3/litro
Sólidos em suspensão	210 mg/litro
pH	6,8

4.7.0. — BIBLIOGRAFIA

FAIR and GEYER — *"Water Supply and Waste Water Disposal"* — John Wiley and Sons, New York, 1954.

LINSLEY and FRANZINI — *"Elements of Hydraulic Engineering"* — McGraw-Hill Book Co., New York, 1955.

AZEVEDO NETTO — *"Curso de Tratamento de Águas Residuárias"*, São Paulo, 1965.

SERVIÇO ESPECIAL DE SAÚDE PÚBLICA — SESP — *"Normas Sanitárias para os Abastecimentos de Água e Padrões de Água Potável"*. Boletins n.os 1 e 2.

5.0.0. — INTERPRETAÇÃO DE ANÁLISES E EXAMES DA ÁGUA

5.1.0. — EXAMES E PESQUISAS USADOS PARA A CARACTERIZAÇÃO DA QUALIDADE DE UMA ÁGUA

a) *Exame físico*: indicação e medida de certas propriedades físicas.

b) *Análise química*: determinação quantitativa de qualquer substância orgânica ou inorgânica que possa ser venenosa ou inconveniente; dosagem de substâncias desejáveis; pesquisa de compostos que sirvam de índice de poluição.

c) *Exame bacteriológico*: indicação da presença de microorganismos patogênicos.

d) *Exame microscópico*: identificação e contagem de microorganismos animais e vegetais capazes de conferir gôsto e cheiro desagradáveis à água ou acusar distúrbios no sistema abastecedor.

e) *Inspeção sanitária de campo*: investigação das condições do sistema de abastecimento relativamente a causas potenciais de poluição.

5.2.0. — EXAME FÍSICO

5.2.1. — *Características examinadas.*

Temperatura, turbidez, côr, odor e sabor.

a) *Temperatura.*

Refere-se à temperatura da água no momento da colheita da amostra.

É determinada por termômetros, exprimindo-se a temperatura em graus centígrados.

b) *Turbidez.*

Devida à matéria em suspensão. É medida por processos óticos, baseados em comparação entre a interferência à passagem de raios luminosos através da amostra em exame e através de suspensões consideradas como padrões de medida.

Determinação.

Determina-se a espessura da camada de água em exame através da qual se deve observar uma vela padronizada no instante em que a chama da vela desapareça.

O aparelho usado chama-se *turbidímetro de Jackson* para as determinações em laboratórios. Consta essencialmente de um tubo de vidro graduado e fechado inferiormente, uma vela padronizada e um suporte para a vela e para o tubo.

Vai-se introduzindo água no tubo e observando através da massa líquida e no sentido do eixo do tubo, a chama da vela colocada sob a extremidade fechada do cilindro. Quando se dá o desaparecimento da imagem da chama, lê-se na graduação do tubo a espessura da camada de água presente. A graduação do tubo é feita em "unidades de turbidez" fixadas empìricamente e expressas em partes por milhão (ou mg/litro) (ppm).

Os padrões de medida são certas suspensões como a de partículas de silica em água distilada e são preparadas por meio da comparação com a escala do turbímetro de Jackson. A turbidez de u'a· amostra pode assim, ser medida por comparação direta com as suspensões padrão, utilizando-se comparadores — aparelhos especiais — que recebem vários nomes, de acôrdo com certas peculiaridades, turbidímetro de Baylis, de Hellige, etc.

Para a determinação da turbidez no campo em trabalhos de rotina são usados aparelhos de fácil manêjo, como p. ex. o *turbidímetro do United States Geological Survey* (U. S. G. S.), o qual consiste numa régua graduada, com 20 cm. de comprimento e uma fita graduada indeformável de 10 cm de comprimento, prêsa a uma das extremidades da régua graduada. Na extremidade oposta há um parafuso que atravessa a régua e tem na ponta um estilete revestido de platina, com 25 mm de comprimento, colocado normalmente à régua graduada.

Para medir a turbidez basta colocar o ôlho no zero da graduação e observar o estilete à medida que a régua é introduzida na água, até o ponto em que não é mais possível vê-lo.

A graduação da régua ao nível da água dá a graduação em ppm.

c) *Côr.*

A côr é devida ùnicamente às substâncias em solução; é a tonalidade mais clara ou mais escura apresentada pela água, após ter sido removida tôda a matéria em suspensão.

Introduz-se a amostra (ou diluições destas) em tubos transparentes padronizados e faz-se a sua comparação com soluções padrão de côres conhecidas.

As soluções padrão são constituídas de cloroplatinato de potássio dissolvido em água distilada.

A côr adotada como a unidade de medida é a produzida pela solução de cloroplatinato de potássio que contenha 1 miligrama por litro de água distilada (isto é, 1 ppm). É expressa em partes por milhão e denomina-se "escala de platina-cobalto".

Em trabalho de campo, usam-se aparelhos práticos, graduados de acôrdo com a escala de platino-cobalto; geralmente tubos de alumínio com discos coloridos.

d) *Odor e Sabor.*

São características que dependem de efeitos subjetivos exercidos sôbre os órgãos sensitivos do olfato e do gôsto. Relacionam-se ìntimamente com a ocorrência de contaminação e com a presença de certas substâncias indesejáveis, como matéria orgânica em decomposição, microorganismos, resíduos industriais, etc.

Determinação.

Não existe uma escala fixa de medida, porque a sua determinação depende da maior ou menor sensibilidade de cada operador.

O "Standard Methods for the Examination of Water and Sewage" preconiza um método para a determinação qualitativa e quantitativa do odor, baseado na determinação da máxima diluição da amostra em que um operador ainda possa perceber o cheiro.

A medida do sabor é ainda mais difícil, não existindo até o momento um método para tal fim. Deve-se observar que freqüentemente não é fácil fazer distinção entre as sensações de odor e sabor.

e) *Interpretação dos exames físicos.*

A exigência de boas qualidades físicas se refere mais aos aspectos estéticos e psicológicos. Entretanto, variações acentuadas nas qualidades físicas devem ser encaradas com suspeita.

Afora o ponto de vista sanitário e estético, o contrôle de certas qualidades físicas, como por exemplo da turbidez, tem também o objetivo econômico, como o da prevenção de obstruções na rêde de distribuição e em instalações industriais.

5.3.0. — ANÁLISE QUÍMICA

5.3.1. — *Substâncias pesquizadas.*

a) Relacionadas diretamente com a potabilidade.

b) Relacionadas principalmente a inconvenientes de ordem econômica.

c) Indicadores de poluição.

5.3.2. — *Substâncias relacionadas diretamente à potabilidade.*

Constitue motivo de rejeição da água a presença de:

— Chumbo .... — acima de 0,1 ppm ou mg/litro

— Flúor .... — acima de 1,5 ppm ou mg/litro

— Arsênico .... — acima de 0,05 ppm ou mg/litro

— Selênio .... — acima de 0,05 ppm ou mg/litro

— Cromo hexavalente .... — acima de 0,05 ppm ou mg/litro

As seguintes substâncias químicas não devem ocorrer em concentração superior às adiante indicadas:

— Cobre .... 3,0 ppm ou mg/litro

— Magnésio .... 125,0 ppm ou mg/litro

— Cloretos .... 250,0 ppm ou mg/litro

— Compostos fenólicos .... 0,001 ppm ou mg/litro

— Ferro .... 0,3 ppm ou mg/litro

— Zinco .... 15,0 ppm ou mg/litro

— Sulfatos .... 250,0 ppm ou mg/litro

— Sólidos totais .... 1000,0 ppm (de preferência 500 ppm).

Em águas tratadas quìmicamente, as seguintes condições deverão ser observadas:

a) O pH deve ser menor do que 10,6, a 25° C;

b) a alcalinidade de carbonatos naturais não excederá 120 ppm;

c) havendo excesso de alcalinidade, a alcalinidade total não deverá exceder a dureza em mais de 35 ppm (em CO_3Ca).

5.3.3. — *Substâncias relacionadas principalmente a inconvenientes de ordem econômica.*

a) *Substâncias causadoras de dureza.*

A dureza é um têrmo comumente usado para designar água que exige quantidade excessiva de sabão para formar espuma e que produz muita incrustação em recipientes, em que é retida ou aquecida.

Inconvenientes das águas muito duras:

— desperdício de sabão.

— danos às indústrias — incrustações e desperdícios de combustíveis.

b) *Substâncias responsáveis pela corrosividade das águas.*

— relacionadas ao pH.

— relacionadas à alcalinidade (hidróxidos, carbonatos, bicarbonatos).

— Substâncias relacionadas à acidez (gás carbônico, ácidos minerais, sais de ácidos fortes e bases fracas, etc.).

5.3.4. — *Substâncias indicadoras de contaminação* — (Ver o ciclo do nitrogênio).

a) *Nitrogênio em suas várias formas de ocorrência.*

Constituintes da matéria orgânica, amônea, nitritos, nitratos.

b) *Oxigênio consumido.*

Aquece-se um certo volume de amostra com permanganato de potássio (agente oxidante) e determina-se a quantidade de oxigênio consumido nos processos oxidativos. O consumo de oxigênio está em relação com a quantidade de matéria orgânica e, indiretamente, com a possibilidade da água estar contaminada.

c) *Cloretos.*

As águas naturais apresentam teores diferentes de cloretos nas várias regiões geográficas.

Em cada região os teores se mantêm mais ou menos constantes. Um aumento sensível do teor normal indica poluição por excreta ou resíduos industriais.

5.3.5. — *Interpretação das análises químicas.*

As limitações impostas aos teores de substâncias relacionadas diretamente à potabilidade dizem respeito:

a) à proteção da saúde contra elementos venenosos;

b) a razões de ordem estética e de confôrto, para eliminar e diminuir manchas em aparelhos sanitários, odor e sabor, efeitos laxativos em certas pessoas.

c) aos efeitos nocivos da alcalinidade cáustica e de teores elevados de certas substâncias alcalinas.

As substâncias químicas toleráveis sob o ponto de vista da proteção à saúde, mas que causam danos à estação de tratamento, à rêde de distribuição e às instalações prediais constituem um importante problema econômico.

A análise dos índices de contaminação é, hoje em dia, menos usada. Contrôle mais preciso da presença de microorganismos patogênicos se obtêm pelo exame bacteriológico. Os exames químicos podem evidenciar melhor do que os bacteriológicos o passado da água, relativamente à contaminação, isto é, a ocorrência mais recente ou mais remota da poluição.

5.3.6. — *Limites de poluição para as águas a serem tratadas.*

Estudos do United States Public Health Service (U.S.P.H.S.) (1915-1930) permitiram estabelecer a fórmula $E = CR^n$ em que:

E = contagem de bactérias do efluente (água tratada)

R = contagem de bactérias da água bruta.

C e n = constantes relacionadas respectivamente à eficiência do tratamento e constância relativa da qualidade bacteriológica da água.

No rio Ohio (em Cincinati) foram determinadas para E = 1 Coliforme por 100 mililitros de acôrdo com os padrões americanos.

	C	n	R
Água filtrada e clorada	0,0008	0,82	6000 B. Coli/100 cm³
Água filtrada mas não clorada	0,029	0,77	1000 B. Coli/100 cm³

Investigações posteriores demonstraram que a fórmula acima é inconsistente.

O estudo da evolução dos padrões de potabilidade mostra que êstes vão se tornando cada vez mais rigorosos à medida que a técnica evolue. Assim é que em 1900, quando o processo corrente de purificação da água era a chamada filtração lenta, os padrões norte-americanos, consideravam bacteriològicamente toleráveis a água que contivesse até 69 Coliformes por mililitro; hoje esta tolerância é de apenas 1 Coliforme por 100 mililitros; em virtude dos grandes progressos nos processos de tratamento particularmente no que diz respeito à desinfecção pelo cloro.

5.4.0. — EXAME BACTERIOLÓGICO

5.4.1. — *Tipos de Determinações.*

a) Contagem do número total de bactérias.

b) Pesquisa de coliformes.

5.4.2. — *Contagem do número total de bactérias.*

Consiste em se determinar, sem discriminação de espécies, o número total de bactérias presente, em média, em cada cm³ de amostra.

5.4.3. — *Pesquisa de Coliformes.*

Consiste em se constatar a presença e determinar o número provável (em cada 100 cm³) de bactérias pertencentes a um grupo denominado — Grupo Coliformes, Grupo Coli-Aerógenes, Grupo Escherichia Aerobacter, B. Coli ou Bacteria Coli.

5.4.4. — *Classificação das bactérias.*

— Quanto à forma:
- — Coccus (arredondados)
- — Bacilos (bastonetes)
- — Espirilos (espiralados)

— Quanto ao corpo sôbre ou no interior do qual vivem e se multiplicam:
- — Parasitas (ser vivo de uma série biológica superior)
- — Saprófitas (matéria orgânica morta)

— Quanto à possibilidade de ocasionar doenças no organismo onde elas subsistem:
— Patogênicas
— Não patogênicas

— Quanto às necessidades de oxigênio:
— Aeróbias (só vivem em presença de O_2 livre)
— Anaeróbias facultativas (podem viver na ausência de O_2 livre)
— Anaeróbias (vivem na ausência de O_2 livre).

5.4.5. — *Reprodução e resistência à destruição.*

As bactérias se reproduzem por simples divisão celular. Na presença da umidade e à temperatura de cêrca de 60° C a maioria das bactérias é destruida em 10 minutos. Em meio sêco para se obter o mesmo efeito precisa-se manter uma temperatura de cêrca de 170° C durante 1 hora. A luz solar é poderoso agente bactericida.

5.4.6. — *Interpretação de resultados.*

a) *Contagem do número total de bactérias.*

Número elevado de bactérias, por si apenas, não indica ser a água necessàriamente perigosa. Entretanto está positivado que águas naturais de boa qualidade contêm poucas bactérias, pois a água não é habitat conveniente para a grande maioria das espécies de bactérias. Contagem elevada pode ser indício de poluição por água de enxurrada, por matéria orgânica ou por excreta.

Os padrões de potabilidade não estabelecem limites para a contagem total.

b) *Pesquisa de coliformes.*

A pesquisa direta de bactérias patogênicas na água seria muito difícil, porque elas pertencem a espécies muito diferentes, o que exigiria, uma por uma, a aplicação de um processo de investigação particular. Além disso, quando presentes, as bactérias patogênicas encontram-se muito diluidas na água.

Há evidência epidemiológica de transmissão através a água de abastecimento apenas para organismos patogênicos expelidos através das fezes e da urina.

O intestino humano é sede de uma grande flora bacteriana, na qual figuram, normalmente e em grande número, bactérias do Grupo Coliforme (número da ordem de 100 milhões a 1 bilhão por grama de fezes).

Embora pertencentes a espécies diferentes, as bactérias do Grupo Coliforme podem ser pesquisadas por um único processo de exame, não só quanto à constatação da presença ou ausência como à estimação do número provável ocorrente.

A demonstração da presença de coliformes em uma água constitue uma indicação da poluição por excreta, e o número provável de coliformes presentes representa uma medida do grau de poluição.

5.5.0. — EXAME MICROSCÓPICO

5.5.1. — *Tipos de exame.*

a) Exame qualitativo dos organismos microscópicos presentes na água;

b) estimativa do número e tamanho dos referidos organismos e investigação sumária das matérias cristalinas e amorfas presentes.

5.5.2. — *Organismos microscópicos.*

Organismos visíveis só pelo microscópio ou dificilmente perceptíveis a ôlho nú, exceptuando-se as bactérias. O têrmo plankton é seu sinônimo, quando usado em sentido geral, designando não apenas as formas nadantes mas também as fixadas nas margens ou no fundo.

5.5.3. — *Microflóra.*

Distinguem-se as *algas*, que encerram clorofila, e os *fungos*, que não contendo clorofila, são incapazes de utilizar a luz solar a fim de obter alimento pela conversão de bióxido de carbono.

5.5.4. — *Microfáuna.*

Os protozoários são sêres unicelulares da primitiva forma da vida animal. Entre os protozoários estão a uroplena e a synura, responsáveis por odor e sabor característicos. Os rotifera são animais multicelulares de proporções microscópicas e que podem causar obstrução dos filtros. O gênero crustácea é constituído por seres um pouco mais evoluídos que os rotifera, e as suas formas menores são comuns nos abastecimentos de água.

Muitos vermes e larvas de insetos são também encontrados na água; alguns são mesmo visíveis a ôlho nú.

5.5.5. — *Finalidades e interpretações dos exames microscópicos.*

a) explicação da causa de côr, turbidez ou gôsto e odor desagradáveis em uma água; indicação do método de correção mais adequado;

b) fornecimento de dados auxiliares para a interpretação de análises químicas;

c) identificação da origem de uma água que esteja se misturando com outra;

d) investigação da causa de obstruções em canalizações e filtros; consecução de elementos para orientação do projetista e do operador das obras do abastecimento sôbre os dispositivos de correção mais apropriados.

5.6.0 — PADRÕES DE POTABILIDADE

Índices em Miligramos/litro (p.p.m.)

Características	U.S.P.H.S.	ABNT		Org. Mundial de Saúde	
		Recom	Toler	Permissível	Excessivo
Físicas					
Turbidez (síl.)	10 (1)	1	5	5	25
Côr (esc. cobalto)	20 (1)	10	30	5	50
Odor ou cheiro	Aus. de odor	Inobjetável		Inobjetável	
Sabor	Aus. de sabor	Inobjetável		Inobjetável	
Químicos					
Manganês (em Mn)	—	—	0,1	0,1	0,5
Chumbo (em Pb)	0,1	—	0,1	0,1	—
Cobre	3,0 (2)	—	3,0	1,0	1,5
Zinco	15,0 (2)	—	15,0	5,0	15,0
Ferro (em Fe)	0,3 (3)	—	0,3	0,3	1,0
Magnésio (em Mg)	125,0 (2)			5,0	15,0
Arsênio (em As)	0,05		0,10	0,2	—
Selênio (em As)	0,05	—	0,05	0,05	—
Cromo (hexavalente)	0,05	—	0,05	0,05	—
Flúor	1,5	1,0	1,5	—	—
Cloretos (Cl)	250,0 (2)	—	250	200	600
Comps. fenol (fenol)	0,001 (2)	—	0,001	0,001	0,002
Sulfatos (SO_4)	250,0 (2)	—	250	200	400
Dureza (CO_3Ca)		100	200		
Cloro livre		0,2	0,5		
Nitrog. nitrico				—	50
Sólidos totais	500 (1000)	500	1.000	500	1.500
Cianetos (em CN)				0,01	—
Cálcio (em Ca)				75	200
pH		pHs	6	7,0-8,5	$> 6{,}5$ ou $< 9{,}2$
Bacteriológicas					
N.M.P. Coliformes 100 ml	0,92	Tratadas		90% tempo inf. 1 100% tempo inf. 10)	
		Naturais		90% tempo inf. 10) 100% tempo inf. 20)	

(1) Para águas filtradas

(2) Limites recomendados ou sugeridos, porém não exigidos

(3) Para Ferro e Manganês em conjunto.

5.7.0. — BIBLIOGRAFIA

HARDENBERGH — *"Abastecimento e Purificação da Água"*. (Tradução brasileira) Cap. 18 — 19 — 20 — 21 e 22 — Publicações SESP — Rio de Janeiro, 1955.

AMERICAN PUBLIC HEALTH ASSOCIATION e AMERICAN WATER WORKS ASSOCIATION — Standard Methods for the Examination of Water and Sewage (1955).

CAPOCCHI, JOSÉ — *"Padrões de Potabilidade da Água"* — Revista do DAE — S. Paulo, n.º 27, Maio de 1956.

YASSUDA — *"Curso Preparatório de Saneamento"* — Faculdade de Higiene e Saúde Pública, 1953.

PHELPS — *"Public Health Engineering"* — John Wiley and Sons, New York, 1948.

THEROUX, ELDRIDGE and MALLMANN — *"Analysis of Water and Sewage"* — McGraw-Hill Book Co., New York, 1936.

AZEVEDO NETTO, J. M. — *"Tratamento de Águas de Abastecimento"*, Editôra da Universidade de São Paulo, 1966.

6.0.0. — NOÇÕES SÔBRE O TRATAMENTO DA ÁGUA

6.1.0. — FINALIDADE

Submete-se a água a um tratamento com o objetivo de melhorar a sua qualidade sob os seguintes aspectos fundamentais:

a) higiênico — eliminação ou redução de bactérias, substâncias venenosas, mineralização excessiva, teor excessivo de matéria orgânica, algas, protozoários e outros microorganismos;

b) estético — remoção ou redução de côr, turbidez, odor, sabor;

c) econômico — remoção ou redução de corrosividade, dureza, côr, turbidez, ferro, manganez, odor, sabor, etc.

6.2.0. — PROCESSOS DE TRATAMENTO

a) Remoção de substâncias grosseiras em flutuação ou em suspensão através *grades, crivos e telas.*

b) Remoção de substâncias finas em suspensão ou em solução e de gases dissolvidos através *aeração* (gases), *sedimentação simples, sedimentação precedida de coagulação e filtração* (*lenta e rápida*);

c) Remoção parcial ou total de bactérias e outros microorganismos através a *desinfecção* (remoção seletiva) e *esterilização* (destruição total da atividade microbiana);

d) Correção de odor e sabor através *tratamentos químicos e leitos de contácto de carvão ativo;*

e) Correção da dureza através *tratamentos químicos;*

f) Contrôle da corrosão através *tratamentos químicos;*

g) Remoção de certas substâncias cujos teores são excessivos através *tratamentos químicos e leitos de contacto de cóque.*

Além de seu objetivo precípuo, cada um dos processos, subsidiàriamente, realiza também objetivos dos outros processos. Para exemplificar, a filtração, cujo objetivo precípuo é remover substâncias finas em suspensão tem também comprovada ação na remoção de bactérias.

6.3.0. — COMBINAÇÃO DE PROCESSOS. CICLO COMPLETO COM FILTRAÇÃO RÁPIDA

Os processos acima, raramente são utilizados isolados. É muito freqüente a associação de vários processos num ciclo mais ou menos completo de tratamento. A combinação mais comum nas estações de tratamento de água é a designada por "Tratamentos por filtros rápidos", que pode esquemàticamente ser assim representada: (Fig. 6.1).

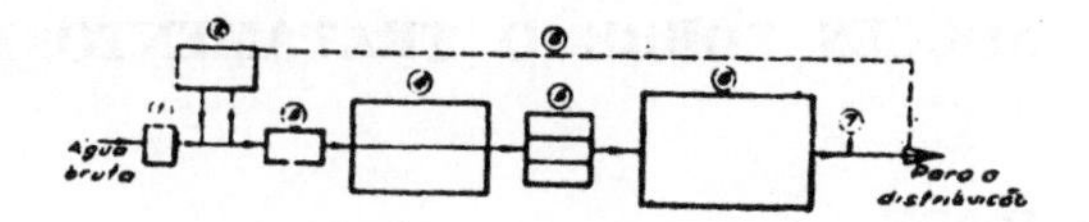

1 — Aerador
2 — Casa de Química
3 — Mistura e floculação
4 — Sedimentação com coagulantes
5 — Filtração rápida
6 — Reservatório de água tratada
7 — Cloração
8 — Correção do pH.

FIG. 6 1

6.4.0. — GRADES E CRIVOS

Têm por fim impedir que substâncias grosseiras em suspensão penetrem na estação de tratamento. As grades, colocadas inclinadas em relação à direção do escoamento, classificam-se em *grossas* e *finas;* as grossas são simples vergalhões metálicos com espaçamento de 2,5 ou 5 cm, sendo a secção útil de passagem entre os vergalhões de 160 a 200% da secção do conduto. (Fig. 6.2).

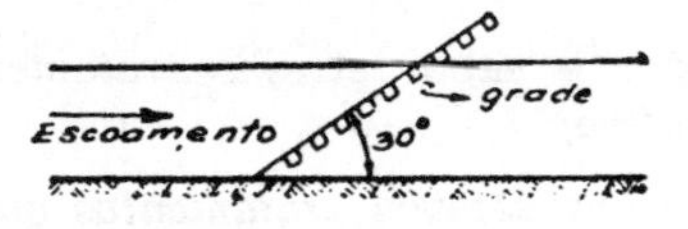

FIG. 6.2

A velocidade de passagem de água em grades grossas deve ser inferior a 0,5 m/seg. As grades grossas são colocadas com maior freqüência nas tomadas d'água, mais raramente nas estações de tratamento.

As grades finas são constituidas por malhas ou telas, tendo dimensões de 1/4" a 1/8". Dados de dimensionamento idênticos aos das grades grossas e detalhe construtivo indispensável, a facilidade de limpeza.

6.5.0. — AERAÇÃO

Remoção de certos gases dissolvidos. Nas estações municipais de tratamento a aeração pode ser poderoso auxiliar na remoção de gôsto e cheiro e na ativação dos processos oxidativos da matéria orgânica. No tratamento industrial a aeração aparece sempre como pré-tratamento de águas ferruginosas.

Existem vários tipos de aeradores: — de injeção de ar, injeção e agitação de ar (aeromix), por gravidade (escadas e cascatas), de pressão ou de aspersão (repuxos, chuveiros, sprinklers, etc.).

6.6.0. — SEDIMENTAÇÃO SIMPLES

6.6.1. — *Fundamento.*

A capacidade de transporte de sedimentos pela água varia com a 6.ª potência de sua velocidade de escoamento. Força-se a deposição de partículas em suspensão, obrigando-se a água a um escoamento muito lento ou mesmo a um estado quiescente em *bacias de sedimentação* ou *decantadores.* Nessas condições as partículas iniciam um movimento descendente, com uma velocidade de sedimentação, que depende do seu tamanho, forma e pêso e da densidade e viscosidade do líquido.

Quanto maior fôr o intervalo de tempo (*período de detenção*) a que se sujeitar a água no tratamento por sedimentação simples, maior será a possibilidade das partículas de menor tamanho e pêso (com baixa velocidade de sedimentação) atingirem o fundo do decantador. A experiência indica, porém, não ser compensadora a adoção de períodos superiores a 8 horas, porque a partir dêste limite pouca decantação se consegue.

6.6.2. — *Dimensionamento.*

É conhecida a vazão da água a ser tratada, igual ao consumo diário a ser atendido dividido pelo período diário de funcionamento da estação. Fixa-se um período de detenção condizente com o tamanho das menores partículas que se pretende remover. Resulta então a capacidade a ser dada ao decantador igual ao produto da vazão da água pelo período de detenção.

Em geral os decantadores são retangulares e o seu comprimento é calculado adotando-se uma velocidade adequada para o escoamento longitudinal da água. O comprimento é igual a essa velocidade multiplicada pelo período de detenção. Deve-se prever um sistema adequado para a remoção da matéria sedimentada. Na prática adota-se com *tempo de detenção* valores que vão de 4 a 5 horas.

6.6.3. — *Resultados.*

A sedimentação simples atua com boa eficiência na remoção de partículas de alta velocidade de sedimentação: areia e de um modo geral, partículas minerais em suspensão.

A turbidez da água melhora muito. Alguma redução se consegue na contagem do número total de bactérias. Nenhum efeito se registra sôbre a côr. Como os efeitos serão tanto maiores quanto maior fôr o período de detenção, os lagos e os represamentos naturais e artificiais podem apresentar resultados surpreendentes no seu funcionamento como decantadores.

6.7.0. — SEDIMENTAÇÃO COM COAGULAÇÃO

6.7.1. — *Fundamento.*

Quando as impurezas se encontram finamente divididas a sua remoção por sedimentação simples é impraticável, pois seria necessário um longo período de detenção, o que vale dizer um volume exagerado para o tanque de decantação. Introduzindo-se na água certos ingredientes químicos, chamados *coagulantes*, consegue-se a deposição de suspensões finas, coloides e algumas substâncias dissolvidas, com um período de detenção razoável.

6.7.2. — *Propriedades fundamentais dos coagulantes.*

I — Reagem com alcalis, produzindo substâncias gelatinosas que se precipitam em forma de flocos; os flocos, pela sua grande superfície, absorvem matérias dissolvidas e substâncias coloidais, e envolvem partículas em suspensão, arrastando-as para o fundo;

II — produzem ions trivalentes positivos, de grande poder de precipitação para os colóides negativos (sílica coloidal e outras substâncias que constituem a maioria das impurezas normalmente presentes na água).

6.7.3. — *Substâncias capazes de atuar como coagulantes.*

I — sulfato de alumínio

II — sais de ferro.

Na escolha do coagulante o custo é fator decisivo. Entre nós é mais usado o sulfato de alumínio em dosagem da ordem de 15 a 30 ppm.

Em presença de alcalinidade da água o sulfato de alumínio reage, formando o hidróxido de alumínio, que vem a constituir o floco. Quando essa alcalinidade não existe na água bruta, ou, se existente é insuficiente, torna-se necessário a introdução de um alcali — cal ou carbonato de sódio. A reação é a seguinte:

$$(SO_4)_3Al_2,\ 18\,H_2O\ +\ 3(OH)_2Ca\ \rightarrow\ 3\,SO_4Ca\ +\ 2(OH)_3Al\ +\ 18\,H_2O$$

Entre nós, é mais usada a cal, em dosagem aproximadamente igual à metade da do sulfato de alumínio. Em cada caso, fazem-se ensaios de laboratório ("jar-test"), para determinação da dosagem mais conveniente de coagulante e de álcali a ser adotada, dosagem essa que depende de cada tipo de água a ser tratada.

6.7.4. — *Órgãos constituintes.*

I — *Casa da Química* — Edifício com função de central preparadora, dosadora e distribuidora de ingredientes químicos. No caso de aplicação dos ingredientes em solução, são localizados na casa da Química os tanques de preparação da solução de sulfato de alumínio, os tanques de extração e preparação da cal (em solução ou na forma de leite de cal) e os aparelhos dosadores respectivos.

Quando se faz aplicação a sêco, são usadas instalações mais compactas, com aparelhos apropriados, chamados "dosadores a sêco".

II — *Câmara de mistura* — Têm por finalidade dar uma dispersão rápida aos ingredientes químicos na água bruta, para se ter uma distribuição uniforme de coagulante na massa líquida a ser tratada.

Existem diversos tipos: misturador em chicanas, em movimento espiral, em ressalto hidráulico, misturador mecanizado, etc.

III — *Câmara de floculação* — Tem por finalidade acondicionar a boa formação e desenvolvimento dos flocos. Existem vários tipos: floculador em chicanas, floculador mecanizado, etc.

IV — *Decantador* — Tem por finalidade promover a sedimentação, por meio de uma diminuição da velocidade de escoamento líquido.

Existem vários tipos: — Decantador de forma retangular ou circular; decantador com remoção do lôdo por processo manual; hidráulico ou mecanizado; decantador convencional com escoamento horizontal ou decantador mecanizado, com escoamento vertical ascendente, etc.

Dimensionamento — Feito como no caso da sedimentação simples. Adotam-se períodos de detenção de 2 a 5 horas (mais freqüentemente de 3 a 4 horas). A velocidade de escoamento deve ser menor que 0,75 cm/seg.

Os decantadores são construídos pelo menos em duas unidades, cada uma podendo funcionar isoladamente.

6.7.5. — *Resultados.*

A ação dos coagulantes aumenta consideràvelmente a eficiência do processo de sedimentação. Consegue-se um melhoramento sensível na qualidade da água, no que se refere às seguintes impurezas:

I — Suspensões físicas — turbidez, bactérias, plankton.

II — Coloides — côr, coloides orgânicos, ferro oxidado.

III — Substâncias dissolvidas — alguma dureza, ferro e manganês não oxidado.

f) *Médias anuais de dosagem de coagulantes em São Paulo (Capital).*

ESTAÇÃO	SULFATO DE ALUMÍNIO	CAL
SANTO AMARO	16,7 ppm ou mg/litro	8,7 ppm ou mg/litro
RIO CLARO	14,3 ppm ou mg/litro	9,2 ppm ou mg/litro
COTIA	18,6 ppm ou mg/litro	10,6 ppm ou mg/litro

6.8.0. — FILTRAÇÃO LENTA

6.8.1. — *Fundamento.*

Fazendo-se a água atravessar camadas de certas substâncias porosas, como por exemplo, areia limpa, resulta um efluente de melhores características de potabilidade em virtude da ação puramente física de filtração ou retenção de impurezas.

A teoria da filtração mostra que, além da retenção física, processam-se outros fenômenos complexos, de natureza química, bioquímica e biológica.

Na *filtração lenta*, a água, com velocidade de escoamento relativamente baixa, é obrigada a atravessar uma camada de areia na qual tenha sido criada condição favorável a uma ação biológica pronunciada. A ação purificadora biológica se acentua à medida que se desenvolvem, em torno das partículas de areia, colônias de organismos microscópicos e algumas bactérias.

Em seu metabolismo, tais organismos removem impurezas orgânicas e bactérias patogênicas e oxidam compostos de nitrogênio e nitratos; o ciclo do nitrogênio se completa pela mineralização total da matéria orgânica. O desenvolvimento dêsses organismos responsáveis pela ação biológica se restringe quase que só à superfície da camada de areia, atingindo no máximo 2 a 3 cm de profundidade. Constituem uma verdadeira película biológica, onde se desenvolvem formações gelatinosas, conhecidas como "SCHMUTZDECKE", que dão à superfície da camada de areia um acentuado poder de reter impurezas finas, como matérias coloidais, suspensões finas e bactérias.

A ação biológica se torna pròpriamente efetiva quando a película atinje certo desenvolvimento, o que num filtro nôvo, leva certo tempo, chamado de "período de maturação do filtro" (1 a 4 meses).

Com o tempo, os interstícios da camada superior de areia vão se obstruindo, tornando-se necessária a sua remoção para limpeza.

6.8.2. — *Dispositivos usados.*

Usam-se, geralmente, unidades retangulares, em número pelo menos de duas. Em cada unidade são encontrados: (Fig. 6.3).

a) Camada filtrante de areia:

espessura: cêrca de 1 metro
coeficiente de uniformidade da areia: 2 a 3
diâmetro efetivo de areia: 0,25 a 0,35 mm.

b) Camada suporte, de pedregulho, com 0,30 m de espessura aproximada.

c) Sistema de drenagem, manilhas com juntas abertas.

d) Nível de água a cêrca de 1,30 m acima da superfície da areia; aparelho controlador de nível.

A limpeza de cada filtro é feita em intervalos de 1 a 3 meses, dependendo da qualidade da água em tratamento. Faz-se uma raspagem da superfície filtrante, removendo-se de 2 a 4 cm de areia por vez. Ao fim de certo número de limpezas, quando a espessura se reduz a 0,60 m, faz-se a reconstituição à espessura original.

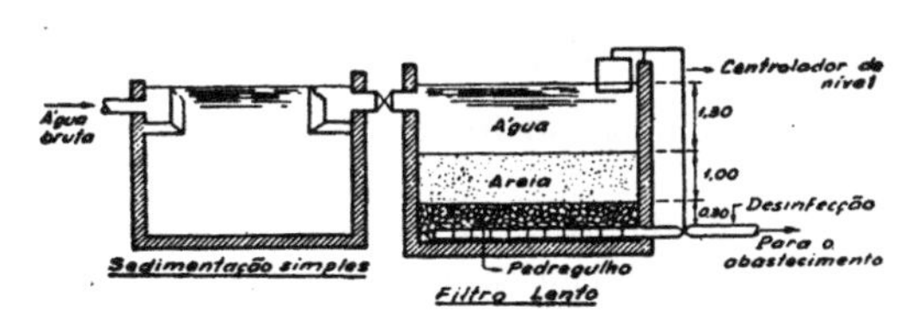

Corte esquemático de uma estação de tratamento com filtração lenta

FIG. 6.3.

6.8.3. — *Dimensionamento.*

O elemento fundamental a ser determinado é a área da superfície filtrante (área dos filtros). É obtida dividindo-se a vazão de água a ser tratada pela *taxa de filtração.* Esta é fixada tendo-se em conta as características da água bruta. Em média, é igual a 4 m^3/m^2 dia. Conhecida a área filtrante, dão-se, às unidades, dimensões condizentes com a eficiência e a economia da construção.

6.8.4. — *Resultados.*

A filtração lenta apresenta as seguintes possibilidades e limitações principais:

a) redução muito grande do número de bactérias (acima de 95%);

b) pequena redução da côr (cêrca de 30%);

c) redução muito grande da turbidez; entretanto, se a água a ser filtrada tiver mais de 40 ppm de turbidez, o processo de filtração lenta não será bem sucedido, porque os filtros sujar-se-ão muito depressa;

d) boa redução de odor e sabor.

6.8.5. — *Aplicabilidade.*

— *Vantagens*:

a) Facilidade de operação — A água bruta é introduzida imediatamente no filtro ou sofre apenas uma clarificação prévia através de sedimentação simples. Não se empregam coagulantes.

b) Uniformidade de resultados, sem exigir contrôle rigoroso e contínuo do seu funcionamento.

c) Simplicidade da instalação. Não são necessários equipamentos de difícil operação e manutenção.

— *Desvantagens*:

a) Mau funcionamento no caso de águas brutas com elevada turbidez ou côr. Não são aconselháveis, particularmente, nos seguintes casos:

— turbidez maior do que 40 ppm

— turbidez e côr, somadas, maiores que 50 ppm.

b) Baixa velocidade de filtração, exigindo áreas filtrantes relativamente grandes. Aplicação restrita às comunidades pequenas e médias. Em cidades pouco desenvolvidas do interior do Brasil, com dificuldade de operação do sistema e, nas quais, o preço de terrenos não constituir problema importante, os filtros lentos têm possibilidade de aplicação.

6.9.0. — FILTRAÇÃO RÁPIDA

6.9.1. — *Fundamento.*

A necessidade de abastecer grandes centros urbanos e de se aproveitar mananciais de água de qualidade inferior conduziu à dispositivos aperfeiçoados para a aplicação do princípio da filtração, sem as desvantagens dos filtros lentos. É hoje de uso generalizado o chamado filtro rápido.

6.9.2. — *Características fundamentais dos filtros rápidos.*

a) *Do ponto de vista construtivo*:

a) um sistema eficiente e rápido para a limpeza da camada filtrante) — *lavagem dos filtros* — com operação baseada na inversão do sentido do escoamento;

b) cada uma das suas partes constitutivas cuidadosamente dimensionadas;

c) vários dispositivos para o contrôle rigoroso do funcionamento.

b) *Do ponto de vista funcional*:

a) taxa de filtração elevada (da ordem de 120 m³/m²/dia);

b) freqüente execução de lavagens (1 a 2 vêzes por dia); isto impossibilita o desenvolvimento da película biológica, mas permite a manutenção da taxa de filtração rápida;

c) *Do ponto de vista do princípio da filtração*:

a) pequena participação da ação biológica no processo de purificação;

b) aplicação prévia do tratamento por sedimentação com coagulação, o que permite:

— alimentação do filtro como água de qualidade uniforme (variando-se a dosagem de coagulante sempre que necessário);

— o tratamento de água com turbidez e côr elevadas;

— a formação de uma película gelatinosa à superfície da areia, devido aos flocos minúsculos não decantados, película essa de eficiente ação purificadora (correspondente ao "SCHMUTZDECKE" da película biológica).

6.9.3. — *Dispositivos usados.*

Para o corte esquemático de um filtro rápido podem ser acrescentados os seguintes elementos elucidativos: (Fig. 6.4).

a) areia para o filtro:

— diâmetro efetivo: 0,40 a 0,60 mm

— coeficiente de uniformidade: Inferior a 1,7.

b) registros:

— filtros em funcionamento: A e B abertos e C, D e E fechados.

— filtro em lavagem: C, D abertos e A, B e E fechados.

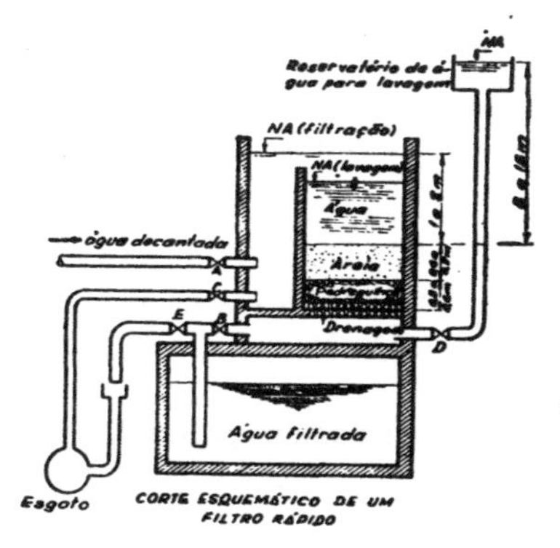

FIG. 6.4

— filtro em início de funcionamento após uma lavagem (às vêzes não se aproveitam as primeiras águas filtradas); A e E abertos e B, C e D fechados.

c) aparelhos de contrôle:

— registradores ou medidores de perda de carga, controladores de vazão, etc.

d) tempo em que um filtro fica fora de serviço durante uma lavagem:

— cêrca de 10 minutos.

e) vazão da água em contra-corrente através a areia durante a lavagem:

— 800 m^3/m^2/dia a 1300 m^3/m^2/dia.

f) consumo de água para lavagem:

— 1 a 6% da água filtrada.

6.9.4. — *Resultados.*

Em têrmos gerais as seguintes melhorias podem ser esperadas:

a) remoção muito grande de bactérias (90 a 99%);

b) redução muito grande da côr e da turbidez;

c) pouca remoção de odor e sabor.

6.9.5. — *Aplicabilidade.*

Sob êste ponto de vista e em relação à filtração lenta, a filtração rápida corresponde a um avanço na industrialização do processo de tratamento de água. Como tal exige:

a) disposição mais complexa das partes constitutivas;

b) aparelhamento mais complicado;

c) dimensionamento mais preciso do sistema, inclusive cálculo detalhado das perdas de carga e classificação granulométrica cuidadosa do leito filtrante;

d) contrôle rigoroso e continuado do processo e do produto; instalação de laboratório;

c) pessoal especializado;

f) acondicionamento prévio da matéria prima (tratamento da água bruta pelo processo da sedimentação com coagulante).

Em compensação a filtração rápida permite:

a) rendimento muito maior da produção;

b) menor área para as instalações;

c) aproveitamento de matéria prima (água "in-natura") de qualidade inferior;

d) contrôle mais flexível sôbre o funcionamento do sistema e sôbre a qualidade do produto.

Hoje em dia, a tendência é a de aplicação do filtro rápido. Em cada caso, porém, ao se decidir sôbre o tipo de filtro mais adequado, deve-se computar as vantagens e desvantagens de cada um, em face às características próprias da localidade a ser servida e da água a ser tratada.

6.9.6. — *Composição ideal da camada suporte, da parte superior para a inferior.*

ESPESSURA DO ESTRADO (cm)	DIMENSÕES DO PEDREGULHO (mm)	
	MÁXIMA	MÍNIMA
5	4,5	1,5
5	9,0	4,5
7,5	15,0	9,0
7,5	25,0	15,0
7,5	50,0	25,0
12,5	75,0	50,0

6.10.0 — DESINFECÇÃO

6.10.1. — *Conceito.*

Desinfecção é o processo de tratamento que visa a eliminação dos germes patogênicos eventualmente presentes na água.

6.10.2. — *Fundamentos.*

A destruição dos germes patogênicos é obtida pela ação de agentes desinfetantes. Êstes são de vários tipos e agem de modos diversos:

a) ação oxidante "queimando" a matéria orgânica constitutiva dos micróbios patogênicos e produzindo CO_2 e H_2O; é o caso do permanganato de potássio ($MnO_4 \cdot K$), da água oxigenada (H_2O_2) e do ozona (O_3).

b) ação venenosa para os micróbios patogênicos, reagindo na célula ou com a célula para formarem substâncias tóxicas; inhibem a divisão celular e matam a microorganismo, seja por envenenamento químico, seja por transformações adversas na célula; constituem exemplos, os halogênios (fluor, clóro, bromo e iodo) e os sais de mercúrio.

c) ação física, por atuação direta de energia; é o caso da ação do calor e da luz ultra-violeta.

Apenas alguns agentes desinfetantes são aplicáveis à desinfeção das águas de abastecimento. A sua escolha é determinada por diversas características, como as seguintes:

a) serem eficientes na destruição dos germes patogênicos de transmissão hídrica, eventualmente presentes na ocasião da aplicação;

b) não constituirem por si e nem virem a formar com impurezas presentes na água substâncias prejudiciais à saúde;

c) não alterarem outros aspétos que condicionam a potabilidade da água, como a côr, o sabor, o odor, etc.;

d) manterem um poder de desinfeção em relação a germes patogênicos de transmissão hídrica que porventura ocorrem na água, posteriormente à aplicação do tratamento ("ação residual").

e) serem de aplicação fácil, segura e econômica.

6.10.3. — *Agentes desinfetantes mais usados.*

a) *Clóro e seus compostos*

A cloração é o processo de desinfecção mais usado no tratamento das águas do abastecimento público. O cloro é o agente desinfetante que mais se aproxima das características desejáveis enunciadas acima.

A ação desinfetante do cloro provàvelmente é devida à sua propriedade de penetração na célula do microorganismo, combinado com elementos vitais dêste e determinando, assim, a sua morte.

O clóro gazoso, dissolvido em água pura, reage com esta, segundo a equação:

$$Cl_2 + H_2O \rightleftarrows HOCl + HCl$$

e, em seguida, o ácido hipocloroso se desdobra:

$$HOCl \rightleftarrows OCl^- + H^+$$

à medida que se eleva o pH da água, a segunda reação desloca o seu equilíbrio no sentido da dissociação completa do HOCl em OCl^- e H^+.

O ácido hipocloroso (HOCl) tem ação desinfetante muitíssimo mais poderosa que o OCl^-; daí ser o pH da água um fator muito importante na eficiência da cloração.

Outra característica marcante é que o cloro deixa resíduos, quer na forma de clóro livre disponível (HOCl ou OCl^-), quer na forma de clóro combinado disponível (compostos de clóro de ação desinfetante — cloraminas).

A aplicação de clóro tem sido feita sob as seguintes formas:

a) na forma de cloro (em cilindros, sob pressão); usam-se aparelhos especiais para a aplicação — *cloradores.*

b) hipoclorito de cálcio (HTH, Perchloron, etc.) o qual contêm cêrca de 70% de clóro disponível;

c) cal clorada ou cloreto de cal o qual contêm cêrca de 25 a 33% de clóro disponível;

d) amônea — cloração, processo de desinfeção por meio de compostos de clóro e amônea, nas seguintes formas: monocloramina (NH_2Cl), dicloramina ($NHCl_2$) e cloraminas complexas.

A aplicação na forma de hipoclorito ou de cal clorada se restringe a pequenas instalações (fábricas, piscinas, etc.) e a casos de emergência.

A dosagem de clóro usualmente aplicada em São Paulo às águas filtradas é de 0,20 a 1,0 ppm, com residuais de 0,05 a 0,20 ppm após 10 minutos.

Os processos de desinfeção pelo clóro e pelas cloraminas apresentam, entre si, as seguintes diferenças principais:

a) as cloraminas são de ação lenta e deixam residuais muito estáveis;

b) mesmo em dosagem altas, as cloraminas não prejudicam as propriedades organoléticas (odor e sabor) da água;

c) a introdução de clóro na forma de cloraminas evita a formação eventual de outros compostos orgânicos clorados (clorofenóis) de gôsto e doro desagradáveis.

d) as cloraminas têm ação desinfetante mais fraca que o HOCl, mas em pH acima de 7,5 (HOCl quase todo dissociado) elas são mais eficientes.

6.10.4. — *Ozona* — (O_3).

É um agente oxidante muito poderoso. Destroe tôda a matéria orgânica, removendo côr e odor, quando aplicado em dosagem suficiente. Trata-se de um desinfetante de aplicação difícil e que não deixa residual. Pode ser satisfatòriamente empregado quando a cloração acarrete problemas de odor e sabor.

6.11.0. — BIBLIOGRAFIA

YASSUDA — "*Curso Preparatório de Saneamento*" — Fac. de Higiene e Saúde Pública de São Paulo, 1953.

AZEVEDO NETTO — "*Tratamento de Águas de Abastecimento*", Editôra da Universidade de São Paulo, 1966.

PHELPS — "*Public Health Engineering*" — John Wiley and Sons, New York, 1948.

FAIR and GEYER — "*Water Supply and Waste-Water Disposal*" — John Wiley and Sons, New York, 1954.

HARDENBERGH — "*Abastecimento e Purificação da Água*" — Tradução Brasileira — Publicação SESP — Rio de Janeiro, 1955.

7.0.0. — NOÇÕES SÔBRE O TRATAMENTO DE ESGOTOS

7.1.0. — FINALIDADES DO TRATAMENTO

O destino sanitário apropriado das águas residuárias de uma comunidade exige muitas vêzes, o estabelecimento de estações de tratamento de esgotos.

As razões para o tratamento podem ser assim resumidas:

7.1.1. — *Razões higiênicas.*

Para evitar contaminação direta (população marginal, banhistas), indireta (verduras, leite, etc.) e sobretudo os efeitos desastrosos e indesejáveis sôbre o abastecimento de água à jusante.

7.1.2. — *Razões econômicas.*

Relacionadas ao valor das terras e demais propriedades situadas à jusante, indústrias da pesca e da caça, efeitos sôbre as estruturas fixas e flutuantes, indústrias do leite, etc.

7.1.3. — *Razões de estética e de confôrto.*

Para evitar mau aspecto, mau cheiro, despreendimento de gases, materiais suspeitos, etc.

7.2.0. — MÉTODOS GERAIS DE TRATAMENTO

7.2.1. — *Remoção das matérias em suspensão.*

A) Materiais grosseiros em suspensão e sólidos flutuantes.

a) Gradeamento.

Os materiais retidos podem ser retirados manual ou mecânicamente e, após a retirada podem ser triturados para lançamento posterior nas águas de esgotos.

b) Desintegração mecânica.

Aparelhos denominados "comminutors": o material desintegrado permanece nos esgotos.

B) Areias e outros detritos minerais pesados.

Sedimentação em "caixas de areias", com retirada manual ou mecânica do material retido.

C) Óleo e materiais gordurosos.

Remoção em tanques especiais de flutuação, com operação manual ou mecânica.

D) Sólidos finos, sedimentáveis.

a) Decantação simples em decantadores "primários".

b) Decantação e decomposição anaeróbia

Tanques séticos

Tanques Imhoff

c) Filtração (ação mecânica)

d) Precipitação química:
Coagulação, Floculação e Decantação.

7.2.2. — *Remoção e estabilização das matérias putrescíveis em suspensão, no estado coloidal ou em solução: tratamentos biológicos.*

A) Por filtração — Efeitos físicos e biológicos:

a) irrigação: tratamento sôbre o terreno e irrigação sub-superficial;

b) filtros intermitentes de areia.

B) Tratamento biológico por contacto:

a) meios de contacto fixos: filtração biológica;

b) meios de contacto móveis: lodos ativados.

7.2.3. — *Desinfeção e desodorização.*

A) Destruição de microorganismos indesejáveis por agentes químicos: cloração.

B) Contrôle do odor (H_2S por exemplo), pela própria cloração.

7.2.4. — *Tratamento dos lodos* (matérias removidas durante o tratamento).

A) Digestão — Decomposição e estabilização anaeróbia dos lodos.

B) Secagem dos lodos (Desidratação):

a) ao ar livre (leitos de secagem, cobertos ou abertos);

b) filtração à vácuo: filtros mecânicos; condicionamento prévio dos lodos;

c) centrifugação;

d) secagem pelo calor — preparação de fertilizantes.

C) Incineração dos lodos: com ou sem combustíveis auxiliares; aproveitamento das cinzas como fertilizantes.

7.3.0. — CLASSIFICAÇÃO DOS GRAUS DE TRATAMENTO

As diversas fases ou graus de tratamento costumam ser assim classificadas:

7.3.1. — *Tratamentos preliminares.*

Grades, caixas de areia, remoção de óleos.

7.3.2. — *Tratamentos primários*

Além dos preliminares podem incluir:

- — decantação simples
- — precipitação química e decantação
- — digestão dos lodos
- — secagem ou incineração dos lodos
- — desinfeção.

7.3.3. — *Tratamentos secundários.*

Além dos anteriores:

— tratamento biológico (oxidação) por filtros biológicos: de baixa capacidade; de alta capacidade (Filtros comuns, Bio-filtros, Aerofiltros).

— por lodos ativados (Ar difuso, Aeração mecânica, sistema combinado de aeração e decantação).

As condições locais dos efluentes e dos corpos d'água receptores fixam os graus ou fases de tratamento necessários. Sempre que os tratamentos secundários forem indispensáveis diz-se que o tratamento é completo ou em ciclo completo.

7.4.0. — ESQUEMA DE UMA ESTAÇÃO DE TRATAMENTO DE ESGOTOS EM CICLO COMPLETO

A — Esgôto bruto, B — Grade, C — Caixa de areia, D — Decantador primário, E — Digestor, F — Leitos de secagem, G — Unidade de tratamento complementar: (a — precipitação química, b — filtro biológico, c — lodos ativados), H — Decantador secundário, I — Desinfeção, J — Corpo receptor

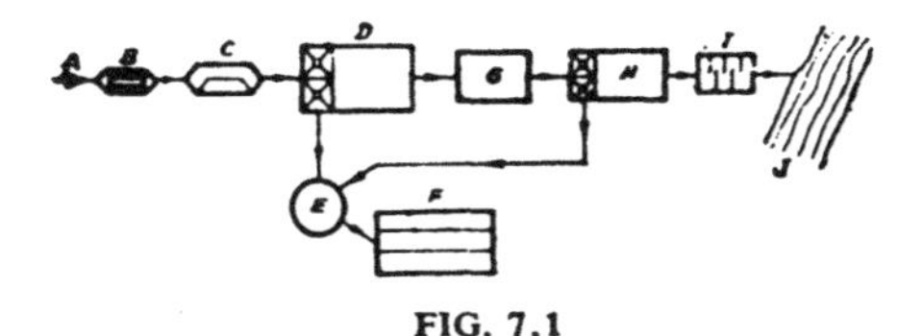

FIG. 7.1

7.5.0. — EFICIÊNCIAS DAS DIVERSAS FASES DE TRATAMENTO

(reduções em porcentagens)

PROCESSO	BOD	Sólidos em Suspensão	Bactérias	Colifórmes
1) Grades finas	5 a 10	5 a 10	10 a 20	
2) Sedimentação simples	25 a 45	40 a 70	25 a 75	40 a 60
3) Precipitação química	45 a 85	65 a 90	40 a 80	60 a 90
4) Filtração biológica com decantação primária e secundária	75 a 90	70 a 90	90 a 95	80 a 90
5) Lodos ativados com decantação primária e secundária	80 a 97	85 a 95	90 a 98	90 a 96
6) Filtros intermitentes de areia	85 a 95	85 a 95	95 a 98	85 a 95
7) Cloração de esgotos tratados biològicamente			98 a 99	

7.6.0. — GRADEAMENTO

Destina-se à remoção da parcela de matéria em suspensão ou em flutuação no esgôto que, pela sua dimensão grosseira, pode ser retida mecânicamente entre as barras de uma grade. A depuração obtida com êste processo limita-se à remoção de trapos, estopas, detritos vegetais, pedaços de madeira, papel, animais mortos, etc.

— Espaçamento útil entre as barras: de 1 a 4 cm (2,5 cm geralmente).

— Velocidade desejável entre as barras: 0,60 m/seg para a vazão máxima.

— Ângulo das grades com a horizontal: 45° a 60°.

— Quantidade média de material gradeado em S. Paulo 0,03 l/m³ de esgôto; o material gradeado é enterrado ou incinerado nas instalações pequenas e pode ser triturado e voltar aos esgotos nas instalações médias e grandes.

Desintegradores ("comminutors").

O problema do destino a ser dado ao material gradeado nas grandes instalações de limpeza mecânica levou à adoção dos trituradores. Os materiais retidos nas grades — são elevados mecânicamente, e, ao atingir um certo nível caem no triturador. Após a trituração êles passam, por gravidade, ao canal de esgotos, sofrendo o tratamento normal nas diversas unidades da estação.

Os "comminutors" fazem esta operação no próprio canal, constituindo, ao mesmo tempo, as grades e os trituradores. Êsses dispositivos são os mais apropriadamente denominados *desintegradores*.

7.7.0. — CAIXAS DE AREIA

Canais em que se mantêm a velocidade de escoamento do esgôto:

a) abaixo de certo limite superior a fim de obter o depósito de partículas minerais pesadas (areias);

b) acima de certo limite mínimo, para impedir a deposição de partículas de matéria orgânica.

A experiência de operação de estações de tratamento de esgotos indica, como limite superior 0,40 m/seg e como limite inferior 0,20 m/seg, dando como velocidade média cêrca de 0,30 m/seg.

É muito importante o contrôle da velocidade nas caixas de areia e como a vazão da estação varia continuadamente, oscilando portanto a altura da lâmina d'água, para se manter a constância da velocidade, a caixa de areia deve ter secção parabólica, ou, então, o que é mais freqüente, instala-se um vertedor especial controlador.

Comprimento da caixa L = 20 h, sendo h a altura da lâmina d'água para a vazão máxima.

No mínimo duas unidades e um by-pass.

Quantidade de areia: 0,004% do volume de esgotos.

Destino final da areia retirada: enterramento.

Capacidade da parte destinada ao depósito da areia: no mínimo 15 dias.

7.8.0. — SEPARAÇÃO POR FLUTUAÇÃO

Processo físico pelo qual se removem óleos, gorduras e outras impurezas menos densas que a água: usam-se tanques de retenção (skimming tanks") nos quais o esgôto se escoa lentamente, permitindo a ascensão dessas substâncias que são escumadas à medida que se acumulam.

7.9.0. — DECANTAÇÃO

A maior parte dos sólidos em suspensão nos esgôtos é demasiadamente fina para ser retida em grades e densa demais para ser removida por flutuação.

Pelo processo de sedimentação, livra-se o esgôto de uma parcela considerável de sua matéria em suspensão, diminuindo-se a sua velocidade de escoamento, com o que se obriga a deposição de partículas, em conseqüência do fenômeno físico da diminuição da capacidade de transporte da corrente.

Os *decantadores primários* são tanques de sedimentação destinados à remoção dos "sólidos sedimentáveis" (parcela da matéria em suspensão, orgânica ou inorgânica, capaz de se depositar dentro de um período de detenção adotado como ótimo). Constituem unidades instaladas com o fim de depurar os esgotos:

a) antes do seu lançamento final em corpos receptores (p. ex. caso do curso d'água exigir apenas um tratamento primário);

b) antes de seu tratamento secundário por precipitação química, filtração biológica ou lodos ativados.

A deposição dos "sólidos sedimentáveis" por simples atuação da fôrça de gravidade e de fenômenos naturais de floculação é chamada processo de *sedimentação simples.* Introduzindo-se ingredientes químicos que aceleram e aumentam a floculação tem-se o chamado processo de *tratamento por precipitação química.*

7.9.1. — *Classificação dos decantadores de acôrdo com o funcionamento.*

a) *Tanques sépticos*:

Longos períodos de detenção (12 a 24 horas) causando o estado séptico. Os líquidos se escoam sôbre lodos em putrefação. Indicados apenas para instalações muito pequenas.

b) *Tanques Imhoff*

Duas câmaras bem definidas, uma sobreposta destinada à decantação; na câmara inferior se processa a digestão da matéria orgânica depositada. Períodos de detenção normais (ver indicação abaixo).

c) *Decantadores comuns ou separados*

Tanques onde se verifica apenas a sedimentação; lodos removidos periòdica ou contìnuamente para as *câmaras de digestão.*

7.9.2. — *Alguns dados de dimensionamento relativos à decantação primária.*

a) *Tanques Imhoff* (recomendáveis para uma população inferior a 10.000 habitantes por unidade).

— Período de detenção:

havendo tratamento secundário: 1,5 horas.

não havendo tratamento secundário: 2,0 horas.

— Câmara de sedimentação:

— velocidade: 0,50 a 1,0 cm/seg.

— profundidade máxima: 2,10 m

— inclinação das paredes do fundo: 1,25 vertical para 1,00 horizontal.

— área destinada à escuma e à saída para o gás (exterior à câmara de sedimentação): 20% da área total.

— Câmara de digestão: volumes recomendáveis:

— tratamento primário apenas: 50 litros/hab.

— filtros biológicos: 65 litros/hab.

— lodos ativados: 85 litros/hab.

— Tubulação para descarga dos lodos (por pressão hidrostática):

— Diâmetro mínimo: 150 mm (6").

— Carga disponível à saída: 1,50 m

— Declividade mínima: 3%

— Dimensões usuais dos tanques Imhoff

Tanques retangulares

— Largura: 3,00 a 15,00 m.

— Comprimento: 6,00 a 30,00 m. (mais comumente acima de 9,00 m)

— Profundidade: 5,00 a 10,00 m (geralmente 7,00 a 9,00 m)

— Câmara de decantação: 1,50 a 2,50 m de profundidade

— Relação comprimento/largura: 2:1 a 6:1.

Tanques circulares

— Diâmetro, usualmente: 2,50 a 7,50 m.

— Altura total: 5,00 a 9,00 m.

b) *Decantadores separados* (retangulares ou circulares) com dispositivos para remover o lôdo.

— Entrada submersa e saída por vertedor.

— Poço para lodos, com volume para lodos de 10 horas, na base de 3 cm^3 de lôdo por litro de esgotos.

— Período de detenção:

havendo tratamento secundário: 1,5 horas.

não havendo tratamento secundário: 2,0 horas.

7.10.0 — DIGESTÃO DOS LODOS

Os lodos que se depositam nos decantadores (primários ou secundários) contêm muita matéria orgânica, devendo ser estabilizados.

A estabilização é obtida retendo-os, durante certo tempo, em câmaras sem suprimento de ar (*digestores*), onde sofrem uma decomposição por anaerobióse, isto é, trata-se de uma fermentação *conduzida*, na qual microrganismos anaeróbios e facultativos para a sua alimentação "quebram" as moléculas orgânicas complexas transformando-as em outras mais simples e quase inofensivas ao meio ambiente.

O resultado é um *lôdo digerido*, mineralizado, sem cheiro e de fácil destino, podendo inclusive, ser aproveitado como fertilizante após uma desidratação nos *leitos de secagem.*

Os gases que se formam nos digestores, durante a decomposição por anaerobióse constituem uma mistura de alto poder calorífico, podendo ser captados e aproveitados industrialmente: *gás de esgôto.*

Detalhes técnicos e construtivos

Os digestores são geralmente de secção circular, com fundo cônico e cobertura em cúpula. São dimensionados para as seguintes capacidades mínimas:

— tratamento primário apenas: 50 litros/pessoa.

— filtros biológicos: 65 a 70 litros/pessoa.

— lodos ativados: 85 a 100 litros/pessoa.

— precipitação química: 70 a 80 litros/pessoa.

— período de digestão, cêrca de 45 dias a 2 meses.

— descarga de lodos: canalização de diâmetro mínimo 150mm (6″) no mínimo, 3% de declividade.

— produção de gás: 10 a 30 litros/pessoa/dia (valor máximo para tratamento completo com lodos ativados).

7.11.0. — LEITOS DE SECAGEM

Os lodos digeridos saem dos digestores com teores ainda elevados de umidade.

O seu transporte (e utilização) é geralmente facilitado com a secagem.

A experiência brasileira indica que os leitos devem ser descobertos, divididos em câmaras de secagem de 4 m de largura por 10 m de comprimento, altura de 1,0 m, fundo de concreto com declividade de 0,5 a 2,00%, manilhas cerâmicas de 100 ou 150 mm (4″ ou 6″) com juntas abertas ou telhas perfuradas como sistema drenante. (Fig. 7.2).

FIG. 7.2

Área recomendável "per-capita":

— tratamento primário: $0{,}04\ m^2$

— filtros biológicos: $0{,}06\ m^2$

— lodos ativados: $0{,}08\ m^2$

7.12.0. — TRATAMENTOS BIOLÓGICOS

7.12.1. — *Generalidades.*

Na natureza a estabilização final da matéria orgânica é realizada pelas atividades vitais de bactérias e outros microorganismos que, em seu metabolismo, cindem as moléculas complexas das matérias orgânicas, transformando-as em substâncias mais estáveis constituidas por moléculas mais simples. Os resíduos de matéria orgânica contidos no esgôto são a base de um suprimento abundante de alimentos a microorganismos responsáveis pelas transformações de degradação; a essas *atividades biológicas* estão associadas:

a) *a autodepuração dos cursos d'água:* aerobiose e anaerobiose;

b) *a digestão dos lodos de esgotos:* anaerobiose;

c) *os chamados tratamentos biológicos dos esgotos,* compreendendo os processos dos *filtros biológicos,* dos *lodos ativados* e da *irrigação* sôbre o terreno ou sôbre leitos de areia: aerobiose.

Uma instalação de tratamento biológico de esgotos corresponde a um curso d'água maciçamente poluido, que realiza a sua auto-depuração, em condições desejáveis, dentro de uma área relativamente restrita e em tempo reduzido.

Para conseguir isso, sofre o esgôto, no curto trecho em que atravessa a estação de tratamento, uma ação biológica concentrada e desenvolvida, o que se consegue:

a) fazendo-se a "semeadura" de microorganismos favoráveis ao processo;

b) dando-se extensas superfícies de contacto entre a matéria orgânica e os microorganismos, usando-se:

I — meios de contacto: filtração biológica.

II — meios de contacto móveis: lodos ativados.

c) mantendo-se uma alimentação adequada dos microorganismos, para que a sua população se desenvolva ao máximo: distribuição conveniente dos esgotos nos meios de contacto;

d) fornecendo-se contínua e profusamente o oxigênio gazoso indispensável ao metabolismo dos microorganismos aeróbios, desejáveis ao processo: aeração intensa.

Baseado nesses preceitos fundamentais, vem a técnica do tratamento biológico dos esgotos desenvolvendo dispositivos diversos para a obtenção da máxima eficiência do processo, os quais têm recebido denominações particulares:

— filtros biológicos de baixa capacidade;

— filtros biológicos de alta capacidade (comuns, biofiltros, aerofiltros);

— irrigação sôbre o terreno;

— filtros intermitentes de areia;

— processo dos lodos ativados (ar difuso, aeração mecânica, sistema combinado de aeração e decantação).

7.12.2. — *Filtração biológica.*

Consiste em fazer passar o esgôto prèviamente decantado em uma camada fixa de pedras. Essas pedras constituem o suporte para o desenvolvimento de bactérias, protozoários e outros organismos responsáveis pela aglomeração e oxidação (nitrificação). A depuração pela filtração biológica *não é devida à ação mecânica de filtrar* e sim está associada ao desenvolvimento de bactérias e à formação de películas gelatinosas ativas.

Os filtros ditos de *baixa capacidade* são os que podem trabalhar com cargas de BOD até 175 g/m^3 de camada filtrante; os de *alta capacidade* vão acima de 700 g/m^3 de material filtrante com as cargas de BOD aplicadas.

Detalhes construtivos

Um filtro biológico compreende um leito de material grosso (geralmente pedra britada, granito, pedregulho ou cascalho), com dimensões compreendidas entre 5 e 7 cm. A profundidade do leito varia com o tipo, de 2,0 a 3,0 m. A distribuição dos esgotos sôbre o filtro pode ser feita:

a) por bocais ou distribuidores fixos, devendo os repuxos cobrir tôda a área do filtro;

b) por "sprinklers" ou distribuidores rotativos, movidos pela própria ação da água, como molinetes;

c) por meio de dispositivos especiais acionados pela água ou discos motorizados.

— *Cobertura:* No Brasil há a tendência para cobrir os filtros próximos das áreas urbanas, o que facilita a ventilação forçada, permite o contrôle de odores e evita o incômodo das môscas dos filtros.

— *Sistema de drenagem*: Fundo em declive convergindo para um canal central; declividade mínima do fundo 1%; sôbre o fundo empregam-se telhas especiais perfuradas (área dos furos deve superar 15% da área dos filtros);

— Os filtros que trabalham com aeração forçada consomem de 20 a 30 litros de ar por litro de esgôto. Para êsses filtros pode-se admitir como quantidade de esgôto a ser aplicada por m^3 de material filtrante 10 a 20 m^3/m^2 por dia.

7.12.3. — *Lodos ativados.*

No processo dos lodos ativados faz-se passar pelo esgôto um verdadeiro *film* de bactérias, na presença do ar; tudo se passa como se o tratamento pelos lodos ativados fôsse o de um filtro biológico que se move ao longo do esgôto em todo o processo. Experimentalmente pode-se verificar que a agitação das águas de esgotos na presença de oxigênio dissolvido provoca a formação de *flócos de lôdo*, flócos êstes constituidos:

a) de matérias originalmente em suspensão ou no estado coloidal, e

b) bactérias e outros microorganismos.

Os flócos assim formados são fàcilmente removidos pela decantação. Se os lodos concentrados retirados de decantadores e constituidos dêsses flócos forem retornados ao esgôto prédecantado, observa-se que a formação de novos flócos — coagulação — é bastante acelerada.

No processo de lodos ativados, após a decantação primária, adicionam-se ao esgôto lodos prèviamente formados, em proporção conveniente; submete-se a mistura a uma agitação na presença de oxigênio (aeração) durante um período suficiente para a floculação das matérias em suspensão e coloidais. Parte do lôdo retorna ao processo.

Além dos processos biológicos, preponderantes no sistema, não podem ser desprezadas as ações físicas, bastando considerar que os flócos, em conjunto, formam verdadeiras malhas esponjosas, de grande superfície, que apanham e apreendem materiais contidos nos esgotos.

Indicações sumárias para dimensionamento e alguns detalhes construtivos

a) *Aeração por ar comprimido*

— Período de aeração: 4 a 8 horas.

— Quantidade de ar: 5 a 10 litros por litro de esgôto

— Quantidade de lodos de retôrno: cêrca de 20%.

— Dimensões das câmaras de aeração:

— profundidade: de 2,5 a 4,5 m;

— largura: 2 vêzes a profundidade.

b) *Aeração mecânica.*

— Período de aeração: 6 a 12 horas.

Esquema de uma estação de tratamento por lodos ativados. (Fig. 7.3)

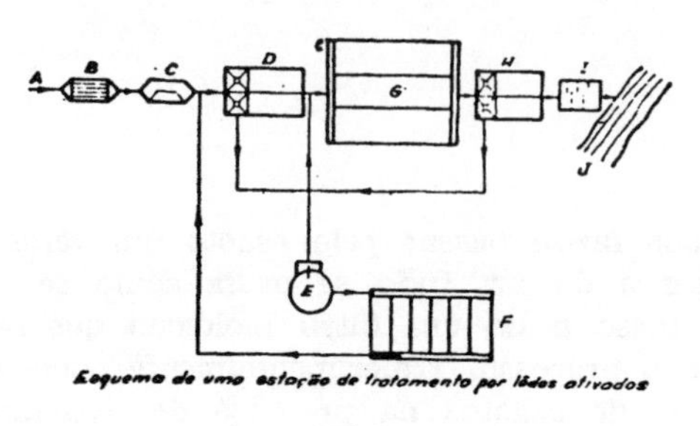

FIG. 7.3

A = Esgôto bruto
B = Grades
C = Caixa de areia
D = Decantador primário
E = Digestor
F = Leitos de secagem
G = Câmaras de aeração
H = Decantador secundário
I = Desinfeção
J = Corpo d'água receptor

7.12.4. — *Irrigação sôbre o terreno.*

A irrigação ou a "disposição" sôbre o terreno é a mais antiga forma de afastamento das águas residuárias das habitações.

Os terrenos prèviamente preparados são "inundados" com esgotos (lâmina líquida de 0,30 m a 0,69 m) e o efluente coletado por drenos. Êsse sistema foi outrora empregado em Paris e Berlim, mas hoje está sendo abandonado pelas suas óbvias desvantagens higiênicas e econômicas, (Fig. 7.4).

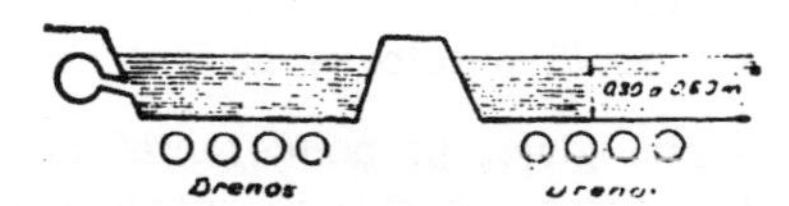

FIG. 7.4

7.12.5. — *Filtros intermitentes de areia.*

Constituem uma evolução do processo precedente; os esgotos são lançados de maneira intermitente não diretamente sôbre o terreno mas sôbre leitos de areia especialmente preparados. (Fig. 7.5).

Não se faz a exploração agrícola neste caso.

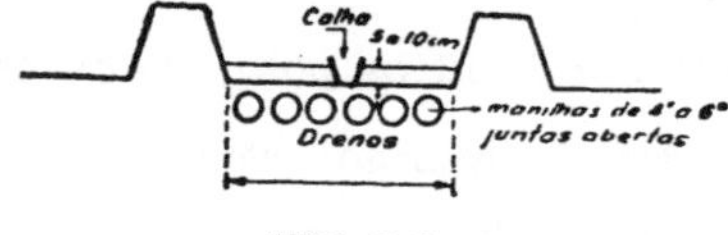

FIG. 7.5

Pode-se tratar esgôto bruto ou efluente de tratamentos primários ou secundários, constituindo, neste último caso, um verdadeiro refinamento.

São unidades que ocupam grande área de terreno, são de elevado custo de construção e manutenção, e por êsses motivos devem ser usados apenas em alguns casos muito particulares, como por exemplo:

a) quando houver grandes áreas de terreno disponíveis à baixo custo;

b) quando houver areia de qualidade satisfatória à baixo preço de custo;

c) quando houver possibilidade de aproveitamento de terrenos arenosos naturais.

7.12.6. — *Desinfeção.*

Objetivos

a) Proteção dos cursos d'água para aproveitamento posterior: abastecimento de água, práticas desportivas, etc.

b) Operação de rotina em certas estações de tratamento:

— impedir o desenvolvimento de certos microorganismos indesejáveis e das môscas.

— retardar a putrefação das águas de esgotos.

Agentes desinfetantes

— Clóro e seus compostos.

Aplica-se o clóro nas grandes instalações e o hopoclorito de cálcio e cal clorada em pequenas instalações e na desinfeção de emergência.

— *Quantidade de clóro.*

Segundo o quadro abaixo:

CONDIÇÕES DAS ÁGUAS RESIDUÁRIAS	DOSAGEM mg/litro
Esgôto bruto	5 a 25
Tratamento primário	3 a 20
Precipitação química	4 a 12
Filtração biológica	3 a 6
Lodos ativados	2 a 4

Como efeitos secundários da cloração contam-se a redução do odor e a redução do BOD (aproximadamente de 15%).

7.13.0. — COMPARAÇÃO DOS CUSTOS "PER-CAPITA" EM CRUZEIROS EM ALGUNS PROCESSOS DE TRATAMENTO.

Dados adaptados de Schroepfer

(base de conversão NCr$ 3,20/US dollar)

Processo	Custo inicial construção e equipamento	Custo anual de Operação	Despesas totais por ano, incluindo juros e amortização
Tratamentos preliminares, Grades e caixas de areia	0,16 a 0,27	—	—
Tratamento primário completo	5,40 a 8,10	0,38 a 0,54	0,81 a 1,08
Precipitação química (tratamento completo) ..	8,10 a 13,50	1,35 a 1,62	1,62 a 2,43
Filtros biológicos alta cap. (tratamento completo)	16,20 a 18,90	0,54 a 0,81	1,62 a 1,89
Filtros biológicos, baixa capacidade	27,00 a 32,40	0,38 a 0,81	2,16 a 2,70
Lodos ativados, ar difuso (tratamento completo)	18,90 a 21,60	1,62 a 2,97	2,70 a 4,05

OBSERVAÇÕES

— Tôdas as instalações completas, incluindo as unidades destinadas ao tratamento e condicionamento do lôdo. Amortização e juros computados com a taxa de 6% ao ano.

— Nas pequenas instalações projetadas e construidas pelo D. A. E. — São Paulo, o custo da construção tem variado de NCr$ 10,00 a NCr$ 15,00 por pessoa servida (tratamento biológico com filtros biológicos de alta capacidade).

7.14.0. — BIBLIOGRAFIA

YASSUDA — *"Curso preparatório de Saneamento"* — Fac. Higiene e Saúde Pública de São Paulo, 1953.

AZEVEDO NETTO — *"Curso de Tratamento de Águas Residuárias"* — São Paulo, 1965.

IMHOFF and FAIR — *"Sewage Treatment"* — John Wiley and Sons, New York, 1940.

FAIR and GEYER — *"Water Supply and Waste-Water Disposal"* — John Wiley and Sons, New York, 1954.

LINSLEY and FRANZINI — *"Elements of Hydraulic Engineering"* — MacGraw-Hill Book Co., New York, 1955.

BABBITT — *"Sewerage and Sewage Treatment"* — John Wiley and Sons, New York, 1940.

IMHOFF, KARL — *"Manual de Tratamento de Águas Residuárias"*, Trad. feita pelo Eng. Max Lothar Hess, Editôra Edgard Blücher, São Paulo, 1967.

8.0.0. — NOÇÕES SUMÁRIAS SÔBRE POLUIÇÃO E AUTO-DEPURAÇÃO DOS CURSOS D'ÁGUA

8.1.0. — GENERALIDADES

— Os grandes centros urbanos e industriais requerem quantidades enormes de água. Certas indústrias ocupando área relativamente pequena consomem grande quantidade de água, como p. exemplo a Rhódia com uma área equivalente a dois quarteirões tem um consumo equivalente ao de 100.000 habitantes; a Pirelli com um consumo equivalente ao de 30.000 habitantes; etc.

Êste enorme volume de água se transforma em águas residuárias, contendo impurezas que podem ser sumàriamente classificadas:

— impurezas físicas:
 — turbidez
 — aspecto físico

— impurezas químicas — pH, dureza, concentrações de certas substâncias

— impurezas orgânicas — B. O. D.
— bactérias: — coliformes
— impurezas radioativas: medidas em curies (1 curie = $3{,}7 \times 10^{10}$ desintegrações por segundo).

As águas residuárias, contendo impurezas, são encaminhadas para cursos d'água, ocasionando a sua poluição.

8.2.0. — DANOS CAUSADOS AOS CURSOS D'ÁGUA

8.2.1. — *Poluição física.*

— Bancos de lôdo, aumento da turbidez da água, aparecimento de corpos flutuantes.

Os prejuízos ocasionados são: aspecto estético negativo, danos à navegação, prejuízos à secção de escoamento.

8.2.2. — *Poluição química.*

— Águas coloridas, águas ácidas, águas duras, águas tóxicas ou agressivas.

A poluição química é freqüentemente ocasionada pelos despejos industriais.

Como conseqüência da poluição química, contam-se envenenamento de peixes, aves aquáticas e gado; dificuldade ou mesmo impossibilidade de tratar a água para abastecimento; agressividade da água às estruturas marginais ou flutuantes.

8.2.3. — *Poluição bioquímica.*

A primeira conseqüência da poluição bioquímica é a depressão do oxigênio presente na água. Quando a poluição bioquímica fôr intensa pode-se chegar mesmo à extinção de formas superiores de vida aquática (peixes) — a mínima quantidade de oxigênio dissolvido nas águas para a vida dos peixes é da ordem de 2,5 mg/litro.

Quando o oxigênio dissolvido desaparece, perecem tôdas as bactérias aeróbias. Então, ao invés de se ter ação de aerobiose, teremos anaerobiose, com desprendimento de certos gases (ácido sulfúrico, amônea, metana, etc.).

Como conseqüência da poluição bioquímica: extinção de formas superiores de vida aquática (peixes), exalação de maus odores, exalação de gases agressivos, dificuldade para se tratar a água para abastecimento.

8.2.4. — *Poluição bacteriana.*

Ela se traduz pela elevada contagem de coliformes e presença provável de micróbios patogênicos.

Experiências indicam que o número de coliformes no esgôto é em média de 300 bilhões por habitante e por dia.

Segundo estudos da Comissão do rio Ohio (Estados Unidos) as águas naturais podem ser classificadas, sob o ponto de vista da poluição bacteriana, nas seguintes categorias:

Categoria	Média mensal de coliformes por 100 ml	Necessita para consumo de:
Desejável	50	Simples cloração
Desejável	5000	Tratamento por filtros rápidos
Duvidosa	5000 a 20000	Além do tratamento anterior, também tratamento complementar com precloração
Inadequada	Acima de 20000	Não serve para abastecimento mesmo com tratamento completo.

8.2.5. — *Poluição biológica.*

A introdução de impurezas nos corpos receptores de águas causa transformações biológicas consideráveis, alterando o equilíbrio vital existente. Essa alteração pode ocasionar o desenvolvimento excessivo de certos organismos indesejáveis (Fenômeno da Eutroficação).

8.2.6. — *Poluição rádio-ativa.*

Danos à pesca, aos lugares de banhos e recreação aquática e dificuldade ou impossibilidade de aproveitamento da água.

Como exemplos de limites máximos:

— rádio-molibdeno (M_o-99) até 14 microcurie.

— rádio-estrôncio (Sr-90) até 8 $\times$ 10^{-7} microcurie.

8.3.0. — AUTO-DEPURAÇÃO DE CURSOS D'ÁGUA

Fenômeno complexo de ações químicas, biológicas e bioquímicas que promovem a recuperação química das condições naturais dos cursos d'água.

— A auto-depuração bacteriana é devida à morte das bactérias para as quais a água não é habitat ideal. O número de coliformes decresce com o tempo; êste é contado a partir do lançamento dos esgotos no curso d'água. (Fig. 8.1).

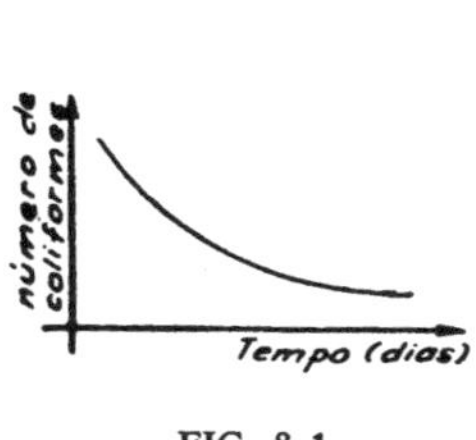

FIG. 8.1

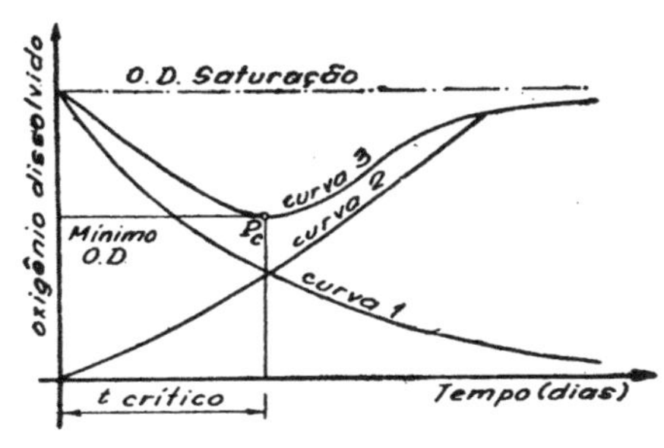

FIG. 8.2

— O fenômeno da auto-depuração bioquímica se processa da seguinte forma: (Fig. 8.2).

— Desde o instante do lançamento do esgôto começa a diminuir a quantidade de oxigênio dissolvido (curva 1) conforme a curva de desoxigenação da água; no mesmo instante a experiência mostra que existe uma tendência do curso d'água em reaerar-se, isto dependendo do déficit de oxigênio;

— curva 2 — curva de reaeração.

— curva 3 — curva do oxigênio dissolvido.

8.4.0. — BIBLIOGRAFIA

YASSUDA, E. R. — *"Curso Preparatório de Saneamento para Engenheiros"* — Faculdade de Higiene e Saúde Pública de São Paulo, 1953.

GARCEZ FILHO, J. M. — *"Poluição e auto-depuração dos cursos de água"* — Faculdade de Higiene e Saúde Pública de São Paulo, 1952.

AZEVEDO NETTO, J. M. — *"Sistemas de Esgotos e Poluição de Cursos de Água"* — Estações de Tratamento — Boletim DAE, Julho 1954.

IMHOFF and FAIR — *"Sewage Treatment"* — John Wiley and Sons, New York, 1947.

9.0.0 — ABASTECIMENTO DE ÁGUA NO MEIO RURAL

9.1.0. — *Mananciais abastecedores*

No meio rural o aproveitamento das águas superficiais (rios, córregos, açudes, lagos, lagoas, etc.) não é em geral indicado, desde que a qualidade da água deve ser considerada no mínimo como suspeita, não sendo, por outro lado, justificável sob o ponto de vista financeiro e econômico o tratamento ou a desinfecção domiciliária em caráter permanente.

Aí a grande maioria dos abastecimentos provêm dos lençóis subterrâneos através dos poços e fontes. Por exemplo, a "Codificação das Normas Sanitárias para Obras e Serviços do Estado de São Paulo" (Lei n.º 1561-A de 29-12-1951) em seu artigo 350 prescreve: "O abastecimento de água para uso doméstico será feito por meio de poços ou fontes devidamente protegidos, sendo permitido o abastecimento direto em rios e lagos, à critério da autoridade sanitária".

9.1.1. — *Quantidade de água necessária.*

O consumo depende de vários fatôres, sendo difícil fixar "a priori" a demanda provável. No nosso meio têm sido aconselhadas quotas médias "per-capita" de 80 a 120 litros.

Para a criação de animais podem ser sugeridos os seguintes valores adicionais, não incluidos na quota média diária "per-capita":

Vacas leiteiras (bebidas e serviço)	120	litros dia e por cab.
Cavalos ou novilhos	60	litros dia e por cab.
Porcos	15	litros dia e por cab.
Carneiros	10	litros dia e por cab.
Galinhas	0,1	litros dia e por cab.
Perus	0,3	litros dia e por cab.

9.2.0. — POÇOS

9.2.1. — *Classificação.*

A) *Rasos*, os que captam água do lençol freático.

B) *Profundos*, os que captam água dos lençóis cativos.

Os poços profundos, pelo seu custo relativamente elevado, são usados quase que exclusivamente nos abastecimentos urbanos.

No ambiente rural o poço por excelência é o poço raso porque a quantidade de água por êle fornecida é em geral suficiente para os abastecimentos domiciliários e também porque a sua proteção sanitária é relativamente simples e barata.

9.2.2. — *Tipos de poços rasos.*

A) *Escavados*

a) geralmente abertos por escavação manual, o que exige grandes diâmetros (de 0,80 m a 1,50 m.);

b) fàcilmente contamináveis;

c) os mais difundidos no meio rural.

B) *Perfurados*

a) abertos geralmente por meio de trados, brocas e escavadeiras manuais;

b) diâmetros pequenos (de 0,15 m a 0,30 m);

c) aconselhados para lençóis aquíferos de pequena profundidade e grande vazão;

d) pouco empregados.

C) *Cravados* (ou abissínicos)

a) tubos metálicos providos de ponteiras, cravados por percussão ou rotação;

b) diâmetros de 0,03 a 0,05 m;

c) usados mais como soluções de emergência em lençóis aquíferos de pequena profundidade e grande vazão.

9.2.3. — *Localização.*

Na localização de um poço raso devem ser levados em consideração as seguintes condições básicas:

a) boa possança do lençol aquífero;

b) situação no ponto mais elevado possível do lote;

c) situação a mais distante possível e em direção oposta a de escoamentos subterrâneos provenientes de focos conhecidos ou prováveis de poluição (poços ou fossas negras, privadas higiênicas, poços absorventes, esgotos, etc.).

No que diz respeito as distâncias mínimas entre a fonte de suprimento de água e os focos de poluição, o Comitê de Saneamento Rural do Serviço Federal de Saúde Pública dos Estados Unidos, com o objetivo de colocar o problema em têrmos práticos, recomenda os seguintes limites mínimos:

a) privadas sêcas, tanques sépticos, linhas de esgotos: 15,00 m.

b) poços absorventes, linhas de irrigação sub-superficial e estábulos: 30,0 m;

c) Fossas negras: 45,0 m.

Em lugares onde a área adjacente ao poço seja acessível a rebanhos deverá ser construído um cercado a não menos de 30 m do poço.

Em lugares onde a drenagem de estábulos ou de outras áreas utilizadas por animais possa ser dirigida para o poço, devido as características locais da topografia e da constituição do solo, uma distância maior do que 30,0 m deve ser prevista.

Entre nós a citada "Codificação das Normas Sanitárias para Obras e Serviços" prescreve:

Art. 352 — Os poços deverão ficar em nível superior às fossas, depósitos de lixo, estrumeiras, currais e dêles distantes, no mínimo, quinze metros

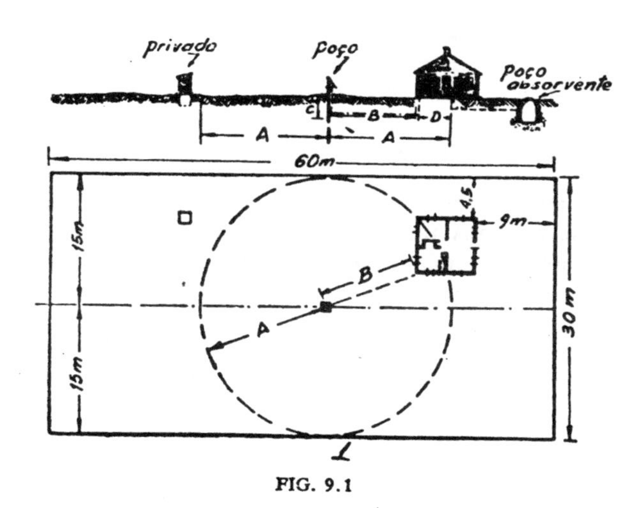

FIG. 9.1

A figura 9.1 elucida melhor a localização de um poço de abastecimento de uma residência rural.

9.2.4. — *Principais causas de contaminação dos poços rasos escavados.*

a) *Contaminação direta* por impurezas que possam cair através a abertura superior do poço ou contaminação da corda, balde, etc.;

b) *Contaminação pelo escoamento superficial*: enxurradas que possam penetrar pela abertura superior;

c) *Contaminação por infiltração* de águas de enxurradas infiltradas na região próxima ao poço e atingindo-o pela permeabilidade de suas paredes;

d) *Contaminação do lençol freático* por um foco de contaminação como, por exemplo, fossa negra ou poço absorvente.

9.2.5. — *Proteção sanitária dos poços rasos escavados.*

A proteção contra a contaminação do lençol freático é garantida principalmente pela *localização* conveniente, à montante de eventuais focos de poluição e respeitadas as distâncias mínimas já indicadas.

A proteção contra a contaminação por infiltração é realizada por revestimento bem impermeável até a uma profundidade mínima de 3 a 4 m. abaixo do nível do solo e também ao redor da bôca do poço. Os seguintes tipos de revestimento são usados:

a) paredes de concreto: — traço em volume 1 de cimento, 2 de areia e 4 de pedregulho; ao concreto será adicionado na dosagem recomendada um bom impermeabilizante; espessura da parede da ordem de 0,15 m., revestimento prolongado até uns 20 cm acima da superfície do solo, unindo-se perfeitamente à cobertura do poço;

b) paredes simples de tijolos: — revestidas com argamassa de cimento à qual se adiciona um impermeabilizante; as juntas são tomadas com argamassa até a profundidade de no mínimo 3,00 m e daí para baixo a parede será de alvenaria sêca;

c) paredes duplas de tijolos: — face exterior da parede revestida com argamassa de cimento com 0,20 m de espessura e com argamassa entre tijolos com espessura de 0,05 m.

d) tubos de concreto, circundados por uma camada de concreto, do tipo descrito em 9.2.5 a, pois não se pode confiar na estanqueidade das juntas nesse tipo de tubos.

A proteção contra a contaminação pelo escoamento superficial é assegurada por valetas de diversão das enxurradas e pela construção de um montículo de terra bem apiloada ao redor do poço, com uma altura de 0,30 m mais ou menos sôbre o terreno natural.

Finalmente a proteção contra a contaminação direta repousa na *cobertura* do poço e em modos adequados de retirar a água; de preferência instalação de bombas manuais ou no mínimo dispositivos apropriados para proteger o balde da contaminação.

A figura 9.2 indica dois tipos de revestimento: (A) de paredes duplas de tijolos e (B) de paredes de concreto. A figura 9.3 mostra um poço com revestimento de tubos de concreto.

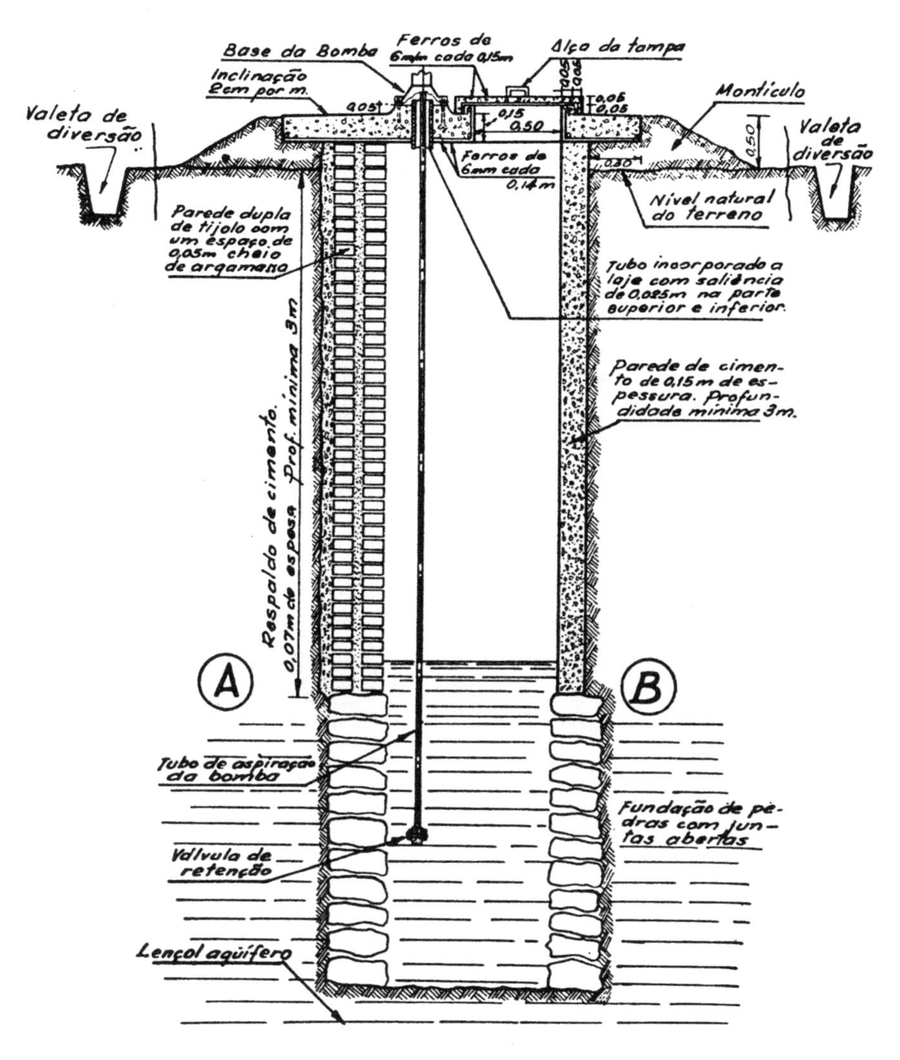

FIG. 9.2

Por último, a figura 9.4 indica as características de um poço perfurado, no qual a extração da água é feita por uma bomba manual.

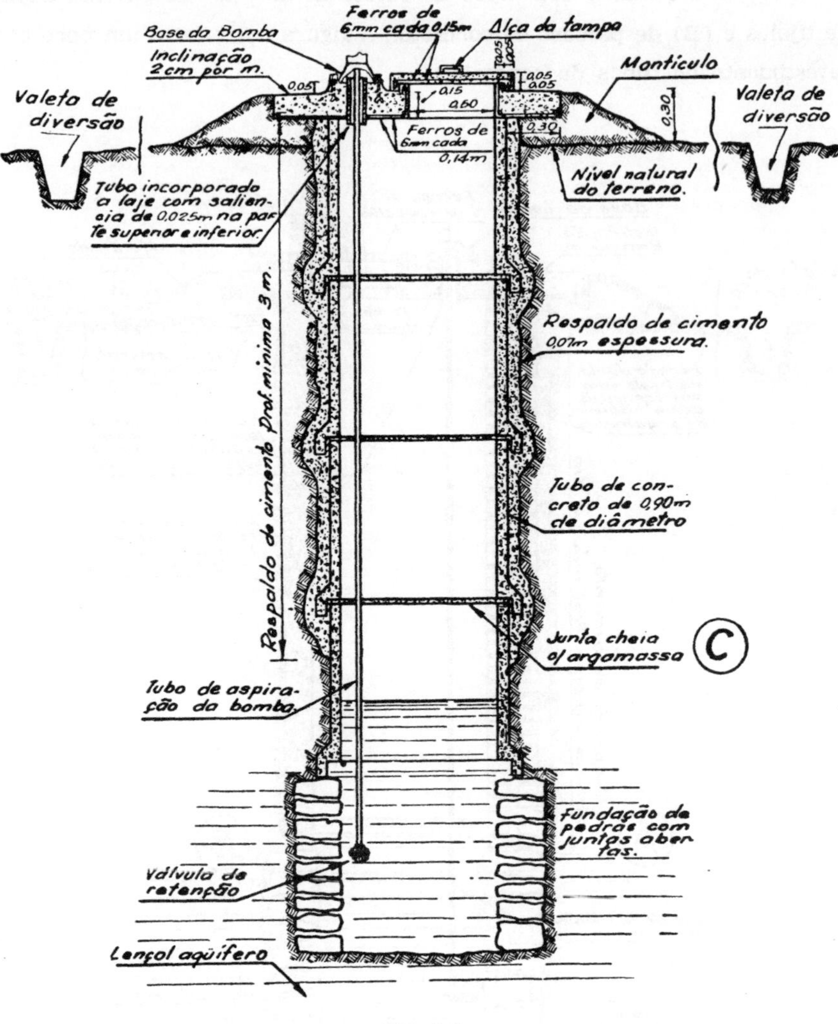

FIG. 9.3

9.3.0. — FONTES

9.3.1. — *Classificação.*

A) *De afloramento* ou de encostas.
B) *De emergência* ou de fundos de vale.

Ambos os tipos são usados nos abastecimento de água no meio rural.

9.3.2. — *Tipos de Captação.*

A) Caixas de tomada.
B) Galerias.
C) Drenos.

As caixas de tomada são usadas nas fontes de afloramento e constituem o mais difundido tipo de captação de fontes no ambiente rural.

As galerias são usadas tanto em fontes de afloramento quanto de emergência e também na captação de água de lençol freático pouco profundo,

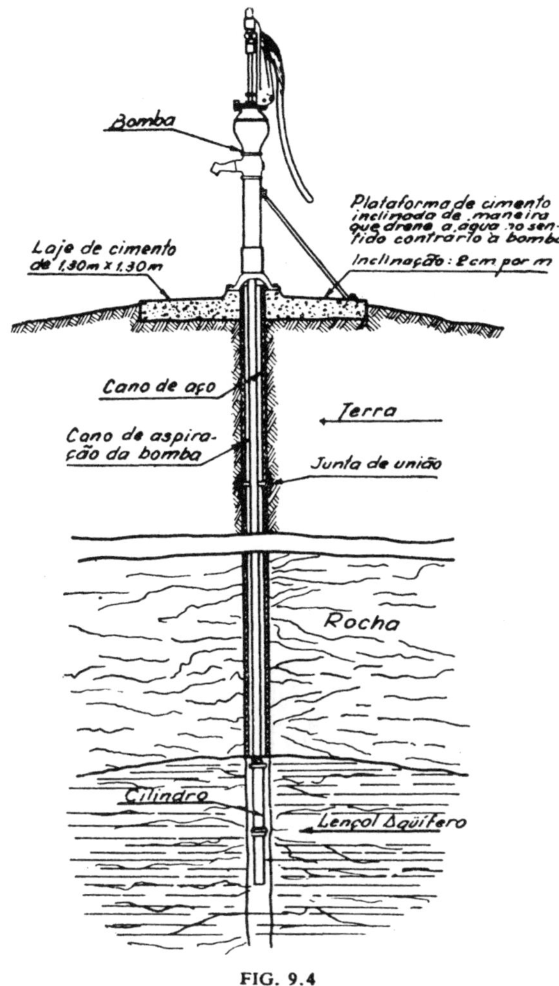

FIG. 9.4

principalmente nas proximidades de cursos d'água; um tipo comum de galeria é o constituido de tubos cerâmicos assentes com as juntas abertas ou de drenos de grês cerâmico, concreto ou cimento amianto, dispostos em linhas simples ou em sistemas "espinha de peixe" ou "grelha".

Os drenos acima descritos constituem por excelência o tipo de captação das fontes de emergência ou de fundo de vale. Os tubos devem ter diâmetro mínimo de 0,100 m; a declividade mínima não deve ser inferior a 0,5%.

Os desenhos seguintes esclarecem melhor a captação de água subterrânea por galerias e drenos. (Figs. 9.5 e 9.6).

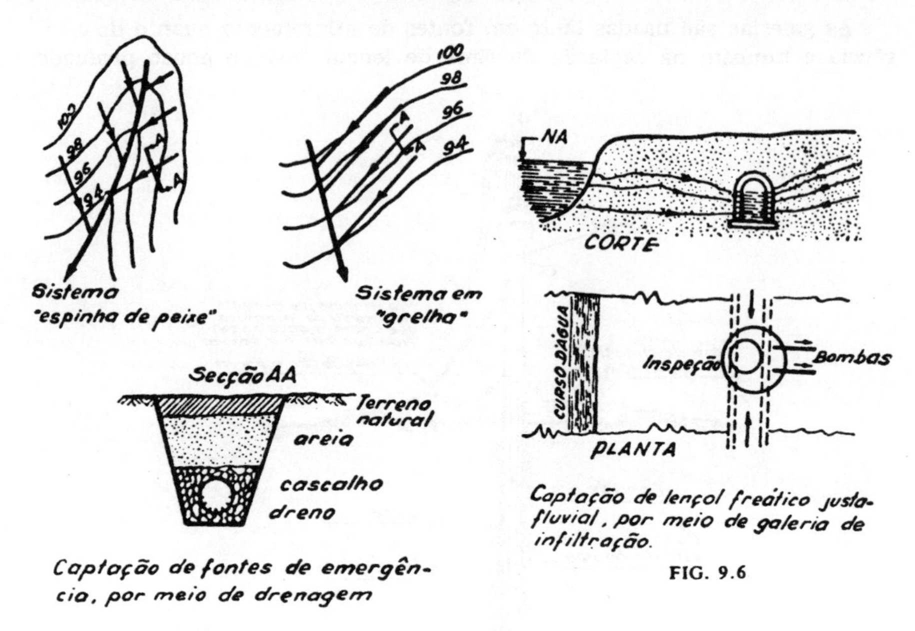

Captação de fontes de emergência, por meio de drenagem

FIG. 9.5

Captação de lençol freático justa-fluvial, por meio de galeria de infiltração.

FIG. 9.6

Relativamente às caixas de tomada das fontes de afloramento, depois de se fazer a remoção da camada de terra vegetal que encobre as nas-

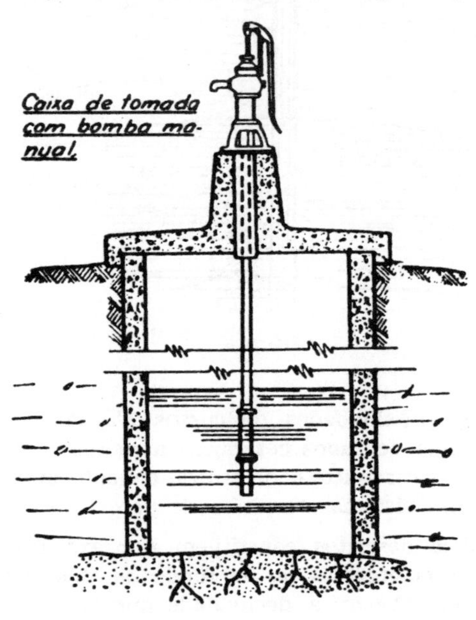

FIG. 9.7

centes, constroem-se a caixa de tomada de alvenaria de tijolos, de concreto ou mesmo com tubos de concreto. A figura abaixo indica alguns tipos de caixas de tomada. (Figs. 9.7 e 9.8).

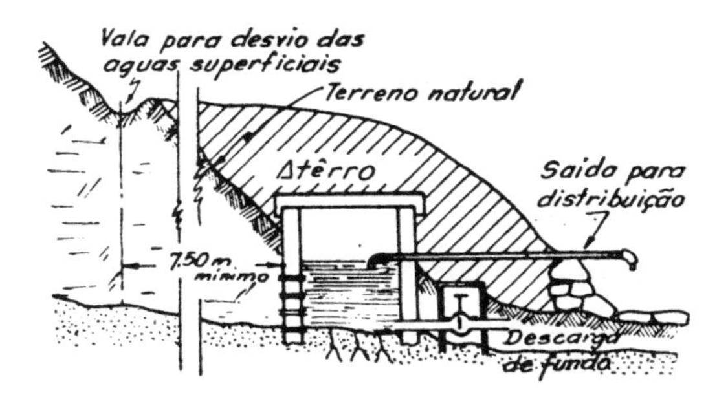

FIG. 9 8

9.3.3. — *Principais causas de contaminação das fontes.*

Ao contrário da crença popular as águas de fontes são muito sujeitas à poluição e à contaminação seja do próprio lençol aquífero seja proveniente das águas de enxurradas e do acesso de pessoas e de animais às fontes.

9.3.4. — *Proteção sanitária das fontes.*

a) Afastamento adequado dos possíveis focos de poluição (fossas chiqueiros, currais, etc.);

b) Localização dessas instalações em cota mais baixa que a fonte;

c) Construção de valetas diversoras das águas de enxurradas;

d) Construção de cercados de modo a impedir o acesso de animais;

e) Proteção da tomada d'água por intermédio de caixas cobertas e fechadas;

f) Retirada da água por tubulação;

g) Desinfeção de acôrdo com os princípios a seguir enunciados.

9.3.5. — *Desinfeção de poços e fontes.*

A) *Necessidade.*

a) após o término da construção, antes de usar a água;

b) depois de quaisquer reparos nas instalações;

c) sempre que houver suspeita de contaminação.

B) *Ação*

a) a desinfeção não previne a contaminação, apenas eliminará a que estiver presente na ocasião do emprêgo dos agentes desinfetantes;

b) a desinfeção é puramente local e nenhuma ação terá sôbre a contaminação do próprio lençol d'água.

C) *Agentes Desinfetantes*

Os mais usados são os compostos de cloro, e, entre êsses:

a) Hipoclorito de cálcio — com cêrca de 70% de Cl_2 disponível (nomes comerciais mais comuns Perchloron, H. T. H., Caporit etc.);

b) Cloreto de cal (cal clorada) com cêrca de 25% de Cl_2 disponível:

c) Hipoclorito de sódio — com cêrca de 10% de Cl_2 disponível;

d) "Água Cândida" e similares — com cêrca de 2% de Cl_2 disponível

D) *Quantidade de desinfetante a usar.*

Depende do tempo que o líquido desinfetante possa ficar em contato com as superfícies a desinfetar; como indicações gerais podemos sugerir:

50 mg/litro de Cl_2 durante 12 horas

100 mg/litro de Cl_2 durante 4 horas

200 mg/litro de Cl_2 durante 2 horas

E) *Técnica da desinfeção.*

Dos agentes desinfetantes a base de clóro são comumente encontrados no estado sólido os hipocloritos de cálcio e os cloretos de cal, o hipoclorito de sódio e as águas de limpeza como a "água cândida" são vendidos em solução.

Os desinfetantes líquidos são usados tais como são obtidos nos vendedores; quanto aos sólidos é conveniente fazer uma pasta. Para prepará-la coloca-se a quantidade de desinfetante em pó que se deve utilizar em um recipiente, de preferência não metálico; junta-se um pouco de água e com uma espátula ou varinha de madeira se vai desintegrando os torrões até se obter uma pasta mais ou menos homogênea, a seguir dissolve-se a pasta em uns 20 litros de água, podendo-se utilizar diretamente a solução resultante.

A operação de desinfeção pròpriamente dita inicia-se escovando-se as superfícies a desinfetar com uma solução desinfetante concentrada (de 100 a 200 mg/litro de Cl_2 disponível); a seguir deixa-se a solução na concentração já indicada, conforme o prazo. Terminado êsse, esgota-se completamente o recipiente, substituindo a solução desinfetante pela água subterrânea até que nenhum cheiro ou gôsto do clóro seja percebido na água.

Antes de utilizar a água como bebida é necessário confirmar o resultado da desinfeção pelo exame bacteriológico.

Admitindo-se que o tempo de contato possa ser de 12 horas, que a dosagem de clóro disponível seja de 50 mg/litro e que os teores em clóro dos vários agentes desinfetantes sejam os indicados no ítem 9.3.6-c, as quantidades necessárias para cada 1000 litros de capacidade do poço ou da caixa de tomada seriam:

a) Hipoclorito de cálcio .... 70 grs.

b) Cloreto de cal .... 200 grs.

c) Hipoclorito de sódio .... 500 grs.

d) Água Cândida e similares .... 2,5 litros

Para desinfeção de tubulações, admitidas as mesmas hipóteses, chegaríamos aos valores aproximados no quadro abaixo.

Diâmetro do encanamento		Desinfetante necessário por metro de encanamento (gramas)			
polegadas	metros	hipoclorito de cálcio	cloreto de cal	hipoclorito de sódio	Água Cândida
1	0,025	0,04	0,13	0,90	2,50
2	0,050	0,15	0,50	2,00	10,00
4	0,100	0,60	2,00	8,00	40,00
6	0,150	1,35	4,50	18,00	90,00
8	0,200	2,40	8,00	32,00	160,00
10	0,250	3,75	13,50	50,00	260,00
12	0,300	5,40	18,00	72,00	360,00

9.4.0. — BIBLIOGRAFIA

GARCEZ F., J. M. — *'Poços'* — Apostila mimeografada do Curso de Engenheiros Sanitaristas da Faculdade de Higiene e Saúde Pública da Universidade de São Paulo, 1952.

GARCEZ F., J. M. — *'Saneamento Geral"* — Apostila mimeografada do Curso de Médicos Sanitaristas da Faculdade de Higiene e Saúde Pública da Universidade de São Paulo, 1955.

YASSUDA, E. R. — *"Curso preparatório de Saneamento"* — Faculdade de Higiene e Saúde Pública da Universidade de São Paulo, 1953.

Minnesota Department of Health — Division of Sanitation — *"Manual of Water Supply Sanitation"*, 1945.

Obras Sanitárias de la Nación, República Argentina — *"Cartillas de Saneamento Rural"*, N.ºs 1 e 2, Buenos Aires, 1948.

Obras Sanitarias de la Nación, República Argentina — *"Desinfección de Pozos"*, Buenos Aires, 1948.

U.S.P.H.S. — *"Individual Water Supply Sistems"* — Recommendations of the Joint Committee on Rural Sanitation, 1950.

EHLERS, V. M. e STEEL E. W. — *"Saneamento Urbano e Rural"* — tradução da 3.ª edição norte-americana, Imprensa Nacional, Rio de Janeiro, 1948.

HOPKINS, E. S. e SCHULZE W. H. — *"The Practice of Sanitation"* — Second Edition, The Williams and Eilkins Co., Baltimore, 1954.

World Health Organization — Division of Environmental Sanitation — *"The purification of Water on a Small Scale"*.

10.0.0 — DISPOSIÇÃO DE DEJETOS EM ZONAS NÃO PROVIDAS DE SISTEMAS DE ESGOTOS SANITÁRIOS

(Redigido pelo Eng. J. M. Garcez Fº.)

10.1.0. — CONSIDERAÇÕES GERAIS. ESGÔTO NO MEIO RURAL

10.1.1. — *Importância sanitária.*

A disposição dos excretos é um dos capítulos mais importantes do Saneamento do meio. De acôrdo com o "Comité de Peritos em Saneamento do Meio" da Organização Mundial da Saúde, é uma das primeiras medidas básicas que devem ser tomadas, de modo a que se possa obter um "ambiente" são, nas zonas rurais e em pequenas comunidades.

Até hoje, a falta de condições adequadas para o afastamento e destino dos dejetos humanos constitue um dos mais sérios problemas de Saúde Pública em vastas regiões de grande número de países.

A questão está intimamente relacionada ao baixo nível econômico das populações dessas regiões e, òbviamente, à falta de educação sanitária das mesmas.

A má disposição dos excretos, onde ocorre, está, geralmente, associada a outras precárias condições de higiene e saneamento, o que torna difícil ser perfeitamente conhecido o papel desempenhado na transmissão de moléstias pelos diversos fatôres, para isso concorrentes de per si.

Não obstante, está fora de qualquer dúvida a existência de uma íntima relação entre a disposição dos dejetos humanos e o estado sanitário da respectiva população. Essa relação é não só de caráter direto, como também indireto.

A incidência das moléstias ditas "intestinais", cujos agentes etiológicos são encontrados nas fezes humanas, (cólera, febre tifóide, febre paratifóide, disenteria bacilar, amebíase, ancilostomose, esquistossomose, ascaridiose, além de outras doenças por bactérias, virus ou helmintos), é consideràvelmente reduzida quando são empregadas soluções sanitàriamente satisfatórias para o afastamento dos excretos.

É o que demonstram tôdas as estatísticas feitas nos vários países.

As relações indiretas entre a disposição dos dejetos e a saúde, são muitas.

Podem aqui ser citadas as seguintes:

a) A melhoria das condições higiênicas acarreta uma situação de bem estar para a população, o que a conduz ao progresso social.

b) Há nítida evidência de que a redução da incidência das doenças intestinais de veiculação hídrica, como resultado de medidas de saneamento do meio, é acompanhada por acentuado decréscimo na mortalidade por outras moléstias, cuja etiologia não esteja diretamente ligada aos excretos ou ao abastecimento de água. (É o conhecido fenômeno de Mills-Reincke).

c) Vários benefícios de natureza econômica, como os resultantes do aumento da "esperança de vida".

d) A morbidade conseqüente da falta de recursos básicos de saneamento, prejudica o rendimento do trabalho humano.

10.1.2. — *A transmissão de moléstias pelos escretos.*

As infecções e as infestações de origem fecal já mencionadas causam a morte, e o que é considerado como problema ainda maior, "convertem o homem de unidade produtiva, em uma carga para a sociedade" como foi salientado em ainda recente reunião da Secção de Engenharia da American Public Health Association.

É importante destacar que tôdas aquelas doenças são controlaveis através da adoção de medidas de saneamento adequadas e, especialmente, mediante o destino sanitário dos excretos.

A transmissão dessas moléstias do doente, ou do portador da doença, ao homem são, é feita por meio de uma cadeia, como mostra a figura 10.1.

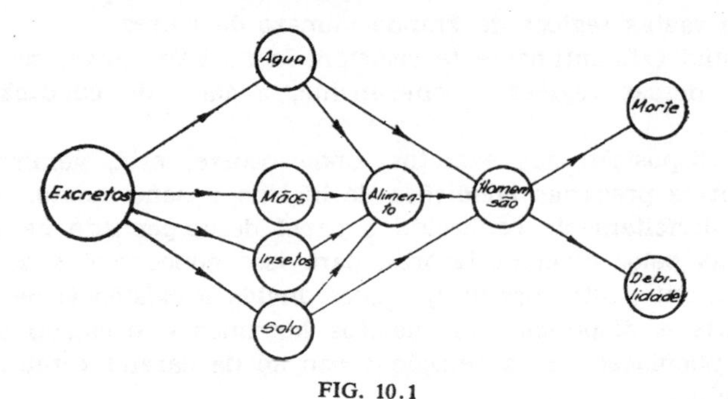

FIG. 10.1

O sanitarista deverá erigir uma barreira — a barreira do saneamento — (Fig. 10.2) de modo a quebrar a cadeia de transmissão de moléstias pelos excretos.

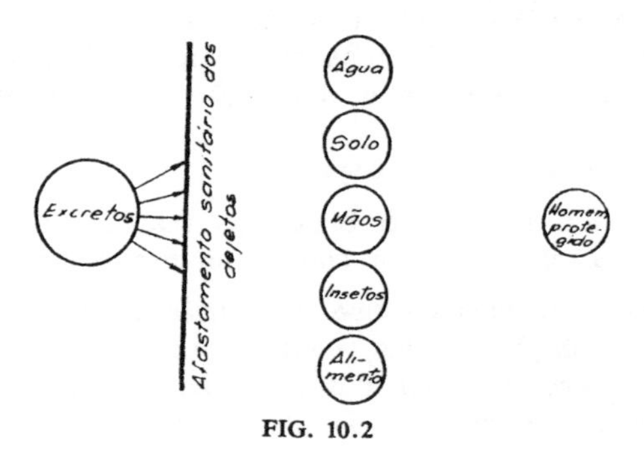

FIG. 10.2

O objetivo de um sistema sanitário de disposição de dejetos é isolar as fezes humanas de modo a que os agentes patogênicos nelas existentes, não possam ser levados ao homem são.

Então, os excretos estarão convenientemente dispostos quando:

a) não forem acessíveis diretamente ao homem;

b) não poluirem qualquer abastecimento de água destinada ao uso doméstico;

c) não poluirem a superfície do solo;

d) não se tornarem acessíveis aos insetos ou outro qualquer vetor mecânico de moléstias, que possam vir a entrar em contacto com os alimentos ou com a água de abastecimento;

e) não poluirem coleções de águas naturais, destinadas a abastecimento de água ou a fins de recreação;

f) não acarretarem outros inconvenientes tais como maus odores e mau aspecto.

10.1.3. — *Soluções para o problema.*

Na impossibilidade técnica ou econômica, da construção de sistemas de esgotos sanitários, com posterior destino adequado de seus efluentes, a técnica sanitária oferece a possibilidade da adoção de soluções as quais, embora não definitivas, podem ser consideradas bastante satisfatórias.

Para isso, entretanto, essas diversas soluções devem ser bem conhecidas, quanto a aplicabilidade de cada uma, às suas limitações, aos respectivos detalhes de projeto, construção e, sobretudo, quanto aos seus ônus e manutenção.

Duas classes de instalações podem ser consideradas para o afastamento dos excretos em zonas não providas de sistemas de esgotos sanitários: Instalações sem transporte hídrico e instalações com transporte hídrico.

Soluções do primeiro grupo, são usadas quando não se dispõe de abastecimento de água canalizada e as do segundo grupo, quando êsse melhoramento básico existe.

São os seguintes os principais tipos de instalações a serem consideradas:

a) Sem transporte hídrico:

1 — Fossa sêca ou privada higiênica.

2 — Fossa tubular.

3 — Fossa negra.

4 — Privada química.

b) Com transporte hídrico:

1 — Poço negro.

2 — Poço absorvente.

3 — Tanque séptico.

10.2.0. — SOLUÇÕES SEM TRANSPORTE HÍDRICO

10.2.1. — *Aspectos a serem considerados* (adaptado da Ref. 3).

a) Decomposição dos excretos: Os dejetos, após serem excretados, começam imediatamente a se decompor. Essa decomposição os converterá finalmente, em matéria inodora, inofensiva e estável. Os principais processos de decomposição consistem na transformação de compostos orgânicos complexos, como proteinas e uréia, em formas mais simples e mais estáveis; na redução do volume e da massa do material, devido à produção de gases que se desprendem para a atmosfera, e a produção de substâncias solúveis as quais, eventualmente, se infiltram no solo; na destruição de organismos patogênicos, seja pela sua incapacidade para resistir ao processos de decomposição, seja pela ação biológica intensa que então se processa.

Às bactérias cabe o principal papel durante a decomposição. O processo tanto pode ser aeróbio, como numa fossa sêca, por exemplo, ou anaeróbio, como em um tanque séptico, ou então com fase anaeróbia a fase aeróbia, como no tanque séptico seguido da disposição do efluente nas camadas sub-superficiais do solo.

A decomposição se verifica para tôda a matéria orgânica morta ou excretada, seja ela de origem animal ou vegetal. No caso dos dejetos humanos, fezes e urina, os quais são ricos em compostos nitrogenados, o processo de decomposição é tìpicamente ilustrado pelo "ciclo do nitrogênio". (Fig. 10.3).

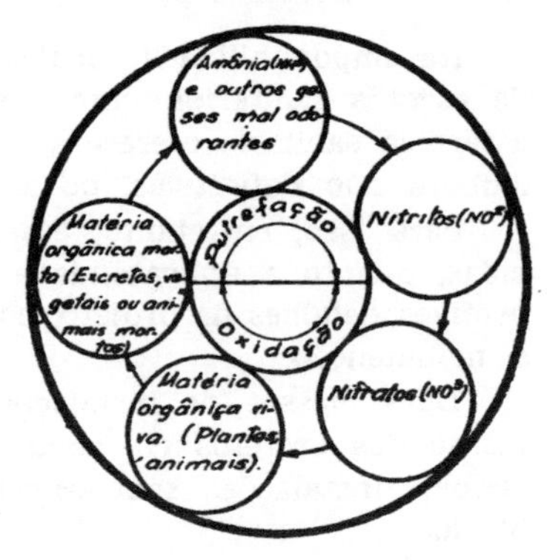

FIG. 10.3

Ciclos semelhantes se realizam para os compostos do enxofre e do carbono, constituintes da matéria orgânica.

A decomposição da matéria orgânica pode se processar muito ràpidamente, em poucos dias, ou em vários meses, quase um ano, tal como sucede, em média, com o material lançado em uma fossa sêca.

As condições existentes durante a decomposição são, em geral, desfavoráveis à sobrevivência dos organismos patogênicos, não sòmente devido às condições, de temperatura e umidade, que inibem o crescimento dos patogênicos, como também devido à competição vital que então se estabelece, pela presença de formas predatórias e destruidoras da flora bacteriana e dos protozoários.

As bactérias patológicas, provàvelmente, não sobrevivem mais do que dois meses em material de fossas.

Os organismos patogênicos tendem a morrer ràpidamente quando o produto final da decomposição orgânica é exposto ao ar e seca.

Dados médios de Kligler indicaram a sobrevivência do bacilo da febre tifóide, de 10 a 15 dias em fezes sêcas e até 30 dias em fezes úmidas.

Ovos de *Ascaris* podem permanecer viáveis de 2 a 3 meses em material de fossas sêcas.

b) Poluição do solo e da água subterrânea.

É bastante importante que se conheça o mecanismo da poluição do solo e das águas subterrâneas pelos excretos, para o estudo das soluções de disposição dos mesmos, em zonas não providas de rêde de esgotos sanitários.

Depois que os excretos são lançados diretamente sôbre o solo, — tal como sucede em nosso ambiente rural, onde a prática de defecar no solo é corrente — ou depois que os dejetos são depositados em uma fossa, as bactérias podem ser transportadas horizontal e verticalmente no terreno, através da urina ou por águas de chuvas.

As distâncias que as bactérias podem percorrer dessa forma, variam com muitos fatôres, o mais importante dos quais é a porosidade do solo.

Kligler constatou experimentalmente que os germens da febre tifóide e da desinteria bacilar não se disseminam por si mesmos em direção horizontal, e arrastados por urina ou águas da chuva, o seu movimento não é maior do que 90 cm., em média.

Verticalmente, a infiltração com as águas é, em média de 30 cm para solos compactos e 60 cm para solos porosos. Sob condições de campo tem sido constatada a penetração de material poluido de fossas ou de linhas de disposição de efluentes de fossas sépticas, até 1,50 m. Com chuvas fortes essa poluição pode atingir até 3 m.

As observações e estudos ùltimamente realizados confirmam o fato de que os microorganismos patogênicos presentes nos dejetos humanos chegam a se infiltrar no solo até encontrar o lençol de água e, então, são levados com o movimento da água subterrânea, até o seu desaparecimento gradual.

Na superfície do solo, apenas a terra imediatamente próxima dos dejetos é suscetível de estar contaminada, a menos que haja carreamento por águas superficiais, ação considerável do vento ou transporte de contaminação por insetos ou outros animais.

Dependendo das condições de umidade e temperatura, os germens patogênicos e os ovos de helmintos parasitos podem sobreviver durante algum tempo no solo. As bactérias patogênicas geralmente não encontram no solo ambiente favorável à sua multiplicação e desaparecem em alguns dias. Por outro lado, ovos de vermes resistem até cinco meses em solos sêcos e até três meses em material de esgotos.

Não obstante tudo isso, pode-se afirmar que, das doenças intestinais, apenas a ancilostomose é contraída diretamente do solo. Para as demais, o solo pode ter papel epidemiológico importante, porém apenas de maneira indireta.

Se um abastecimento, por água subterrânea, estiver localizado perto de um foco de poluição fecal, à distância inferior àquelas suscetíveis de serem vencidas pelos organismos patogênicos dos excretos, poderá vir a ser contaminado.

Daí porque é recomendável a adoção de limites sanitàriamente seguros, no que se refere às distâncias que deverão guardar, entre si, as fontes de suprimento da água potável e as diversas instalações para destino de excretos.

c) Localização das Instalações.

À respeito da localização das instalações para disposição de dejetos humanos pode ser dito o seguinte:

1 — Não há nenhuma regra fixa que estipule a distância que deve existir entre uma fossa e uma fonte de abastecimento de água. Muitos fatôres, como a topografia do solo, a situação do lençol de água subterrânea e a permeabilidade do terreno tem influência.

É de grande importância a localização da fossa ou privada à jusante, ou, na pior das hipóteses, no mesmo nível, da fonte de suprimento de água.

Em qualquer hipótese, deve-se sempre procurar manter uma distância não inferior a 15 m entre fossa e poços ou outro manancial de água potável. A maior ou menor permeabilidade do terreno e o tipo de instalação para destino dos excretos, determinarão a necessidade ou não de se aumentar ou reduzir essa distância.

2 — Em solos homogêneos, é pràticamente nula a possibilidade de poluição da água subterrânea, se o fundo da fossa estiver mais de 1,50 m. acima do lençol de água.

3 — É necessário muito cuidado na localização da fossa, quando se tratar de terrenos fissurados ou formações calcáreas, nos quais a poluição pode ser transportada através de fendas e, sem sofrer a filtração natural do solo, irá atingir poços e fontes distantes.

4 — À respeito da localização em relação à habitação, a experiência mostra que a distância entre a fossa e a casa é de grande importância para a utilização da instalação de disposição de excretos e para a boa manutenção da mesma.

5 — De um modo geral é ainda recomendado o seguinte:

a) O local para construção de uma fossa deve ser sêco, bem drenado e acima do nível das águas.

b) Às imediações da fossa, a área num raio de 2 m deve ser livre de vegetação, resíduos, lixo, etc.

d) Outros fatôres: Na escolha do tipo de solução a adotar, no projeto e construção da mesma, há ainda outros fatôres que devem, obrigatòriamente, ser levados em conta. São êles os fatôres humanos e os econômicos. Aspectos psicológicos e sociológicos dos habitantes devem ser estudados, de modo a que se consiga êxito na utilização das instalações. O tipo de fossa a ser adotado deve ser simples, fàcilmente aceitável, e barato para construir, para manter e para substituir, quando necessário. É preciso notar que, em geral, os tipos de construção mais cara são os mais econômicos a longo prazo, devido à sua durabilidade maior e às maiores facilidades sob o ponto de vista de sua manutenção.

É recomendado o uso, ao máximo, de materiais locais; o objetivo final de qualquer programa de construção de fossas será sempre conseguir que a população da comunidade resolva o seu próprio problema de disposição dos excretos, de modo sanitário. Por isso é importante que os moradores encontrem os processos e os meios materiais de que se possam utilizar.

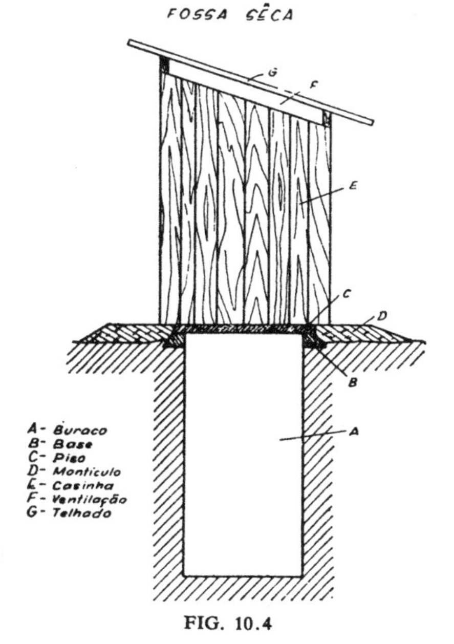

FIG. 10.4

10.2.2. — *Fossa sêca ou privada higiênica.*

Consiste em uma escavação aberta no solo, devidamente protegida, com dimensões variáveis, mas cuja profundidade permita uma distância segura do lençol de água, e na qual os excretos humanos são depositados e aí secam principalmente por ações aeróbias.

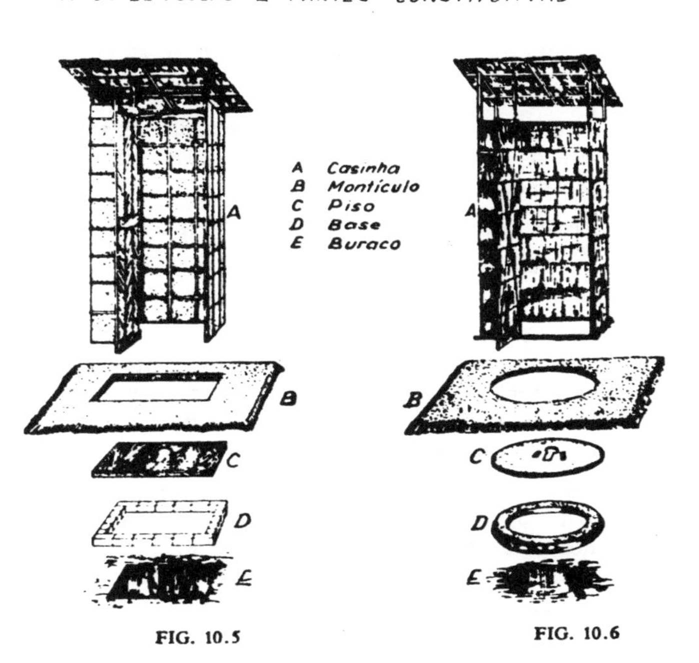

FIG. 10.5 FIG. 10.6

Uma privada higiênica é constituída das seguintes partes fundamentais; buraco, base plataforma ou piso, montículo e casinha ou super estrutura (figs. 10.4, 10.5, 10.6 e 10.7).

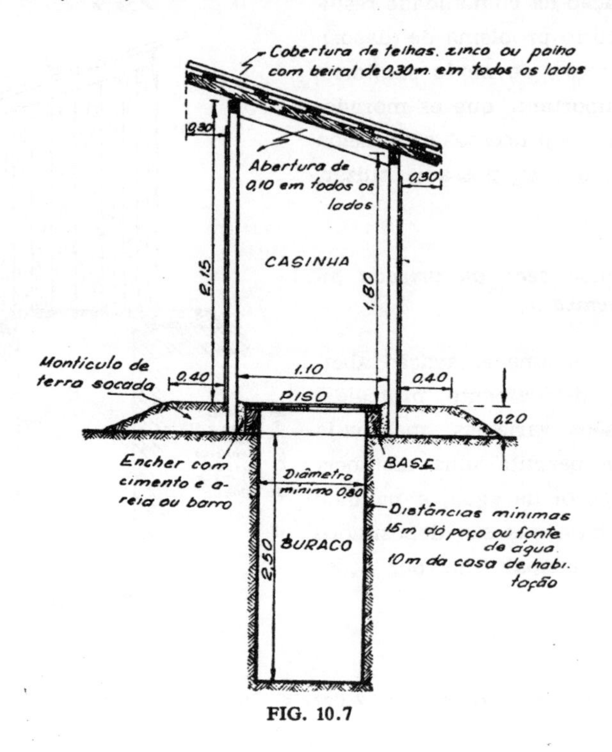

FIG. 10.7

Buraco.

Função — A função do buraco é isolar e guardar os excretos, de modo a que não possam os organismos patogênicos, nêles presentes, serem levados a um nôvo hospedeiro.

Forma — Secção quadrada ou circular, em geral.

Dimensões — 0,80 de diâmetro ou de lado e 2,00 a 5,00 m (em geral 2,50 m) de profundidade, são as dimensões mais usadas.

Revestimento — Pode ser necessário para evitar desmoronamentos, especialmente em solos arenosos, de aluvião, e semelhantes. Mesmo em solos estáveis é aconselhável revestir ao menos os primeiros 40 a 50 cm de profundidade. Êsse revestimento pode ser feito de diversos materiais; tijolos, pedras concreto, adobe, tábua, bambús, etc. (Fig. 10.8).

Período de utilização — Os dados são muito variáveis dependendo da região. No Brasil, fossas de 1 m^3 de capacidade efetiva têm servido durante 4 a 5 anos a uma família média (Ref. 3). Isso representa uma capacidade de 0,05 m^3/pessoa/ano. Quando o nível dos excretos alcançar 40 cm abaixo da superfície do terreno, o buraco deve ser aterrado, abrindo-se, então, um nôvo. As fezes, após 9 a 12 meses de decomposição, no primitivo buraco, podem ser fàcilmente removidas e utilizadas como fertilizante.

Base.

Funções — Serve como suporte para o piso ou plataforma. Ajuda também na prevenção à entrada de ovos de larvas de helmintos, de roedores e de águas de superfície.

Forma — Acompanha a do buraco.

Dimensões — No mínimo 10 cm. de largura na parte superior, para permitir o bom assentamento do piso, e no mínimo 15 cm na parte de baixo, de modo a garantir contacto suficiente com o terreno. A base deve se elevar o suficiente para que o piso fique acima do nível do solo cêrca de 15 cm.

Materiais — Concreto armado, tijolos, solo-cimento, madeira, argila, etc. (Figs. 10.8 e 10.9).

VÁRIOS TIPOS DE BURACOS REVESTIDOS BASES E PISOS

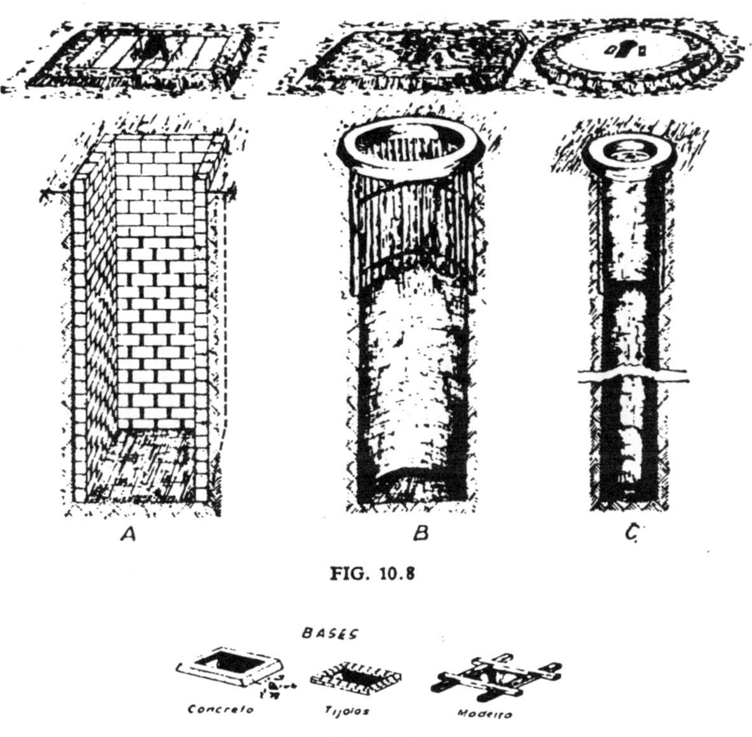

FIG. 10.8

FIG. 10.9

Piso.

Funções — Cobrir o buraco e servir como plataforma para suportar a pessoa que se serve da instalação.

Características particulares — O tipo de piso que tem mostrado ser o mais aconselhável para a zona rural, no Brasil e em vários países, é aquêle que apresenta uma fenda na superfície, para passagem de dejeções, e duas marcas, assinalando a posição para os pés, definindo a melhor postura fisiológica para o ocupante da fossa. (Fig. 10.10).

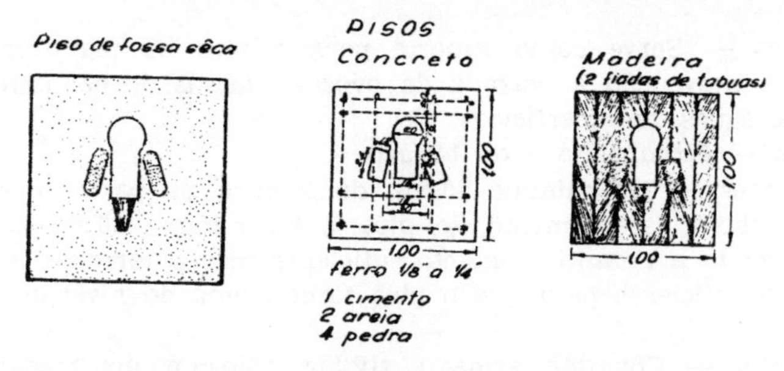

FIG. 10.10

Em muitos lugares, porém, podem ser encontradas fossas sêcas providas de caixas-assento sôbre o buraco. Até privadas com dois assentos contíguos, um para adultos e outro para crianças, têm sido usadas.

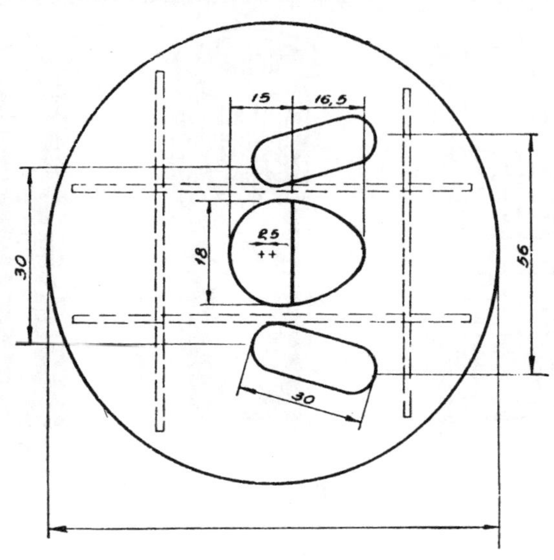

FIG. 10.11

Tem sido constatado, porém, que o que se ganharia, possìvelmente, em confôrto, com a caixa-assento, não compensa as desvantagens de ordem higiênica do sistema.

Forma — Acompanha a do buraco. Quando as plataformas para pisos são pré-fabricadas, é conveniente padronizar a forma e as dimensões de modo a facilitar a produção.

Materiais — O piso deve ser construído de material durável, impermeável, e cuja superfície permita fácil limpeza. Os materiais geralmente utilizados e os mais convenientes são o concreto e a madeira (Fig. 10.10).

É unânime a opinião de que plataformas de concreto armado são as mais práticas, mais duráveis e, por isso, as mais indicadas. Traço do concreto 1:2:4 ou 1:3:5. Armadura em ferro redondo de ϕ 1/8" a 1/4".

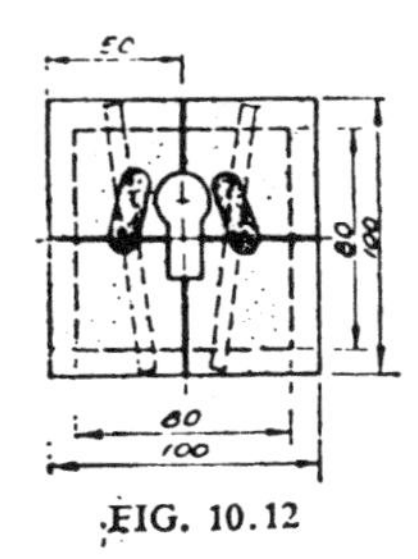

FIG. 10.12

Dimensões — Lajes de concreto armado de secção quadrada de 1,00 m de lado e com espessura de cêrca de 6,5 cm são as mais apropriadas. (Figs. 10.13 e 10.14).

Um piso dêsse tipo pesa aproximadamente 130 kg. Têm sido também empregadas lajes de secção circular com 90 a 95 cm de diâmetro. (Fig. 10.11).

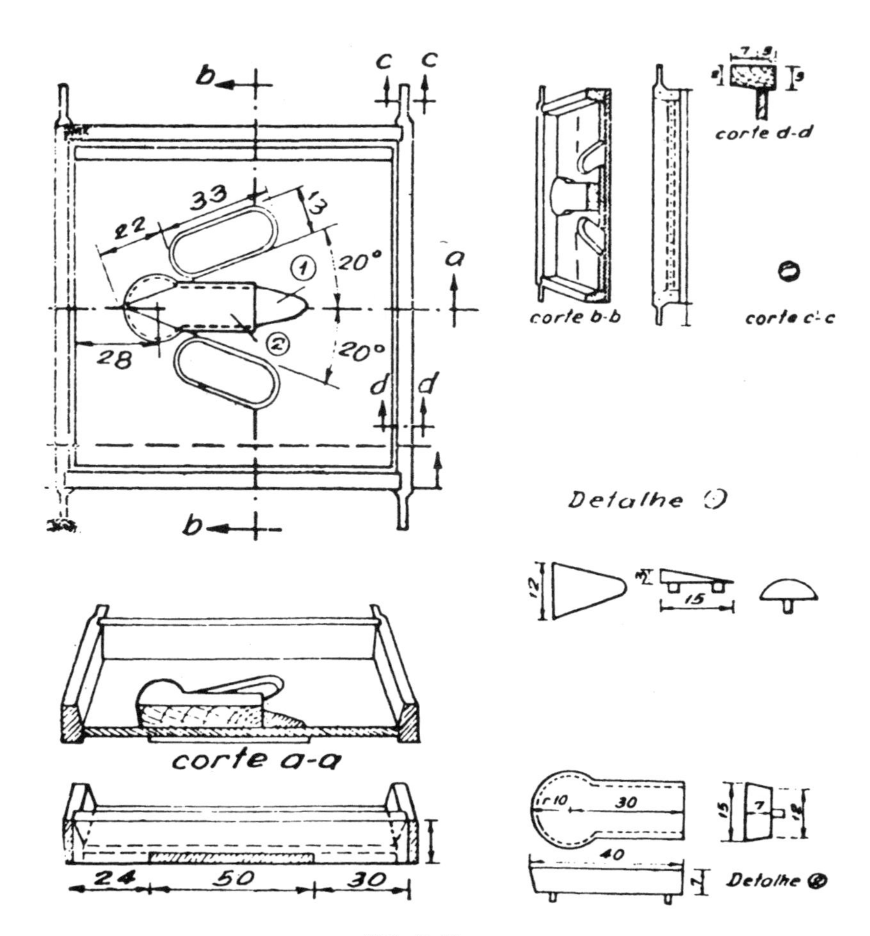

FIG. 10.13

Quando houver o problema de transporte para essas lajes, podem ser adotadas, lajes fundidas em quatro partes, (Figs. 10.12, 10.16 e 10.17).

Detalhes construtivos — são apresentados nas Figs. 10.13 a 10.17 os detalhes para pisos construidos em concreto armado, inteiriços e em 4 partes, incluindo as respectivas fôrmas, em madeira ou metálicas.

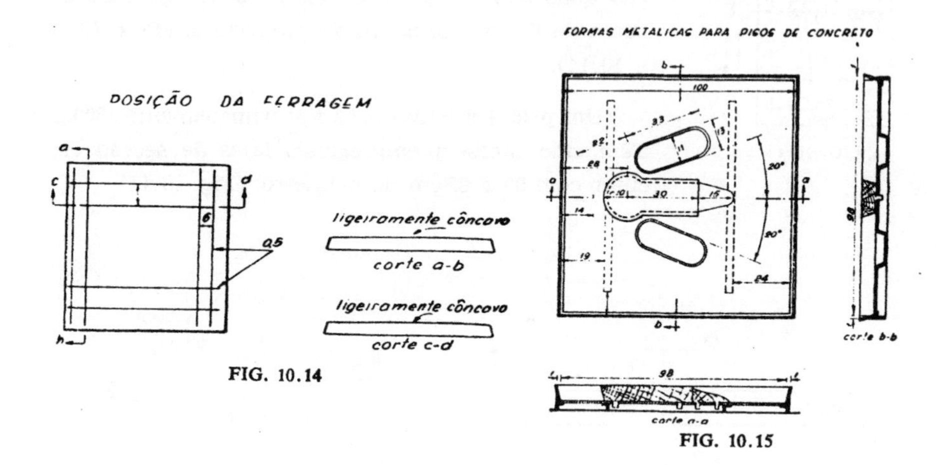

FIG. 10.14

FIG. 10.15

Observações — Nas campanhas de construção de fossas sêcas, e notadamente naquelas desenvolvidas no Brasil pelo SESP e pelo SES de Araraquara, tem sido prática corrente o piso ser fabricado pela entidade responsável e doado aos habitantes, com o compromisso de que êstes construam as demais partes da privada.

Montículo

Função — Proteger o buraco e a base contra a entrada de águas de superfície.

Dimensões — Deve estender-se no mínimo 50 cm para fora da base em tôda a sua volta. A altura, acima do solo, deve ser tal que coloque o montículo no mesmo plano do piso da privada.

Material — Terra escavada para a abertura do buraco ou das visinhanças, bem apiloada. Pode ser consolidado com pedras, de modo a evitar que seja destruido o montículo pela ação de chuvas mais intensas.

Superestrutura

Funções — Proporcionar ambiente privado aos usuários da fossa e protegê-los contra as intempéries.

Dimensões — Em planta, deve ter dimensões suficientes para cobrir o buraco e a base, de modo a assegurar proteção adequada a essas importantes partes da privada higiênica. A altura livre deve ser de 2,00 m, ou mais na frente e cêrca de 1,70 m a 1,80 m nos fundos. Essa diferença

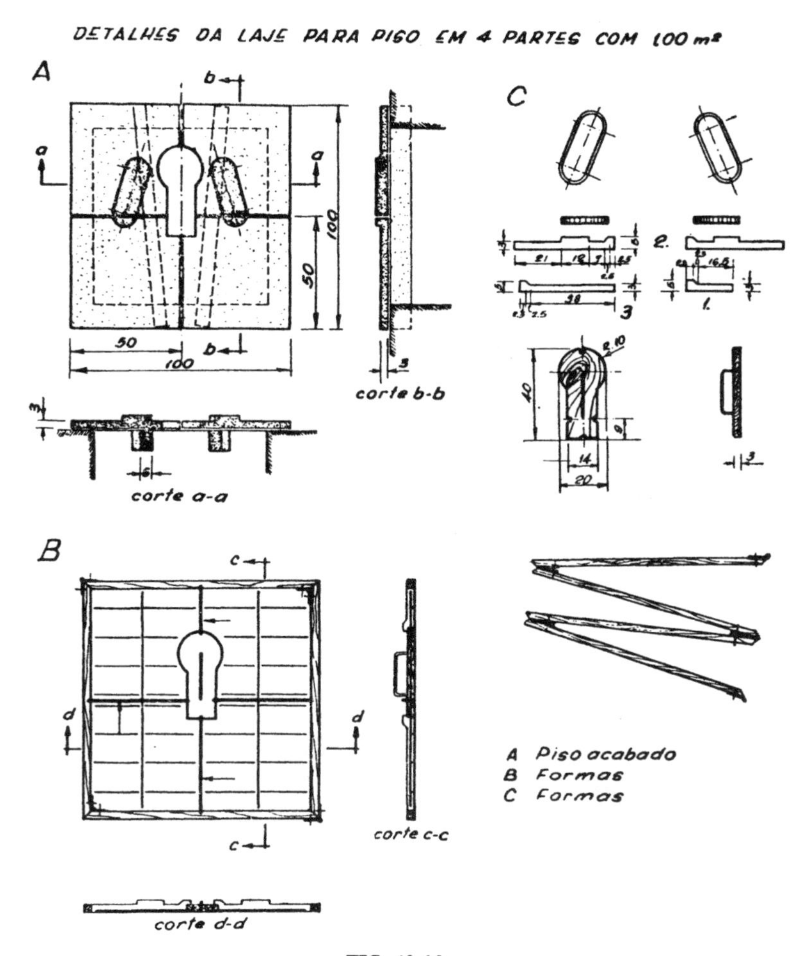

FIG. 10.16

permite uma declividade do telhado da casinha, de modo a que as águas de chuvas escorram para traz da mesma, evitando-se águas empoçadas à entrada. Isso ajuda a manutenção da limpeza do piso.

Materiais — A superestrutura pode ser construída dos mais diversos materiais, dependendo das peculiaridades locais e das possibilidades econômicas.

Eis alguns materiais muito usados:

a) Madeira (tábuas). Tem a vantagem de ser durável e de poder ser removida, embora possa ser cara, em algumas regiões.

b) Tijolos. Construção permanente.

c) Barro. Se bem construída pode ser durável. Difícil remoção.

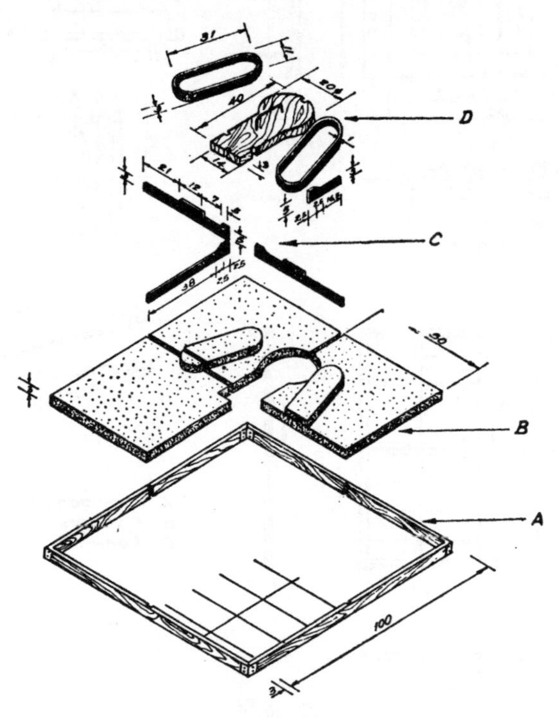

FIG. 10.17

d) Palha, sapé, etc. Solução barata e fàcilmente acessível em muitas localidades. Razoàvelmente durável.

e) Outros materiais: bambús, fôlha de zinco, etc.

A Fig. 10.18 mostra casinhas de vários materiais.

Telhado — Deve cobrir tôda a casinha e ainda ter um beiral de aproximadamente 40 cm para drenagem do telhado e para proteger o montículo contra chuvas.

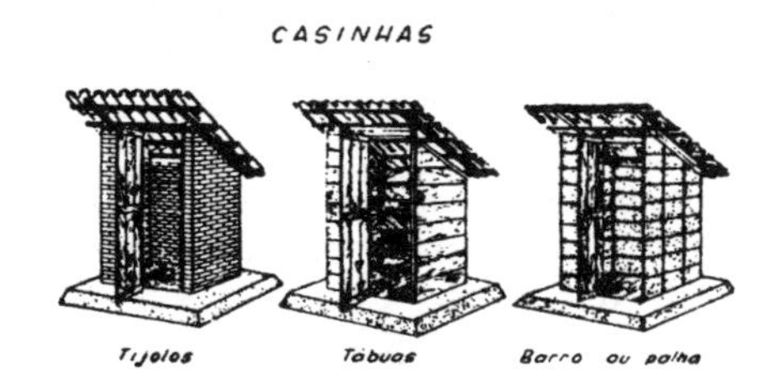

FIG. 10.18

Ventilação — É desejável que haja abertura de 10 a 15 cm, entre as paredes e o telhado da casinha, para a constante ventilação da mesma. Essa ventilação, tem se mostrado suficiente.

Iluminação — Muito embora seja necessário que haja iluminação natural no recinto da fossa o ambiente aí deverá ser de preferência, quase de penumbra, para evitar a atração de moscas.

A iluminação se obtêm pela abertura de ventilação, acima referida, e o sombreamento é proporcionado pelo beiral, também já mencionado.

Localização. As fossas sêcas devem ser situadas obedecendo às recomendações gerais já comentadas anteriormente, (ver Localização das Instalações).

Recomenda-se, de modo geral, localizar uma privada higiênica a 15 m no mínimo, de qualquer manancial de abastecimento de água e entre 6 a 10 m da casa a que deve servir.

Custo — É extremamente variável o custo de uma privada higiênica. Depende de inúmeros fatôres locais e do tipo de construção e materiais utilizados.

Sanches e Wagner (Ref. 4) informam que no Brasil, entre 1945 e 1952, o custo médio de uma fossa sêca foi de NCr$ 0,25, aí se compreendendo o buraco, piso de concreto armado, montículo de terra socada e superestrutura de madeira ou de palha.

Maiores detalhes sôbre custos unitários das diversas partes constitutivas da privada, tempos para execução de uma fossa e de seus diversos elementos, etc. são encontrados no trabalho acima referido e no interessante trabalho de E. G. Wagner "Engenharia Sanitária no Vale do Amazonas" (Ref. 5).

Vantagens. A privada higiênica ou fossa sêca é a mais conveniente, a mais prática e a mais difundida de tôdas as instalações sem transporte hídrico para a disposição dos excretos humanos: "com um mínimo de atenção quanto à localização e construção não haverá perigo de poluição do solo ou de suprimentos de água; os excretos não serão acessíveis às moscas; não há manuseio do material fecal; o mau cheiro é desprezível e as fezes não são expostas à vista; a fossa é de fácil utilização e manutenção; sua vida varia de 5 a 15 anos, dependendo da capacidade do buraco e do seu uso ou abuso. Sua principal vantagem é poder ser construida sem grandes despesas, em qualquer parte do mundo, pela própria família que irá usá-la, com pequena ou nenhuma ajuda extranha, e com materiais disponíveis no local" (Ref. 3).

Utilização e manutenção. Um dos principais problemas com que se defronta o sanitarista, no capítulo da disposição dos excretos, é o de conseguir o uso da fossa e a sua adequada manutenção. Trata-se de uma questão de educação sanitária, que poderá depender de muita paciência, habilidade e persuação.

Para a utilização e manutenção da privada higiênica recomenda-se o seguinte:

Todos os moradores da casa devem usar a privada, exceto pessoas muito idosas ou crianças muito pequenas, cujos dejetos devem ser depositados em urinóis e, depois, despejados na fossa.

Apenas os excretos devem ser lançados na fossa; outros despejos ou lixo, não.

Todo o papel servido, de preferência higiênico, deverá ser atirado na fossa, sendo condenável a colocação de recipientes, sôbre o piso, para coletá-lo.

Duas vêzes por semana, em média, o piso deverá ser lavado com água e sabão, evitando-se, ao máximo, a introdução de água no buraco.

Em caso de produção de mau cheiro, cobrir a superfície do material no buraco com uma camada de óleo mineral.

A casinha, tanto interna como externamente, deve ser mantida sempre limpa e em bom estado de conservação.

Utilizar a fossa até que o nível dos excretos esteja a uns 40 cm abaixo do solo, conforme já foi anteriormente sugerido, e, em seguida, aterrar o buraco e abrir nôvo se fôr o caso.

10.2.3. — *Fossa negra.*

É uma variante da fossa sêca, na qual a escavação atinge ou muito se aproxima, (chega a menos de 1,50 m.), do lençol de água subterrânea. (Fig. 10.19).

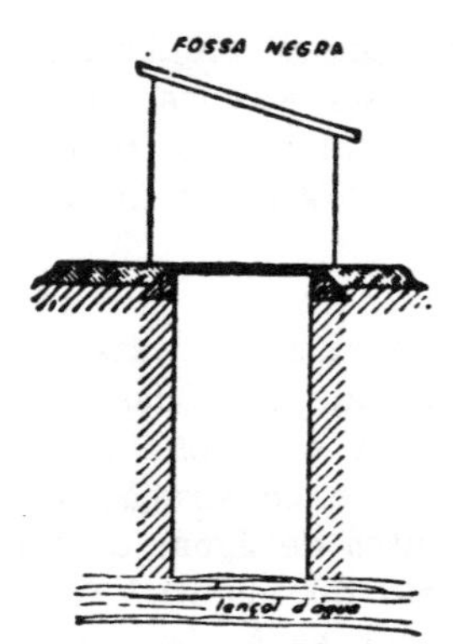

FIG. 10.19

Sôbre o buraco, são construidas as demais partes, tal como foi descrito para a fossa sêca.

As ações predominantes na fossa negra são de natureza anaeróbia.

Aspecto sanitário. Tem o grande inconveniente da poluição e contaminação do lençol d'água subterrânea.

Há, outrossim, maiores possibilidades de produção de maus odores, devido a decomposição anaeróbia dos excretos, e conseqüentemente, há maior atração de môscas.

Emprêgo. Pela sua maior durabilidade, é uma solução muito encontrada no meio rural.

Trata-se, porém, de uma solução condenável e que só pode ser tolerada, em casos particulares, quando:

a) o abastecimento de água não seja proveniente de lençol subterrâneo;

b) puder ser localizada no mínimo a 45 m de distância de eventuais suprimentos de água e, sempre, em cota mais baixa que êstes;

c) a população fôr bastante rarefeita de modo a permitir a distância sanitàriamente segura entre a fossa e o abastecimento de água.

10.2.4. — *Fossa tubular.*

Consiste, ainda, em uma variante da fossa sêca, da qual difere pela secção transversal do buraco, que é muito menor.

O piso, o montículo e a superestrutura são, de modo geral, os mesmos que para a privada higiênica ou para a fôssa negra.

Buraco. É de secção circular, com diâmetro geralmente de 40 cm. É aberto verticalmente no terreno por meio de um trado ou broca, até uma profundidade de 4 a 8 m, em geral 6 m (Fig. 10.20) sempre que não encontrar o lençol de água ou rochas.

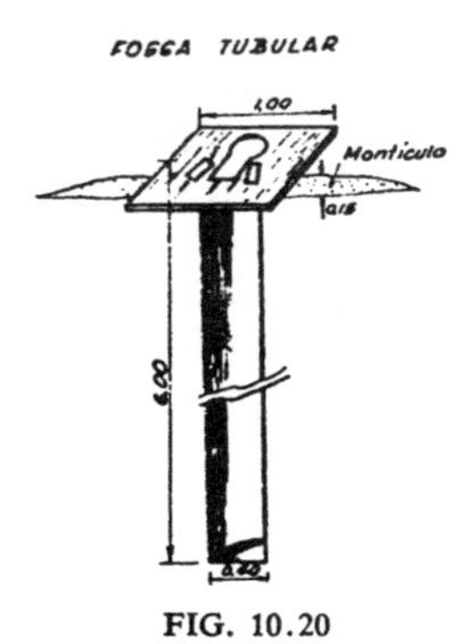

FIG. 10.20

Devido à sua pequena capacidade, a fossa tubular só pode servir a uma família média de 5 a 6 pessoas durante 2 anos, mais ou menos. A solução para êsse caso é perfurar dois buracos próximos, usando um de cada vez; quando o primeiro estiver cheio (40 cm. abaixo do solo), aterrá-lo e mudar o piso e a superestrutura para o outro. Após cêrca de um ano o material digerido do primeiro buraco pode ser removido e o buraco estará novamente em condições de ser aproveitado.

A vida do buraco poderá ser prolongada se êle penetrar no lençol d'água subterrânea, quando então, a fossa tubular passará a ser uma fossa negra, de menor secção transversal, mas com tôdas as desvantagens desta.

A grande dificuldade que se encontra na abertura do buraco é o desmoronamento ou o solapamento das paredes do mesmo.

Isso ocorre com freqüência em terrenos arenosos ou de aluvião. Para evitar êsses inconvenientes é necessário, em muitos casos, usar um revestimento para suportar as paredes do buraco.

Devido às pequenas dimensões do buraco, a parte superior do mesmo é fàcilmente sujável pelos excretos, o que acarretará condições indesejáveis e as môscas poderão procriar na terra imediatamente abaixo do piso, Para eliminar essa possibilidade é aconselhável revestir a parte superior do buraco, numa extensão de 30 a 50 cm, com material impermeável, (concreto, argila, etc.).

Piso. Embora idêntico em forma e tamanho ao piso de uma fossa sêca, o piso da fossa tubular, quando de concreto, não precisa ser armado devido ao vão menor, (cêrca de 40 cm). Aí a espessura do concreto pode ser reduzida para 5 cm, até 4 cm no centro da laje.

Alguma armadura, entretanto, poderá ser usada para evitar rachaduras da laje, por efeito de variações de temperatura, ou por choques durante o transporte.

Não há, em geral, necessidade de base especial para suportar o piso.

Localização. Cabem aqui tôdas as considerações gerais já feitas a respeito da localização das fossas, com relação a abastecimentos de água e às moradias a que servem.

Apenas deve ser salientado que o perigo de poluição de água subterrânea é, no caso da fossa tubular, muito maior que para a fossa sêca, já que penetra muito mais profundamente no solo.

Por isso, será aconselhável manter cêrca de 30 m de distância entre uma fossa tubular e abastecimentos de água.

Vantagens e desvantagens. A fossa tubular se fôr bem localizada e bem construida, poderá satisfazer à maioria dos requisitos exigíveis para uma solução conveniente ao destino dos dejétos humanos.

Em solos comuns é barata e relativamente fácil de construir.

Tem, entretanto, as seguintes principais desvantagens:

a) necessita de equipamento especial para a sua construção, (trados brocas, etc.);

b) o prazo de sua utilização é extremamente curto, salvo se penetrar no lençol d'água subterrâneo;

c) nem sempre se dispõe de materiais baratos e resistentes para revestir as paredes evitando o seu desmoronamento;

d) não pode ser reconstruida pelos próprios moradores, precisando de colaboração devido à necessidade do equipamento.

10.2.5. — *Privada química.*

Consiste em um tanque metálico contendo uma solução de soda cáustica, um assento provido de tampa (bacia sanitária) e instalado diretamente sôbre o tanque. O sistema exige ventilação, a qual é obtida através de um "tubo ventilador", canalização ascendente que deverá se prolongar até acima do telhado. (Fig. 10.21).

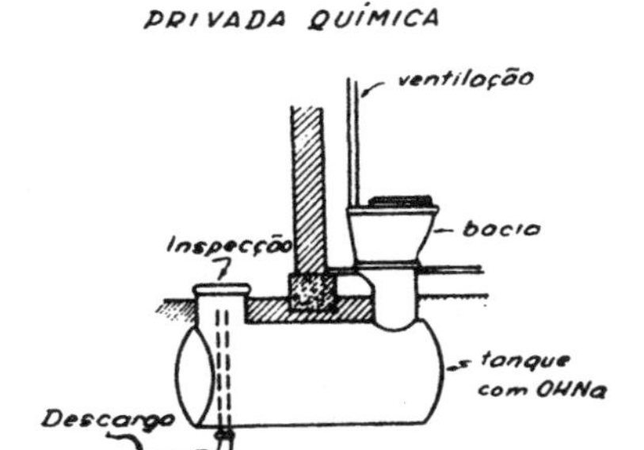

FIG. 10.21

Descrição. O tanque, que é a privada química pròpriamente dita, deve ser construido de aço especial, resistente à corrosão.

Sua capacidade deve ser da ordem de 400 l, para cada privada. É, em geral, cilíndrico com diâmetro de 0,80 m.

Recomenda-se uma dosagem de aproximadamente 10 kg de sóda cáustica dissolvida em 50 l de água, para cada tanque.

Pela ação da solução desinfetante o material sólido é liquifeito e as bactérias patogênicas e os ovos de helmintos são destruidos.

Os excretos são mesmo esterilizados. É desejável um dispositivo agitador para facilitar a desintegração do material.

De tempos em tempos, geralmente alguns meses, o tanque é esvaziado sendo o seu conteúdo, ou infiltrado no solo ou despejado em uma fossa qualquer, convenientemente localizada. Êsse líquido resultante é sem cheiro e de côr parda escura.

Emprêgo. Êsse tipo de instalação é preconizado para uso no interior das casas, em habitações isoladas, escolas rurais, colônias de férias, etc. O mesmo sistema, sob a forma de um móvel de cêrca de 40 a 50 l de capacidade, é utilizado como solução para a disposição de excretos em meios de transportes como barcos, aviões, etc.

Custo. Geralmente a privada química é fabricada comercialmente e o seu custo inicial e a manutenção são dispendiosos.

Vantagens e desvantagens. Desde que tenha boa operação, a privada química é uma solução muito satisfatória para o problema de destino dos dejetos, quer sob o ponto de vista sanitário quer estético. Tem, sobretudo, a grande vantagem de poder ser instalada no interior das casas. A grande desvantagem é o custo da instalação e também o preço do desinfetante.

Manutenção. Deve ser bastante cuidadosa. A solução química, uma vez esgotada sua ação, deve ser prontamente substituída, pois, em caso contrário, haverá desprendimento de mau cheiro e passará a se formar uma camada de escuma na superfície do líquido, a qual tenderá a aumentar de espessura.

Apenas papel higiênico pode ser introduzido no tanque.

Pelas suas desvantagens, em custo e operação, a privada química é um sistema que não pode ser recomendado para uso generalizado.

10.2.6. — *Outras soluções sem transporte hídrico.*

Além dos já descritos, vários outros tipos de instalações existem, que, ou por serem de uso muito restrito ou por não oferecerem uma solução aconselhável para o problema do destino dos excretos, não comportam, aqui, maiores detalhes.

Entre êsses tipos poderemos citar a privada estanque, a caixa séptica e os diversos sistemas de receptáculos móveis.

A privada estanque consiste, essencialmente, em um tanque impermeável, funcionando sem uso de água, e onde as matérias fecais são depositadas e aí parcialmente digeridas pela ação de bactérias anaeróbias.

A caixa ou privada séptica (não confundir com o tanque séptico que é um sistema com transporte hídrico; ver adiante), é também um recipiente impermeável onde as matérias fecais sofrem um processo de liquefação, ajudado pela adição diária de pequenas quantidades de água. O efluente líquido será de tempos em tempos, ou contìnuamente, removido, principalmente por infiltração no terreno.

As privadas de receptáculos móveis, consistem, em têrmos gerais, em uma vasilha (balde, etc.) metálica colocada sob um assento, para receber os dejetos. Êsses recipientes são retirados e esvaziados de tempos em tempos, mediante vários processos, sendo seu conteúdo ou enterrado, ou incinerado, ou levado até zonas onde possa ser lançado em rêdes de esgotos ou ainda, até mesmo, utilizado como adubo.

As referências bibliográficas relacionadas no fim do capítulo apresentam pormenores dêsses diversos sistemas.

10.3.0. — SOLUÇÕES COM TRANSPORTE HÍDRICO

10.3.1. — *Aspectos a serem considerados.*

A experiência tem mostrado que, quando se dispõe de água corrente, o afastamento e disposição dos excretos pode ser feito em condições mais satisfatórias se fôr aproveitada a água como veículo para o transporte dos dejetos.

Além disso, o transporte hídrico permite não apenas o afastamento dos excretos, como também de todos os despejos líquidos das casas: águas servidas de banhos, de cosinha, de lavagens de roupa, utensílios e pisos, etc...

Pràticamente todos os aspectos sanitários desejáveis a um sistema de disposição de excretos são satisfeitos com o transporte hídrico: a contaminação do solo e das águas de abastecimento pode ser evitada, resíduos potencialmente perigosos não permanecem acessíveis a môscas e outros vetores e é prevenida a transmissão mecânica das moléstias intestinais.

Ao mesmo tempo o transporte hídrico permite as instalações sanitárias no interior da habitação, com fácil remoção dos despejos líquidos para o seu exterior.

Entretanto o problema da disposição dos resíduos se complica por fôrça do considerável aumento de volume, resultante da adição de água.

Entre as várias soluções que têm sido usadas para a disposição dos despejos líquidos em zonas suburbana ou rurais, não providas de rêdes públicas de esgotos sanitários, a única que pode ser considerada satisfatória é uma sistema de tanque séptico com posterior destino de seu efluente.

A condução direta de despejos líquidos a um poço negro ou a um absorvente não deve ser aceita pelos sanitaristas; a poluição das águas subterrâneas e do solo e a pequena "vida" dessas instalações precárias desaconselham o seu uso.

10.3.2. — *Tanque séptico e irrigação sub-superficial.*

Definição. Emprêgo: "O tanque ou fossa [1] séptica é um tanque de sedimentação, fechado, em um único estágio, com escoamento contínuo no sentido horizontal, através do qual o esgôto passa lentamente de modo a permitir que matérias em suspensão se depositem no fundo, onde são retidas e submetidas a uma decomposição anaeróbia, resultando a sua transformação em substâncias líquidas e gases, com a conseqüente redução de quantidade de lôdo a ser finalmente disposta" [2].

O tanque séptico não é usado para o tratamento de esgotos urbanos. É muito utilizado, entretanto, como solução para o problema do destino dos resíduos líquidos provenientes de habitações situadas em zonas não servidas por rêdes de esgotamento e como processo de tratamento dos esgotos de pequenas instituições como escolas, hospitais e outras similares. O seu emprêgo econômico está limitado a cêrca de 300 pessoas. Modernamente, menciona-se o emprêgo de tanques sépticos como processo de tratamento de determinados resíduos líquidos industriais. Essa aplicação, entretanto está ainda em fase pouco desenvolvida.

Em qualquer caso porém, é importante se ter conta que o tanque séptico não é um processo de destino final dos esgotos. É simplesmente uma importante unidade de um processo no qual, geralmente, o objetivo final é dispor o efluente líquido dos esgotos no solo.

Trata-se pois, de uma parte de um sistema de tratamento e assim, deve ser considerado sòmente sob o ponto de vista de sua relação e comportamento no sistema como um todo.

Uma instalação de tanque séptico, completa, compreende as seguintes partes:

a) uma ligação coletando os esgotos do prédio e conduzindo-os ao tanque séptico, (geralmente em manilha de barro vidrado de $\phi 4''$);

---

(1) "Tanque" vêm da terminologia americana enquanto "fossa" é originária da terminologia francêsa. No Brasil generalizou-se o uso do têrmo fossa, embora a palavra tanque exprima, de maneira mais acertada, o que é, de fato, essa unidade para tratamento de esgotos.

(2) Definição proposta pela American Public Health Association.

b) o tanque séptico, pròpriamente dito;

c) um sistema de ventilação, permitindo a saída dos gases de fermentação e mantendo o tanque séptico arejado;

d) um sistema para a disposição do efluente líquido, geralmente no terreno.

Hoje, graças a numerosos estudos teóricos e experimentais, a utilização de tanques sépticos está difundida em todo o mundo; os princípios de seu funcionamento são já bem conhecidos, embora note-se ainda uma enorme diversidade, entre os vários países, a respeito das normas e critérios seguidos no seu projeto e construção e, mesmo, em muitos casos, a sua aplicação se faça de modo totalmente inadequado, talvez pela demasiada simplicidade de seu funcionamento e manutenção.

Funcionamento: Os princípios que regem o funcionamento de um tanque séptico são simples:

Algumas das matérias sólidas carreadas em suspensão nos esgotos são mais pesadas que a água e outras são mais leves. Enquanto os esgotos são retidos no tanque, as partículas mais pesadas sedimentam no fundo e as mais leves flutuam na superfície do líquido. O material depositado chama-se "lôdo" e o que flutua é denominado "escuma". O lôdo logo começa a sofrer uma decomposição provocada pela ação de bactérias anaeróbias presentes nos esgotos. A mesma ação tem lugar na escuma, se bem que não tão ràpidamente como no lôdo. É essa decomposição anaeróbia (digestão) que transforma parte dos sólidos orgânicos em líquidos e gases. Os gases produzidos formam pequenas bôlhas no seio do lôdo, de modo que, após algum tempo, essas bôlhas acarretam a formação de porções de lôdo mais leves que a água, as quais se destacam, sobem à superfície, onde os gases tendem a escapar. Se todos os gases puderem escapar, o lôdo voltaria a sedimentar, mas o material flutuante interfere no livre escape dos gases e assim, apenas parte do lôdo retorna ao fundo do tanque; o restante permanece na superfície aumentando a camada de escuma.

No funcionamento de um tanque séptico, se tem então, três aspectos essenciais a distinguir:

a) A retenção do esgôto líquido durante um período de tempo suficiente para permitir a deposição de sólidos sedimentáveis no fundo do tanque e a ascenção de substâncias mais leves à superfície. Êsse material é, pois, removido do líquido dos esgotos, que assim se torna parcialmente clarificado.

b) Durante essa retenção, o material líquido remanescente sofre uma alteração sensível em sua natureza e há, inclusive, uma redução no número de organismos patogênicos intestinais presentes.

c) O armazenamento do lôdo e da escuma, que então sofrerão uma digestão, cujo resultado é uma considerável redução do volume de lôdo acumulado.

Atua pois, o tanque séptico como um decantador primário de esgotos e como um digestor de lôdos. Além disso, realiza um certo tratamento que é característico do meio séptico; pela ação séptica as partículas gelatinosas constituintes dos sólidos em suspensão, de difícil separação do meio líquido, são transformadas em partículas granulares discretas, cuja separação da duzindo um intercâmbio de partículas parcialmente digeridas entre o fundo massa líquida é relativamente fácil. Êsse fenômeno se dá, provàvelmente, devido aos processos anaeróbios que ocorrem no lôdo e na escuma, prodo tanque a superfície do líquido.

Note-se que o tanque séptico não tem a finalidade de remover bactérias dos esgotos. Êle apenas permite a separação de substâncias sólidas, da massa líquida dos esgotos, de modo a que o efluente do tanque possa ser mais fàcilmente disposto, (geralmente por infiltração no terreno), e que a matéria sólida acumulada possa ser removida sob a forma de lôdo digerido, também de mais fácil disposição, (geralmente enterrado ou, em certos casos aproveitado como adubo).

Eficiência: A eficiência de um tanque séptico é, de preferência, constatadas em função das porcentagens de remoção de sólidos em suspensão e também de BOD.

Essas porcentagens poderão variar, consideràvelmente, em conformidade com as condições de projeto, construção, funcionamento e manutenção do tanque séptico.

Em média, é de se esperar de um tanque séptico convenientemente projetado e construido e satisfatòriamente operado, cêrca de 60% de redução de sólidos em suspensão e em tôrno de 50% de redução de BOD.

Mediante o emprêgo de determinados dispositivos ou sob condições especiais de funcionamento, poderá ser obtida eficiência maior.

Materiais de construção: Tanques sépticos podem ser construídos dos mais diversos materiais, desde que impermeáveis, duráveis e não demasiado sujeitos à corrosão. São usados, o concreto, a alvenaria de tijolos revestida, o aço revestido, o cimento-amianto, a cerâmica vidrada e, até mesmo, a madeira, esporàdicamente. Aconselha-se o concreto ou alvenaria de tijolos, revestida preferìvelmente por argamassa impermeabilizante.

Para tanques sépticos de concreto, fundidos no próprio local, o traço dos materiais (cimento, areia sêca e pedra britada ou pedregulho) empregados, deve ser de 1:2:4 em volume. O fator água-cimento será, no máximo, 0,6.

Tanques dêsse tipo duram, no mínimo, 10 anos e, provàvelmente, muito mais. Os de concreto pré-fabricado e os de tijolos, resistem bem até 20 anos. Recomenda-se tanques com paredes de alvenaria de tijolos e fundo e tampa de concreto.

Localização: A fossa séptica deve ser localizada, tanto quanto possível, perto da casa a que serve e do mesmo lado em que estiverem as instalações sanitárias.

Isso permite economia na canalização coletora dos esgotos da casa e facilita a supervisão sôbre o funcionamento do sistema.

Como, de uma fossa séptica defeituosa e que apresenta algum vazamento, poderá resultar a contaminação do abastecimento de água, é aconselhável, para eliminar êsse perigo potencial, que as fossas sépticas sejam localizadas a uma distância mínima de 10 m e abaixo de qualquer manancial possìvelmente utilizável para suprimento doméstico.

O tanque séptico será enterrado no solo a uma profundidade tal, que permita uma declividade conveniente, cêrca de 2%, para o coletor predial, e de modo a se ter, de preferência, sôbre o tanque, uma cobertura de, aproximadamente, 30 cm de terra. A profundidade do tanque séptico estará ainda, relacionada ao lançamento do efluente, (ver adiante).

Para a instalação de um tanque séptico serão evitadas as áreas baixas, pantanosas ou inundáveis.

Dimensionamento de tanques sépticos domiciliários: O dimensionamento pode ser feito segundo um dos seguintes critérios:

a) em função da contribuição dos esgotos esperada;

b) em função do armazenamento do lôdo, conseqüentemente do período de limpeza estabelecido.

Os seguintes aspectos devem ser devidamente considerados no projeto de um tanque séptico:

A) *Contribuição dos esgotos.* O volume de esgotos que pode convergir para um tanque séptico, depende, naturalmente, do número de pessoas contribuintes. A contribuição de esgotos é um dado que está intimamente relacionado à quota de água distribuida. Como tal, aquela contribuição varia sensìvelmente, segundo todos os fatôres que afetam o consumo de água.

O projeto de um tanque séptico deverá ser feito para condições médias.

Sempre que não fôr possível se conhecer a contribuição de esgotos "per capita", ou, ao menos, a quota média de água distribuida, aconselha-se, dentro das atuais condições brasileiras, a adotar-se um valor de 150 litros por pessoa, por dia, como contribuição média de esgotos. Os valôres da Tabela I (Ref. 3) podem ser usados.

TABELA I (Apud Ref. 3)

Contribuições de esgotos em litros/dia.pessoa

Acampamentos	100
Clubes de campo	75
Escolas:	
Externatos	30
Semi-Internatos	50
Internatos	150
Escritórios (por ocupante efetivo)	50
Fábricas	75
Hotéis:	
Comuns	150
Alta classe	250
Hospitais (por leito)	400
Piscina (por banhista)	40
Residências	150
Restaurantes (por refeição servida)	25

B. *Período de detenção.* O período de permanência dos despejos líquidos no tanque séptico tem influência considerável sôbre a sedimentação dos sólidos em suspensão. Quanto maior êsse período, mais será a percentagem de redução dos sólidos em suspensão.

O aumento do período de detenção, entretanto, implica em acréscimo no volume do tanque séptico, conseqüentemente em acréscimo de despêsa.

A simples medida de economia não deverá, porém, conduzir ao extremo de se reduzir, de modo exagerado, o período de detenção.

Recomenda-se dimensionar um tanque séptico, destinado a servir até 30 pessoas para um período médio de detenção dos esgotos igual a 24 horas. Além dêsse limite, as variações de vazão tornam-se menos pronunciadas admitindo-se a redução do período nominal de detenção. (Ver adiante: tanques sépticos para pequenas instituições).

C) *Volume de lôdo.* — As quantidades de lôdo acumuladas em tanques sépticos, após determinado tempo de funcionamento, são extremamente variáveis com as características dos esgotos ali tratados.

Dependem dos hábitos dos indivíduos usuários do tanque, e, como tal, variam de local para local, de habitação para habitação e mesmo, em uma mesma habitação, de época para época.

Dentro das condições nacionais médias, sugere-se adotar o valor de 45 litros de lôdo, por pessoa, por ano, para o dimensionamento de tanques sépticos domiciliários. Para tanques maiores são admitidos valôres mais baixos.

D) *Capacidade* — Do que já se considerou anteriormente, conclue-se que um tanque séptico domiciliário deve ter uma capacidade útil tal que permita a permanência no seu interior, dos esgotos produzidos na habitação a que serve, durante 24 horas em média, acrescida do volume necessário ao armazenamento do lôdo durante um certo tempo, de 1 a 3 anos. A essa capacidade útil se acrescentará um espaço destinado à retenção da escuma e aos gases.

Da capacidade do tanque séptico depende, pràticamente, o funcionamento da unidade e, portanto, a qualidade do seu afluente.

A tendência, que muitas vêzes se nota, em reduzir-se a capacidade das fossas sépticas é uma falsa economia e um convite a aborrecimentos.

É precisamente a insuficiente capacidade o defeito principal de inúmeras fossas sépticas.

Sob pretexto algum, uma fossa séptica será dimensionada com volume inferior ao necessário.

O aumento de cêrca de 50% na capacidade de um tanque séptico, pràticamente duplica o intervalo de tempo entre as operações de limpeza necessárias.

Comparando-se o aumento do custo inicial da instalação, devido ao acréscimo de seu volume, com a economia que é feita pelo menor número de limpezas, dado o custo unitário destas, ter-se-á, então, o procedimento mais conveniente, sob o ponto de vista econômico.

Em favor da liberalidade no se prever a capacidade dos tanques sépticos, fala ainda o fato de que os proprietários, ao menos entre nós, generalizadamente não cuidam de providenciar a sua limpeza no tempo devido.

Êsses tanques quase sempre, só são limpos quando já estão causando aborrecimentos e é pois importante que a sua capacidade seja suficientemente ampla para permitir períodos razoàvelmente longos de trabalho, sem causar aborrecimentos e para prevenir os freqüentes e progressivos entupimentos do sistema de infiltração do efluente, devidos a descargas de lôdo do tanque.

A prática tem demonstrado que é aconselhável admitir-se a capacidade útil mínima de 1.500 litros, mesmo que a necessidade estrita do momento não justifique essa capacidade.

Com pequeno acréscimo de custo consegue-se assim, garantir o perfeito funcionamento da instalação, mesmo quando, por quaisquer circunstâncias, aumentar o número de usuários ou quando um tanto ultrapassado o prazo previsto para a limpeza.

Uma fossa séptica com 1.500 l. de capacidade útil está apta a servir a uma habitação com o máximo de 7 pessoas[3], prevendo-se sua limpeza cada dois anos ou pouco mais.

Em qualquer caso, não haverá nunca vantagem em se instalar um tanque séptico com capacidade inferior a 1.200 litros.

E) *Forma.* "Tanques de igual capacidade embora com formas diferentes, oferecem pràticamente os mesmos resultados".

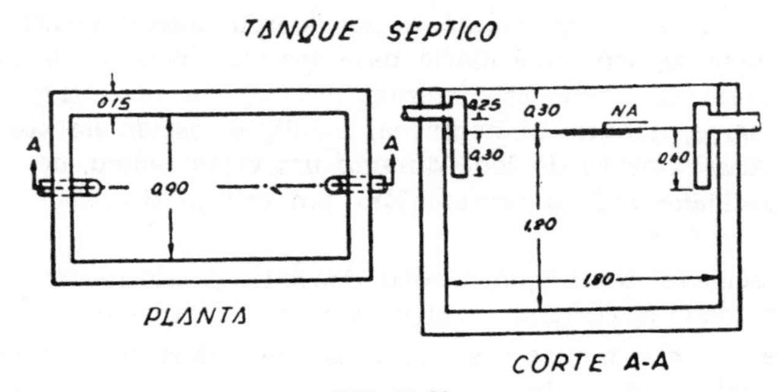

FIG. 10.22

A forma em si, portanto, não afeta o funcionamento da unidade.

São mais comuns os tanques sépticos de secção retangular. (Fig. 10.22).

No Brasil são muito usadas fossas sépticas comerciais, pré-fabricadas, de forma cilíndrica. (Fig. 10.23).

(3) Para casas novas, ainda não ocupadas, pode-se estimar o número de pessoas, e conseqüentemente a contribuição dos esgotos, em função do número de dormitórios. Dentro dêsse critério uma fossa de 1.500 l. de capacidade útil poderá servir a uma habitação de até 3 dormitórios.

F) *Compartimentação.* Tem sido constatado que a compartimentação de um tanque séptico, isto é, a sua divisão em câmaras, por meio de paredes, septos, cortinas, chicanas ou outros dispositivos semelhantes, tem efeito benéfico sôbre a eficiência do mesmo.

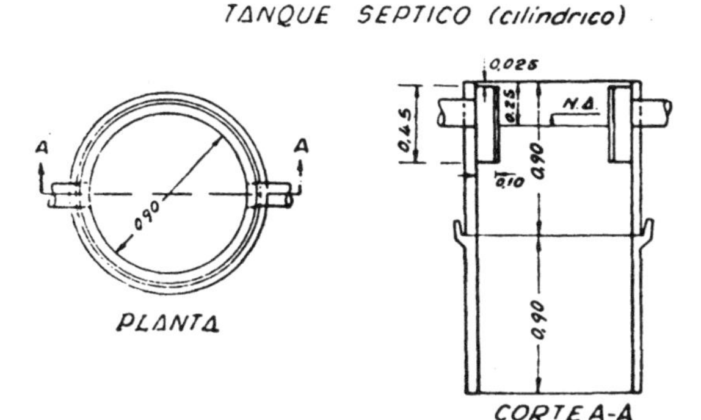

FIG. 10.23

A divisão do tanque em câmaras, permite concentrar a maior parte do lôdo no compartimento de entrada, de modo a que êsse lôdo sirva como um verdadeiro meio de cultura para o esgôto influente, aumentando-se assim a remoção dos sólidos em suspensão pela floculação e pelo maior contacto superficial.

Além disso, a passagem dos esgotos para compartimento ou compartimentos subseqüentes, onde novos períodos de quiescência se verificam, favorece a sedimentação.

O assunto ainda carece estudos mais aprofundados, sobretudo quanto ao número de compartimentos desejável e as respectivas dimensões, entretanto, pode-se, de momento, concluir que:

a) Há vantagem na compartimentação.

b) É aconselhável o uso de tanques sépticos com dois compartimentos iguais ou, de preferência nos quais o primeiro tenha 2/3 da capacidade total do tanque.

Não se deve porém inferir disso que tanques sépticos sem divisões ou separações, isto é, constituidos por uma única câmara, desde que bem dimensionados, não apresentem eficiência satisfatória. Para solos com boas características de absorção, um sistema de disposição por infiltração no terreno, construido em seguida a um tanque não compartimentado, poderá ter duração plenamente satisfatória. Entretanto, para casos de solos fracamente permeáveis, quando haverá inegáveis vantagens em se conseguir maior redução de sólidos em suspensão no tanque séptico, há conveniência no uso de tanques compartimentados.

Em particular, recomenda-se principalmente a compartimentação para unidades maiores, de comprimento acima de 2,70 m.

As Figs. 10.24 e 10.25 mostram tanques com 2 e com 3 compartimentos.

G) *Dimensões — Suas relações.* Para que um tanque séptico, com capacidade conveniente, apresente uma melhor eficiência, as suas dimensões deverão guardar, entre si, certas relações.

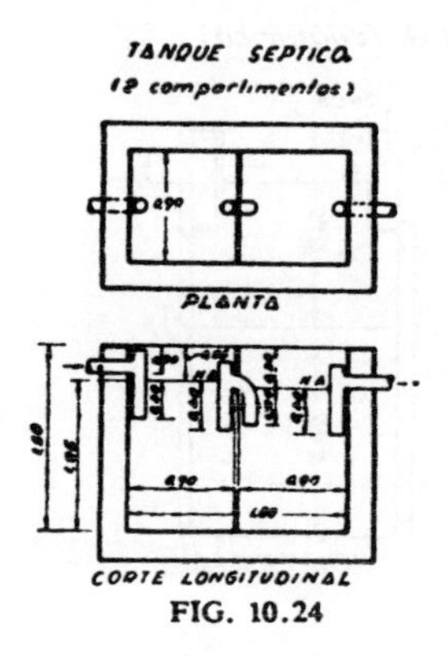

FIG. 10.24

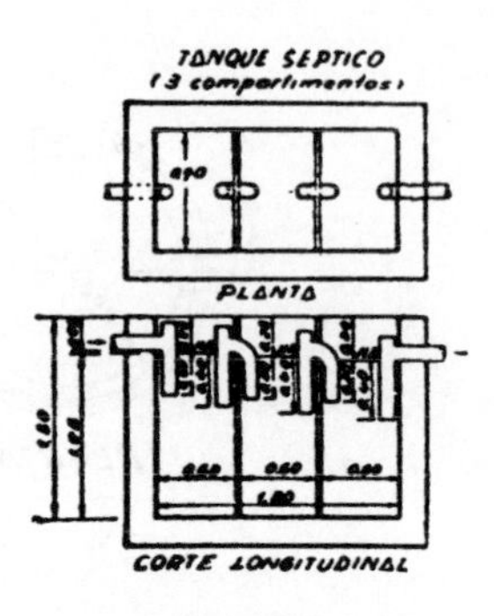

FIG. 10.25

Em fossas sépticas muito rasas, a secção transversal ficará reduzida, pelo acúmulo de lôdo. Se a fossa fôr muito profunda, as demais dimensões tornam-se inconvenientemente pequenas, facilitando a formação de correntes diretas da entrada para a saída. Em fossas muito estreitas, a velocidade poderá ser muito grande, prejudicando, assim, a sedimentação. Fossas muito largas, possibilitam a formação de zonas mortas, reduzindo-se, de certa forma, a capacidade do tanque.

Recomenda-se adotar, para os tanques sépticos domiciliários, uma profundidade tal que a altura do líquido (altura útil) seja de 1.20 m preferencialmente, e, em qualquer caso, nunca inferior a 0.80 m. A essa altura útil, será acrescido um espaço livre de cêrca de 20 centímetros, para acúmulo de escuma e gases.

Ter-se-á, assim, uma profundidade total de 1,40 m.

Para as demais dimensões aconselha-se prevê-las de modo a se ter uma relação comprimento-largura de 2:1 aproximadamente, no caso de tanques de secção retangular.

Em tanques domiciliários cilíndricos, o diâmetro deverá ser da ordem de 1.20 m.

H) *Dispositivos de entrada e saída e de intercomunicação entre compartimentos.* A entrada dos esgotos nos tanques sépticos e, bem assim, a saída do líquido efluente dos mesmos, podem ser feitas por meio de simples tubulações ou se recorrerá a dispositivos especiais que melhorarão as condições de sedimentação, evitando passagens diretas de entrada para a saída e prevenirão a passagem de escuma para o sistema de disposição do efluente.

Dentre todos os dispositivos que podem ser usados, recomenda-se o emprêgo das conexões comumente conhecidas como "tês". (Fig. 10.22).

Empregam-se, geralmente, "tês" de ferro fundido ou de cimento amianto, de 10 cm (4') de diâmetro.

Os seguintes detalhes serão observados:

desnível entre o tê de entrada e o tê de saída: 5 cm;
submersão do tê de entrada: 30 cm;
submersão do tê de saída: 35 cm.

Quanto à intercomunicação entre câmaras, no caso te tanques sépticos compartimentados, a experiência indica que o uso de "tês" e curvas, de f.º f.º ou cimento amianto, de 10 cm de diâmetro, conjugados, de modo a se ter um "U" invertido (Figs. 10.24 e 10.25) dá melhores resultados.

Na prática, entretanto, os simples tês ou mesmo um orifício praticado nas paredes divisórias dos compartimentos, satisfaz.

I) *Ventilação.* Para o escape dos gases produzidos durante a decomposição anaeróbia que se processa no tanque séptico e para contrôle do mau cheiro, o tanque deve ser provido de um sistema de ventilação.

Recomenda-se ventilar a fossa séptica através do próprio sistema ventilador da instalação predial.

Outros processos consistem na instalação de ventilação na tubulação de entrada ou ainda na própria cobertura do tanque séptico. Não apresentam vantagem.

J) *Cobertura.* As fossas sépticas devem ser cobertas por meio de lajes de concreto, preferencialmente. Essas lajes podem ser pré-moldadas ou fundidas no próprio local. Sua espessura será no mínimo de 7 a 8 cm e nelas deverão ser previstas aberturas, uma no mínimo, para inspecção e limpeza do tanque.

Quando houver uma única abertura, o que só é admissível em tanques não compartimentados, esta deverá ficar sôbre a região de entrada do tanque, onde é maior o acúmulo de lôdo. As aberturas de inspeção terão, no mínimo 60 cm de espaço livre. Especial atenção deverá ser emprestada às tampas dessas aberturas, de modo que possam ser removidas sem demasiado esfôrço. É conveniente dotá-las de ganchos.

Operação e manutenção: Devido à grande simplicidade do funcionamento do tanque séptico, também sua operação e manutenção são muito simples.

Nem por serem simples, entretanto, devem ser descuradas.

"Uma das maiores fontes de aborrecimentos, em um sistema de tanque séptico, é a negligência na manutenção".

Os seguintes aspectos devem ser considerados:

A) Espécies de líquidos que podem convergir para o tanque: — Para um sistema de tanque séptico podem e devem ser encaminhados todos os despejos líquidos da habitação. Deve, entretanto, ser completamente evitada a introdução de águas pluviais e de águas de infiltração do sub-solo.

Despejos contendo substâncias tóxicas ou desinfetantes fortes, soda cáustica, por exemplo, não devem ser admitidos no tanque, pois podem perturbar o tratamento realizado e prejudicar o sistema de disposição do efluente.

Esgotos contendo sabões e detergentes usuais, nas concentrações comumente utilizadas, 20 a 50 miligramas por litro, não prejudicam o sistema.

Para habitações dotadas de aparelhos trituradores de lixo nas pias de cozinhas, ainda bastante raras no Brasil, deverá ser previsto aumento de 50% no volume do tanque.

B) Limpeza do tanque: É esta uma questão da maior importância. Precisamente porque a ela não se empresta, muitas vêzes, a atenção que merece, é que ocorrem freqüêntes insucessos com sistemas de tanque séptico. O simples fato de que as fossas sépticas, por desleixo dos seus responsáveis, nem sempre são limpas quando necessário, foi mencionado como um dos fatôres que aconselham liberalidade no se prever a capacidade das mesmas. Não se pode estabelecer uma regra fixa sôbre a época em que um tanque séptico deverá ser limpo. Normalmente, como se viu, as fossas sépticas são dimensionadas prevendo-se a limpeza, isto é, a retirada do lôdo acumulado, dentro de intervalos de tempo que variam de 1 a 3 anos. Se o sistema funcionasse sempre dentro das condições médias de projeto, seria possível estipular, com uma certa segurança, a ocasião em que a limpeza deveria ser feita. Sucede, entretanto, haver períodos em que a contribuição dos esgotos se afasta, para mais ou para menos, do valor médio tomado para o dimensionamento do tanque séptico.

Por isso, é conveniente a inspecção anual periódica das fossas sépticas. Como regra geral, um tanque séptico domiciliário deve ser limpo quando a espessura das camadas de lôdo e escuma, somadas, atingir a 50 cm ou mais.

A presença de sólidos sedimentáveis, visíveis a ôlho nú, no efluente do tanque é indício de que a capacidade dêste já está ultrapassada e de que necessita, portanto, de urgente limpeza.

A operação de limpeza consiste em esvaziar o conteúdo do tanque, geralmente a balde, ou mesmo por bombeamento, em fossas maiores, dando-se ao lôdo ali acumulado um destino conveniente.

Durante a limpeza, entretanto, não deverá ser retirado todo o lôdo armazenado. É aconselhável deixar-se uma certa quantidade, 20 a 50 litros, que vai servir para facilitar o início da digestão, quando o sistema entrar novamente em funcionamento.

Essa prática é melhor do que a introdução no tanque de fermentos ou outros produtos similares, com a mesma finalidade.

Uma vez estabelecida a digestão não há conveniência comprovada em se adicionar qualquer produto para acelerá-la, desde que a decomposição anaeróbia se processa natural e convenientemente no tanque séptico.

Tanques sépticos para pequenas instituições.

O sistema de tanques sépticos, como processo de tratamento de esgotos, pode ser usado, em zonas de população não muito adensada, para servir, como já foi dito, até 300 pessoas. Além dêsse limite, aconselha-se adotar tanques Imhoff. É raro porém o emprêgo de tanques sépticos quando o número de pessoas servidas ultrapassa a 100.

É o tanque séptico, solução aplicável a certas pequenas instituições como escolas, hospitais, etc. Muito embora o funcionamento dessas unidades maiores, se processe segundo os mesmos princípios que regem o funcionamento das fossas sépticas domiciliárias, certos critérios de projeto deverão ser reexaminados.

Os tanques sépticos de pequenas instituições estão sujeitos a maiores flutuações de descarga. Assim êles serão dimensionados em função de períodos de detenção mais reduzidos.

Sendo, geralmente, a manutenção dêsses tanques melhor cuidada, não haverá tanta necessidade de serem previstas folgas que compensem a demora na limpeza, como se tinha aconselhado para os tanques domiciliários.

Na figura 10.26 é apresentado um gráfico para o dimensionamento de tanques sépticos destinados a servir a pequenas instituições, para contribuições diárias entre 5 a 15 m³.

Faire e Geyer propõem uma relação empírica que permite determinar o período de detenção, em função do número de pessoas e da contribuição diária de esgotos por pessoa:

$$t_1 = 1{,}5 - 0{,}3 \log P.\,q$$

sendo:

t_1 = período de detenção em dias

P = número de pessoas servidas

q = contribuição de esgotos, em l/pessoas.dia

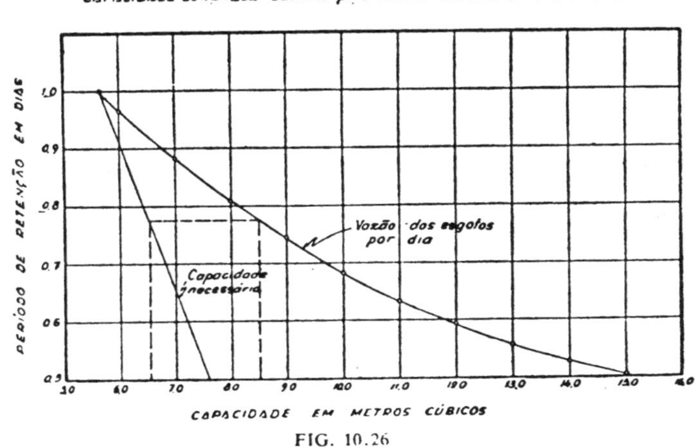

FIG. 10.26

Segundo Azevedo Neto (Ref. 3), essa expressão é aplicável satisfatòriamente até cêrca de 150 pessoas. Dêsse número para mais, é recomendável adotar-se um valor mínimo constante para o tempo de detenção.

O período de detenção, em nenhum caso, deverá ser inferior a 4 horas.

Disposição do efluente de tanques sépticos.

O efluente de um tanque séptico não é um liquido inofensivo. Muito ao contrário. É sòmente um líquido clarificado, de cheiro e aspecto desagradáveis que ainda contém matérias putrescíveis em grande quantidade, conseqüentemente BOD ainda apreciável. É um líquido potencialmente perigoso à saúde, pois contêm bactérias patogênicas, cistos e ovos de helmintos.

Nessas condições, não pode ser lançado indiscriminadamente em qualquer lugar, sem graves riscos à saúde pública.

Deve, necessária e imperiosamente, receber um destino final adequado.

Processos de disposição — O destino final do efluente de um tanque séptico deve ser a infiltração no terreno.

A prática de lançá-lo em cursos de água não é satisfatória pelos inconvenientes que acarreta da poluição, e eventual contaminação, dos mesmos. Além disso, êsse processo, como é óbvio, exige a existência de um curso de água no local, o que nem sempre ocorre.

O tratamento do efluente em filtros de areia, em leitos percoladores e mesmo em filtros biológicos de baixa capacidade, tem sido feito em alguns casos. (Para detalhes consultar Reg. 16 e 19).

Em geral porém, não constitue solução econômica e teòricamente recomendável para a grande maioria dos casos nos quais o sistema de tanque séptico é usado: habitações isoladas em zonas suburbanas e rurais e pequenas instituições, em áreas não providas de rêdes públicas de esgotamento.

Para a disposição do efluente de tanques sépticos no solo, por infiltração, os seguintes processos podem ser usados:

a) poços absorventes;

b) irrigação sub superficial;

c) trincheiras filtrantes.

Os poços negros e fossas de grande diâmetro escavadas até atingir o lençol d'água) cujo emprêgo é bastante difundido no Brasil, constituem uma solução condenável sob o ponto de vista sanitário, pelos perigos que acarretam de poluição do lençol de água freático, alimentador de poços rasos e fontes. Só poderão ser tolerados em circunstâncias especialíssimas. Por êsse motivo, êles não serão siquer considerados neste capítulo.

Reconhecimento da capacidade de absorção dos solos — Ensaio de infiltração.

De todos os múltiplos fatôres que podem exercer influência no projeto é construção de um sistema de disposição do efluente de tanques sépticos, é, sem dúvida, a capacidade de absorção do solo o mais importante e aquêle que, por si só é capaz de condicionar tôda a solução do problema.

Todo sistema de disposição do efluente de tanque séptico que não fôr baseado nas peculiares características de absorção do solo, estará, certamente, arriscado a ter vida efêmera e, fatalmente, produzirá maus resultados.

O problema que se apresenta consiste em determinar a área de terreno necessária para a absorção do efluente, de modo a que a matéria orgânica presente seja oxidada, e tornada inofensiva, pela ação de bactérias aeróbias do solo.

O primeiro passo para se resolver êsse problema deve ser pois, a determinação do grau de permeabilidade do terreno. Essa determinação não pode ser feita em têrmos de máximo rigor. A capacidade de um determinado terreno em absorver líquido efluente de tanques sépticos pode apenas ser estimada com certa aproximação.

Essa estimativa pode ser feita mediante vários processos, todos êles sujeitos a limitações. Entre êles citam-se a estimativa em têrmos da textura dos solos e com base na côr dos mesmos.

Na técnica sanitária, entretanto, prefere-se empregar o chamado "Ensaio de Infiltração", cujos princípios foram desenvolvidos por Henry Ryon em 1926 e que, com ligeiras modificações, é ainda hoje, o melhor processo de que se dispõe para se poder conhecer o comportamento dos terrenos quando nêles é lançado o efluente de tanques sépticos.

Por êsse ensaio medimos a velocidade de infiltração da água limpa no solo. Ryon estabeleceu relações empíricas, através das quais se pode estimar a área de absorção necessária, para o efluente de um tanque séptico, com base na infiltração da água limpa.

Em linhas gerais, o ensaio de infiltração como foi ideado por Ryon consiste em:

a) Escavar um buraco de secção quadrada, de 36 cm de lado, na profundidade em que se pretende lançar o efluente [4].

b) Encher o buraco com água limpa.

c) A partir do momento em que o nível d'água estiver a uma profundidade de 15 cm., contada da superfície do solo, medir o tempo que leva para baixar cada 2,5 cm (1"). Êsse tempo é o chamado "tempo de infiltração", e representa-se, normalmente, por *t*.

Visando facilitar a execução do ensaio de infiltração e, bem assim, a obtenção de resultados mais a favor da segurança e mais condizentes com a realidade, recomenda-se:

a) Substituir o buraco de secção quadrado, por um circular, de 10 cm de diâmetro, que pode ser aberto a trado ou broca.

b) Saturar de umidade o solo, fazendo com que o buraco permaneça com água durante algum tempo.

c) Adotar, como valor do tempo de infiltração, o maior tempo medido, correspondente à menor velocidade de infiltração.

É conveniente também que o ensaio de infiltração não se limite a escavação de um único buraco, mas sim que vários sejam abertos na área escolhida para a disposição do efluente.

---

(4) No caso de serem utilizados poços absorventes, a profundidade do ensaio deve ser a metade daquela a que se pretende levar o poço.

Na Tabela II são apresentados os tempos de infiltração, segundo Ryon, para diversos tipos de solo.

TABELA II

Tempos de infiltração

Solo	Tempo de infiltração
Areia grossa limpa	13 segundos a 1 minuto
Cinzas, carvão	30 " a 1 "
Cascalho e argila com poros não cheios	13 " a 45 segundos
Areia fina	2 minutos a 5 minutos
Areia com argila	5 " a 10 "
Argila com pouco de areia	30 " a 60 "
Argila compacta ou rocha decomposta	2 horas a 5 horas

10.3.3. — *Poço absorvente.*

O poço absorvente (Fig. 10.27) consiste em um buraco, aberto no solo, com diâmetro entre 1,50 m e 1,80 m e cuja profundidade, variável com o volume do efluente e com a natureza do terreno, não deverá nunca ultrapassar a cota de 1 m acima do nível do lençol de água.

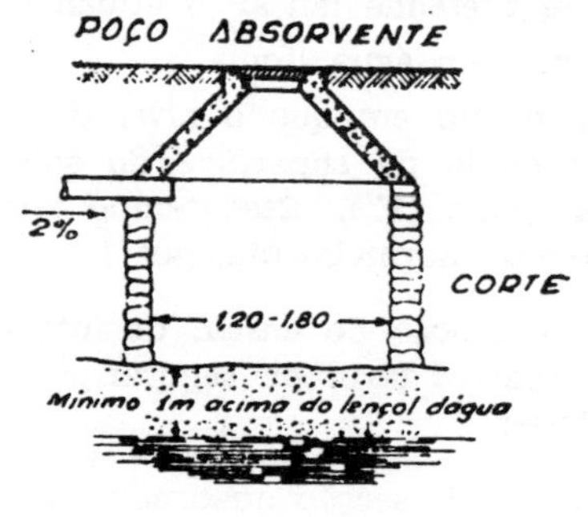

FIG. 10.27

A êsse poço vem ter o efluente do tanque séptico, conduzido em tubulação, geralmente manilhas de barro vidrado, com juntas tomadas e com uma declividade mínima de 2%.

A disposição do líquido efluente do tanque séptico é feita por infiltração no terreno através das paredes do poço.

As paredes do poço devem ser protegidas, para evitar desmoronamentos, por pedras ou tijolos que, no entanto, não terão as juntas tomadas, para permitir a infiltração.

Na parte superior, o poço absorvente deve ser coberto, e de preferência por uma lage de concreto removível.

Os poços absorventes deverão ser localizados a 30 m no mínimo, de qualquer manancial de suprimento de água.

O poço absorvente é uma solução bastante encontradiça para o problema do destino do efluente de fossas sépticas pelo seu baixo custo e por não exigir grandes áreas de terreno.

É, entretanto, um dispositivo de certa forma precário dada a sua vida relativamente curta, pois as suas paredes logo se colmatam.

Para aumentar o tempo de uso dos poços absorventes, é aconselhável a construção de dois poços em série, comunicados entre si, porém afastados de cêrca de 3 m um do outro.

O mesmo recurso pode ser usado quando o cálculo da área de absorção necessária conduzir a um poço de profundidade muito grande.

A capacidade do poço absorvente, isto é, a área de absorção necessária, deve ser determinada com base nos resultados de ensaio de infiltração prèviamente executado.

Só se considera como área de absorção útil aquela dada pelas paredes do poço. O fundo não é levado em conta, pois muito ràpidamente se colmata. É um critério a favor da segurança.

A carga permissível de esgotos, em um poço absorvente, por dia e por unidade de área pode ser obtida pela fórmula empírica de Federick (Ref. 6):

$$Q = \frac{280}{\sqrt{t}}$$

onde:

Q = carga permissível de esgotos, em $l/dia.m^2$

t = tempo de infiltração, revelado pelo ensaio respectivo, em minutos.

Na Tabela III são apresentadas áreas de absorção recomendáveis em poços absorventes para efluentes de fossas sépticas domiciliárias.

TABELA III

Áreas de absorção em poços absorventes

(paredes do poço)

Tipo de solo	Área de absorção por dormitório (m^2)
Areia grossa ou pedregulho	1,80
Areia fina	2,80
Areia com argila	4,50
Argila com muita areia ou pedregulho	7,40
Argila com pouca areia ou pedregulho	14,90
Argila compacta, rocha e outros solos impermeáveis	impraticável a solução por poços absorventes

Jezler (Ref. 9) sugere um método prático para o dimensionamento de poços absorventes, partindo da relação empírica de Federick:

Sendo,

D = diâmetro do poço

p = profundidade do poço

Q = carga permissível de esgotos por dia e por área, em l/dia.m²

t = tempo de infiltração, em minutos (mínimo de 1 minuto)

q = contribuição de esgotos por pessoa, por dia, em litros

N = número de pessoas contribuintes

a = área de absorção necessária por pessoa, em m²

A = área total necessária, em m²

Tem-se

$$A = Na = N \frac{q}{Q}$$

ou, substituindo o valor de Q pelo dado na expressão de Federick:

$$A = N \frac{q}{280/\sqrt{t}}$$

e ainda, adotando-se para q o valor de 150 l, como se recomendou anteriormente,

$$A = \frac{150}{280/\sqrt{t}}$$

o que dá finalmente, para a área total de infiltração necessária, aproximadamente, a relação

$$A \cong N \frac{\sqrt{t}}{2}$$

Para a profundidade (p) do poço ter-se-á:

$$A = \pi D_p = \frac{N}{2} \sqrt{t}$$

d'onde

$$p = \frac{N\sqrt{t}}{2\pi D}$$

e, fixando-se D entre 1,50 e 1,80 m

$$2\pi D \cong 10$$

logo

$$p = \frac{N}{10} \sqrt{t}$$

Para o caso de poços absorventes que recebem efluentes de tanques sépticos servindo instituições, recomenda-se adotar 0,2 a 1,0 m^2 como área de absorção per capita, conforme a maior ou menor permeabilidade do terreno.

Irrigação subsuperficial: Consiste em um sistema de canalizações assentadas sob condições que permitam a dispersão do efluente nas camadas subsuperficiais do solo, onde o mesmo é absorvido e a matéria orgânica, nêle presente, é estabilizada.

Essa estabilização se dá à custa de ação oxidante de bactérias aeróbias, ditas nitrificantes, presentes em grandes quantidades nas primeiras camadas do solo.

A infiltração subsuperficial é o processo mais conveniente para a disposição do efluente de um tanque séptico.

Exige, entretanto, áreas consideràvelmente maiores do que os poços absorventes e, é solução dispendiosa. Por isso, o seu emprêgo nem sempre é possível. A sua aplicabilidade e eficiência são particularmente condicionadas à capacidade de absorção dos solos.

Para a construção de um sistema de irrigação ou infiltração subsuperficial podem ser usados tubos de 10 cm de diâmetro, de concreto, de cimento amianto ou de cerâmica vidrada.

Êsses tubos devem ser assentados à uma profundidade entre 50 e 60 cm para permitir ação mais intensa das bactérias nitrificantes do solo.

À exceção dos 4 ou 5 primeiros tubos da linha de irrigação, que deverão ser unidos e com as juntas devidamente tomadas, para evitar vazamentos, todos os demais serão colocados espaçados uns dos outros, com um intervalo de 0,5 a 1 cm, para permitir a infiltração do líquido no terreno. As juntas serão, entretanto, parcialmente cobertas, em geral com papel grosso ou outro material apropriado, a fim de evitar a entrada de terra, que recobre a tubulação, no interior da mesma.

Quando se dispuzer de tubos porosos — tubos especiais para drenos — evidentemente não haverá necessidade dêsse afastamento entre os tubos.

As linhas de irrigação deverão ter uma declividade máxima de 0,50%, sendo recomendada, para os casos gerais, a declividade de 0,25%.

Os tubos serão assentados em um leito de cascalho, pedregulho ou pedra britada com diâmetros de 1 a 6 cm. Êsse material deverá se estender, no mínimo até 10 cm abaixo dos tubos e 5 cm acima dos mesmos. Êsse leito tem por fim facilitar a absorção, tornando-a mais rápida.

Para o assentamento dos tubos serão abertas valas comuns, notando-se, entretanto, que a largura das mesmas, no fundo, é da maior importância:

Apenas o fundo da vala deve ser considerado, para efeito de área de absorção.

A largura do fundo das valas deve estar compreendido entre 30 e 75 cm.

É bastante recomendável a largura de 45 cm.

Após o assentamento dos tubos, nas condições já descritas, as valas devem ser terminadas de encher com terra natural.

A Fig. 10.28 mostra, em cortes, a disposição esquemática de uma linha de irrigação subsuperficial.

Recomenda-se que uma linha de irrigação subsuperficial não tenha extensão maior do que 30 m e, preferìvelmente, não exceda 20 m.

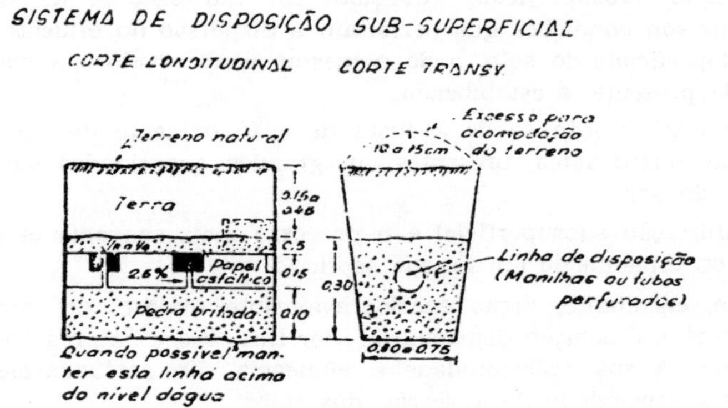

FIG. 10.28

Quando houver necessidade de maiores extensões, ou quando as dimensões do terreno disponível para êsse fim não permitam a construção da linha com o comprimento necessário, a solução indicada é o emprêgo de mais de uma linha.

Nesse caso, a regularização das vazões de escoamento em tôdas as linhas do sistema deve ser feita por meio de dispositivos denominados caixas de distribuição. (Fig. 10.29).

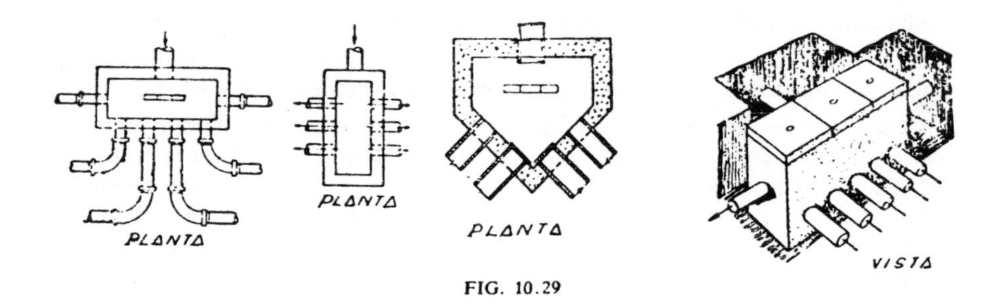

FIG. 10.29

Êsse dispositivo consiste em uma caixa, construida em concreto ou em alvenaria de tijolos, na qual é descarregado o efluente do tanque séptico e de onde é êle distribuido para as linhas de infiltração.

A caixa de distribuição deve ser ligada ao tanque séptico por canalização de 10 cm de diâmetro, com juntas tomadas, tendo uma declividade mínima de 2%.

A secção mais comum das caixas de distribuição é a retangular, mas outras podem também ser usadas.

No caso da caixa retangular as dimensões mais usuais são, largura de 45 a 50 cm, comprimento de 60 a 75 cm e altura de 40 a 50 cm.

A canalização influente deve ficar a 5 cm acima do fundo da caixa. As saídas para o sistema de disposição poderão ser ao nível do fundo, ou pouco acima.

É importante que tôdas as saídas fiquem a um mesmo nível em relação ao fundo da caixa.

As caixas de distribuição servirão também como inspeção para se verificar as características do efluente do tanque séptico.

Assim, elas deverão ser providas de tampas removíveis. (Fig. 10.29).

A área de absorção para o efluente de um tanque séptico em um sistema de disposição subsuperficial, depende fundamentalmente das características de permeabilidade do solo e deve, portanto, ser determinada em função dos resultados do ensaio de infiltração.

O sistema não deve ser usado quando se trate de terrenos fortemente argilosos ou outros de muito baixa capacidade de absorção. Isto é, não se aplicará quando o tempo de infiltração, revelado pelo respectivo ensaio, fôr superior a 60 minutos, quando, então, será substituído pelo processo de "trincheiras filtrantes".

Na Tabela IV são apresentadas as áreas de absorção recomendáveis.

TABELA IV

Áreas de absorção necessárias para sistemas de irrigação subsuperficial

Tempo de infiltração t, em minutos	Área de absorção necessária no fundo das valas	
	Tanques sépticos domiciliários (por dormitório) m^2	Tanques sépticos para pequenas instituições (por pessoa) m^2
2 ou menos	4,50	0,80
3	5,50	1,00
4	6,50	1,10
5	7,50	1,20
10	9,00	1,70
15	12,00	2,00
30	16,50	2,80
60	22,00	3,50
maior que 60	não se aconselha o sistema	não se aconselha o sistema

Sendo as áreas indicadas na tabela cêrca de três vêzes maiores que as correspondentes no caso da solução por poços absorventes, para tanques sépticos domiciliários, ter-se-ia, de acôrdo com o proposto por Jezler, a área expressa por:

$$A = 3N \frac{\sqrt{t}}{2}$$

Critério aproximado para dimensionar um sistema de irrigação subsuperficial, quando não se disponha de resultados de um ensaio de infiltração, é aquêle que consiste em estimar a extensão das linhas em têrmos do número de pessoas contribuintes do sistema. Podem assim, ser adotados os valores de 6 a 8 m de canalização, por pessoa, no caso de tanques domiciliários, e de 1 a 4 m por pessoa, em tanques de pequenas instituições. Em ambos os casos, os comprimentos sugeridos referem-se a valas com 0,45 m de largura no fundo.

Como observações ou recomendações no sentido de proporcionar um bom funcionamento e maior longevidade a um sistema de disposição subsuperficial, será notado o seguinte:

No caso de mais de uma linha de filtração, tôdas devem ter, preferìvelmente, o mesmo comprimento.

Para permitir uma boa ventilação, as linhas poderão terminar em pequenos poços de 90 cm de diâmetro, que serão cheios de cascalho ou carvão.

Nenhuma linha de irrigação subsuperficial ficará a menos de 30 m de qualquer fonte de suprimento de água.

Com o fim de prevenir a intromissão de raízes nos tubos, deve-se evitar a proximidade de árvores.

O crescimento de gramas no campo de infiltração é desejável, pois auxilia a absorção do líquido efluente de tanques sépticos.

A construção de sistemas de irrigação subsuperficial que funcionem em duas secções alternadamente (metade das linhas de cada vez), favorece a longevidade dos mesmos.

O emprêgo de tanques fluxíveis, em seguida ao tanque séptico, é recomendável para se obter boa distribuição do efluente no campo de infiltração. O custo dêsses dispositivos, faz entretanto, com que não seja compensador o seu emprêgo para sistemas domiciliários. Aconselha-se usar tanques fluxíveis quando a extensão total das linhas fôr maior do que 150 m ou quando se tratar de tanques sépticos de mais de 5.000 l de capacidade.

A Fig. 10.30 mostra uma vista de conjunto de um sistema de tanque séptico com disposição de seu efluente por infiltração subsuperficial.

Trincheiras filtrantes: — Quando as características de permeabilidade do solo não permitirem o emprêgo do processo de irrigação subsuperficial, o que se dará sempre que o "tempo de infiltração" fôr maior que 60 minutos, deve-se usar o processo de trincheiras filtrantes.

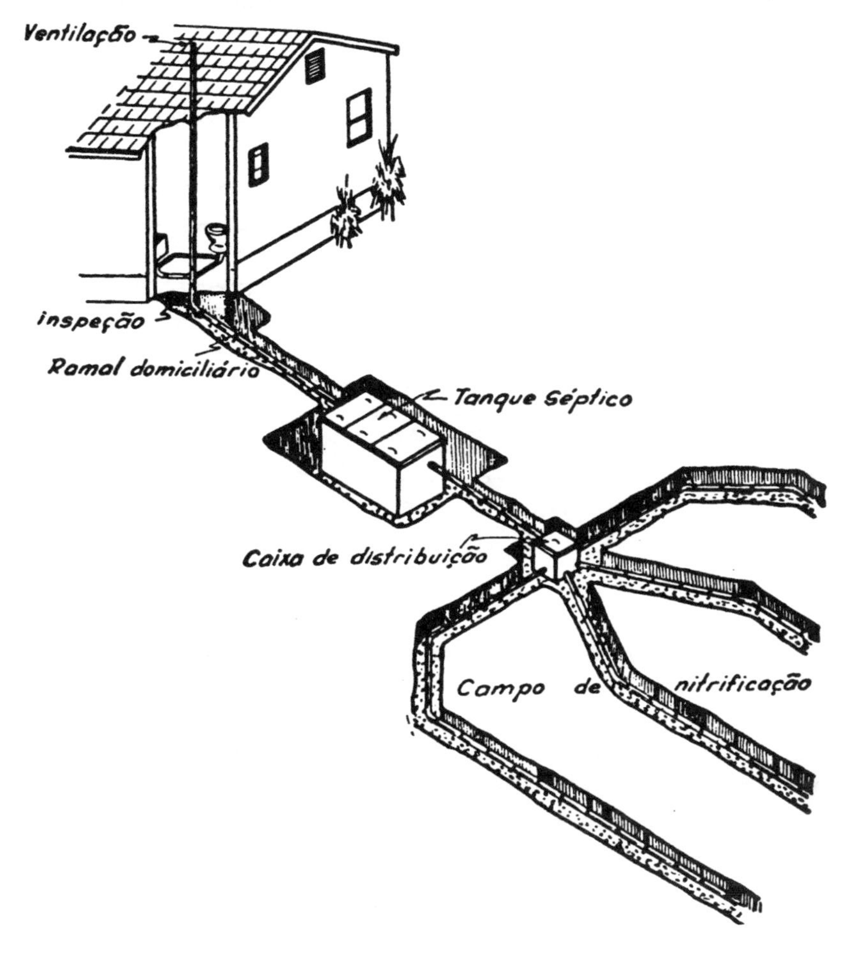

FIG. 10.30

Êste sistema consiste no assentamento de duas linhas de canalizações assentes uma sôbre a outra, tendo de permeio, entre ambas, um leito de areia fina (Fig. 10.31).

A tubulação superior funciona da mesma forma que uma linha de infiltração subsuperficial como foi descrita antes, enquanto que a canalização inferior atua como um sistema de drenagem, coletando o líquido dispersado, após ter êste sofrido já uma filtração através do leito de areia, e conduzindo-o, finalmente, a um destino conveniente que, poderá ser um curso de água, um poço absorvente, ou um lançamento qualquer, indiscriminado.

O líquido assim disposto apresenta um alto grau de depuração.

Tanto os tubos da linha distribuidora como da coletora devem ter diâmetro de 10 cm e podem ser dos mesmos materiais já mencionados para os sistemas simples de disposição subsuperficial.

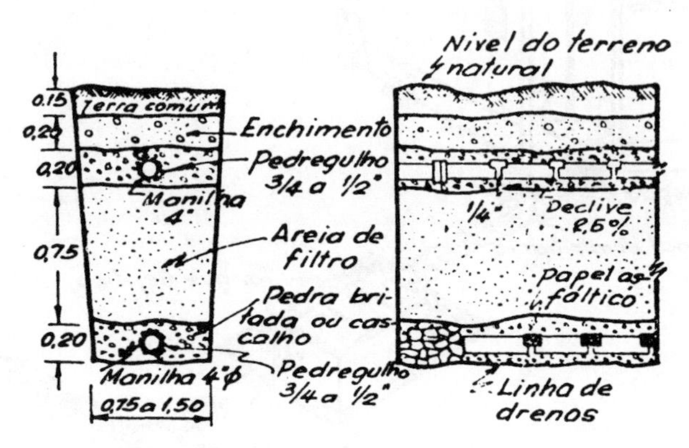

FIG. 10.31

Ambas as linhas deverão ser assentadas em uma camada de cascalho ou pedregulho.

A camada filtrante deve ter, aproximadamente, 75 cm de espessura e a areia obedecerá as características seguintes: tamanho efetivo entre 0,25 e 0,50 mm e coeficiente de uniformidade não maior do que 4.

A área de absorção é dada pela secção transversal média da vala, cuja largura, no fundo, deverá estar compreendida entre 0,75 e 1,50 m.

A taxa de aplicação máxima recomendável é de 50 l/m² de areia por dia.

De um modo geral aplicam-se às trincheiras filtrantes tôdas as recomendações e observações feitas com respeito às linhas de irrigação subsuperficial.

10.4.0. — BIBLIOGRAFIA

1 — ASSOCIAÇÃO BRASILEIRA DE CIMENTO PORTLAND: *"Fossas Sépticas"*, Boletim N.º 28, 2.ª edição, (1953).

2 — AZEVEDO NETTO, J. M.: *"O destino das águas de esgotos de prédios escolares em zonas desprovidas de coletores"*; "Engenharia", VII, *83*, 505-513 (julho 1949).

3 — AZEVEDO NETTO, J. M.: *"Tanques Sépticos"*, (notas de aula mimeografadas); Fac. Higiêne e Saúde Pública, S. Paulo, (1959).

4 — CASTELO BRANCO, Z.: *"A determinação do coeficiente de percolação"*, Revista do SESP, VIII, *1*, 271-276 (dezembro 1955).

5 — EHLERS, V. M. e STEEL, E. W.: *"Saneamento Urbano e Rural"*, tradução de M. T. Brandão; Ministério da Educação e Saúde, Instituto Nacional do Livro, Imprensa Nacional, Rio de Janeiro, (1948).

6 — FEDERICK, J. C.: *"Soil Percolation Rates and Soil Characteristics"*, Public Works, 46-48 (julho 1952).

7 — GARCEZ FILHO, J. M.: *"Tanque Séptico e Disposição de seu Efluente"*. "Engenharia", VII, *140*, 333-346 (julho 1954).

8 — GARCEZ FILHO, J. M.: *"Tanque Séptico"*, (capítulo do livro de Engenharia Sanitária, por professores brasileiros, inédito), (1957).

9 — JEZLER, H.: Notas de aula; (não publicadas), E. P. U. S. P., (1955).

10 — KIKER JR., J. E.: *"New Developments in Septic Tank Systems"*; Proceedings A. S. C. E., Journal of the Sanit. Eng'g Division, *82*, 1088, (N.º SA 5), (Outubro 1956).

11 — MARTIN, H. A.: *"Design Retails for Individual Sewage Disposal Systems"*; Proceedings ASCE, Journal Sanit. Eng'g Div., *84*, 1715, (N.º SA 4), (julho 1958).

12 — MAC KENZIE, V. C.: *"Research Studies on Individual Sewage Disposal Systems"*; A. J. P. H., *42*, 4, 411-416 (abril 1952).

13 — O. M. S.: *"Plans et Fonctionement des Fosses Septiques"*, 3ème. Colloque des Ingenieurs Sanitaires Européens; Monograph Series N.º 18, OMS, Genebra (1954).

14 — O. M. S.: *"Expert Committee on Environmental Sanitation"*. Techinical Report Séries, 77, 9, 8, 17 (1954).

15 — RUIZ, P.: *"Algunas Experiencias en la Construcción de Letrinas"*; Rev. AIDIS, *12*, 2, 146-164 (outubro 1958).

16 — SALVATO JR., J. A.: *"Environmental Sanitation"*; John Wiley and Sons Inc., New York, 1958.

17 — SANCHES, W. R. e WAGNER, E. G.: *"Experience withe Excreta Disposal Programmes in Rural Areas of Brasil"*; Buul. W. H. O. *10*, 229-249, (1954).

18 — WAGNER, E. G.: *"Engenharia Sanitária no Vale do Amazonas"*, Revista do SESP, *1*, 87, (1947).

19 — WAGNER, E. G. e LEUOXIS, J. N.: *"Excreta Disposal for Rural Areas and Small Communities"*, W. H. O., Monograph Séries, N.º 39, Genebra (1958.

11.0.0. — INSTALAÇÕES PREDIAIS

11.1.0. — GENERALIDADES

a) Definição: Deve-se entender por "instalações prediais de águas e esgotos" o conjunto de canalizações, aparelhos, conexões, peças especiais e acessórios destinados ao suprimento de água ou ao afastamento de águas servidas ou pluviais dos prédios, desde a ligação à rêde pública de água até o retôrno ao coletor público de esgotos ou ao sistema de águas pluviais na rua.

b) *Requisitos:* 1 — Hidráulico: fornecer água de qualidade apropriada, em quantidade suficiente e sob pressão adequada a todos os aparelhos; 2 — Sanitário: impedir o retôrno de águas poluidas nas canalizações de alimentação dos aparelhos e a entrada de gases de esgotos, de roedores ou insetos nos prédios.

Para atingir o primeiro requisito há necessidade de cuidados especiais quanto ao dimensionamento, ao número e tipo dos aparelhos e ao material das instalações; em referência ao requisito sanitário, além do dimensionamento, os métodos de construção e trabalho e as normas e especificações convenientes dos aparelhos têm influência.

11.2.0. — RELAÇÕES COM A ARQUITETURA

O projeto e a construção das instalações prediais exigem perfeito entrosamento com as soluções arquitetônicas e estruturais:

a) nos problemas gerais: por exemplo, localização das caixas de água, das canalizações, dos aparelhos, da proteção contra incêndio, etc.;

b) nas instalações mínimas necessárias aos edifícios: geralmente fixadas, através de normas ou códigos, conforme indicaremos no item seguinte;

c) nos projetos e desenhos: os projetos devem conter as seguintes partes essenciais: plantas, esquemas, detalhes, cortes, perfis, memorial descritivo e justificativo, especificação e relação detalhada dos materiais, dos aparelhos e dos equipamentos. Os projetos devem ser feitos para qualquer tipo de edifício, mas em São Paulo o DAE obriga a exibição do projeto apenas para edifícios de mais de três pavimentos, para edifícios residenciais com mais de quatro habitações e para prédios não residenciais de área construida superior a 750 m^2. Informa-se também que quanto aos projetos, já há entre nós tentativas no sentido de regulamentar os tipos de desenhos, tamanho das plantas, notações e símbolos;

d) na seleção dos materiais e aparelhos de acôrdo com o tipo de edifício e a natureza das instalações;

e) nos custos: posição dos conjuntos sanitários nos andares superpostos, localização dos aparelhos sanitários, disposição das canalizações, etc.

11.3.0. — INSTALAÇÕES MÍNIMAS NECESSÁRIAS

Exemplos de certas exigências mínimas contidas em códigos e normas.

I) Codificação das Normas Sanitárias para Obras e Serviços CNSOS — Lei Estadual n.° 1561A, de 29-12-1951:

Art. 55.° — "Os prédios de escritórios devem ter instalações separadas para ambos os sexos, com entrada independente.

§ 1.° — As instalações sanitárias para homens estarão na proporção de 1 bacia sanitária, 1 lavatório e 1 mictório para cada dez salas.

§ 2.° — As instalações sanitárias para mulheres estarão na proporção de 1 bacia sanitária e um lavatório para cada dez salas.

§ 3.° — Quando os pavimentos do prédio de escritórios forem constituídos de salões, o cálculo do número de instalações sanitárias exigidas nos parágrafos anteriores será feito tomando-se por base a área de 15 m² por sala.

Art. 82.° — Haverá em todos os estabelecimentos de trabalho, instalações independentes para ambos os sexos na seguinte proporção:

a) uma bacia sanitária, um chuveiro e um lavatório para cada vinte operários;

b) um mictório para cada 50 operários.

§ 1.° — Os compartimentos de instalações sanitárias não poderão ter comunicações direta com os ambientes de trabalho, devendo existir entre êles antecâmaras com abertura para o exterior.

§ 2.° — As instalações sanitárias deverão ter o piso ladrilhado e as paredes até uma altura mínima de 1,50 m revestida de material cerâmico vidrado ou material equivalente, a juízo da autoridade sanitária.

II) O "Uniform Plumbing Code" do Departamento de Comércio dos Estados Unidos, do ano de 1949, apresenta um quadro de grande interêsse para os projetistas, indicando as instalações mínimas para diversas finalidades de edifícios. Essas exigências foram encampadas pelo Código Nacional Norte-Americano de Instalações (National Plumbing Code ASA A40.8) e pela sua utilidade para os arquitetos, aqui o reproduzimos com pequenas adaptações. Deve-se observar que não basta apenas a concordância com o número de aparelhos, é importante a facilidade de acesso às instalações. Por exemplo, nas escolas com salas de aula em vários pavimentos, cada andar deve possuir compartimentos sanitários em número adequado.

Nos acampamentos e nas instalações temporárias costuma-se prever 1 bacia sanitária e um mictório para cada 30 trabalhadores.

QUADRO DAS INSTALAÇÕES MÍNIMAS (Adaptado do "Uniform Plumbing Code — U. S. Dept. of Comerce 1949"),

<table>
<tr><th>Tipo de edifício ou ocupação</th><th>Bacias sanitárias</th><th>Mictórios</th><th>Lavatórios</th><th>Banheiros ou Chuveiros</th><th>Bebedouros</th></tr>
<tr><td>Residência ou apartamento</td><td>1 para cada residência ou apartamento</td><td>—</td><td>1 para cada residência ou apartamento</td><td>1 p/cada res. ou apartamento</td><td>—</td></tr>
<tr><td>Escolas - primárias
Escolas - segundárias</td><td>Meninos: 1 p/ cada 100
Meninas: 1 p/ cada 35
Meninos: 1 p/ cada 100
Meninas: 1 p/ cada 45</td><td>1 para cada residência ou
1 para cada 30 meninos</td><td>1 para cada 60 pessoas
1 para cada 100 pessoas</td><td>—
—</td><td>1 p/ cada 75 pessoas</td></tr>
<tr><td>Escritórios ou Edifícios públ.</td><td><table><tr><th>Número de pessoas</th><th>Número de aparelhos</th></tr><tr><td>1 — 15</td><td>1</td></tr><tr><td>16 — 35</td><td>2</td></tr><tr><td>36 — 55</td><td>3</td></tr><tr><td>56 — 80</td><td>4</td></tr><tr><td>81 — 110</td><td>5</td></tr><tr><td>111 — 150</td><td>6</td></tr></table>Acima de 150 pessoas, um aparelho p/ cada 40 adicio.</td><td>Quando há mictórios, instalar 1 B. S. menos p/ cada mictório, contanto que o n.º de B. S. não seja reduzido a menos de 2/3 do especific.</td><td><table><tr><th>Número de pessoas</th><th>Número de aparelhos</th></tr><tr><td>1 — 15</td><td>1</td></tr><tr><td>16 — 35</td><td>2</td></tr><tr><td>36 — 60</td><td>3</td></tr><tr><td>61 — 90</td><td>4</td></tr><tr><td>91 — 125</td><td>5</td></tr></table>Acima de 125 pessoas, adicionar 1 aparelho p/ cada 45 pessoas</td><td>—</td><td>1 p/ cada 75 pessoas</td></tr>
<tr><td>Estabelecimentos industriais</td><td><table><tr><th>Número de pessoas</th><th>Número de aparelhos</th></tr><tr><td>1 — 9</td><td>1</td></tr><tr><td>10 — 24</td><td>2</td></tr><tr><td>25 — 49</td><td>3</td></tr><tr><td>50 — 74</td><td>4</td></tr><tr><td>75 — 100</td><td>5</td></tr></table>Acima de 100, um aparelho a mais p/ cada 30 empregados</td><td>Mesma especificação feita p/ escritórios</td><td><table><tr><th>Número de pessoas</th><th>Número de aparelhos</th></tr><tr><td>1 — 100</td><td>1 para cada 10 pessoas</td></tr><tr><td>mais de 100</td><td>1 para cada 15 pessoas</td></tr></table></td><td>1 chuveiro p/ cada 15 pessoas expostas a calor excessivo ou contaminação da pele c/ subst. venenosa, infecciosa ou irritante</td><td>1 p/ cada 75 pessoas</td></tr>
<tr><td>Teatros, auditórios e locais de reunião</td><td><table><tr><th rowspan="2">Número de pessoas</th><th colspan="2">Número de aparelhos</th></tr><tr><th>H</th><th>M</th></tr><tr><td>1 — 100</td><td>1</td><td>1</td></tr><tr><td>101 — 200</td><td>2</td><td>2</td></tr><tr><td>201 — 400</td><td>3</td><td>3</td></tr></table>Acima de 400 pessoas um apar. p/ cada 600 homens ou 300 mulheres adicionais.</td><td><table><tr><th>Número de pessoas
H</th><th>Número de aparelhos</th></tr><tr><td>1 — 100</td><td>1</td></tr><tr><td>101 — 200</td><td>2</td></tr><tr><td>201 — 400</td><td>3</td></tr></table>Acima de 600 pessoas, 1 apar. p/cada 300 pessoas adicion.</td><td><table><tr><th>Número de pessoas</th><th>Número de aparelhos</th></tr><tr><td>1 — 200</td><td>1</td></tr><tr><td>201 — 400</td><td>2</td></tr><tr><td>401 — 750</td><td>3</td></tr></table>Acima de 750 pessoas, 1 apar. p/ cada 500 pessoas adicion.</td><td>—</td><td>1 p/ cada 100 pessoas</td></tr>
<tr><td></td><td>Homens: 1 p/ cada 10 pessoas
Mulheres: 1 p/ cada 8 pessoas.
Acima de 10 pessoas, um aparelho p/ cada 25 homens ou p/ cada 20 mulheres adicion.</td><td>1 p/ cada 25 homens. Acima de 150 pessoas, 1 apar. p/ cada 90 homens adicion.</td><td>1 p/ cada 12 pessoas. Acima de 12, adicionar um lavatório p/ cada 20 homens ou p/ cada 15 mulheres adicion.</td><td>1 p/ cada 8 pessoas. Acima de 150 pes., adicionar 1 apar. p/ cada 20 pessoas</td><td>1 p/ cada 75 pessoas</td></tr>
</table>

11.4.0. — INSTALAÇÃO PREDIAL DE ÁGUA FRIA

A) *Terminologia*: A seguinte é adotada na Norma em estágio experimental da ABNT:

Aparelho sanitário — aparelho ligado à instalação predial e destinado ao uso da água para fins higiênicos ou a receber dejetos e águas servidas.

Colar — (barrilete) é o conjunto de canalizações que alimentam as colunas.

Coluna — canalização vertical que tem origem no colar (barrilete) e destinada a aumentar os ramais.

Canalização de recalque — é o trecho de canalização compreendido entre a bomba e o reservatório de distribuição.

Canalização de sucção — é o trecho da canalização compreendido entre o reservatório inferior e a bomba.

Instalação predial — canalizações, aparelhos e acessórios destinados ao abastecimento e distribuição de água fria nos prédios.

Ligação de aparelho — é o trecho de canalização compreendido entre os ramais de distribuição ou de alimentação e o aparelho sanitário.

Prédio — é tôda e qualquer propriedade, edifício ou terreno, de uso público ou particular.

Ramal de alimentação — é o trecho de canalização que parte do ramal predial para os pontos de consumo e reservatórios.

Ramal de distribuição — é o trecho de canalização compreendido entre a coluna e os pontos de consumo.

Ramal predial — é o trecho de canalização compreendido entre o distribuidor geral na via pública e o hidrômetro ou o aparelho regulador.

Rêde de distribuição — é o conjunto de canalizações constituído pelo colar (barrilete), colunas e ramais de distribuição.

Reservatório de distribuição — (depósito) é o reservatório (depósito) superior destinado a alimentação da rêde de distribuição.

Reservatório inferior — é o alimentado diretamente pela rêde pública e destinado a acumular a água necessária ao consumo do prédio.

B) *Principais sistemas*

Quatro são os principais sistemas de instalação de água fria usados:

a) *Sistema de distribuição direta*, no qual os pontos de consumo no edifício são alimentados diretamente da rêde pública;

b) *Sistema de distribuição indireta*, no qual a distribuição predial parte de um reservatório de distribuição para o qual geralmente é recalcada a água da rêde pública;

c) *Sistema misto de distribuição*, no qual uma parte da instalação é ligada diretamente à rêde pública, enquanto outra parte é ligada ao reservatório predial; trata-se de uma combinação dos dois sistemas anteriores;

d) *Sistema hidropneumático*, no qual a água da rêde pública é recalcada por uma bomba para um tanque de pressão acoplado a um compressor de ar.

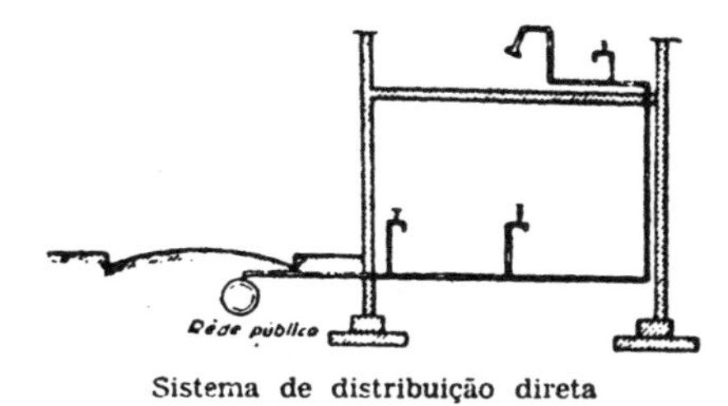

Sistema de distribuição direta

FIG. 11.1

O sistema de distribuição direta pode ser usado em pequenas residências, desde que o abastecimento público assegure continuidade no fornecimento da água e a carga piezométrica disponíveis na inserção do ramal predial seja suficiente para que a água atinja, com pressão adequada, os pontos de consumo de cota mais elevada no edifício.

O sistema de distribuição indireta é por excelência o usado nos edifícios de vários pavimentos: como o projeto que faremos no curso a êle se refere, será estudado mais pormenorizadamente em momento oportuno.

O sistema misto de distribuição é geralmente usado nas residências de dois pavimentos e poderia ser esquemàticamente representado pela figura ao lado.

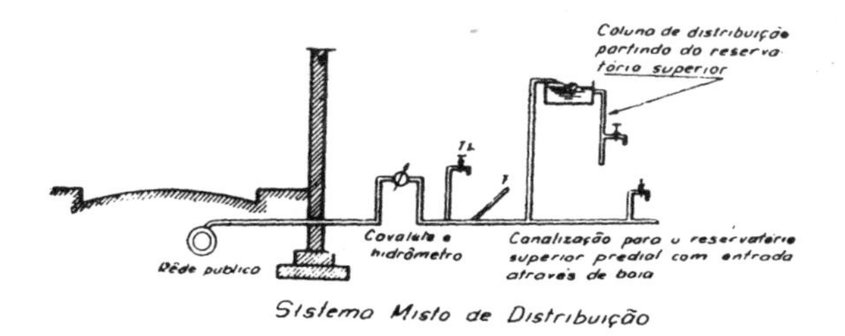

Sistema Misto de Distribuição

FIG. 11.2

Finalmente o sistema hidropneumático consta essencialmente de um tanque metálico fechado, que recebe água e ar pela parte superior. Normalmente o conjunto elevatório imprime pressão à água aspirada, de modo a que ela possa atingir os pontos de consumo. O funcionamento é o seguinte: a água sendo admitida na câmara, eleva seu nível, comprimindo o ar e aumentando a pressão. A bomba é regulada para ligar e desligar à determinadas pressões. Havendo consumo, com a saída de água do tanque, diminue a pressão e quando esta atinge a pressão mínima, a bomba é ligada, recalcando água para o tanque e aí aumentando a pressão até que, atingindo o limite superior, a bomba é desligada automàticamente. Ésses conjuntos são dimensionados para serem ligados e desligados em frações de minutos. São pouco usados entre nós, por motivos financeiros, restringindo-se o seu emprêgo a casos especiais de prédios de alto luxo ou quando, por razões arquitetônicas, o reservatório superior não possa ser construído.

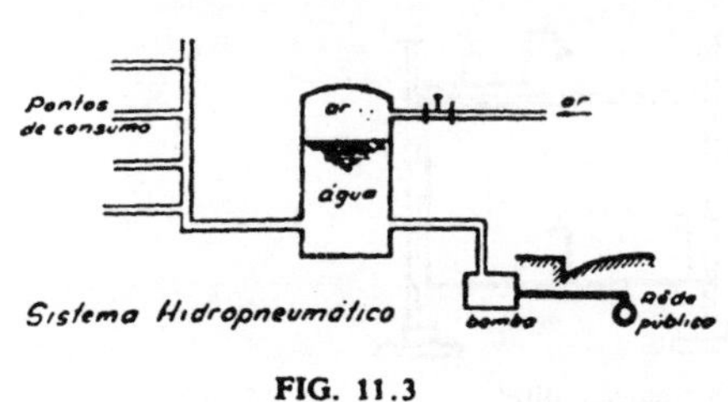

FIG. 11.3

Com finalidade didática indicaremos agora a marcha a seguir em um projeto de instalação predial de água fria pelo sistema de distribuição indireta.

C) *Marcha a seguir no projeto de uma instalação predial de água fria.*

a) *Cálculo do consumo diário de água do prédio.*

1. Estudar o memorial descritivo e as plantas do prédio para determinar qual o tipo de atividade que será desenvolvida nêle (apartamentos, escritórios, hospital, escola, etc.) e os tipos de consumo previstos (doméstico, lavanderia, lavagem de veículos, etc.).

2. Determinar a população do edifício (número de habitantes de um prédio de apartamentos, número de alunos de uma escola, número de ocupantes efetivos (ex. edifício de escritórios, número de leitos em um hospital, etc.) ou qualquer outra causa de consumo (pêso diário de roupa a ser lavada, número de animais a abater por dia, número de veículos a serem lavados, etc.).

3. Estimar o consumo através de tabelas práticas, como por exemplo a seguinte, retirada da "Norma para Instalações Prediais de Água Fria" da Associação Brasileira de Normas Técnicas (em estágio experimental).

4. Calcular o consumo diário do prédio multiplicando os valores determinados no item a-2 pelos dados da tabela I, somando em seguida os resultados parciais.

b) *Traçado da instalação.*

1. Localizar em planta o ramal predial, levando em conta as especificações da entidade local responsável pelo abastecimento de água (em São Paulo, o Departamento de Águas e Esgotos).

2. Localizar em planta o hidrômetro, respeitando as exigências das autoridades locais (em São Paulo, o Departamento de Águas e Esgotos).

3. Localizar em planta o ramal de alimentação.

4. Localizar o reservatório inferior, em lugar adequado.

TABELA I

Prédio	Unidade	Consumo litros/24 h
Alojamentos provisórios	per capita	80
Apartamentos	per capita	200
Casas populares ou rurais	per capita	120
Cavalariças	por cavalo	100
Cinemas	por lugar	2
Escritórios	por ocupante efetivo	50
Externatos	per capita	50
Fábricas (uso pessoal)	por operário	70
Garagens e pôstos de serviço para automóveis	por automóvel	150
Garagens e pôstos de serviço para automóveis	por caminhão	100
Hospitais	por leito	250
Hotéis (s/refeição e lavagem de roupa)	per capita	120
Internatos	per capita	150
Rega de jardins	por metro quadrado	1,5
Lavanderia	por quilo de roupa sêca	30
Matadouros — Animais de grande porte	por cabeça abatida	300
Matadouros — Animais de pequeno porte	por cabeça abatida	150
Mercados	por metro quadrado	5
Quartéis	por pessoa	150
Residências	per capita	150
Restaurantes e similares	por refeição	25
Teatros	por lugar	2
Templos	por lugar	2
Usina de leite	por litro de leite	5

5. Traçar as canalizações do reservatório enterrado e marcar a posição dos seus órgãos acessórios, por exemplo: tubulações extravazoras e de limpeza, poço de coleta de águas servidas (quando necessário), etc.

6. Localizar os grupos motor-bomba e as respectivas canalizações e peças especiais.

7. Traçar a canalização de recalque, inclusive as suas peças especiais.

8. Localizar o reservatório superior de distribuição e as respectivas canalizações e órgãos acessórios, como por exemplo, chaves de bóia, canalizações extravazoras e de descarga, etc.

9. Localizar racionalmente em cada compartimento sanitário os respectivos aparelhos. Apenas para servir como ilustração, indicamos algumas maneiras de localizar nos compartimentos sanitários os aparelhos (Fig. 11.4).

10. Traçar o colar de distribuição ou barrilete e indicar tôdas as peças acessórias.

11. Traçar em planta e em perspectiva as colunas de alimentação.

12. Indicar os pontos onde são ligados, nas colunas, os ramais de distribuição, dividindo assim as colunas em trechos.

13. Numerar todos os trechos em ordem crescente a partir do reservatório de distribuição.

14. Desenhar o esquema de todos os ramais de distribuição diferentes, respeitando os diâmetros mínimos da tabela II.

TABELA II

Aparelho Sanitário	Diâmetro em mm
Aquecedor de alta pressão	13
Aquecedor de baixa pressão	20
Banheira	13
Bebedouro	13
Bidê	13
Caixa de descarga para bacia sanitária	13
Caixa de descarga para mictório	13
Chuveiro	13
Filtro de pressão	13
Lavatório	13
Pia de cozinha	13
Pia de despejos, tanque de lavagem	20
Válvula automática para bacia sanitária	32

c) *Dimensionamento das instalações*

1. Calcular a vazão de entrada, dividindo o consumo diário de água do prédio pelo número de segundos do dia, 86.400, admitindo o fornecimento contínuo da rêde pública.

2. Determinar o diâmetro do ramal predial, limitando a velocidade a um máximo de 0,60 m/seg e admitindo em qualquer caso o diâmetro mínimo de 20 mm (3/4"); quase sempre compete às entidades locais a fixação dêsse diâmetro.

3. Solicitar da entidade local do serviço de abastecimento d'água que fixe o tipo e o diâmetro do hidrômetro predial.

4. Determinar a capacidade dos reservatórios, admitindo como capacidade útil mínima dos dois reservatórios (o enterrado e o superior) o

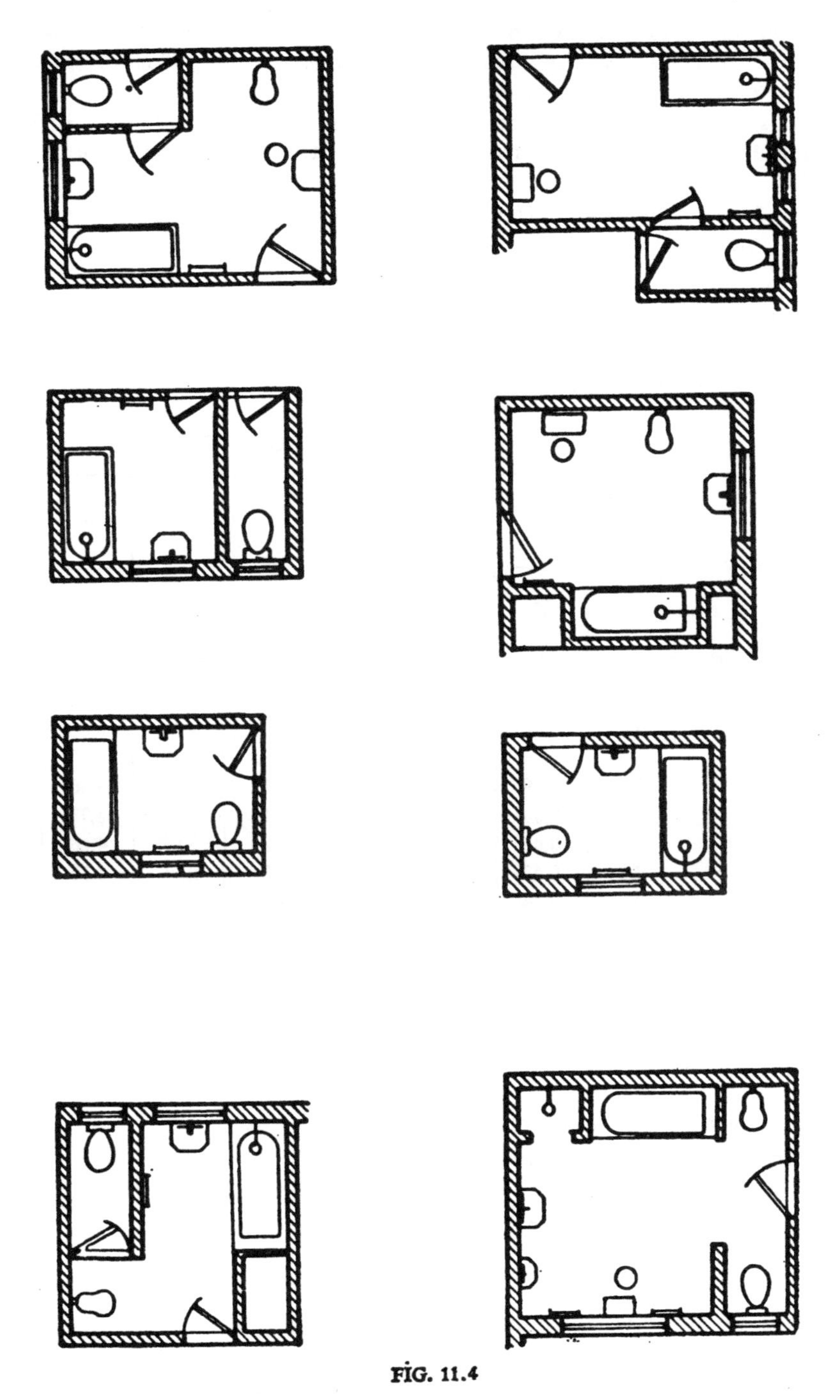

FIG. 11.4

Exemplos de localização dos aparelhos sanitários em compartimentos sanitários

consumo diário do prédio; nos prédios residenciais a capacidade deve corresponder a 250 litros por dormitório pelo menos, não podendo, em qualquer hipótese, ser inferior a 500 litros.

5. Determinar a vazão do recalque, admitindo um valor no mínimo igual a 15% do consumo diário do prédio, para a capacidade horária da bomba.

6. Determinar o diâmetro da canalização de recalque, sendo sugerida a fórmula:

$$D = 1{,}30 \sqrt[4]{\beta} \sqrt{Q}$$

na qual D é o diâmetro em metros, Q a vazão de recalque em m^3/seg e β um coeficiente igual à relação entre o número de horas de funcionamento diário do recalque e 24.

QUADRO DAS VAZÕES DE RECALQUE

Horas	D pol	¾	1	1¼	1½	2	2½	3	4
	D mm	19	25	32	38	50	64	75	100
4		0,52	0,92	1,45	2,09	3,71	5,79	8,35	14,79
6		0,43	0,76	1,19	1,71	3,05	4,75	6,86	12,13
8		0,37	0,65	1,02	1,48	2,62	4,08	5,90	10,43
10		0,34	0,59	0,93	1,34	2,32	3,71	5,36	9,48
12		0,30	0,53	0,83	1,19	2,12	3,31	4,77	8,44
14		0,28	0,49	0,77	1,11	1,98	3,08	4,46	7,87
16		0,26	0,46	0,72	1,03	1,84	2,86	4,13	7,32
18		0,25	0,44	0,69	0,99	1,75	2,74	3,95	7,00
20		0,24	0,42	0,65	0,94	1,68	2,62	3,77	6,86
22		0,22	0,40	0,62	0,90	1,59	2,49	3,59	6,35
24		0,21	0,38	0,59	0,85	1,52	2,46	3,40	6,03

Exemplo:

Volume a ser recalcado diàriamente: 50.000 litros.

Para 8 horas de funcionamento:

$$Q = \frac{50.000}{8 \times 3.600} = 1{,}736 \text{ l/seg}$$

$$D = 2 \text{ polegadas}$$

Para 12 horas de funcionamento:

$$Q = \frac{50.000}{12 \times 3.600} = 1{,}156 \text{ l/seg}$$

$$D = 1\tfrac{1}{2} \text{ polegadas}$$

7. Adotar para a canalização de sucção o diâmetro comercial imediatamente superior ao diâmetro da canalização de recalque.

8. Determinar a potência do conjunto elevatório pela fórmula

$$N = \frac{\gamma Q H_{man}}{75\,\rho}$$

na qual N é a potência do conjunto elevatório em HP, γ é o pêso específico da água, igual a 1.000 kg/m³, Q é a vazão de recalque em m³/seg, H_{man} é a altura manométrica em metros, ρ é o rendimento do conjunto elevatório.

9. Determinar, para cada coluna, o número de aparelhos sanitários por andar, contando separadamente os aparelhos comuns e aquêles que possuem válvulas fluxíveis.

10. Determinar, para cada coluna, o número de aparelhos acumulados somando o número de aparelhos alimentados em cada andar, partindo da extremidade das colunas para o reservatório de alimentação. Contar separadamente os aparelhos comuns e os que possuem válvulas fluxíveis.

11. Determinar, para cada trecho do colar (barrilete), o número total de aparelhos alimentados, tomando em consideração os casos mais desfavoráveis, separando aparelhos comuns dos aparelhos com válvulas de descarga.

12. Determinar a porcentagem máxima provável de uso dos aparelhos com auxílio do ábaco abaixo. Entrar em cada curva com o número total de aparelhos comuns e com o número total de aparelhos com válvulas, por andar e no barrilete.

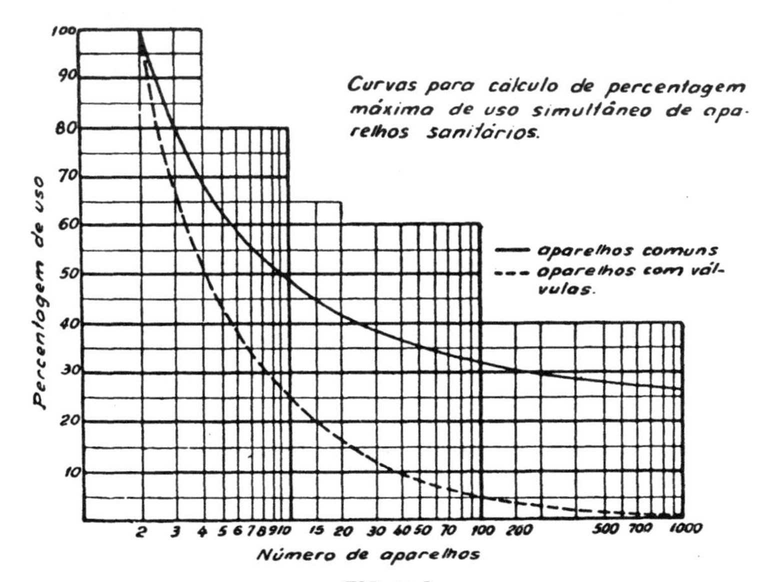

FIG. 11.5

13. Determinar para cada coluna as vazões de alimentação em cada andar, correspondentes a aparelhos comuns e a aparelhos com válvulas. Sugerem-se os valôres do quadro abaixo:

Aparelho	Vazão l/seg
Aquecedor	0,25
Bacia sanitária com caixa de descarga	0,15
Bacia sanitária com válvula	1,90
Banheira	0,30
Bidê	0,10
Chuveiro	0,20
Lavatório	0,20
Mictório com descarga	0,15
Mictório com jato contínuo	0,075
Pia de cosinha	0,25
Pia de despejo	0,30
Tanque	0,30
Torneira de jardim	0,30

14. Determinar, para cada coluna, as vazões acumuladas por andar, separadamente, para aparelhos comuns e aparelhos com válvulas.

15. Determinar, para cada trecho do barrilete, as vazões acumuladas, tomando em consideração os casos mais desfavoráveis.

16. Multiplicar as porcentagens máximas prováveis de uso simultâneo determinadas no item c-12, para as colunas e para o barrilete, pelas vazões acumuladas obtidas nos itens c-14 (colunas) e c-15 (barrilete). Obtêm-se assim para cada trecho das colunas e do barrilete as vazões máximas prováveis correspondentes a aparelhos comuns e a aparelhos com válvula fluxível.

17. Determinar as vazões de dimensionamento somando, para cada trecho de coluna ou do barrilete, às vazões obtidas no item c-16 para aparelhos comuns e aparelhos com válvula.

18. Medir o comprimento de todos os trechos do barrilete e das colunas.

19. Determinar os comprimentos equivalentes correspondentes a tôdas as singularidades (reduções, registros, curvas, tês, cotovelos, saídas de reservatórios, etc.), de acôrdo com a tabela seguinte:

PERDAS LOCAIS — REDUZIDAS A PERDAS EQUIVALENTES EXPRESSAS EM METROS DE CANALIZAÇÃO

Peças e perdas	polegadas	19	25	32	38	50	64	75	100	125	150
	mm	3/4	1	1 1/4	1 1/2	2	2 1/2	3	4	5	6
Cotovêlo de 90°, R. L.		0,4	0,5	0,7	0,9	1,1	1,3	1,6	2,1	2,7	3,4
Cotovêlo de 90°, R. M.		0,6	0,7	0,9	1,1	1,4	1,7	2,1	2,8	3,7	4,3
Cotovêlo de 90°, R. C.		0,7	0,8	1,1	1,3	1,7	2,0	2,5	3,4	4,2	4,9
Cotovêlo de 45°		0,3	0,4	0,5	0,6	0,8	0,9	1,2	1,5	1,9	2,3
Curvas 90°, R/D = 1,5		0,3	0,3	0,4	0,5	0,6	0,8	1,0	1,3	1,6	1,9
Curva 90°, R/D = 1		0,4	0,5	0,6	0,7	0,9	1,0	1,3	1,6	2,1	2,5
Curva 45°		0,2	0,2	0,3	0,3	0,4	0,5	0,6	0,7	0,9	1,1
Entrada normal no tubo		0,2	0,3	0,4	0,5	0,7	0,9	1,1	1,6	2,0	2,5
Entrada de Borda		0,5	0,7	0,9	1,0	1,5	1,9	2,2	3,2	4,0	5,0
Registro de Gaveta, aberto		0,1	0,2	0,2	0,3	0,4	0,4	0,5	0,7	0,9	1,1
Registro de Globo, aberto		6,7	8,2	11,3	13,4	17,4	21,0	26,0	34,0	43,0	51,0
Registro de Ângulo, aberto		3,6	4,6	5,6	6,7	8,5	10,0	13,0	17,0	21,0	26,0
Saída da Canalização		0,5	0,7	0,9	1,0	1,5	1,9	2,2	3,2	4,0	5,0
Tê, passagem direta		0,4	0,5	0,7	0,9	1,1	1,3	1,6	2,1	2,7	3,4
Tê, saída de lado		1,4	1,7	2,3	2,8	3,5	4,3	5,2	6,7	8,4	10,0
Tê, saída bilateral		1,4	1,7	2,3	2,8	3,5	4,3	5,2	6,7	8,4	10,0
Válvula de pé e crivo		5,6	7,3	10,0	11,6	14,0	17,0	20,0	23,0	30,0	39,0
Válvula de retenção, leve		1,6	2,1	2,7	3,2	4,2	5,2	6,3	8,4	10,4	12,5
Válvula de retenção, pesada		2,4	3,2	4,0	4,8	6,4	8,1	9,7	12,9	16,1	19,3

20. Somar cada trecho do barrilete e das colunas os comprimentos determinados nos itens c-18 e c-19.

21. Determinar os diâmetros de cada trecho do barrilete e das colunas, adotando as vazões calculadas no item c-17, respeitados no dimensionamento as seguintes condições:

Diâmetro mínimo 20 mm (3/4").

Pressões mínimas de serviço nos pontos de consumo, de acôrdo com o quadro abaixo.

Aparelho Sanitário	Pressão mca	Observações
Aquecedor a gás automático a alta pressão	2,0	Pres. Máx. 40,00 m
Aquecedor a gás automático a baixa pressão	2,0	
Aquecedor a gás manual a baixa pressão	2,0	
Aquecedor elétrico	—	Não necessita pressão
Chuveiro	0,50	
Torneira	1,0	
Torneira de boia de caixa de descarga	0,50	
Válvula de descarga de 1"	20,00	
Válvula de descarga de 1 1/4"	8,00	Pres. máx. 20,00 m
Válvula de descarga de 1 1/2"	2,00	Pres. máx. 8,00 m

Perda de carga máxima 1 m/m

Velocidade máxima nas canalizações (V em m/seg e D diâmetro interno em m)

$$V = 14\sqrt{D}$$

$$V_{max} = 4\ m/seg$$

Diâmetros em mm (")	Velocidades máximas em m/seg	Vazões máximas em litros/seg
13 (1/2)	1,60	0,20
19 (3/4)	1,95	0,55
25 (1)	2,25	1,15
32 (1 1/4)	2,50	2,00
38 (1 1/2)	2,75	3,10
50 (2)	3,15	6,40
63 (2 1/2)	3,55	11,20
75 (3)	3,85	17,60
100 (4)	4,00	32,50
125 (5)	4,00	51,00
150 (6)	4,00	73,00

Pressão estática máxima 60,0 mca.

Nos prédios em que êste valor fôr ultrapassado, devem ser previstos reservatórios intermediários, para quebra de pressão, ou redutores mecânicos.

Pressão mínima no tôpo das colunas 0,50 m.

No dimensionamento sugerem-se as fórmulas: Universal, de Flamant, ou de Fair-Whipple-Hsiao, (Vide 1.º volume).

22. Determinar simultâneamente com o item c-21 as perdas de cargas unitárias j em m/m e calcular as perdas de carga totais, em cada trecho, multiplicando as perdas de carga unitárias pelos comprimentos totais (item c-20).

23. Determinar as pressões disponíveis em todos os pontos de ligação dos ramais de distribuição nas colunas.

24. Verificar os diâmetros de todos os ramais de distribuição, tendo em vista as condições indicadas no item c-21.

25. Fixar o diâmetro das canalizações extravazoras e das canalizações de limpeza dos reservatórios adotando um diâmetro igual ou superior ao da canalização de entrada.

O método de dimensionamento exposto em detalhe era o adotado pelo D.A.E. de São Paulo até a entrada em vigor da Norma em estágio experimental da ABNT. Esta Norma acolheu para o dimensionamento o chamado "método alemão" que indicaremos a seguir.

Método de dimensionamento adotado nas Normas em estágio experimental da ABNT.

Admite-se para o dimensionamento das canalizações o funcionamento não simultâneo de tôdas as peças de utilização por elas alimentadas. Para a estimativa das vazões do dimensionamento é recomendada a aplicação da expressão seguinte:

$$Q = C \sqrt{\Sigma_p}$$

onde

Q = vazão, litros/segundo

C = coeficiente de descarga = 0,30

Σ_p = soma dos pêsos correspondentes a tôdas as peças suscetíveis de utilização simultânea ligadas à canalização.

Para determinação de vazões e diâmetros das canalizações é recomendado o emprêgo do nomograma seguinte, onde estão indicados os pêsos relativos às peças de utilização usuais.

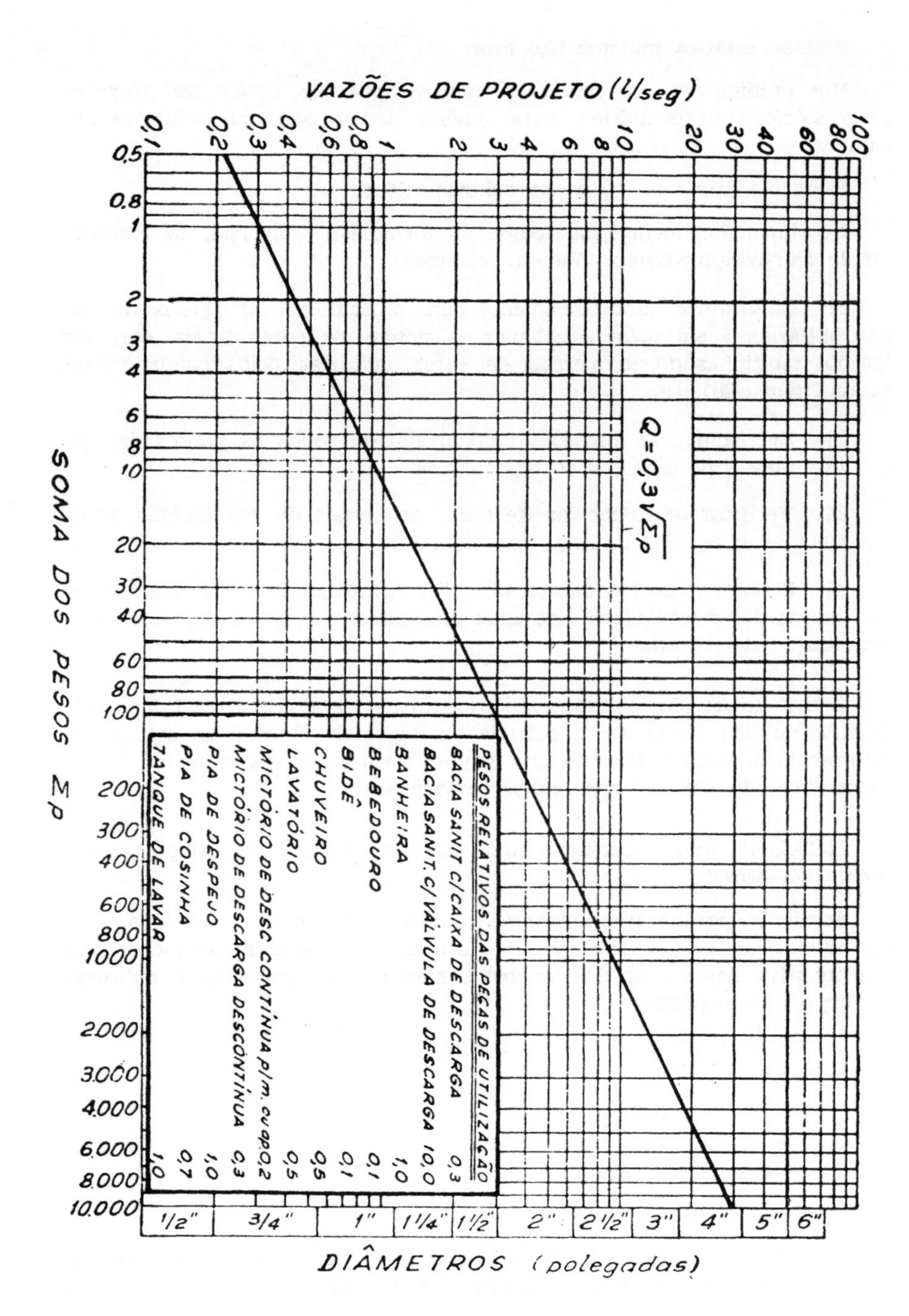
VAZÕES DE PROJETO (l/seg)
0,1
0,2
0,3
0,4
0,6
0,8
1
2
3
4
6
8
10
20
30
40
60
80
100
SOMA DOS PESOS Σp
0,5
0,8
1
2
3
4
6
8
10
20
30
40
60
80
100
200
300
400
600
800
1000
2.000
3.000
4.000
6.000
8.000
10.000
Q=0,3√Σp
PESOS RELATIVOS DAS PEÇAS DE UTILIZAÇÃO
BACIA SANIT C/CAIXA DE DESCARGA 0,3
BACIA SANIT. C/ VÁLVULA DE DESCARGA 10,0
BANHEIRA 1,0
BEBEDOURO 0,1
BIDÊ 0,1
CHUVEIRO 0,5
LAVATÓRIO 0,5
MICTÓRIO DE DESC CONTÍNUA p/m. ou ap. 0,2
MICTÓRIO DE DESCARGA DESCONTÍNUA 0,3
PIA DE DESPEJO 1,0
PIA DE COSINHA 0,7
TANQUE DE LAVAR 1,0
1/2"
3/4"
1"
1 1/4"
1 1/2"
2"
2 1/2"
3"
4"
5"
6"
DIÂMETROS (polegadas)

FIG. 11.6

Método de Hunter

O método de Hunter, mais moderno, é atualmente adotado em muitas cidades. O engenheiro Haroldo Jezler publicou na revista "Engenharia" de junho de 1949, uma adaptação dêsse método para as condições particulares do nosso país.

O citado método baseia-se no cálculo das probabilidades para a determinação das freqüências de utilização dos diversos aparelhos, sendo que a adoção de valôres para as diversas variáveis é feita com fundamento em experiências diretas e observações estatísticas ou de acôrdo com o critério do projetista. É óbvio que a aplicação criteriosa do método depende das condições particulares da instalação; por exemplo, se os aparelhos são submetidos a uso intensivo ou não, se são todos usados nos mesmos períodos, se o suprimento é contínuo, etc.

Nas instalações domiciliárias em geral os condutos distribuidores não servem apenas aparelhos de um determinado tipo, mas sim a um conjunto de tipos diversos. A vazão do projeto não deve, por conseguinte, para o conjunto todo, ser a soma das vazões de projeto para cada tipo particular de aparelho, pois o uso simultâneo de diferentes tipos é um evento cuja probabilidade pode ser calculada. Tal cálculo é possível, porém, dada a sua complexidade, preferiu Hunter atribuir um pêso a cada tipo de aparelho e relacionar as vazões por meio de curvas, à soma total dos pêsos de todos os aparelhos.

Na tabela da pág. 279 são apresentados os pêsos propostos por Hunter para os diferentes tipos de aparelhos, de acôrdo com a condição de serviço a que estão sujeitos. Deve-se esclarecer que a expressão "uso público" refere-se aos aparelhos individualmente acessíveis ao uso, durante o tempo em que a instalação estiver em funcionamento como é o caso de instalações sanitárias de edifícios comerciais, fábricas, auditórios, colégios, etc.; por outro lado, a expressão "uso privado" refere-se a aparelhos instalados em grupos, de tal modo que o conjunto é usado por uma só pessoa, como no caso de residências, apartamentos ou hotéis.

O gráfico de Hunter que apresentamos à pág. 278 relaciona as vazões de projeto aos pêsos totais.

O dimensionamento das instalações pelo método de Hunter, segue o roteiro que indicaremos a seguir, a partir do item c-9, sendo que os itens anteriores (vide pág. 268) são comuns aos dois métodos.

9. Verificada a natureza da ocupação, determinar, para cada coluna, a soma dos pêsos por andar, de acôrdo com a tabela da pág. 279.

10. Determinar, para cada coluna, a soma dos pêsos, adicionando-se acumuladamente os pêsos de cada andar, partindo da extremidade das colunas para o reservatório de alimentação.

11. Determinar as vazões de projeto, dos vários trechos das colunas e do colar (barrilete) com o auxílio do diagrama da pág. 278 usando a curva 1 se predominarem válvulas fluxíveis na instalação e a curva 2 no caso contrário.

A partir do item c-18, o roteiro é idêntico.

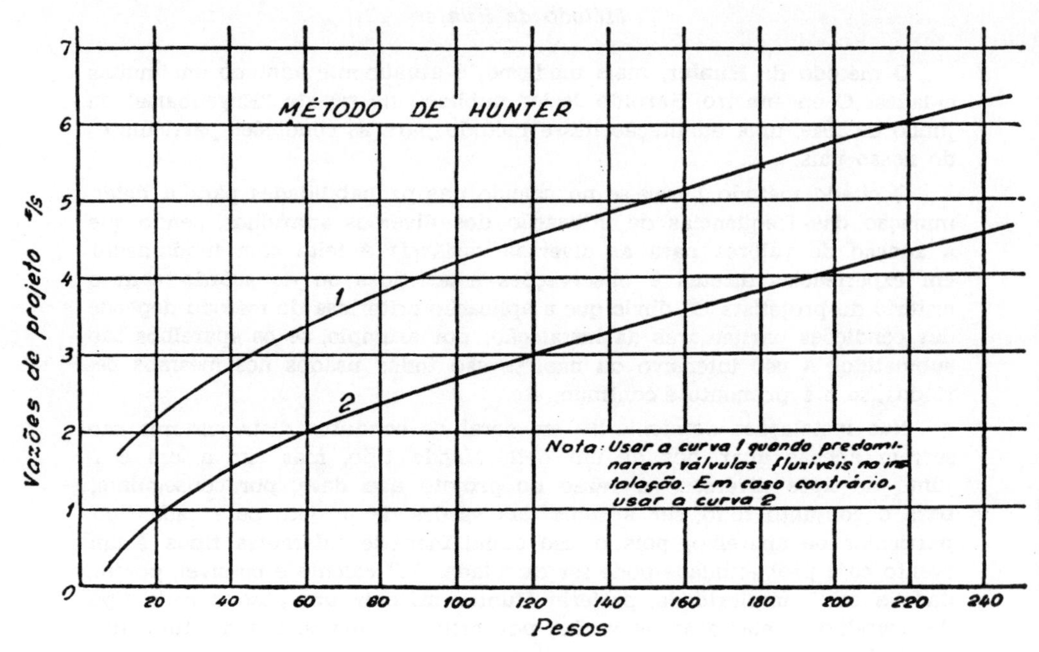

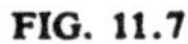
FIG. 11.7

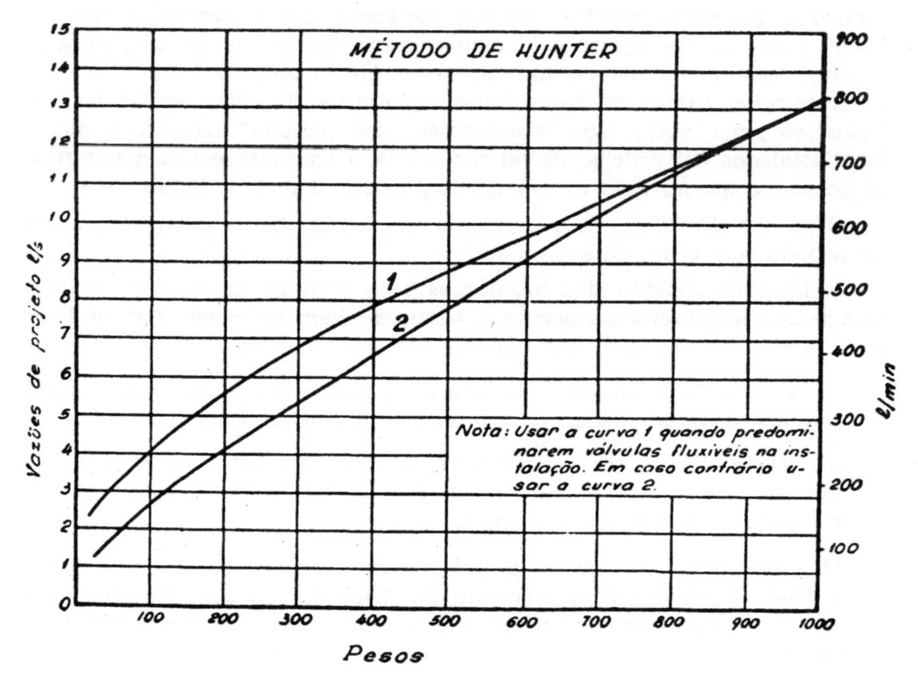

FIG. 11.8

DEMANDA DOS APARELHOS EXPRESSA EM PÊSOS

Aparelho ou grupo de aparelhos	Natureza da ocupação	Peça controladora do suprimento	Pêso
Aparelhos conjugados	Privada	Torneira	3
Bacia sanitária	Privada	Caixa de descarga	3
Bacia sanitária	Privada	Válvula de descarga	6
Bacia sanitária	Pública	Caixa de descarga	5
Bacia sanitária	Pública	Válvula de descarga	10
Banheira	Privada	Torneira	2
Banheira	Pública	Torneira	4
Chuveiro	Privada	Válvula misturadora	2
Chuveiro	Pública	Válvula misturadora	4
Chuveiro separado ...	Privada	Válvula misturadora	2
Despejo	Escritório	Torneira	3
Lavatório	Privada	Torneira	1
Lavatório	Pública	Torneira	2
Mictório alongado ...	Pública	Caixa de descarga	3
Mictório alongado (de piso)	Pública	Válvula de descarga	5
Mictório de parede ...	Pública	Válvula de descarga	10
Pia de cozinha	Hotel ou Restaurante	Torneira	4
Pia de cozinha	Privada	Torneira	2
Quarto de banho	Privada	Caixa para bacia sanitária	6
Quarto de banho	Privada	Válvula para bacia sanitária	8
Tanque	Privada	Torneira	3

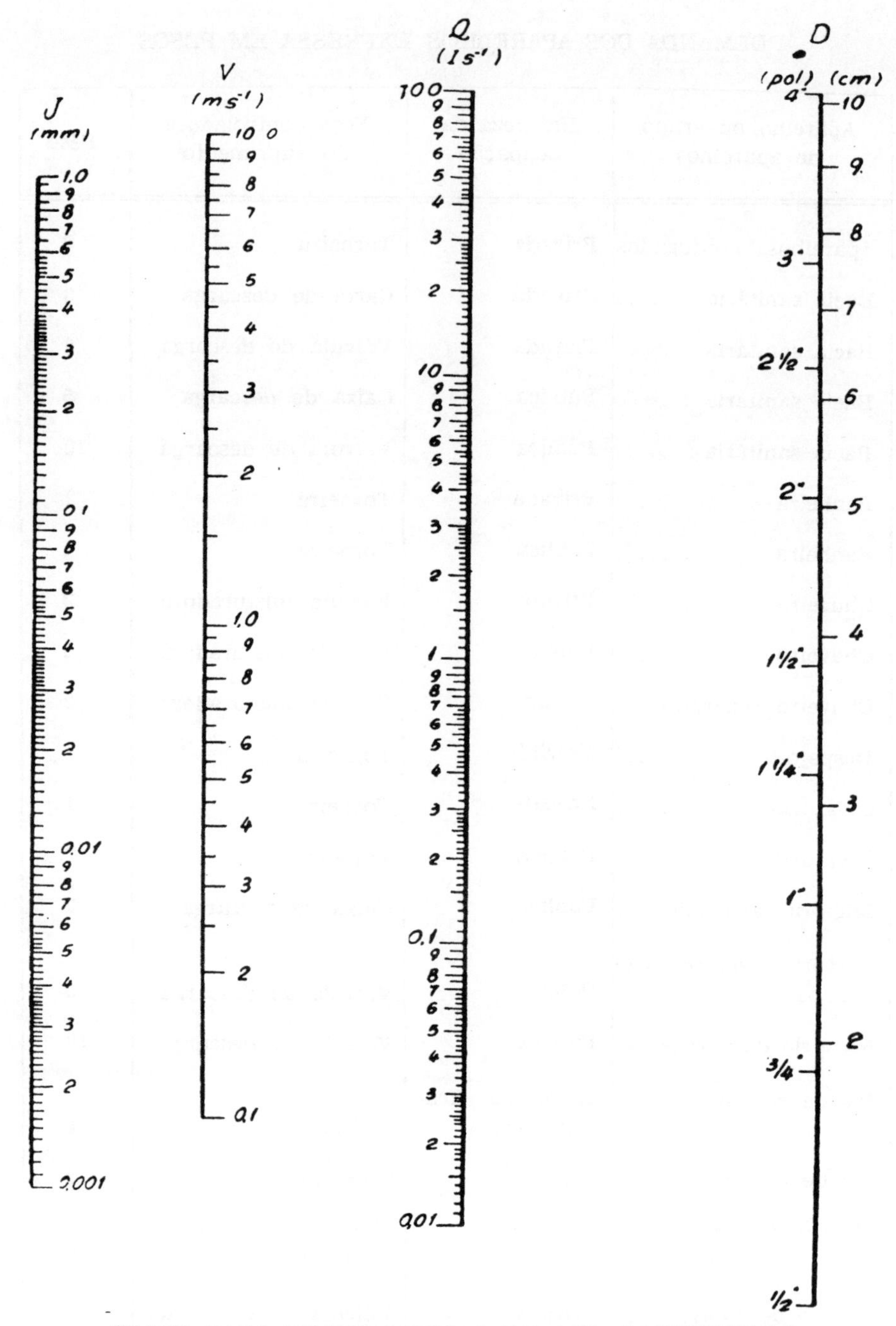

ÁBACO PARA ENCANAMENTOS DE AÇO GALVANIZADO

Fórmula de Fair-Whipple-Hsiao

$$Q = 27{,}113\ J^{0{,}532}\ D^{2{,}596}$$

FIG. 11.9

EXEMPLO NUMÉRICO DE APLICAÇÃO DO MÉTODO DE HUNTER

Especificações:

1. Pressão mínima nos pontos de derivação: 4,00 m

2. Velocidade máxima:

   $V_{max} = 14\sqrt{D} \leq 4{,}00\ m/s$

3. Usar a fórmula de Fair-Whipple Hsiao

4. Pressão máxima na última derivação: 40,00 m

5. Pressão mínima no tôpo da coluna: 0,50 m.

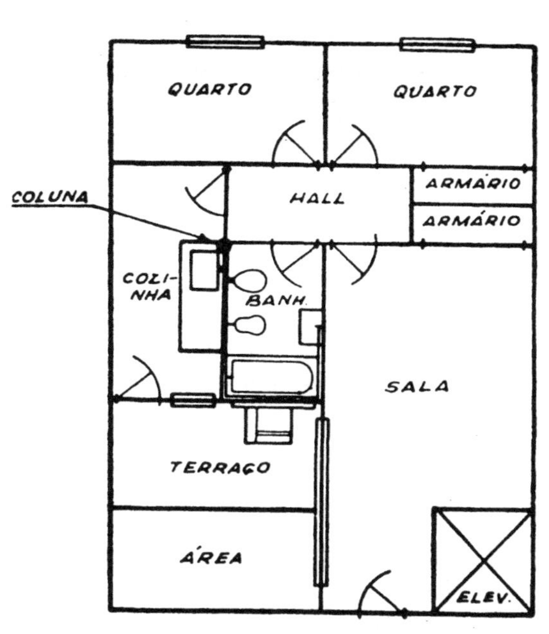

Planta indicando a distribuição

FIG. 11.10

Equivalência quanto às perdas de carga

D	equiv.
½″	1
¾″	2,8
1″	6,1
1¼″	10,8
1½″	17,3
2″	36,8

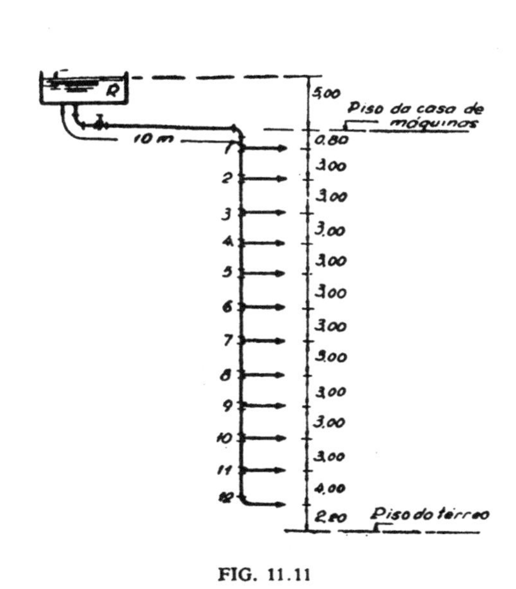

FIG. 11.11

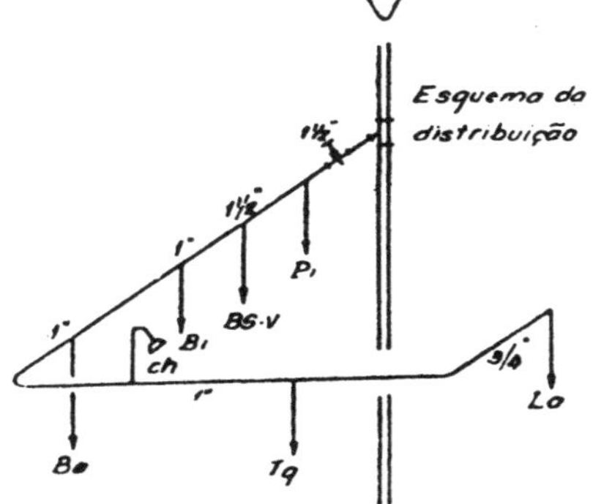

FIG. 11.12

Relação dos aparelhos sanitários servidos pela coluna em cada derivação, com os respectivos pêsos ou unidades de descarga:

Aparelhos		Pêso
Pia de cozinha		2
Bacia sanitária com válvula Bidê Banheira Chuveiro Lavatório	Quarto de banho com válvula	8
Tanque		3
	Total	13 u. d.

Cálculo do 1.º trecho; entre R e 1

Diferença de nível no trecho .... 5,00 m
Pressão mínima em 1 .... 4,00 m

Perda de carga máxima no trecho .... 1,00 m

Extensão do trecho:

Real .... 10,00 m
Equivalente das peças, admitir .... 5,00 m

15,00 m

Perda de carga unitária:

$$j = \frac{1,00}{15,00} = 0,067$$

Vazão no trecho: 12 × 13 = 156 u. d.

Pelo ábaco de Hunter, encontramos:

$$Q = 5,00 \text{ l/seg}$$

Pela fórmula de F-W-H (ábaco), tem-se o diâmetro mais próximo:

$$D = 2\,1/2''$$

Com êsse diâmetro e a vazão acima, obtém-se pelo ábaco:

$$j = 0,065 \quad e \quad V = 1,5 \text{ m/seg}$$

O comprimento virtual de trecho será:

Extensão real		10,00 m
Extensão equivalente das peças		
Entrada da canalização	1,10	
Registro de gaveta aberto	0,43	
Curvas de 90º (duas)	2,69	
Tê passagem direta com redução	2,00	6,13 m
	L =	16,13 m

Perda de carga total no trecho:

$$H = 0,065 \times 16,13 = 1,05 \text{ ou aproximadamente} = 1,00 \text{ m}$$

Pressão no ponto 1 : 5,00 — 1,00 = 4,00 m

Sendo a pressão igual à mínima admissível, o diâmetro achado satisfaz.

Verificação da condição de velocidade:

$$V_{max} = 14\ \sqrt{D} = 14\ \sqrt{0{,}064} = 3{,}54 \text{ m/seg}$$

Sendo a velocidade inferior à máxima permitida, está satisfeita também essa condição.

Cálculo do 2.° trecho: entre 1 e 2

Diferença de nível no trecho	3,00 m
Pressão em 1	4,00 m
	7,00 m
Pressão mínima em 2	4,00 m
Perda de carga máxima no trecho	3,00 m

Extensão do trecho:

Real	3,00 m
Equivalente das peças, admitir	1,50 m
	4,50 m

Perda de carga unitária:

$$j = \frac{3{,}00}{4{,}50} = 0{,}667$$

Vazão no trecho: 11 × 13 = 143 u. d.

Pelo ábaco de Hunter, encontramos:

$$Q = 4{,}00 \text{ l/seg}$$

Pela fórmula de F-W-H (ábaco), com êsse Q e o j acima, encontramos um diâmetro e uma velocidade que é superior à máxima de 4,00 m/seg. Adotando um diâmetro de 2″ (50 mm), cuja velocidade máxima é de 3,35 m/seg, obtém-se:

$$j = 0{,}18 \quad \text{e} \quad V = 2{,}3 \text{ m/seg}$$

Com D = 2″ está satisfeita a condição de velocidade.

O comprimento virtual do trecho será:

Extensão real	3,00 m
Extensão equivalente das peças	
Tê passagem direta sem redução	1,10 m
	L = 4,10 m

Perda de carga total no trecho:

$$H = 0{,}18 \times 4{,}10 = 0{,}74 \text{ m}$$

que é inferior à máxima acima calculada.

Pressão no ponto 2: 7,00 — 0,74 = 6,26 m (maior que 4,00 m).

Conclue-se que o diâmetro de 2" para êsse trecho satisfaz às duas condições, pressão mínima e velocidade máxima.

* * *

Vimos que a partir do segundo trecho, a condição de pressão mínima é sempre satisfeita porque o acréscimo de pressão é sempre superior à perda de carga do trecho respectivo. Resta, pois, verificar a condição de velocidade máxima.

Cálculo dos trechos subseqüentes

a) *trecho 2 — 3*

Vazão no trecho: 10 × 13 = 130 u. d.

Pelo ábaco de Hunter, encontramos:

$$Q = 4{,}70 \text{ l/seg}$$

Pelo ábaco de F-W-H, achamos:

$$j = 0{,}165 \text{ m/m} \quad \text{e} \quad V = 2{,}20 \text{ m/seg}$$

Comprimento virtual do trecho:

Extensão real .... 3,00 m

Extensão equivalente das peças

Tê passagem direta sem redução .... 1,10 m

L = 4,10 m

Perda de carga total no trecho:

$$H = 0{,}165 \times 4{,}10 = 0{,}68 \text{ m}$$

Pressão no ponto 3: 6,26 + 3,00 — 0,68 = 8,58 m

b) *trechos 3 a 12*

Seguindo a mesma marcha de cálculo, obtemos os resultados constantes do quadro da página 286. Verificamos que a pressão na última derivação é inferior à máxima admissível.

Observação final

a) Para uma extensão total de canalização de 44,00 m, com um desnível de 39,00 m, obtivemos perdas de carga num total de: 8,71 m ou seja:

$$\frac{8{,}71}{39{,}00} \times 100 = 23{,}3\% \text{ (satisfatória)}$$

b) A pressão na última derivação atingiu 30,29 m, que é inferior ao limite admissível de 40,00 m.

c) No caso presente, não há necessidade de determinar a pressão no tôpo da coluna, por ser ela evidentemente superior ao mínimo admissível de 0,50 m.

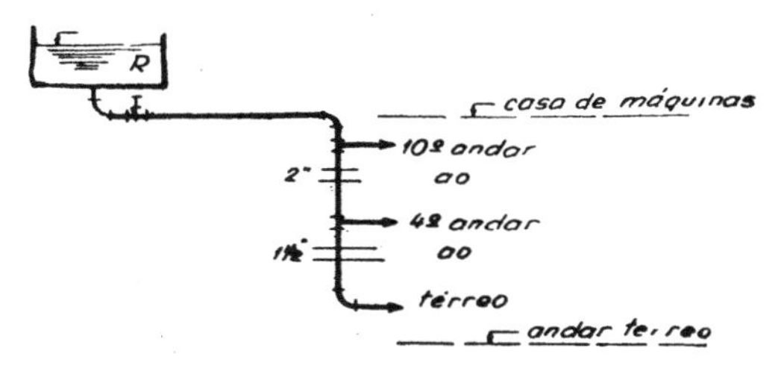

FIG. 11.13

11.5.0. — INSTALAÇÃO PREDIAL DE ESGOTOS

11.5.1. — *Introdução.*

As exigências técnicas mínimas quanto à higiene, à segurança, à economia e ao confôrto a que devem obedecer as instalações prediais de esgotos sanitários estão consubstanciadas na Norma Recomendada NB-19R da ABNT (Associação Brasileira de Normas Técnicas).

11.5.2. — *Princípios Gerais.*

As instalações prediais de esgotos sanitários devem ser projetadas e construídas de modo a:

a) Permitir rápido escoamento dos despejos e fáceis desobstruções;

b) Vedar a passagem de gases e de animais das canalizações para o interior dos edifícios;

c) Não permitir vazamentos, escapamento de gases ou formação de depósitos no interior das canalizações;

d) Impedir a contaminação da água de consumo.

11.5.3. — *Terminologia*

A NB — 19R adota a seguinte terminologia:

Aparelho sanitário: aparelho ligado à instalação predial e destinado ao uso da água para fins higiênicos ou a receber dejetos e águas servidas.

Caixa coletora: Caixa situada em nível inferior ao do coletor predial e onde se coletam despejos cujo escoamento exige elevação.

Caixa de gordura: Caixa detentora de gorduras.

Caixa de inspeção: Caixa destinada a permitir a inspeção e desobstrução de canalizações.

Caixa sifonada fechada: Caixa dotada de fecho hídrico, destinada a receber efluentes de aparelhos sanitários, exclusive os de bacias sanitárias, e descarregá-los diretamente em canalização primária.

coluna	andar	trecho	dist.	pesos		vazão do projeto	diam. pol.	veloc. m/seg.	comprimento			perdas de carga		pressão a juz.	obs.
				simples	acumul.				real	equiv.	total	unit.	total		
AF1	CM	R- 1	A	13	156	5,0	2½	1,5	10,0	6,13	16,13	0,065	1,00	4,00	
	10	1- 2	"	13	143	4,9	2	2,3	3,0	1,10	4,10	0,18	0,74	6,26	
	9	2- 3	"	13	130	4,7	2	2,2	3,0	1,10	4,10	0,165	0,68	8,58	
	8	3- 4	"	13	117	4,4	2	2,1	3,0	1,10	4,10	1,148	0,61	10,97	
	7	4- 5	"	13	104	4,2	2	2,0	3,0	1,10	4,10	0,136	0,56	13,41	
	5	5- 6	"	13	91	4,0	2	1,9	3,0	1,10	4,10	0,126	0,52	15,89	
	6	6- 7	"	13	78	3,8	2	1,8	3,0	1,10	4,10	0,11	0,45	18,44	
	4	7- 8	"	13	65	3,5	2	1,7	3,0	1,70	4,70	0,098	0,46	20,98	
	3	8- 9	"	13	52	3,2	1½	2,8	3,0	0,90	3,90	0,345	1,34	22,64	
	2	9-10	"	13	39	2,8	1½	2,5	3,0	0,90	3,90	0,117	1,08	24,56	
	1	10-11	"	13	26	2,3	1½	2,0	3,0	0,90	3,90	0,18	0,70		
	T	11-12	"	13	13	1,8	1½	1,6	4,0	0,90	4,90	0,277	0,57	26,86 30,29	

Verificação: Altura total $= 5{,}0 + 10 \times 3{,}0 + 4{,}0 = 39{,}00$ m

Soma das perdas de carga $= 8{,}71$ m

Pressão na última derivação $= 30{,}29$ m

Caixa sifonada com grelha: Caixa sifonada, dotada de grelha na parte superior, destinada a receber águas de lavagem de pisos e efluentes de aparelhos sanitários, exclusive os de bacias sanitárias e mictórios.

Canalização primária: Canalização onde têm acesso gases provenientes de coletor público.

Canalização secundária: Canalização protegida por desconector contra o acesso de gases provenientes do coletor público.

Coletor predial: Canalização compreendida entre a última inserção do subcoletor, ramal de esgôto ou de descarga e a rêde pública ou local de lançamento dos despejos.

Coluna de ventilação: Canalização vertical destinada à ventilação de sifões sanitários situados em pavimentos superpostos.

Desconector: Sifão sanitário ligado a uma canalização primária.

Despejos: Refugos líquidos dos edifícios, excluídas as águas pluviais.

Despejos domésticos: Despejos decorrentes do uso da água para fins higiênicos.

Despejos industriais: Despejos decorrentes de operações industriais.

Fecho hídrico: Coluna líquida que, em um sifão sanitário, veda a passagem dos gases.

Peça de inspeção: Dispositivo para inspeção e desobstrução de uma canalização.

Ramal de descarga: Canalização que recebe diretamente efluentes de aparelho sanitário.

Ramal de esgôto: Canalização que recebe efluentes de ramais de descarga.

Ramal de ventilação: Tubo ventilador secundário ligando dois ou mais tubos ventiladores individuais a uma coluna de ventilação ou a um tubo ventilador primário.

Ralo: Caixa dotada de grelha na parte superior, destinada a receber águas de lavagem de piso ou de chuveiro.

Sifão sanitário: Dispositivo hidráulico destinado a vedar a passagem de gases das canalizações de esgotos para o interior do prédio.

Sub-coletor: Canalização que recebe efluentes de um ou mais tubos de queda ou ramais de esgotos.

Tubo de queda: Canalização vertical que recebe efluentes de sub-coletores, ramais de esgotos e ramais de descarga.

Tubo ventilador: Canalização ascendente destinada a permitir o acesso do ar atmosférico ao interior das canalizações de esgôto e a saída de gases dessas canalizações, bem como impedir a ruptura do fecho hídrico dos desconectores.

Tubo ventilador primário: Tubo ventilador tendo uma extremidade aberta, situada acima da cobertura do edifício.

Tubo ventilador secundário: Tubo ventilador tendo a extremidade superior ligada a um tipo primário, a uma coluna de ventilação ou a outro ventilador secundário.

Tubo ventilador de circuito: Tubo ventilador secundário ligado a um ramal de esgôto e servindo a um grupo de aparelhos sem ventilação individual.

Tubo ventilador individual: Tubo ventilador secundário ligado ao sifão ou ao tubo de descarga de um aparelho sanitário.

Tubo ventilador suplementar: Canalização vertical ligando um ramal de esgôto ao tubo ventilador de circuito correspondente.

Tubo ventilador contínuo: Tubo ventilador constituído pelo prolongamento de trecho vertical de um ramal de descarga, ao qual se liga por intermédio de um T ou de um Y.

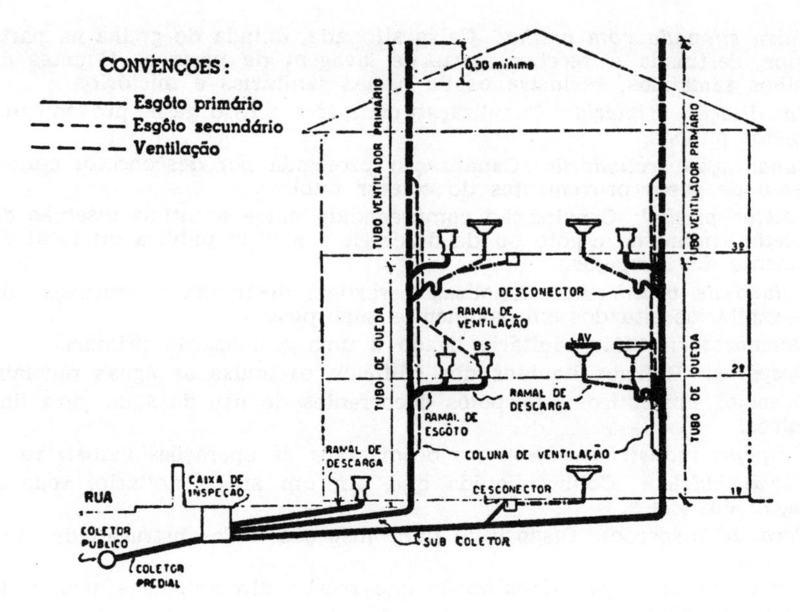

FIG. 11.14

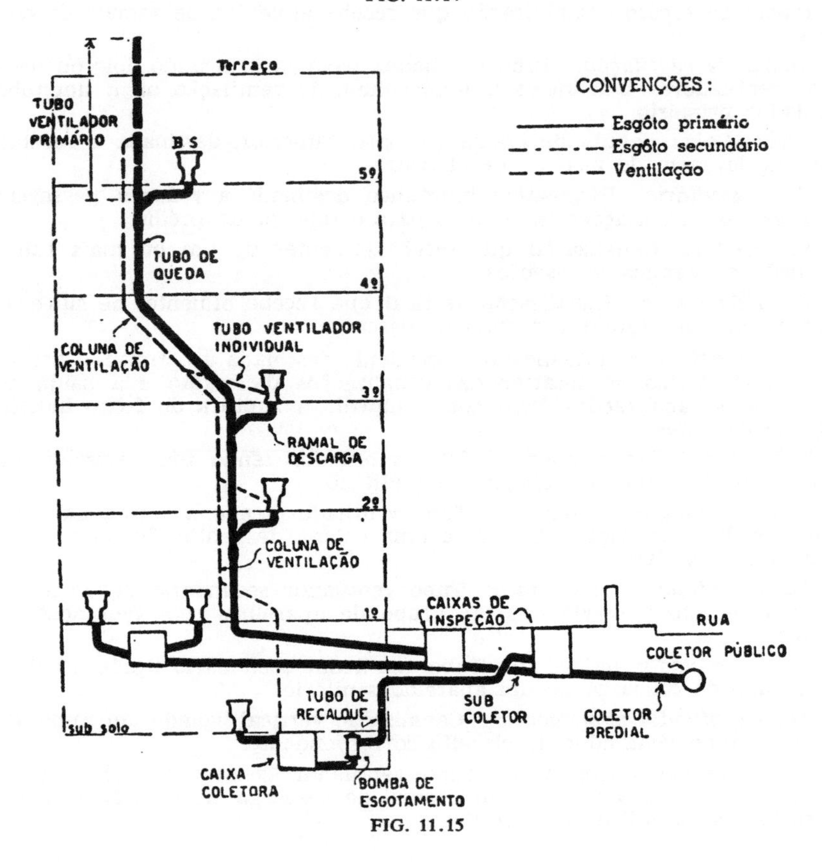

FIG. 11.15

11.5.4. — *Projeto.*

Indicações do Capítulo IV da NB — 19R.

Para a estimativa das descargas adota-se como *unidade de descarga* a correspondente à descarga de um lavatório de residência que é considerada igual a 28 litros por minutos. Comparando-se as descargas dos demais aparelhos com a do lavatório residencial pode-se estabelecer uma série de valôres que se encontram na Tabela I da NB — 19R, seguinte:

NÚMERO DE UNIDADES DE DESCARGA DOS APARELHOS SANITÁRIOS E DIÂMETRO NOMINAL DOS RAMAIS DE DESCARGA

Aparelho	N.° de unidade	Diâmetro mínimo do ramal de descarga em mm
Banheira		
de residência	3	40 (1½″)
de uso geral	4	40 (1½″)
Bebedouro	0,5	25 (1″)
Bidê	2	30 (1¼″)
Chuveiro		
de residência	2	40 (1½″)
de uso geral	4	40 (1½″)
Lavatório		
de residência	1	30 (1¼″)
de uso geral	2	40 (1½″)
de uso coletivo, por torneira	1	50 (2″)
Mictório		
com válvula	4	50 (2″)
com descarga automática	2	40 (1½″)
de calha, por metro	2	50 (2″)
Pia		
de residência	3	40 (1½″)
de grandes cozinhas	6	50 (2″)
de despejos	3	50 (2″)
Ralo	1	30 (1¼″)
Tanque de lavar		
pequeno	2	30 (1¼″)
grande	3	40 (1½″)
Bacia sanitária	6	100 (4″)

TIPOS DE LIGAÇÃO AO TUBO DE QUEDA

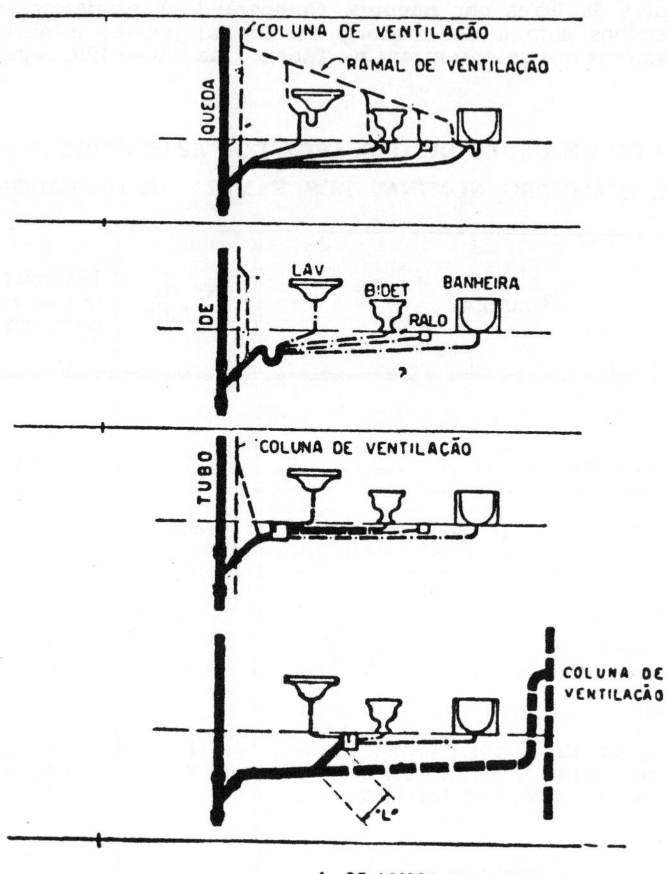

L - DE ACORDO COM A TABELA IV

FIG. 11.16

A) Ligação direta (sifão individual)

B) Ligação em desconector (sifão geral)

C) Ligação com desconector (caixa sifonada)

D) Ligação com desconector (caixa sifonada)

VENTILAÇÃO CONTÍNUA

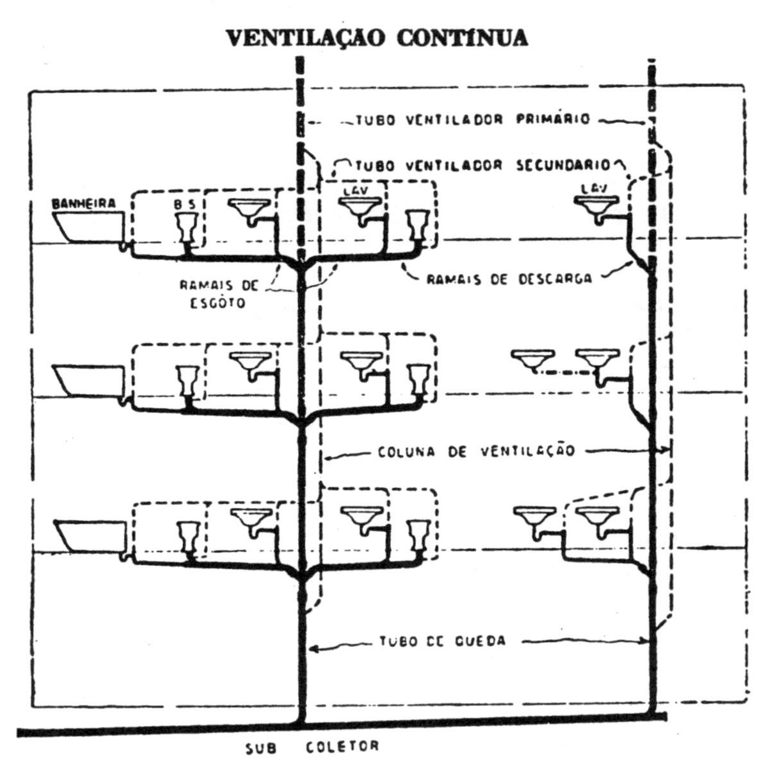

FIG. 11.17

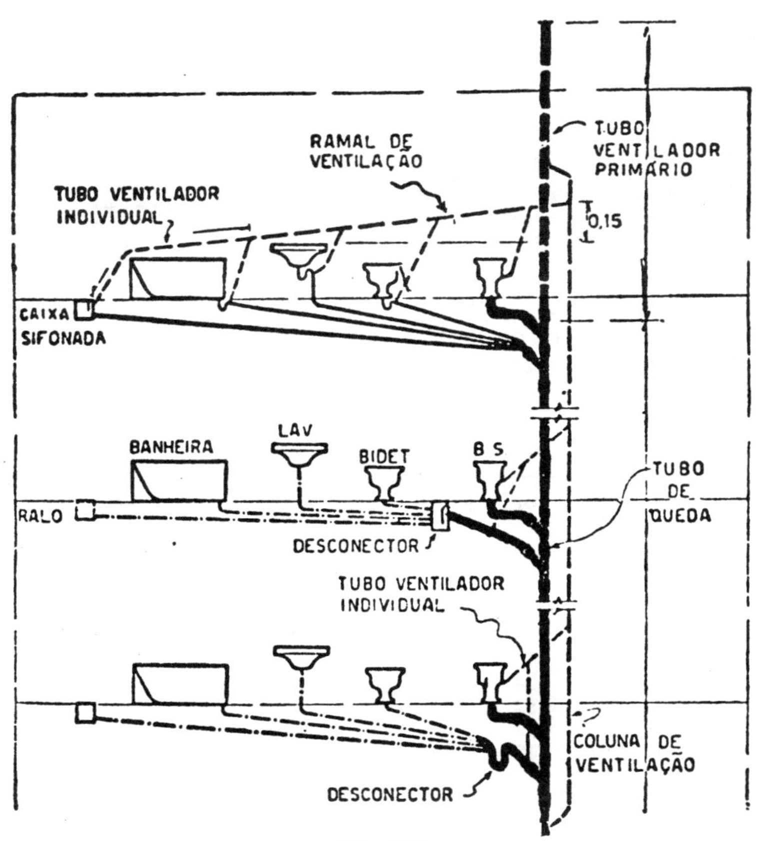

FIG. 11.18

a) *Ramais de descarga*: Os diâmetros são os indicados na Tabela I da NB — 19R (pág. 289) e a declividade mínima dos trechos horizontais é de 2%.

Os ramais de descarga de lavatórios, banheiros, bidês, ralos e tanques de lavagem podem inserir-se em desconector ou caixa sifonada, em canalização secundária; os de pias de cozinha ou de copa em caixa de gordura, tubo de queda ligado à caixa de gordura, em canalização primária ou em caixa de inspeção; os de bacias sanitárias, mictórios e pias de despejos em canalização primária ou caixa de inspeção.

Os ramais de descarga, quando canalizações primárias, devem ter sempre início em sifão sanitário com o fecho hídrico devidamente protegido.

b) *Ramais de esgotos*: Os que recebem efluentes de bacias sanitárias e de pias de despejos serão sempre canalizações primárias; os que recebem efluentes de mictório não poderão ser ligados a caixas sifonadas com grelhas. O dimensionamento é feito pela tabela II da NB — 19R (abaixo) e as declividades mínimas são: 2% para diâmetros até 100 mm 1,2% para diâmetros de 125 mm e 0,7% para o diâmetro de 150 mm.

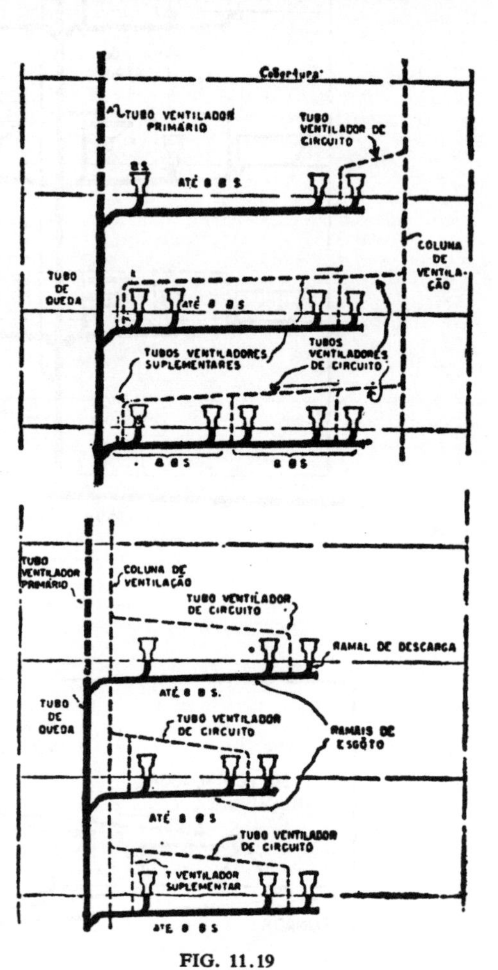

FIG. 11.19

Ramais de esgotos (diâmetros mínimos)

N.º de unidades de descarga	Diâmetro mínimo, em mm
1	30 (1¼″)
4	40 (1½″)
7	50 (2″)
13	60 (2½″)
24	75 (3″)
192	100 (4″)
432	125 (5″)
742	150 (6″)

c) *Tubos de queda*: O dimensionamento é feito pela Tabela III da NB — 19R (abaixo), não podendo um tubo de queda ter diâmetro inferior ao da maior canalização a êle ligada.

Tubo de queda (diâmetros mínimos)		
Número de unidades de descarga		Diâmetro mínimo, em mm
Em um pavimento	Em todo o tubo de queda	
1	2	30 (1¼")
2	8	40 (1½")
6	24	50 (2")
10	49	60 (2½")
14	70	75 (3")
100	600	100 (4")
230	1.300	125 (5")
420	2.200	150 (6")

d) *Subcoletores*: Adotam-se os diâmetros e declividades mínimas fixados para os ramais de esgôto.

e) *Coletor predial*: Adotam-se os diâmetros e declividades mínimas fixados para os ramais de esgôto; é fixado em 100 mm o diâmetro mínimo admissível. Geralmente o diâmetro do coletor predial é fixado pela entidade responsável pelo sistema urbano de esgotos; em São Paulo pelo Departamento de Águas e Esgotos.

f) *Ramais e colunas de ventilação*:

I — Tôda instalação deve compreender pelo menos um tubo ventilador com diâmetro mínimo de 75 mm, constituído nos prédios de dois ou mais pavimentos, pelo prolongamento vertical de um tubo de queda até acima da cobertura do edifício.

II — Todos os tubos ventiladores devem ser prolongados acima da cobertura dos edifícios, devendo êste prolongamento ter no mínimo 30 cm quando se tratar de telhado e 2,0 m quando se tratar de área ou terraço;

III — Tôda coluna de ventilação deve ter diâmetro uniforme;

IV — Todo desconector deve ser ventilado, não podendo a distância entre o desconector e a ventilação do tubo exceder os limites indicados na Tabela IV da NB — 19R (a seguir):

DISTÂNCIA MÁXIMA DO SIFÃO AO TUBO DE VENTILAÇÃO

Diam. min. do ramal de descarga (mm)	Distância máxima (m)
30 (1¼")	0,70
40 (1½")	1,00
50 (2")	1,20
75 (3")	1,80
100 (4")	2,40

V — Consideram-se devidamente ventilados os desconectores de pias, lavatórios e tanques quando ligados a um tubo de queda que não receba efluentes de bacias sanitárias e mictórios, observadas as distâncias indicadas na Tabela IV da NB-19R (acima);

VI — Consideram-se adequadamente ventilados os desconectores instalados no último pavimento ou no pavimento único de um prédio quando se verificarem as seguintes condições:

i) número de unidades de descarga fôr menor ou igual a 12;

ii) distância entre o desconector e a ligação do respectivo ramal de descarga a uma canalização ventilada não exceder os limites fixados na Tabela IV da NB-19R (acima);

VII — Dispensa-se a coluna de ventilação quando existir um único tubo de queda e sòmente ligação de um ramal de esgôto, não excedendo a distância do desconector ao ramal de esgotos os limites estabelecidos na Tabela IV da NB-19R (acima).

VIII — São adotadas as seguintes normas para a fixação do diâmetro dos tubos ventiladores:

i) Ramais de ventilação: diâmetro não inferior à metade do diâmetro do tubo de descarga ou do ramal de esgôto a que estiver ligado (em qualquer caso o diâmetro não deve ser inferior a 30 mm);

ii) Coluna de ventilação: diâmetro de acôrdo com as indicações da Tabela V da NB-19R (a seguir):

COLUNAS DE VENTILAÇÃO

Diâmetro do tubo de queda (mm)	N.º de unid. de desc.	Diâmetro mínimo da coluna de ventilação (mm) — Comprimento máximo permitido (m)							
		30 (1¼″)	40 (1½″)	50 (2″)	60 (2½″)	75 (3″)	100 (4″)	125 (5″)	245 (9″)
30 (1¼″)	2	15							
40 (1½″)	8	10	25	45					
50 (2″)	10		30	45					
50 (2″)	17		25	30					
50 (2″)	24		20	25					
75 (3″)	25		15	60	125	245			
75 (3″)	70		5	25	75	185			
100 (4″)	100			15	45	110	185		
100 (4″)	200			10	30	60	135		
100 (4″)	300				15	45	120		
100 (4″)	410				10	35	90		
100 (4″)	600				15	30	60		
125 (5″)	200				10	40	120	215	
125 (5″)	400					25	75	150	
125 (5″)	700					15	45	120	
125 (5″)	1000					10	35	90	
125 (5″)	1300						30	75	
150 (6″)	350					15	45	135	245
150 (6″)	700					10	25	75	150
150 (6″)	1500						20	60	120
150 (6″)	2200						15	45	90

NOTA: Inclue-se no comprimento da coluna de ventilação o trecho do ventilador primário entre o ponto de inserção da coluna e a extremidade aberta do ventilador.

11.5.5. — *Algumas exigências mínimas do DAE de São Paulo.*

O DAE antes das Normas NB-19R tinha certas exigências próprias que convêm catalogar para facilidade do projetista:

a) *Ramais de descarga*

Diâmetros mínimos

I — Lavatórios, banheiros e bidês: 40 mm (1½″)
II — Mictórios: 50 mm (2″)
III — Bacias sanitárias: 100 mm (4″).

b) *Ramais de esgotos*

Diâmetro mínimo de 50 mm (2″); nunca inferior ao diâmetro do correspondente ramal de descarga.

Declividade mínima de 2%.

c) *Tubos de queda*

O diâmetro varia com o número de andares, mas nunca inferior ao do ramal de descarga ou ramal de esgôto que nêle se insere; num edifício de mais de 14 pavimentos, o diâmetro é de 100 mm (4″) nos primeiros 14 pavimentos partindo do alto do edifício para baixo; a partir daí o diâmetro passa a 150 mm.

d) *Colunas de ventilação*

A variação do diâmetro se verifica no sentido inverso ao do tubo de queda, isto é, o diâmetro aumenta progressivamente à medida que se sobe no edifício.

O DAE recomendava:

até o 3.º pavimento .... diâmetro 50 (2″)
do 3.º ao 7.º pavimento .... diâmetro 75 (3″)
do 7.º ao 14.º pavimento .... diâmetro 100 (4″)
do 14.º pavimento em diante .... diâmetro 150 (6″)

e) *Coletor predial*

Diâmetro mínimo de 100 mm (4″); em condições especiais (N.º de aparelhos excedendo a 100) é de 150 mm (6″).
Os subcoletores e o coletor predial devem ter as seguintes declividades mínimas:

Diâmetro (em mm)	Declividade mínima (m/m)
≤ 100	0,02
$100 < D < 150$	0,007
$150 < D < 200$	0,005
$200 < D < 250$	0,0035

11.6.0. — INSTALAÇÃO PREDIAL DE ÁGUA QUENTE

11.6.1. — *Generalidades.*

Os princípios gerais a serem seguidos são os mesmos indicados para as instalações de água fria.

Relativamente ao sistema de instalação, podemos distinguir três tipos:

a) individual;
b) conjunto;
c) central.

Quanto à fonte de energia para o aquecimento:

a) a gás;

b) elétrica;

c) a vapor, com produção de vapor por eletricidade, caldeira a óleo, a gás, a lenha ou a carvão.

11.6.2. — *Sistema individual.*

Cada ponto de consumo de água quente tem seu próprio sistema de aquecimento. É o caso dos chuveiros elétricos, resistências elétricas de aquecimento, aquecedores a gás de baixa pressão, etc.

11.6.3. — *Sistema de conjunto.*

Neste tipo existe um conjunto de pontos de consumo abastecidos por um aquecedor. É o caso, por exemplo, dos apartamentos em edifícios com aquecedores a gás, de alta pressão, comandados pelos próprios moradores dos apartamentos, ou dos aquecedores elétricos abastecendo os pontos de consumo de cada apartamento.

11.6.4. — *Sistema central.*

É o sistema empregado nos grandes edifícios sendo operado pela própria administração do prédio.

Distingue-se no sistema central dois tipos de instalações:

a) sem retôrno;

b) com retôrno.

No primeiro a água quente, uma vez introduzida na canalização de distribuição, não volta mais ao aquecedor, seja ela consumida ou não. O aparelho de aquecimento é alimentado pelo reservatório, havendo distribuição direta do aquecedor aos pontos de consumo. No tipo com retôrno a água quente introduzida no sistema de distribuição e não consumida volta ao aquecedor seja por gravidade por efeito de termosifão, seja por recalque, através de bombas. As bombas são comandadas automàticamente pela diferença de temperatura entre a água da distribuição e do retôrno.

11.7.0. — INSTALAÇÃO PREDIAL DE ÁGUAS PLUVIAIS

11.7.1. — *Generalidades.*

Ainda não existem normas brasileiras ou recomendações gerais sôbre essas instalações. Existem certas praxes que costumam ser seguidas assim como alguns dados práticos que devem ser conhecidos pelos projetistas.

11.7.2. — *Partes constituintes do sistema de águas pluviais.*

a) *Calhas*, que têm por objetivo coletar as águas pluviais dos telhados;

b) *Ralos*, que se destinam a coletar as águas pluviais dos terraços e das áreas expostas;

c) *Condutores*: Canalizações aproximadamente verticais que transportam as águas pluviais coletadas pelas calhas e pelos ralos conduzindo-as para os coletores;

d) *Coletores*: Canalizações compreendidas entre a inserção de um coletor e o sistema público de águas pluviais.

11.7.3. — *Calhas.*

Dimensionamento: O problema fundamental é o da determinação da secção transversal S de um conduto livre; os fatôres intervenientes são:

— velocidade de escoamento da água, função da declividade *i;* a declividade mínima permitida é i = 0,005 m/m, ou seja 0,5%.

— vazão Q através da calha, que é o dado físico por excelência do problema, função das chamadas *chuvas críticas*, que, no caso, são as de grande intensidade e pequena duração.

Atentando-se que nas calhas o escoamento é pràticamente instantâneo, pode-se considerar como condição para o dimensionamento a *altura crítica* das chuvas. Se colocássemos em um gráfico as intensidades (i) obtidas nos registros de chuvas (medidas pelos pluviômetros e pelos pluviógrafos) e as respectivas durações *t*, obteríamos curvas com o aspecto indicado no gráfico. Pela inspeção do gráfico constata-se que, para as calhas, onde o escoamento é pràticamente instantâneo, os valores de *i* são relativamente altos.

Na Cidade de São Paulo já se tem verificado intensidade de chuvas (i = h/t) da ordem de 80 mm/hora; no dimensionamento das calhas intervêm valôres instantâneos cujos índices chegam a 150 mm/hora. Suponhamos, para exemplificar, que se adote para a chuva crítica a intensidade i = 150 mm/hora. A vazão Q numa secção qualquer da calha será então igual a área do telhado *A* multiplicada por *i*.

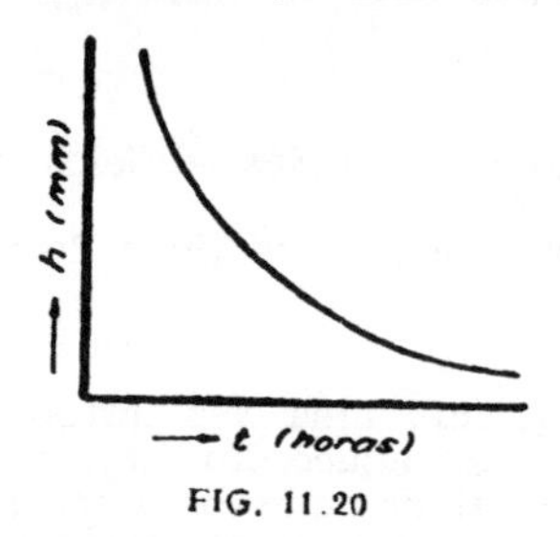

FIG. 11.20

Segue-se que: Q = Ai, onde para A em m² e *i* em mm/hora, a vazão Q em l/seg será:

$$Q = \frac{Ai}{3600}$$

e, para A = 1 m² e i = 150 mm/hora,

$$Q = 0{,}042 \text{ l/seg por m}^2 \text{ de telhado.}$$

Determinando *Q* e fixada a declividade pode-se achar o valor da secção *S* da calha.

Na prática corrente de residências e edifícios comuns a solução é estabelecida em função do material que se emprega. Geralmente as calhas são feitas de chapas de cobre ou galvanizadas; a calha de chapa galvanizada comercial tem 33 cm de desenvolvimento; observa-se que a secção de escoamento dêste tipo de calha tem a área aproximadamente igual a de um tubo de 150 mm (6″) trabalhando à meia secção. Examinemos a superfície do telhado capaz de ser esgotada por êste tipo de calha.

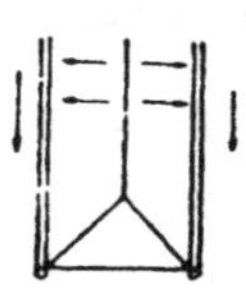
FIG. 11.21

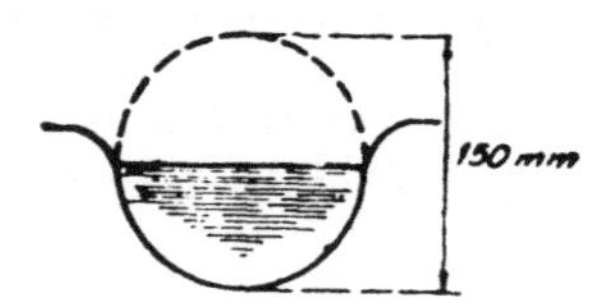

FIG. 11.22

Designando por S a área da secção transversal da calha cujo desenvolvimento é de 33 cm, teremos S = 0,0088 m². Para a declividade mínima de i = 0,5%, teríamos pela fórmula de Bazin, a velocidade de escoamento aproximadamente V = 0,65 m/seg. A vazão Q será então:

$$Q = VS = 0{,}65 \times 0{,}0088$$
$$= 0{,}0057 \text{ m}^3/\text{seg}$$
$$Q = 5{,}7 \text{ l/seg}$$

Para a vazão por m² de telhado de 0,042 l/seg, a área de telhado que a calha em questão seria capaz de esgotar é:

$$\frac{5{,}7}{0{,}042} = 135 \text{ m}^2$$

Note-se que dificilmente encontra-se área superior a 100 m² contribuindo para uma mesma calha.

As chapas de cobre, apresentam-se em largura de 12", 14", 16", fornecendo desenvolvimentos a partir de 30 cm.

11.7.4. — *Condutores.*

O dimensionamento dos tubos de queda de águas pluviais não é um problema bem determinado, por não se conhecer exatamente as condições do escoamento no interior do condutor. Na ausência de um critério rigoroso, na prática, costuma-se introduzir a condição da igualdade da velocidade da água no condutor e no coletor de águas pluviais.

Feita esta hipótese e admitidas as declividades mínimas permitidas para cada diâmetro, obteríamos os seguintes valôres aproximados:

Diâmetro (mm)	Velocidade (m/seg)	Secção (cm²)	Vazão (l/seg)	Área do telhado (cm²)
50	0,30	19,6	0,57	13,6
75	0,40	44,0	1,76	42,0
100	0,50	78,0	3,83	91,0
150	0,65	176,0	11,43	275,0

Como os tubos de queda geralmente utilizados têm diâmetros de 75 mm ou de 100 mm, poderíamos relacionar a secção do condutor à área de telhado que êle é capaz de esgotar, da seguinte maneira:

Para D = 75 mm; $\frac{42{,}0}{44{,}0} = 0{,}96 \text{ m}^2$ de área de telhado por cm² de condutor.

Para D = 100 mm; $\frac{91{,}0}{78{,}0} = 1{,}16 \text{ m}^2$ de área de telhado por cm² de condutor.

Comumente se adota para êsses quocientes o valor aproximado 1,0 resultando a conhecida regra prática: *"Um cm² de área de condutor para cada m² de área de telhado a ser esgotada".*

11.8.0. — INSTALAÇÃO PREDIAL DE GÁS

Quando existe uma rêde de distribuição de gás, como no caso da Capital paulista, a companhia concessionária dêsse serviço de utilidade pública costuma fazer certas exigências que o projetista não pode desconhecer, como por exemplo:

a) a canalização deverá se desenvolver em lugares fàcilmente ventiláveis;

b) a canalização deve permitir a retirada de água de condensação, o que exige a sua execução com certa declividade (no mínimo 0,5%), permitindo o acúmulo de água em certos pontos e a sua retirada por sifões especiais;

c) cada residência ou apartamento deverá ter canalização independente, bem como o seu próprio medidor.

11.9.0. — INSTALAÇÃO PREDIAL DE PROTEÇÃO CONTRA INCÊNDIOS

A Associação Brasileira de Normas Técnicas (ABNT) tem um projeto de normas brasileiras relatívas às instalações hidráulicas prediais contra incêndios: é a P. NB 24-R.

Êsse projeto de normas faz a classificação dos prédios quanto ao risco de incêndio, de modo a caracterizar aquêles em que seria justificável a exigência da instalação predial de proteção contra incêndios. Quando isso ocorre, são previstos uma série de pontos onde serão instaladas as caixas de combate a incêndios, alimentadas diretamente pelas colunas ligadas aos reservatórios. Como condições gerais podem ser indicadas:

a) deve haver, pelo menos, uma fonte de alimentação do sistema, capaz de suprir a demanda da instalação; recomenda-se prover o sistema com mais de uma fonte de alimentação com a possibilidade de intercomunicação e de auxílio mútuo;

b) devem ser separadas as instalações hidráulicas destinadas ao combate de incêndios e ao consumo geral e permanente; a primeira não deve ter derivações destinadas a fins diversos do combate ao fogo, mas pode ser alimentada pelas fontes destinadas à segunda.

c) em tôdas as instalações prediais deve haver uma ou mais ligações para o aproveitamento de água proveniente do exterior.

d o suprimento de água ao sistema, pela fonte de alimentação deve ser permanente;

e) as canalizações devem ter capacidade para alimentar pelo menos dois hidrantes em uso simultâneo; o diâmetro mínimo das canalizações não deve ser inferior a 63 mm (2½");

f) a pressão residual ou a que se verifica nos encanamentos quando em funcionamento simultâneo dois hidrantes não deve ser inferior a 1 kg/cm² (correspondente a um jato de 10 m de coluna d'água);

g) o hidrante deve ser constituído de uma tomada d'água munida de dispositivo de manobra; deve ser colocado ao alcance da mão, a uma altura do piso que não ultrapasse 1,50 m e devem ser sinalizados de forma a poderem ser localizados com presteza;

h) a capacidade dos reservatórios elevados será suficiente para garantir o suprimento de água, durante meia hora, para alimentação de 2 hidrantes trabalhando simultâneamente em ponto de maior pressão; em qualquer caso o mínimo deve ser de 10.000 litros.

A figura seguinte mostra um esquema de uma instalação dêste tipo.

O reservatório superior supre as mangueiras na fase inicial do combate a incêndio.

Esvaziado o reservatório superior, as bombas começam a recalcar água do reservatório inferior. A válvula de retenção (1) evita que entre água no reservatório superior, ocasionando perda de tempo. Existe ainda uma tubulação que vai até o passeio e que poderá ser usada pelo carro tanque do Corpo de Bombeiros para recalcar água aos pontos de consumo das mangueiras. As válvulas de retenção (1) e (2) evitam, nesses casos, a entrada de água nos reservatórios.

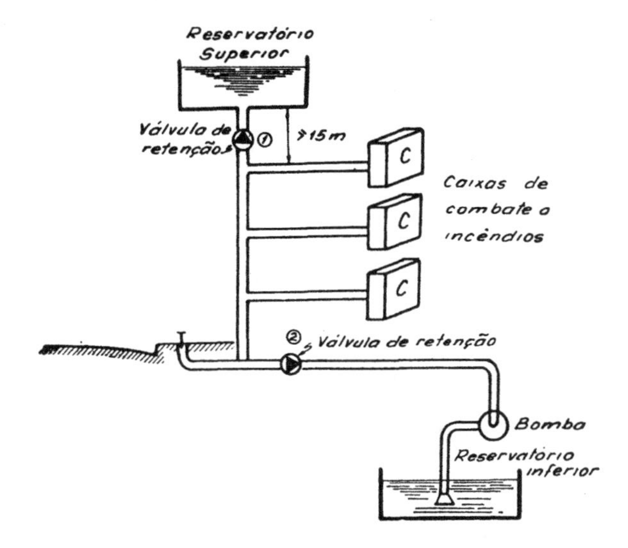

FIG. 11.23

11.10.0. — MATERIAIS USADOS NAS INSTALAÇÕES PREDIAIS

11.10.1. — *Tubos e conexões.*

a) Tubos e conexões de ferro fundido.

1. *Processo de fabricação: Tubos:* São fabricados por centrifugação do metal fundido em fôrmas, precedida de um recozimento em fornos contínuos e posteriormente aplicadas pinturas de proteção do metal. *Conexões:* Fundição em areia, passando por usinagem para retirada de rebarbas e limpeza.

2. *Tipos e classes:* Podemos distinguir dois tipos, os destinados a condutos livres (tipo esgôto) e os destinados a suportar pressão interna (tipo pressão). Os tipos esgôto são produzidos com ponta e bôlsa. Os tipos pressão são produzidos com ponta e bôlsa e com flanges.

Tubos para água tipo pressão: A sua produção deve satisfazer as Normas Brasileiras EB-43 que fixa: "Pêsos e medidas para os tubos com as respectivas tolerâncias" e determina os ensaios de pressão interna, dureza e cizalhamento. As conexões seguem especificações dos fabricantes. A EB-43 especifica três classes em função da pressão interna:

Classe LA — ensaiados a 20 kg/cm²
Classe B — ensaiados a 30 kg/cm²
Classe A — ensaiados a 25 kg/cm²

As conexões acompanham as especificações das classes.

3. *Dados sôbre os tubos*: Ver catálogos dos fabricantes "Companhia Metalúrgica Barbará" e "Cia. Ferro Brasileiro".

Comprimentos: (1,5, 2, 3, 4 ou 6 m).
Diâmetros: (50 a 600 mm — fabricação nacional).
Dimensões e pesos: Ver a EB-43.

4. *Conexões*: Acompanham os tipos e as classes das tubulações. São as seguintes: joelhos, curvas, tês, cruzetas, junções, luvas, reduções, caps, plugs e mais conexões especiais para esgotos. (Pormenores nos catálogos dos fabricantes).

5. *Juntas:* Para o tipo esgôto as juntas são de vedação; para o tipo pressão, são de vedação e estanqueidade. Tipos de juntas: ponta e bôlsa, flanges e tipos especiais como a junta Gibault, Mobex. Simples, Ferroflex, etc. As juntas tipo ponta e bôlsa são tomadas com estôpa e chumbo quente. Podem também ser usados compostos de enxofre. Para casos de vedação sòmente, pode-se usar asfalto preparado ou argamassas de cimento e areia.

6. *Emprêgo:* Tipo pressão-ponta e bôlsa: rêdes de abastecimento de água, adutoras, linhas de recalque, etc. Tipo pressão com flanges: casas de bombas, reservatórios, estações de tratamento, etc. Tipo pressão com juntas especiais: casos especiais como trechos sujeitos a forte trepidação, pontes, etc. Tipo esgôto ponta e bôlsa: instalações prediais de esgôto sanitário, trechos expostos de rêde de esgotos, instalações prediais de águas pluviais.

b) Tubos de aço (ferro galvanizado, pretos, vermelhos, especiais).

1. *Processos de fabricação:* São fabricados a partir de chapas de aço ou lingotes de aço. Sendo de chapas, são dobrados e soldados; sendo de lingotes ou tarugos, por extrusão ou perfurados a quente. Os tubos soldados constituem os chamados tubos com costura, os fabricados por extrusão ou perfuração, tubos sem costura.

2. Tipos:

1. tubo de ferro galvanizado, com ou sem costura.
2. tubos pretos com ou sem costura.
3. tubos vermelhos sem costura.

Os tubos dêstes três tipos apresentam-se em classes de acôrdo com a pressão de ensaio ou trabalho. Pode-se, comercialmente, distinguir os tubos leves e pesados, segundo os pesos e as espessuras. Não existem Normas Brasileiras para êstes tubos; são fabricados segundo norma da "ASA" e Inglesas.

4. tubos especiais: de acôrdo com as condições de trabalho. Geralmente fabricados sob encomenda, ex.: tubos "Armco". Soldados ou rebitados.

3. *Dados sôbre tubos:* De acôrdo com catálogos de fabricantes. Normas da "AST": diâmetros, espessuras, pesos, tipos de roscas, características da rôsca, etc.
Normas para galvanização (MB-25, método de ensaio).

4. *Conexões:* Acompanham as classes dos tubos, podendo ser galvanizadas ou pretas (os tubos vermelhos são comumente trabalhados com solda). São sempre providas de parte rosqueada macho ou fêmea (rôsca ASA-33.1). Exs.: Bucha de redução, Cachimbos Caps, Contra-porcas ou Arruelas, Cruzetas e Cruzeta com redução, Curva com luva fixa, Curva com luva sôlta a 45° e a 90°. Flanges, Joelhos a 45° e 90°, Joelhos abertos e fechados, Joelhos de três bôcas, Joelhos de redução, Luvas de redução, Niples, Niples duplos com porca sextavada, Plugs, Tês a 45° e 90°, Tês com redução a 45° e 90°, Uniões, Niple cônico, registro de macho.
Consultar catálogo de fabricantes.

5. *Juntas:* Os tubos de aço são trabalhados com conexões rosqueadas ou soldadas. As ligações rosqueadas são apertadas com tinta e fios de es-

tôpa (Zarcão e Cânhamo). São ligações desmontáveis. As tubulações soldadas não são desmontáveis; geralmente a solda é do tipo do eletrodo.

Os tubos de aço especiais podem ter juntas especiais do tipo de flanges, Dresser ou outras.

6. *Emprêgo*: Os tubos galvanizados são usados nas Instalações Prediais de água fria, água quente, gás, óleo, ar comprimido e em ramais de descarga de esgotos. Os tubos pretos são usados para I. P. de gás e óleo e ar comprimido (diferem dos galvanizados por não terem a capa de proteção de galvanização). Os tubos vermelhos são usados para caldeiras a vapor. Os tubos especiais são empregados em adutoras, usinas hidro-elétricas, indústria do petróleo e oleodutos, I. P. especiais de água, vapor, ar comprimido, óleo, etc.

c) Tubos de cobre e conexões Yorkshire.

São tubos fabricados por extrusão, especialmente, para serem trabalhados com as conexões patenteadas Yorkshire. — Destinam-se, principalmente, às Instalações Hidráulicas Prediais, sendo mais usados para água quente, água fria, ar comprimido, oxigênio, óleo e, eventualmente, esgotos. São testados para pressão de 15 kg/cm^2. — Seguem normas estabelecidas pela Yorkshire Inglêsa e são fabricados no Brasil a partir de 1951. Conexões Yorkshire são de latão fundido, usinadas a frio e providas de anel de solda (Patente). Ex.: luvas, conectores, reduções, curvas, etc. Juntas são soldadas (Patente).

d) Tubos de chumbo.

São fabricados por extrusão e trabalhados com solda de estanho. Empregados para ligações de aparelhos e ramais de descarga de esgotos e são fàcilmente moldados. Tipos: leve e pesado, de acôrdo com a espessura da parede. Diâmetros comerciais: $1/2$, $3/4$, $1\,1/2$, 2 polegadas.

e) Tubos e conexões de latão.

Os tubos de latão substituem os de chumbo nas ligações dos aparelhos sanitários. Podem ser moldados e são trabalhados com solda de estanho. As conexões de latão facilitam as ligações dos pontos de instalação ao aparelho. São comumente buchas, luvas e arruelas. As conexões de latão são empregadas ainda substituindo as de ferro galvanizado nos ramais de descarga de esgôto, permitindo soldar as ligações dêstes ramais aos aparelhos, caixas sifonadas, ralos, etc.

f) Tubos de alumínio.

Tubos de aplicação ainda restrita em nosso país. Geralmente usados para irrigação. São trabalhados por conexões rosqueadas ou juntas de pressão.

g) Tubos de concreto.

1. Processo de fabricação:

Vibrado
Centrifugado
Mistos (vibrado e centrifugado)

Podem ser em concreto simples ou armado, sendo a armadura simples ou dupla. Tipos especiais para suportar pressões internas podem ter camisa de aço.

2. Tipos:

Os tubos de concreto simples são classificados pela Norma Brasileira-EB-6 em: Tipo C.1 e C.2. O tipo C.2 é impermeável — tubo de melhores características. São fabricados por centrifugação, durante a qual se forma uma película interna de nata de cimento impermeável. Resistem à pressão interna (pequena).

3. Dados sôbre tubos:

Consultar catálogos de fabricante. Ex.: Hume, Situbos, Inac, Tetracap e etc.

4. Juntas:

Os tubos de concreto são de ponta e bôlsa ou encaixe. Tubos especiais para pressão interna podem ter juntas especiais patenteadas. As juntas são tomadas com argamassa de cimento e areia ou asfalto preparado a quente e estôpa. Não são trabalhados com conexões, mas sim, com construções locais em alvenaria ou concreto. Ex.: Poços de visita ou inspeção, caixas de passagem, bôcas de lôbo, etc.

5. Emprêgo: Condutos livres — Principalmente em galerias de águas pluviais. Os tubos de classe C.2 para rêdes de esgôto. A armadura depende de condições externas de carga e fundação, naturalmente dependendo do diâmetro. Os tubos especiais para pressão interna são usados em linhas de abastecimento de água.

h) Tubos de cerâmica vidrada.

1. Fabricação: Cerâmica vidrada (proteção obtida no forno pela adição de sal ou feldspato — vitrificação impermeável). Diâmetros comerciais: 2, 3, 4, 6, 8, 9, 10".

2. Tipos: Especificação brasileira — EB-5 (só considera a de 1.ª qualidade). Comercialmente: 1.ª, 2.ª, 3.ª, sendo a última não vidrada.

3. Dados sôbre os tubos: Não suportam pressão interna. Dimensões, pesos, diâmetros, tolerâncias, espessuras, resistência, ensaios EB.5-1940.

4. Juntas: Tipo ponta e bôlsa — Tomadas com asfalto preparado e estôpa ou argamassa de cimento e areia.

5. Conexões: Análogas às conexões de ferro fundido do tipo esgôto. Ver catálogo de fabricantes.

6. Emprêgo: Condutos livres: Águas pluviais — Rêde de esgotos — Instalações Prediais de Esgôto Sanitário — Adutoras.

i) *Tubos de cimento.*

São produzidos a partir de massas de mistura de cimento e amianto. Apresentam-se em tipo esgôto e pressão, êste em diversas classes de acôrdo com a pressão de trabalho.

Juntas com asfalto preparado e estôpa para o tipo esgôto e anel de borracha para os tipos pressão.

Dados sôbre os tubos: Consultar catálogos de fabricantes — Brasilit, Eternit, Civilit.

Conexões — Acompanham os tipos e classes. Ver catálogos.

Emprêgo — Condutos livres (tipo esgôto) — Esgôto — Águas pluviais — Condutores forçados (tipo pressão) — Rêde de águas, adutoras, etc.

j) *Tubos de matérias plásticas*

1. *Generalidades.*

Nos últimos anos, com o extraordinário desenvolvimento da indústria de matérias plásticas, tem-se difundido muito o uso dos tubos extrudados flexíveis, que tendem a ocupar lugar de excepcional destaque nas instalações prediais.

Convém por isso recordar alguns conceitos fundamentais sôbre os plásticos, antes de indicar os tipos de tubos já fabricados no país.

Incluem-se na denominação de *"matérias plásticas" substâncias* que são estáveis nas condições de uso normal mas que em uma certa fase de sua fabricação passam pelo estado plástico, quando então podem ser modeladas ou moldadas por ação do calor, da pressão ou de ambos simultâneamente. A maior parte das matérias plásticas é constituída por polímeros; deve-se lembrar que por polimerização se entende a união química de duas ou mais moléculas de um mesmo composto para formar moléculas mais pesadas, conduzindo ao aparecimento de um composto nôvo, de mesma fórmula bruta, porém de pêso molecular maior. As substâncias de alto pêso molecular obtidas por polimerização costumam ser divididas em duas classes: 1.ª) os compostos para os quais a estrutura do polímero é idêntica à do monômero, por exemplo, os polistirenos, os poliacetatos de vinila; êsses são: via de regra, polímeros de adição, dos quais algumas espécies podem ser despolimerizadas pelo calor; 2.ª) os compostos para os quais a estrutura do polímero é diferente da do monômero; êsses constituem os polímeros de condensação que às vêzes só podem ser decompostos por hidrólise; por exemplo, entre os produtos naturais, pertencem a essa classe o amido e a celulose, entre os produtos sintéticos os acetais polivinílicos e o nilose.

A mais difundida classificação das matérias plásticas é a que considera duas categorias: as substâncias *termoplásticas* e as *termoresistentes*. As primeiras são as que se tornam plásticas por efeito do calor, podendo ser amolecidas ou fundidas pelo calor de modo repetido, sem que suas propriedades sejam modificadas de modo apreciável; as termoresistentes são as substâncias plásticas que, uma vez submetidas ao calor ou à pressão, resistem a todo tratamento térmico posterior visando sua deformação. São particularmente importantes nas aplicações os plásticos produzidos à partir do acetato de celulose: plexiglas polietileno, resinas, etc.

2. *Processos de fabricação.*

Os tubos plásticos são fabricados por extrusão. Várias indústrias nacionais já estão produzindo êsse material: a Companhia Brasileira de Extrusão (CBE), a AMEROPA, a PLASTAR, a TIGRE-Cia. Hansen Industrial, a S. A. Tubos Brasilit e a NITROQUÍMICA. Destas, as duas primeiras trabalham com polietileno; as três seguintes com PVC rígido (cloreto de polivinil) e a última com nylon.

3. *Dados sôbre os tubos.*

Vide catálogo dos fabricantes. Como não existem ainda normas brasileiras para tubos plásticos, são adotadas as normas e especificações norte americanas do "United States Department of Commerce" e da "Society of Plastics Industry".

Na impossibilidade de apresentar as características de todos os tubos plásticos já fabricados no país, daremos algumas informações retiradas dos catálogos da CBE, os mais completos atualmente.

A matéria prima empregada por essa indústria é um polietileno especial da família das parafinas poliméricas.

As principais propriedades físicas dêsses tubos são:

	Temperatura	*Kg/cm²*
Resistência à tensão	— 55° C 23° C 70° C	180 130 65
Módulo de elasticidade	23° C	2450
Módulo de flexão	— 55° C 23° C 70° C	16000 1900 560
Condutividade térmica	BTU	1,75
Temperatura de enrijecimento		— 75° C

Temperatura máxima de trabalho 55° C.

Pêso específico kg*/m³ 920 a 930.

Tipos:

São três as séries de tubos normalmente fabricados, indentificáveis por uma faixa colorida estampada no exterior da tubulação:

Série 1 — Faixa Branca: A pressão de trabalho recomendada varia de diâmetro para diâmetro.

Série 2 — Faixa Amarela: em qualquer diâmetro a resistência à pressão é a mesma: 5,2 kg/cm².

Série 3 — Faixa Verde: pressão de trabalho 7,0 kg/cm².

Série 1

Diâmetro Nominal	Pressão de trabalho recomendada a 23° C (kg*/cm²)	Pêso por m (kg*)	Espessura (mm)
1¼″	4,6	0,397	7,11
1½″	4,1	0,473	7,37
2″	3,6	0,669	7,82
3″	3,4	1,339	10,97
4″	2,8	1,860	12,04

Série 2

Diâmetro Nominal	Pressão de trabalho recomendada a 23° C (kg*/cm²)	Pêso por m (kg*)	Espessura (mm)
½″	5,2	0,105	4,06
¾″	5,2	0,174	5,08
1″	5,2	0,276	6,35
1¼″	5,2	0,479	8,38
1½″	5,2	0,663	9,91
2″	5,2	1,093	12,70
3″	5,2	1,890	15,29

Série 3

Diâmetro Nominal	Pressão de trabalho recomendada a 23° C (kg*/cm²)	Pêso por m (kg*)	Espessura (mm)
1/2"	7,0	0,153	5,54
3/4"	7,0	0,264	7,37
1"	7,0	0,418	9,11
1 1/4"	7,0	0,733	12,19
1 1/2"	7,0	0,998	14,22
2"	7,0	1,622	18,03

Os tubos são fornecidos em rolos cujos comprimentos normais constam da seguinte tabela:

Diâmetro Nominal	Comprimento dos Rolos em metros		
	Série 1	Série 2	Série 3
1/2"	—	210 ou 70	140
3/4"	—	140 ou 35	140 ou 35
1"	—	140, 105 ou 35	105 ou 35
1 1/4"	105 ou 35	105 ou 35	105 ou 35
1 1/2"	70 ou 35	70 ou 35	70 ou 35
2"	70 ou 35	70 ou 35	35
3"	30 ou 6 (reto)	30 ou 6 (reto)	—
4"	6 (reto)	—	—

4. *Conexões.*

Emendas, ângulos, bifurcações, reduções, etc., são feitas com as conexões em polistireno de alto impato.

Vide catálogo dos fabricantes.

Finalmente, para dar uma idéia das características dos tubos de PVC rígidos, indicamos a seguir alguns dados colhidos no catálogo da PLASTAR e correspondentes à chamada série A daquela emprêsa, adequada para o transporte de água potável sob pressão.

Êsses tubos são fornecidos em barras de 4 e 5 metros (em rolos até o diâmetro de 3/4").

Diâmetro Nominal (pol.)	Espessura (mm)	Pêso por m (kg*)
½″	2,5	0,215
¾″	3,0	0,330
1″	3,5	0,490
1¼″	3,75	0,670
1½″	4	0,815
2″	5	1,290
3″	5	1,875
4″	5	2,500
6″	5	3,640
8″	5	4,580
10″	5	5,700

O PVC amolece com a ação do calor; fica pastoso a 180° e carboniza a 220° C.

5) *Emprêgo.*

Os tubos plásticos podem ser usados nas instalações prediais de água fria, gás, óleo, ar comprimido e em ramais de descarga de esgotos. Têm sôbre o ferro galvanizado a vantagem de serem muito mais leves, mais fáceis de instalar, pràticamente imunes à corrosão e com melhores características hidráulicas. Os estudos feitos sôbre a vida útil dos encanamentos plásticos até o momento, têm mostrado o seu comportamento satisfatório.

11.10.2 — *Válvulas e Contrôles.*

a) Registro de gaveta
b) Registro de globo
c) Torneiras
d) Torneiras de bóia
e) Válvulas de pé
f) Válvulas de retenção
g) Válvula de segurança
h) Automáticos de bóia
i) Válvulas redutoras de pressão
j) Caixa de descarga
l) Válvula de descarga
m) Válvulas automáticas de contrôle de temperatura
n) Termostatos
o) Purgadores
p) Medidores: manômetros e termômetros
q) Misturadores.

11.10.3. — *Aparelhos e acessórios.*

a) Bacia sanitária — W. C. — Vaso sanitário.

1. Fabricação: ferro esmaltado ou louça vitrificada.

2. Tipos: Comum — com sifão aparente; sifonada ou autosifonada (sifão embutido); Turca.

3. Funcionamento: alimentação de água — válvula de descarga; caixa de descarga; caixa silenciosa. Esgôto — ponto no piso de 4″ ϕ.

4. Dimensões: Ver catálogos.
   Locação dos pontos de água e esgôto.
   Área de utilização.

5. Acessórios e Montagem:

Para ligações de água: Tubos de ligação — Bôlsa de Borracha — Canoplas.

Para ligações de esgotos: Bôlsa de chumbo — Anel de borracha — Estirador, Parafusos de fixação.

Acessórios: Tampa e ferragem.

b) Lavatórios.

1. Fabricação: ferro esmaltado — louça vetrificada ou construídos no local.

2. Tipos: Consôlo — Suporte e Coluna (diversas formas e tamanhos).

3. Funcionamento: Alimentação de água (fria ou quente), torneiras, misturadores.

Esgôto — válvulas de esgôto — Sifões.

4. Dimensões: Ver catálogos de fabricantes. Locação dos pontos de esgôto e água.

5. Acessórios e Montagem: Ligação de água: Torneiras — Misturadores — Tubos de ligação — Canoplas. Ligação de esgôto: Válvulas de lavatório — Sifão — Tubo de ligação — Canoplas.

c) Bidê.

1. Fabricação: Ferro esmaltado — Louça vitrificada.
2. Tipos: com ducha e sem ducha (tamanho padrão).
3. Funcionamento:
   Alimentação de água — Registro de canoplas — Misturadores
   Esgôto — pontos no piso de 1½″ de diâmetro (passar por sifão).
4. Dimensões: Ver catálogos de fabricantes.
   Locação dos pontos de água e esgotos.
   Área de utilização.
5. Acessórios e Montagem:

Ligação de água: Torneiras — Misturadores — Tubos de ligação — Canoplas.

Ligação de esgôto. Válvulas para Bidê — Tubo de ligação — Canoplas.

d) Banheiras.

1. Fabricação: ferro esmaltado.
2. Tipos: de embutir, comum, tipo luxo.
3. Funcionamento: Alimentação de água — Torneiras — Misturador.
   Esgôto — ponto no piso para 1½ de diâmetro (passagem por sifão).
4. Dimensões: Comprimentos — 1380 mm, 1530 mm, 1710 mm.
   Outras dimensões: Ver catálogos.
5. Acessórios e Montagem:
   Ligação de água — Torneiras, Misturadores (ladrão), Tubos de ligação.

   Ligação de esgôto — Válvula para banheira, tubos de ligação (canoplas).

e) Outros aparelhos (ver catálogos).

1. Chuveiros.
2. Mictórios.
3. Ralos.
4. Bebedouros.
5. Caixas de incêndio (Mangueira, Bico e Cesta).
6. Despejos.
7. Bombas.

f) Aparelhos hospitalares (ver catálogos).
1. Lava-comadres.
2. Esterilizadores.

g) Aparelhos para lavanderia (ver catálogos).
1. Máquina de lavar.
2. Centrífugas.
3. Calandras.

h) Aparelhos de cozinha.
1. Caldeirões
2. Máquina de lavar pratos.
3. Máquina de descascar batatas, etc.

11.11.0. — EXTRATO DE TÓPICOS REFERENTES ÀS INSTALAÇÕES PREDIAIS DA "CODIFICAÇÃO DAS NORMAS SANITÁRIAS PARA OBRAS E SERVIÇOS — C. N. S. O. S. — LEI ESTADUAL N.º 1561-A, DE 29 DE DEZEMBRO DE 1951.

Além das normas e exigências regulamentares oportunamente citadas, a Lei Estadual n.º 1561-A, de 29 de dezembro de 1951, estabelece certas disposições referentes às instalações prediais que convêm sejam do conhecimento do projetista, motivo pelo qual são aqui transcritas.

Extrato da Lei Estadual n.º 1561-A, de 29-2-1951 — CNSOS

Abastecimento de Água, Águas Pluviais, Sistemas de Esgotos e Lixo

TÍTULO PRIMEIRO

Esgotos Domiciliários

Artigo 296 — Todo material empregado na execução dos esgotos domiciliários, deverá ser aprovado pela autoridade competente.

Artigo 297 — Tôda habitação terá o seu ramal principal de escoamento de diâmetro nunca inferior a cem milímetros e provido, no mínimo, de dispositivo de inspeção.

Parágrafo único — Se a ligação de dois ou mais prédios por um mesmo ramal principal fôr inevitável, o diâmetro dêste será calculado em relação à declividade e ao número de prédios que êle servir, devendo situar-se, obrigatòriamente, em um corredor ou viela sanitária descoberta.

Artigo 298 — Os ramais domiciliários, de acôrdo com seus diâmetros, não poderão ter declividade inferior aos mínimos seguintes:

Diâmetros	*Declividades mínimas*	
Inferior ou iguais 100 milímetros	0,020 m/m	(2%)
Inferior ou iguais 150 milímetros	0,007 "	(0,7 %)
Inferior ou iguais 200 milímetros	0,005 "	(0,5%)
Inferior ou iguais 250 milímetros	0,0035 "	(0,35%)

Artigo 299 — Os ramais domiciliares deverão ser colocados em trechos retilineos, não sendo permitidas inflexões ou curvaturas em planta ou perfil.

Parágrafo único — Quando não fôr possível sua construção em trechos retilíneos, deverão existir, nos pontos de inflexão, dispositivos que permitam inspeção e limpeza.

Artigo 300 — As ligações dos ramais, entre si, serão feitas sempre que possível, com junção em ângulo de quarenta e cinco graus, assentados no sentido favorável do escoamento.

Artigo 301 — Os tubos de queda terão os seus diâmetros calculados em função de seu comprimento e do número de unidades de descarga de aparelhos.

§ 1.° — O diâmetro mínimo do tubo de queda que recebe despejo de latrina será de cem milímetros.

§ 2.° — O diâmetro mínimo do tubo de queda que recebe pia de copa, cozinha, despejo, tanque, ou de três ou mais aparelhos sanitários será de cinqüenta milímetros.

Artigo 302 — Os aparelhos sanitários, qualquer que seja o seu tipo, serão desconectados dos ramais respectivos por meio de sifões individuais com fecho hidráulico nunca inferior a cinco centímetros, munidos de opérculos de fácil acesso às limpezas ou terão seus despejos conduzidos a um sifão único, segundo a técnica mais aconselhada pelo poder competente.

Artigo 303 — Será absolutamente proibida a introdução direta ou indireta de águas pluviais nos ramais domiciliares de esgotos sanitários.

§ 1.° — Nos prédios já ligados à rêde, a retirada de ralos destinados a receber águas pluviais será obrigatório, desde que o prédio entre em reforma de qualquer espécie, ficando o ramal que contiver ralos nessas condições, inteiramente condenado como inaproveitável, podendo o poder competente cortar sua ligação à rêde.

Artigo 304 — Todos os sifões, exceto os auto-ventilados, deverão ser protegidos contra o desifonamento e contra-pressão, por meio de ventilação apropriada.

Artigo 305 — A ventilação da instalação deve ser feita:

I) pelos tubos de queda prolongados acima da cobertura do edifício;

II) por canalizações independentes, ascendentes, constituindo tubos ventiladores.

Parágrafo único — O tubo ventilador poderá ser ligado ao prolongamento de um tubo de queda, acima da última inserção do ramal de esgôto.

Artigo 306 — É dispensada a ventilação por tubo ventilador; quando uma ou duas latrinas, situadas no mesmo pavimento, descarregam mediante junção simples ou duplas, em tubo de queda colocado a menos de um metro de distância, sem que haja quaisquer outros aparelhos descarregando acima.

Artigo 307 — Os diâmetros dos tubos ventiladores serão determinados em função do seu comprimento, do diâmetro de tubo de queda e do número de aparelhos a êste ligado.

Artigo 308 — Tôdas as instalações domiciliares de esgôto, antes de sua utilização, deverão ser submetidas a prova de impermeabilidade.

TÍTULO SEGUNDO

Abastecimento domiciliário de água

Artigo 309 — Todo o material empregado na execução dos serviços de abastecimento domiciliário de água deverá ser submetido a aprovação da autoridade competente.

Artigo 310 — Tôda habitação terá o ramal domiciliário de entrada de água com diâmetro nunca inferior a dezenove milímetros determinando o poder competente, em função do fim a que se destina o prédio e da carga piezométrica, o valor do diâmetro que julgar necessário.

Parágrafo único — A rêde interna de distribuição de água será dimensionada por métodos indicados pela autoridade competente, não sendo permitido diâmetro inferior a dezenove milímetros.

Artigo 311 — Os prédios deverão ser abastecidos diretamente da rêde pública, sendo vedado o uso do reservatório domiciliário.

Parágrafo único — É obrigatório o uso de reservatórios domiciliários.

I — Enquanto o abastecimento público não puder ser feito de modo a assegurar continuidade no fornecimento de água;

II — Quando a carga disponível na rêde distribuidora pública não fôr suficiente para que a água atinja, na hora de maior consumo os pontos de tomada ou aparelhos sanitários situados no mais elevado pavimento do prédio.

Artigo 312 — Quando o uso do reservatório fôr obrigatório, a sua capacidade total será equivalente ao consumo diário do prédio.

Artigo 313 — Quando existir reservatório superior, dêle partirá obrigatòriamente a rêde de distribuição domiciliária, salvo exceções a juízo da autoridade competente.

Artigo 314 — Poderão ser instalados sistemas hidropneumáticos que dispensam os reservatórios superiores, porém, não os inferiores.

Artigo 315 — Os reservatórios domiciliários deverão ser providos de:

I — Cobertura que evite a poluição de água reservada;

II — Torneira de bóia na entrada da tubulação de alimentação;

III — Extravasor com diâmetro superior ao da canalização de alimentação não desaguando na calha ou no condutor do telhado e sim em ponto perfeitamente visível para que sejam verificados os desperdícios;

IV — Canalização de limpeza, funcionando por gravidade ou por meio de elevação mecânica no caso de reservatórios inferiores.

Artigo 316 — Será proibida a sucção direta da rêde de distribuição.

TÍTULO TERCEIRO

Aparelhos sanitários

Artigo 317 — As bacias sanitárias, mictórios e demais aparelhos destinados a receber despejos devem ser de louça, de ferro fundido ou outro material de idêntica ou melhores características que venham a ser aprovado pela autoridade sanitária.

Parágrafo único — Em qualquer hipótese será proibida a instalação de aparelhos sanitários, pias ou lavatórios construídos de cimento.

Artigo 318 — Na instalação de qualquer aparelho sanitário deverá ser evitada qualquer possibilidade de intercomunicação das rêdes domiciliares de água e esgôto.

Artigo 319 — Os receptáculos das bacias sanitárias devem fazer corpo com os respectivos sifões, devendo permanecer na bacia uma quantidade de água suficiente para impedir a aderência de dejetos em suas paredes.

Artigo 320 — As bacias sanitárias serão providas de dispositivos de lavagem ligados a caixa de descargas ou válvulas fluxíveis, que garantam uma descarga de dez a doze litros.

Artigo 321 — As válvulas fluxíveis deverão ser instaladas sempre em nível superior ao das bordas do receptáculo dos aparelhos e serão providas obrigatòriamente de dispositivos que impeçam a aspiração de água contaminada para a rêde domiciliária de água.

Artigo 322 — Os mictórios serão providos de dispositivos de lavagem ligados a caixa de descarga ou válvulas fluxíveis que garantam uma descarga de cinco a seis litros de água.

Artigo 323 — Os aparelhos de um compartimento sanitário, exceto a bacia sanitária e mictório, poderão ter seus despejos conduzidos a um ralo sifonado de inspeção, em vez de irem diretamente ao tubo da queda.

Artigo 324 — Haverá sempre um ralo, instalado nos pisos dos compartimentos sanitários copa, cozinha, garagem e lavanderias.

Artigo 325 — Os despejos das pias de copa e cozinha de hotéis, restaurantes e estabelecimentos congêneres passarão, obrigatòriamente, por uma caixa de gordura.

Artigo 326 — Os despejos das garagens comerciais, oficinas, postos de serviço de abastecimento de automóveis passarão, obrigatòriamente, por uma caixa detentora de areia e graxas.

11.12.0. — APRESENTAÇÃO DE UM PROJETO DE INSTALAÇÕES PREDIAIS

Com o objetivo de orientar os projetistas no que se refere à apresentação aos clientes ou às repartições públicas de um projeto de instalações prediais, juntamos um modêlo de memorial descritivo e algumas plantas e esquemas das instalações prediais de um edifício de apartamento construído na cidade de São Paulo.

Memorial Descritivo

O presente memorial destina-se a descrever as instalações hidráulicas prediais de um prédio de apartamentos situados à rua .... em São Paulo.

11.12.1. — *Discriminação dos Serviços.*

O memorial determina o que deve constar no orçamento para fornecimento de materiais — mão de obra e orientação técnica, até a conclusão dos trabalhos das instalações hidráulicas prediais.

A) Água fria
B) Água quente
C) Esgotos e ventilação
D) Águas pluviais
E) Gás
F) Montagem dos aparelhos

11.12.2 — *Discriminação geral.*

As instalações acima discriminadas deverão estar de acôrdo com as plantas e especificações fornecidas pelos projetistas da parte arquitetônica e estrutural.

O referido edifício destina-se a apartamentos e lojas e compõe-se dos seguintes pavimentos:

Subsolo: Garage, Reservatórios, Caldeira
Térreo: Lojas
1.º até 10.º pavimento: Apartamentos
11.º pavimento: Apartamento do zelador.

O abastecimento de água fria será feito da rêde do DAE, com ligações para a rua tal.

Na parte do esgôto sanitário, será usado o sistema de ligação paralela com as colunas prolongadas acima da cobertura, observando-se as Normas Técnicas Brasileiras e os regulamentos do DAE de São Paulo.

O esgôto pluvial será executado de modo a escoar tôdas as superfícies expostas à chuvas, tendo-se tomado por base para o cálculo dos condutores, calhas e ramais, e precipitação máxima das chuvas observadas em São Paulo.

11.12.3. — *Descrição dos Serviços.*

A) *Água fria.*

a) *Ligação de água.*

A ligação de água com rêde do DAE será feita por tubo de ferro galvanizado de 1½" ⌀ no lugar indicado nas plantas.

Todos os pontos de torneiras de lavagem situados na garage terão ligação direta como indica o desenho.

b) *Reservatório inferior*: No subsolo será localizado um reservatório com capacidade de 16.000 litros, o qual será construído com 2 compartimentos, para facilitar a limpeza dos mesmos.

Foram previstas duas torneiras de bóia com registro de gaveta, tubulação de limpeza, ladrão e aviso.

As tubulações de ladrão e limpeza terão o diâmetro superior ao da entrada da água.

A tubulação de limpeza terá um registro de gaveta de ladrão e despejará num poço de águas servidas com capacidade de 3 m^3. As águas dêste poço serão recalcadas por meio de uma eletro-bomba com comando automático, para a sarjeta da rua, através da gárgula no meio fio.

Haverá uma válvula de retenção nesta tubulação de recalque.

Também foram previstas para êste reservatório, chaves de bóia para evitar um funcionamento de bombas com o reservatório vazio.

c) *Reservatório superior*: O reservatório superior ou de distribuição terá uma capacidade de 13.000 litros e será construído com 2 compartimentos. A cada compartimento corresponderá uma tubulação de limpeza e ladrão, a qual despejará na calha da cobertura que se acha mais baixa que o nível do fundo dêste reservatório. O aviso despejará num ralo situado na área do Zelador.

Para comando automático foram previstas 2 chaves de bóia, uma para cada compartimento.

A tubulação de limpeza e ladrão terá um diâmetro superior ao de recalque. Tanto na saída da tubulação de limpeza como na saída da tubulação do barrilete haverá um registro de gaveta para cada compartimento.

d) *Elevação de água fria*: A água fria do reservatório será elevada para o reservatório superior por meio de dois conjuntos eletro-bombas (um de reserva), com as seguintes características:

Vazão Q — 7200 litros p/ hora
Altura manométrica — 56 metros
Potência — 5 H.P.
220 volts — 60 ciclos

Estas bombas serão ligadas a uma tubulação de recalque de maneira que permita operar com qualquer bomba e com qualquer dos compartimentos do reservatório inferior. Esta manobra será feita por intermédio de registros instalados nesta tubulação. (Ver desenho).

Na saída de cada bomba haverá uma válvula de retenção.

e) *Bomba para águas servidas*: Esta bomba terá as características seguintes:

Vazão Q — 7200 litros p/ hora
Altura manométrica — 10 metros
Potência — 1 H.P.
220 volts — 60 ciclos

f) *Distribuição de água*: *Barrilete*: O barrilete será construído na parte superior do edifício, por canos de ferro galvanizado ligando as colunas de água fria. Para cada derivação do barrilete foi previsto um registro de gaveta para permitir isolamento de cada coluna com o resto do sistema funcionando. *Ramais*: Tôda a tubulação dos ramais será de ferro galvanizado e os tubos ligados entre si com conexões e peças apropriadas do mesmo material. Os diâmetros dos ramais das colunas e do barrilete atendem às exigências do DAE, garantindo um perfeito funcionamento de todos os aparelhos. Para cada válvula fluxível haverá um registro de gaveta.

Ligações a serem feitas:

Lavatórios	35
Bidês	20
Chuveiros	31
Torneiras de lavagem	35
Filtros ou Bebedouros	12
Válvulas fluxíveis	35
Pontos de lavagem	4
Tanques	10
Pias	11

B) *Água quente*

a) *Tubulação de água quente*: Tôda tubulação para água quente será executada com tubo de cobre tipo "Yorkshire", com conexões e peças apropriadas do mesmo material.

Os diâmetros foram calculados para garantir um perfeito funcionamento da instalação.

b) *Sistema*: Foi projetado o sistema de água quente central com aquecimento de água a vapor.

Caldeira e aquecedor: Caldeira e aquecedor serão de boa procedência, correspondendo a uma capacidade de 140.000 BTU/h. Tanto o aquecedor como a caldeira serão instalados (ver desenho) e terão abastecimento de água feito por meio de uma tubulação direta do reservatório superior.

Tipo de combustível: "Óleo diesel".

c) *Reservatório para água quente*: Em baixo do reservatório superior será instalado um "storage" com capacidade de 500 litros. Daí a água quente será distribuída para as respectivas colunas por meio de um barrilete.

d) *Barrilete e retôrno de água quente*: Em cada derivação do barrilete de retôrno será instalado um registro de gaveta para regularizar a circulação.

e) *Isolamento térmico e juntas de dilatação*: Tôda a tubulação de água quente terá isolamento térmico de material apropriado (como lã de vidro, amianto, etc.). Nos lugares mais convenientes das colunas e barriletes serão previstas juntas de dilatação com registro de gaveta para facilitar consêrtos das mesmas.

Para cada junta de dilatação com os respectivos registros será prevista uma caixa de alvenaria com porta de acesso.

f) *Tubulação de vapor*: As ligações entre caldeira e aquecedor, serão feitas por tubo de aço sem costura.

C) *Esgôto e Ventilação.*

a) *Colunas*: As colunas serão constituídas por tubos de ferro fundido e prolongadas 1,00 m acima da cobertura.

b) *Ramais*: todos os ramais serão executados com tubos e peças de ferro fundido e terão diâmetros suficientes, calculados de acôrdo com as Normas Técnicas Brasileiras e com as exigências do DAE.

c) *Ralos*: Os ralos serão sifonados e de chapas de cobre n.° 24, cilíndricos, com diâmetro de 4" quando receberem a ligação de 1 aparelho e de 6" quando forem ligados com mais de 1 aparelho.

d) *Rêde coletora*: Tôdas as colunas de queda e os ramais das instalações do andar térreo serão ligados a um coletor geral que despejará no coletor de esgotos. Esta tubulação deverá ser feita de tubos e peças de ferro fundido.

D) *Águas Pluviais.*

a) *Condutores*: todos os condutores serão de ferro com os diâmetros indicados nas plantas.

b) *Calhas, Rufos, etc.*: Serão de chapa de cobre n.° 24.

c) *Rêde coletora*: Os extremos das colunas de águas pluviais AP-1 até AP-5 desviarão em baixo da lage do andar térreo para os respectivos lados do prédio, por onde despejarão em gárgulas nas sargetas (ver desenho).

E) *Gás.*

a) *Aparelhos a serem ligados*: Foi prevista a instalação de gás para os fogões dos apartamentos, em número de 11.

b) *Medidores e ligação*: Os 11 medidores serão instalados em um armário no recinto reservado para êste fim e terão ligação com a rêde da Companhia de Gás na Rua .... Na saída de cada medidor será colocado um sifão.

c) *Tubulação*: Tôda a tubulação de gás executada em tubo de ferro preto. Os tubos serão ligados entre si com material e conexões apropriados.

Os 11 tubos de gás passarão suspensos no teto da garage até a prumada por onde seguirão para os apartamentos. As tubulações horizontais deverão ter uma declividade mínima de 0,5% em direção aos medidores.

F) *Montagem dos aparelhos.*

Foi prevista a montagem dos seguintes aparelhos:

Lavatórios	35
Bidês	20
Chuveiros	31
Torneiras de lavagem	35
Bacias sanitárias	35
Tanques	10
Pias	11
Filtros	12
Pontos de lavagem	4

G) *Especificação dos materiais.*

a) *Ferro galvanizado*: Tubos e conexões de fabricação americana ou similar, espessura uniforme, lisos interna e externamente, apresentando uma camada de galvanização nestas duas superfícies. perfeitas em tôda a extensão, experimentados para uma pressão nunca inferior a 15 kg por cm^2, com os seguintes pêsos mínimos por metro linear:

3/4"	1,740 kg
1"	2.596 kg
1 1/4"	3.460 kg
1 1/2"	4.119 kg
2 1/2"	7.828 kg
2"	5.515 kg
3"	9.257 kg
4"	12.397 kg

b) *Tubos e conexões de cobre*: Os tubos e conexões de cobre serão do tipo "YORKSHIRE", "HIDROLAR".

c) *Ferro fundido*: Tubos e conexões serão de fabricação nacional, centrifugados, tipo ponta e bôlsa, com espessura uniforme, perfeitamente moldados, lisos e pintados interna e externamente.

d) *Chapa de cobre*: espessura uniforme, maleável, plana e isenta de fendas ou rasgões, com os seguintes pêsos por metro quadrado:

n.° 22	6,347 kg
n.° 23	5,663 kg
n.° 24	4,980 kg
n.° 26	4,076 kg

e) *Latão fundido*: registros de gaveta ou globo serão de fabricação NAF ou semelhante, calibrados a uma pressão nunca inferior a 100 libras por polegada quadrada.

f) *Torneiras de bóia*: fabricação nacional, constituída por bóias esféricas de chapa de cobre com haste de latão fundido e válvula de vedação de macho e fêmea.

g) *Manilhas e conexões de barro*: fabricação nacional, de ponta e bôlsa, revestidas interna e externamente com camadas vidradas, isentas de bolhas ou falhas, perfeitamente calibradas e de espessura uniforme, satisfazendo a EB/5.

h) *Tubos de ferro preto*: os tubos de ferro preto serão de procedência comprovadamente boa; não apresentando quaisquer defeitos de fabricação.

H) *Execução dos Serviços.*

a) Os serviços de instalações hidráulicas serão executados de acôrdo com as normas e regulamentos do DAE e mais autoridades com jurisdição sôbre êstes trabalhos.

b) As tubulações embutidas serão montadas antes do assentamento das alvenarias quando conveniente.

c) Antes dos trabalhos de concretagem, tôda a tubulação aberta será tampada com buchas de vedação de madeira.

d) Não serão feitas curvas forçadas em tubos de ferro galvanizado ou cobre. Sòmente serão usadas peças apropriadas do mesmo material para conseguir ângulos perfeitos das canalizações.

e) As juntas, nos tubos de ferro fundido, serão feitas com estôpa de mealhar alcatroada e chumbo derretido, bem rebatidos os anéis de chumbo, de forma a obter uma vedação perfeita.

f) As juntas nos canos de ferro galvanizado serão feitas com estôpa e tinta de zarcão depois de abertas as rôscas com bastante cuidado.

g) As juntas de tubulação de cobre serão soldadas conforme processo Yorkshire.

h) As canalizações de chumbo embutidas serão pintadas com tinta protetora apropriada. Nestas tubulações não serão feitas curvas forçadas.

i) Tôda tubulação de água quando terminada e antes de ser coberta deverá ser submetida a uma prova de pressão hidrostática de 14 kg/cm^2.

j) Todos os aparelhos serão cuidadosamente instalados, de modo a obter-se uma vedação perfeita, tanto na parte da água como na de esgôto. As juntas serão feitas com solda e estanho ou estôpa embebida em massa de tinta de zarcão secante. Deverá ser observado o alinhamento e nivelamento necessário em relação às paredes e pisos dos ambientes onde foram colocados os aparelhos.

I) *Serviços não incluídos*: Fechamento de rasgos e passagens nas paredes de alvenaria ou concreto, bem como remates de pintura.

J) *Relação dos materiais*

a) *Água fria*

Quantidade		*Material*
7	metros de tubos de ferro galvanizado de	4″
52	” ” ” ” ” ” ”	3″
92	” ” ” ” ” ” ”	2½″
160	” ” ” ” ” ” ”	2″
71	” ” ” ” ” ” ”	1½″
18	” ” ” ” ” ” ”	1¼″
115	” ” ” ” ” ” ”	1″
324	” ” ” ” ” ” ”	¾″
2	flanges de ferro galvanizado de	4″
3	” ” ” ” ”	3″
2	” ” ” ” ”	2″
2	tês de ferro galvanizado de	4″ × 4″ × 4″
5	” ” ” ” ”	3″ × 3″ × 3″
5	” ” ” ” ”	3″ × 3″ × 2″
4	” ” ” ” ”	2½″ × 2½″ × 2½″
20	” ” ” ” ”	2½″ × 2½″ × 2″
4	” ” ” ” ”	2″ × 2″ × 2″
26	” ” ” ” ”	2″ × 2″ × 2½″
12	” ” ” ” ”	2½″ × 2½″ × 2¼″
5	” ” ” ” ”	2½″ × 2½″ × 1″
7	” ” ” ” ”	2″ × 2″ × 1″
8	” ” ” ” ”	1½″ × 1½″ × 1″
84	” ” ” ” ”	1″ × 1″ × ¾″
42	” ” ” ” ”	¾″ × ¾″ × ¾″
10	” ” ” ” ”	2″ × 2″ × ¾″
9	” ” ” ” ”	2″ × 2″ × 1¼″
18	curvas de ferro galvanizado de	2″ × 90°
2	” ” ” ” ”	4″ × 90°
12	” ” ” ” ”	3″ × 90°
8	” ” ” ” ”	2½″ × 90°
8	” ” ” ” ”	1½″ × 90°
40	” ” ” ” ”	1″ × 90°
372	” ” ” ” ”	¾″ × 90°
2	” ” ” ” ”	2½″ × 45°
1	” ” ” ” ”	3″ × 45°
2	” ” ” ” ”	2″ × 45°

1	Redução de ferro galvanizado de	3" × 2½"
3	" " " " "	2½" × 2"
20	" " " " "	2" × 1
12	" " " " "	2" × ¾"
7	" " " " "	1½" × ¾"
20	" " " " "	1" × ¾"
10	" " " " "	1¼" × ¾"
4	Luvas de ferro galvanizado de	4"
10	" " " " "	3"
18	" " " " "	2½"
30	" " " " "	2"
24	" " " " "	1½"
6	" " " " "	1¼"
22	" " " " "	1"
24	" " " " "	¾"
12	Uniões de ferro galvanizado de	2"
12	" " " " "	1½"
12	" " " " "	1"

b) *Água Quente*

2	Tês n.º 24 Yorkshire de	2"
132	" " 24 " "	¾"
3	" " 25 " c/ redução de	2" × 1½"
3	" " 25 " " " "	2" × ¾"
2	" " 25 " " " "	1½" × 1"
15	Tês n.º 25 Yorkshire c/ redução de	1½" × ¾"
33	" " 25 " " " "	1" × ¾"
1	" " 25 " " " "	2" × 1"
16	Curvas n.º 18-90 Yorkshire c/ redução de	2"
4	" " " " " " "	1"
312	" " " " " " "	¾"
3	" " 21-45 " " " "	2"
2	" " " " " " "	1"
4	" " " " " " "	¾"
3	Reduções n.º 6 Yorkshire	2" × 1½"
4	" " " "	1½" × 1"
10	" " " "	1" × ¾"
2	" " " "	
4	Conectores n.º 2 Yorkshire	2"
4	" " " "	1½"
3	" " " "	1"
126	" " " "	¾"
4	" " 3 "	2"
4	" " " "	1½"
3	" " " "	1"
126	" " " "	¾"
6	Uniões duplas n.º 11 Yorkshire de	2"
1	" " " " " "	1½"
2	" " " " " "	1"
12	Luvas n.º 1 Yorkshire de	2"
10	" " " " "	
18	" " " " "	1"
78	" " " " "	¾"
3	" " " " "	1¼"
180	Tampões n.º 61 Yorkshire	¾"
120	Cotovelos n.º 14 Yorkshire	¾"

c) *Diversos*

	Registros de gaveta (latão)	2″
34	Tipo NAF de	1½″
14	" " "	1″
2	" " "	¾″
46	" " "	4″
2	" " "	3″
4	" " "	2½″
8	" " "	2½″
	Válvulas de retenção	
1	Tipo NAF de	2½″
3	" " "	2″
2	Torneiras de bóia de	1½″
5	Automáticos com chave — bóia — vareta	2″
1	Crivo (válvula de pé) de	3″
86	Plugs de ferro galvanizado de	¾″
36	quilos de solda preparada	
5	Galões de zarcão	
30	dúzias de fôlha de serra	
30	maços de velas	
2	latas de pasta para solda	
3	quilos de estôpa	
9	válvulas "Hidra" de	1½″
21	" " "	1¼″
5	" " "	1″
3	" de dilatação de	1½″
1	" " " "	1″
95	registros de canopla niquelados de	¾″
9	" de gaveta latão de	1½″
21	" " " " "	1¼″
5	" " " " "	1″
76	metros canaletas de amianto p/ tubos de	2″
60	" " " " " " "	1½″
92	" " " " " " "	1″
300	" " " " " " "	¾″
200	quilos de amianto em pó	

d) *Gás*

489	metros de tubo de ferro preto de	1″
92	" " " " " " "	¾″
14	cotovelos de ferro galvanizado de	1″ × ¾″
12	" " " " "	¾″ × ½″
72	" " " " "	¾″
12	Tês de ferro galvanizado de	1″
11	Sifões para gás (saifos)	
70	Niples de ferro galvanizado de	1″
20	" " " " "	¾″

e) *Esgôto*

10	metros de tubo de	6″
240	" " " "	4″
90	" " " "	3″
62	" " " "	2″
4	curvas de	4″ × 90°
8	" "	3″ × 90°
30	" "	2″ × 90°
12	" "	4″ × 45°
8	" "	3″ × 45°
26	" "	2″ × 45°

3 tubos radiais de	4″
10 junções de	4″ × 3″
6 " "	2″ × [illegible]″
34 " "	4″ × 4″
62 " "	4″ × 2″
1 " "	6″ × 4″
14 " invertidas de	4″ × 2″
8 " " "	3″ × 2″
20 tês sanitários de	4″
26 curvas com visita	4″ × 2″
3 tampas (plug para inspeção) de	3″
3 reduções de	4″ × 2″
5 " "	4″ × 3″
6 " "	3″ × 2″
10 luvas de	4″
6 " "	3″
5 " "	2″
45 metros de tubo de ferro galvanizado de	1½″
12 " " " " " " "	2″
68 joelhos de latão de	1½″ × 90°
11 " " " "	2″ × 90°
68 luvas de latão de	1½″
68 " " " "	2″
36 tubos de chumbo de	1½″
12 " " " "	2″
35 sifões de metal de	1½″
600 quilos de chumbo em lingotes	
25 quilos de estôpa	
76 ralos c/ cx. de cobre	

f) *Águas Pluviais*

160 tubos de ferro fundido de	4″
52 " " " " "	3″
4 " radiais de	4″
1 tubo radial de	3″
10 junções de	4″ × 2″
10 " "	4″ × 2″
6 curvas de	4″ × 90°
6 " "	3″ × 90°
4 " "	4″ × 45°
6 " "	3″ × 45°
22 " "	2″ × 45°
10 luvas de	3″
15 " "	4″
7 ralos de barro c/ grelha de metal	
20 ralos de chapa de cobre sêco	
1 v. crivo de	3″
1 retenção de	3″
74 metros de calha	
7 funis com grelha	
75 metros de rufo	
4 gárgulas no passeio de	4″
56 metros de tubo de barro vidrado de	3″
6 " " " " " " "	4″
300 quilos de chumbo em lingotes	
50 " de estôpa	
80 " de pixe	
20 " de corda alcatroada.	

11.13.0. — BIBLIOGRAFIA

MANAS, VINCENT T., *"National Plumbing Code Handbook* — MacGraw-Hill Book Co., 1957.

COUTINHO, A., *"Instalações Hidráulicas Domiciliárias"* — Edgard Blücher — editor — 1960.

GALVÃO, A. G. NUNES, *"Instalações Prediais"* — Edição mimeografada, Grêmio Politécnico, São Paulo, 1957.

SOMARUGA, M., *"Curso Prático de Obras Sanitárias Domiciliárias"* — Editorial Construcciones Sudamericanas — Buenos Aires, 1955.

Minnesota State Board of Health — *Plumbing in relation to Public Health* "and Minnesota Plumbing Code" — 1947.

U. S. Department of Commerce — *"Building Materials and Structures"* — Methods of Estimating Loads in Plumbing Sistems — Report BMS65 — by Roy B. Hunter.

Secretaria da Viação e Obras Públicas do Estado de Pernambuco — Departamento de Saneamento — *"Instruções para projeto e execução de instalações domiciliares de águas e esgôtos"* — Recife — 1948.

Prefeitura do Distrito Federal — *"Instalações prediais de esgôtos sanitários* — Rio de Janeiro — 1955.

Associação Brasileira de Normas Técnicas — *"Instalações Prediais de Esgotos Sanitários"* — Norma Recomendada NB-19R — 1950.

Associação Brasileira de Normas Técnicas — *"Projeto de Norma de Instalações Prediais contra incêndio"* — P-NB-24R.

Associação Brasileira de Normas Técnicas — *"Projeto de Norma de Instalações Prediais de Água Fria"*, da Comissão de São Paulo — 1953.

Lei Estadual n.º 1561-A, de 29-12-51 — *"Codificação das Normas Sanitárias para obras e serviços"* — CNSOS.

Associação Brasileira de Normas Técnicas — Norma em estágio experimental (art. 31, h, dos Estatutos da ABNT) — P-NB-92 — 1959.

12.0.0 — ALGUNS ASPECTOS LEGAIS RELATIVOS AO USO DA ÁGUA

12.1.0. — GENERALIDADES

Sendo a água um dos recursos básicos mais importantes da natureza, e óbvio que a origem das leis que regulam a sua utilização deve se perder na mais remota antiguidade. Os problemas jurídicos envolvidos no uso da água são variados e complexos; existem em todos os países "Códigos de Águas", estabelecendo limitações ao seu aproveitamento, de modo a garantir os direitos coletivos e individuais ao adequado uso dos recursos hídricos. Algumas vêzes êsses direitos dizem respeito à própria sobrevivência dos indivíduos (nas regiões de escassas reservas de água, como, por exemplo, no chamado "Polígono das Sêcas" do nordeste brasileiro), outras vêzes se trata de aproveitar, com o maior rendimento econômico e social, os recursos hídricos de tôda uma bacia hidrográfica com finalidades múltiplas, aproveitamento hidroelétrico, abastecimento de água às populações urbanas e às indústrias, irrigação de terras de cultura, navegação, etc.

O objetivo dêste capítulo é o de indicar os conceitos básicos da legislação brasileira referente ao assunto, de modo a fornecer a engenheiros um critério de julgamento de certos problemas legais que podem ocorrer na Engenharia Hidráulica.

No Brasil o Direito das Águas está consubstanciado no Decreto n.° 24.643 de 10 de julho de 1934 (Código de Águas) e em leis subseqüentes, dos quais procuraremos apresentar a seguir os principais dispositivos.

12.2.0. — ÁGUAS EM GERAL E SUA PROPRIEDADE

O Livro I do Código de Águas (Artigos 1.° a 33 do Decreto n.° 24643 de 10-7-1934) dá a resposta legal a uma das perguntas fundamentais de qualquer empreendimento de Engenharia Hidráulica: "De quem é a água?"

Assim é que as águas são classificadas em *públicas* e *particulares*, as primeiras podendo ser ainda de uso comum ou dominicais.

São águas públicas de uso comum:

a) os mares territoriais;
b) as correntes, canais, lagos e lagoas navegáveis ou flutuáveis;
c) as correntes de que se façam estas águas;
d) as fontes e reservatórios públicos;
e) as nascentes quando forem de tal modo consideráveis que, por si sós, constituam o "caput fluminis";
f) os braços de quaisquer correntes públicas, desde que os mesmos influam na navegabilidade ou flutuabilidade;
g) tôdas as águas situadas nas zonas periòdicamente assoladas pelas sêcas, nos têrmos e de acôrdo com a legislação especial sôbre a matéria.

Nos têrmos do Código uma corrente navegável ou flutuável se diz feita por outra quando se torna navegável ou flutuável logo depois de receber essa outra.

São águas públicas dominicais tôdas as águas situadas em terrenos que também o sejam, quando as mesmas não forem de domínio público de uso comum.

São águas particulares as nascentes e tôdas as águas situadas em terrenos que também o sejam, quando as mesmas não estiverem classificadas entre as águas públicas.

Os conceitos de navegabilidade e flutuabilidade são estabelecidos no Art. 6.º e seu parágrafo único do Decreto-Lei n.º 2281 de 5 de junho de 1940 a seguir transcritos.

"Art. 6.º — É navegável para os efeitos de classificação, o curso d'água no qual, "plenissimo flumine", isto é, coberto todo o álveo, seja possível a navegação por embarcações de qualquer natureza, inclusive jangadas, num trecho não inferior à sua largura; para os mesmos efeitos, é navegável o lago ou a lagoa que, em águas médias, permita a navegação, em iguais condições, num trecho qualquer de sua superfície.

§ único — Considera-se flutuável o curso em que, em águas médias, seja possível o transporte de achas de lenha, por flutuação, num trecho de comprimento igual ou superior a cinqüenta vêzes a largura média do curso no trecho".

Com êsse conceito lato de flutuabilidade, sendo, por outro lado, públicas de uso comum não apenas as correntes flutuáveis mas também as de que se façam essas correntes, é bem de ver que *na legislação brasileira quase tôdas as águas superficiais de interêsse na Engenharia Hidráulica são de domínio público*.

Em relação aos seus proprietários, as águas públicas de uso comum, bem como o seu álveo, pertencem:

I — *À União*

a) quando marítimas;

b) quando situadas nos Territórios;

c) quando sirvam de limites do Brasil com as nações visinhas ou se estendam a território estrangeiro;

d) quando situadas na zona de 150 quilômetros contigua aos limites do Brasil com as nações vizinhas;

e) quando sirvam de limites entre dois ou mais Estados;

f) quando percorram parte dos territórios de dois ou mais Estados

II — *Aos Estados*

a) quando sirvam de limites a dois ou mais Municípios;

b) quando percorram parte dos territórios de dois ou mais Municípios.

III — *Aos Municípios*

Quando exclusivamente situadas em seus territórios e sejam navegáveis ou flutuáveis ou façam outras navegáveis e flutuáveis.

O domínio dos Estados e Municípios sôbre quaisquer correntes fica limitado pela servidão conferida à União para o aproveitamento industrial das águas e da energia hidráulica e para navegação.

Fica ainda limitado o domínio dos Estados e Municípios pela competência conferida à União para legislar de acôrdo com os Estados em socorro das zonas periòdicamente assoladas pelas sêcas.

As águas públicas de uso comum ou patrimoniais, dos Estados ou dos Municípios, bem como as águas particulares e respectivos álveos e margens, podem ser desapropriadas por necessidade ou por utilidade pública:

a) tôdas elas pela União;
b) as dos Municípios e as particulares, pelos Estados;
c) as particulares pelos Municípios.

12.3.0. — APROVEITAMENTO DAS ÁGUAS

Trata o Livro II do Código de Águas (Art. 34 e Art. 138) do aproveitamento das águas.

É assegurado o uso gratuito de qualquer corrente ou nascente de água, para as primeiras necessidades da vida, se houver caminho público que a torne acessível. Se não houver êste caminho, os proprietários marginais não podem impedir que os seus visinhos se aproveitem das mesmas para aquêle fim, contanto que sejam indenizados do prejuízo que sofrerem com o trânsito pelos seus prédios.

É permitido a todos usar de quaisquer águas públicas conformando-se com o disposto no Código de Águas e nas leis subseqüentes.

As águas públicas não podem ser derivadas para as aplicações da agricultura, da indústria e da higiene, sem a existência de concessão administrativa, no caso de utilidade pública, e, não se verificando esta, de autorização administrativa.

A concessão ou autorização não confere em hipótese alguma, delegação de poder público ao seu titular; e só poderá ser feita por prazo fixo, nunca excedente de trinta anos, determinando-se também um tempo razoável, não só para serem iniciadas, como para serem concluídas, sob pena de caducidade, as obras propostas pelo interessado. *A concessão não importa, nunca, a alienação parcial das águas públicas, que são inalienáveis, mas o simples direito ao uso destas águas.*

As concessões ou autorizações para derivação que se destine à produção de energia hidroelétrica, serão outorgadas pela União; as para derivação que não se destine à produção de energia hidroelétrica serão outorgadas pela União, pelos Estados ou pelos Municípios, conforme o seu domínio sôbre as águas a que se referir.

Os donos ou possuidores de prédios atravessados ou banhados pelas correntes podem usar delas em proveito dos mesmos prédios, e com aplicação tanto para a agricultura como para a indústria, contanto que do refluxo das mesmas águas não resulte prejuízo aos prédios à montante e que à Juzante não se altere o ponto de saída das águas remanescentes nem se piore a condição natural anteriormente existente.

Se os donos ou possuidores dos prédios marginais atravessados pela corrente ou por ela banhados, os aumentarem, com a adjunção de outros prédios, que não tiverem direito ao uso das águas, não as poderão empregar nestes com prejuízo do direito que sôbre elas tiverem os seus visinhos.

É imprescindível o direito de uso sôbre as águas das correntes o qual só poderá ser alienado por título ou instrumento público, não sendo permitida a alienação em benefício de prédios não marginais.

Consideram-se "nascentes" para os efeitos do Código de Águas, as águas que surgem naturalmente ou por indústria humana e correm dentro de um só prédio particular. O dono do prédio onde houver alguma nascente, satisfeitas as necessidades de seu consumo, não pode impedir o curso natural das águas pelos prédios inferiores.

O proprietário de uma nascente não pode desviar-lhe o curso quando da mesma se abasteça uma população.

A nascente de uma água será determinada pelo ponto em que ela começa a correr sôbre o solo e não pela veia subterrânea que a alimenta.

No que diz respeito às águas subterrâneas o dono de qualquer terreno poderá apropriar-se por meio de poços, galerias, etc. das águas que existem debaixo da superfície de seu prédio, contanto que não prejudique aproveitamentos existentes nem derive ou desvie de seu curso natural águas públicas dominicais, públicas de uso comum ou particulares.

Não poderá o dono do prédio abrir poço junto ao prédio do vizinho, sem guardar a distância necessária ou tomar as devidas precauções para que êle não sofra prejuízo.

São expressamente proibidas construções capazes de poluir ou inutilizar, para uso ordinário, a água do poço ou nascente alheia, a elas preexistentes.

Depende de concessão administrativa a abertura de poços em terrenos de domínio público.

As águas pluviais pertencem ao dono do prédio onde caírem diretamente, podendo o mesmo dispor delas à vontade, salvo:

a) desperdiçar essas águas em prejuízo dos outros prédios que delas se possam aproveitar, sob pena de indenização aos proprietários dos mesmos;

b) desviar essas águas de seu curso natural para lhes dar outro, sem consentimento expresso dos donos dos prédios que irão recebê-las.

Os prédios inferiores são obrigados a receber as águas que correm naturalmente dos prédios superiores; se o dono do prédio superior fizer obras de arte, para facilitar o escoamento, procederá de modo que não piore a condição natural e anterior do outro.

De enorme importância no aproveitamento das águas é a "servidão legal de aqueduto" regulada no Código de Águas no Título VII do Livro II (Arts. 117 a 138).

Entre outras disposições relativas ao assunto merecem realce as seguintes:

A todos é permitido canalizar pelo prédio de outrem as águas a que tenham direito, mediante prévia indenização ao dono dêste prédio:

a) para as primeiras necessidades da vida;

b) para os serviços de agricultura ou da indústria;

c) para o escoamento das águas superabundantes;

d) para o enxugo ou bonificação dos terrenos.

O direito de derivar águas compreende também o de fazer as respectivas reprêsas ou açudes.

A servidão que está em causa será decretada pelo Govêrno, no caso de aproveitamento das águas, em virtude de concessão de utilidade pública; e pelo juiz, nos outros casos.

A indenização não compreende o valor do terreno; constitui ùnicamente o justo preço do uso do terreno ocupado pelo aqueduto, e de um espaco de cada um dos lados, da largura que fôr necessária, em tôda a extensão do aqueduto.

Correrão por conta daquele que obtiver a servidão do aqueduto tôdas as obras necessárias para a sua construção, conservação e limpeza.

É inerente à servidão de aqueduto o direito de trânsito por suas margens para seu exclusivo serviço.

As servidões urbanas de aquedutos, canais, fontes, esgotos sanitários e pluviais estabelecidas para serviço público e privado das populações, edifícios, jardins e fábricas, reger-se-ão pelo que dispuzerem os regulamentos de higiene da União ou dos Estados e as posturas municipais.

12.4.0. — APROVEITAMENTO HIDROELÉTRICO

Pela sua grande relevância o aproveitamento da energia hidráulica e a regulamentação da indústria hidroelétrica são objeto de um livro especial do Código de Águas (Livro III, Artigos 139 a 205).

O aproveitamento industrial das quedas d'água e outras fontes de energia hidráulica, quer do domínio público, quer do particular, faz-se pelo regime de autorizações e concessões instituidos pelo Código.

Independem de concessão ou autorização os aproveitamentos de quedas d'água de potência inferior a 50 kw para uso exclusivo do respectivo proprietário.

São considerados de utilidade pública e dependem de concessão:

a) os aproveitamentos de quedas d'água e outras fontes de energia hidráulica de potência superior a 150 Kw, seja qual fôr a sua aplicação;

b) os aproveitamentos que se destinam a serviços de utilidade pública federal, estadual ou municipal ou ao comércio de energia, seja qual fôr a potência.

Dependem de simples autorização os aproveitamentos .de quedas d'água e outras fontes de energia de potência até o máximo de 150 Kw, quando os permissionários forem titulares de direitos com relação à totalidade ou, ao menos, a maior parte da secção do curso d'água a ser aproveitada e destinem a energia ao seu uso exclusivo.

Em todos os aproveitamentos de energia hidráulica deverão ser satisfeitas exigências acauteladoras dos interêsses gerais.

a) da alimentação e das necessidades das populações ribeirinhas;

b) da salubridade pública;

c) da navegação;

d) da irrigação;

e) da proteção contra as inundações;

f) da conservação e livre circulação do peixe;

g) do escoamento e rejeição das águas.

A Divisão de Águas do Departamento Nacional da Produção Mineral, do Ministério da Agricultura é o órgão competente do Govêrno Federal para:

a) proceder ao estudo e avaliação da energia hidráulica do território nacional;

b) examinar e instruir técnica e administrativamente os pedidos de concessão ou autorização para a utilização da energia hidráulica e para a produção, transmissão, transformação e distribuição da energia hidroelétrica;

c) regulamentar e fiscalizar de modo especial e permanente o serviço de produção, transmissão e transformação de energia hidroelétrica.

As quedas d'água e outras fontes de energia hidráulica são bens imóveis e tidas como coisas distintas e não integrantes das terras em que se encontrem. Assim a propriedade superficial não abrange a água, o álveo do curso no trecho em que se acha a queda d'água, nem a respectiva energia hidráulica, para o efeito de seu aproveitamento industrial.

As quedas d'água e outras fontes de energia hidráulicas existentes em águas públicas de uso comum ou dominicais são incorporadas ao patrimônio da Nação, como propriedade inalienável e imprescritível.

As concessões serão outorgadas por decreto do Presidente da República, referendado pelo Ministro da Agricultura.

Para executar os trabalhos definidos no contrato, bem como para explorar a concessão, o concessionário terá, além das regalias e favores constantes das leis fiscais e especiais, os seguintes direitos:

a) utilizar os terrenos de domínio público e estabelecer as servidões nos mesmos e através das estradas, caminhos e vias públicas, com sujeição aos regulamentos administrativos;

b) desapropriar nos prédios particulares e nas autorizações preexistentes os bens, inclusive as águas particulares sôbre que verse a concessão e os direitos que forem necessários, de acôrdo com a lei que regula a desapropriação por utilidade pública, ficando a seu cargo a liquidação e pagamento das indenizações;

c) estabelecer as servidões permanentes ou temporárias exigidas para as obras hidráulicas e para o transporte e distribuição da energia elétrica;

d) construir estradas de ferro, rodovias, linhas telefônicas ou telegráficas, sem prejuízo de terceiros, para uso exclusivo da exploração;

e) estabelecer linhas de transmissão e de distribuição.

As concessões para produção, transmissão e distribuição de energia hidroelétrica, para quaisquer fins, serão dadas pelo prazo normal de 30 anos; em casos excepcionais, a critério do Govêrno, a concessão poderá ser outorgada por prazo superior, não excedente, porém, em hipótese alguma, de 50 anos.

Findo o prazo das concessões revertem para a União, para os Estados ou para os Municípios, conforme o domínio a que estiver sujeito o curso d'água, tôdas as obras de captação, de regularização e de derivação, principais e acessórias, os canais de descarga e de fuga, bem como a maquinaria para a produção e transformação da energia e linhas de transmissão e distribuição.

Nos contratos de concessão serão estipuladas as condições de reversão, com ou sem indenização, sendo que, nesse último caso, a indenização será calculada pelo custo histórico menos a depreciação, e com dedução da amortização já efetuada, quando houver.

Em qualquer tempo ou em épocas que ficarem determinadas no contrato, poderá a União encampar a concessão, quando interêsses públicos relevantes o exigirem, mediante indenização prévia.

As autorizações são outorgadas por ato do Ministro da Agricultura e não poderão, em hipótese alguma, conferir delegação de poder público ao permissionário; são reguladas por disposições semelhantes às que vigoram para as concessões.

No desempenho de suas atribuições a Divisão de Águas do Departamento Nacional da Produção Mineral deverá exercer a fiscalização da contabilidade das emprêsas.

Na fixação das tarifas sob a forma do serviço pelo custo deve-se levar em conta:

a) tôdas as despesas de operações, impostos e taxas de qualquer natureza, lançados sôbre a emprêsa, excluídas as taxas de benefício;

b) as reservas para a depreciação;

c) a remuneração do capital da emprêsa;

d) o custo histórico da propriedade, isto é, o capital efetivamente gasto menos a depreciação;

e) a justa remuneração dêsse capital (comumente limitada à taxa anual a 12%);

f) as despesas de custeio, fixadas anualmente.

As autorizações ou concessões serão conferidas exclusivamente a brasileiros ou emprêsas organizadas no Brasil.

Essas são as principais normas do "Código de Águas" brasileiro. Algumas leis subseqüentes complementaram as suas disposições. Entre outras, merecem atenção dos que se dedicam à Engenharia Hidráulica os seguintes:

A) Decreto-lei n.º 1283 de 18 de maio de 1939 — Dispõe sôbre o processo das desapropriações;

B) Decreto-lei n.º 1285 de 18 de maio de 1939 — Cria o Conselho Nacional de Águas e Energia, define suas atribuições e dá outras providências;

C) Decreto-lei n.º 1345 de 14 de junho de 1939 — Regula o fornecimento de energia elétrica entre emprêsas, a entrega de reservas de água e dá providências;

D) Decreto-lei n.º 1699 de 24 de outubro de 1939 — Dispõe sôbre o Conselho Nacional de Águas e Energia Elétrica e seu funcionamento e dá outras providências;

E) Decreto-lei n.º 2117 de 8 de abril de 1940 — Dispõe sôbre as atribuições de Divisão Técnica do Conselho Nacional de Águas e Energia Elétrica, e dá outras providências;

F) Decreto-lei n.º 2281 de 5 de junho de 1940 — Dispõe sôbre a tributação das emprêsas de energia elétrica, e dá outras providências;

G) Decreto-lei n.º 3128 de 19 de março de 1941 — Dispõe sôbre o tombamento dos bens das emprêsas de eletricidade;

H) Decreto-lei n.º 3365 de 21 de junho de 1941 — Dispõe sôbre desapropriações por utilidade pública;

I) Decreto-lei n.º 3763 de 25 de outubro de 1941 — Consolida disposições sôbre águas e energia elétrica e dá outras providências;

J) Decreto-lei n.º 4295 de 13 de maio de 1942 — Estabelece medidas de emergência, transitórias, relativas à indústria da energia elétrica;

K) Decreto n.º 10563 de 2 de outubro de 1942 — Regulamenta o art. 2.º do Decreto-lei n.º 4295 de 13 de maio de 1942 e dá outras providências;

L) Decreto n.º 12585 de 16 de junho de 1943 — Declara a Inspetoria de Serviço Público do Estado de São Paulo (atualmente Departamento de Águas e Energia Elétrica) "órgão auxiliar" do Conselho Nacional de Águas e Energia Elétrica, e dá outras providências;

M) Decreto-lei n.º 5764 de 19 de agôsto de 1943 — Dispõe sôbre a situação contratual das emprêsas de energia elétrica e dá outras providências;

N) Decreto n.º 19117 de 6 de julho de 1945 — Regulamenta, em relação aos serviços públicos de energia elétrica, os Decretos-leis ns. 7524 e 7716 de 5 de maio e 6 de julho de 1945, respectivamente.

Relativamente às disposições legais referentes ao "Impôsto Único sôbre energia Elétrica" devem ser citadas as seguintes:

O) Lei n.º 2973 de 26 de novembro de 1956;

P) Decretos ns. 41020 e 46392 de 27-2-57 e 8-7-59, respectivamente;

Q) Decreto n.º 40499 de 6-12-56 — Dispõe sôbre a distribuição e a aplicação do Fundo Federal de Eletrificação e do Impôsto Único sôbre a energia elétrica;

R) Lei Federal n.º 2308 de 31-8-54 — Institui o Fundo Federal de Eletrificação;

S) Lei Estadual paulista n.º 3329 de 30-12-59 — Dispõe sôbre os serviços estaduais de energia elétrica e dá outras providências (Fundo Estadual de Eletrificação).

12.5.0. — NORMAS LEGAIS RELATIVAS AO CONTRÔLE DA CONTAMINAÇÃO E DA POLUIÇÃO DAS ÁGUAS

No Estado de São Paulo as normas legais tendentes a controlar a contaminação e poluição das águas repousam nas leis estaduais n.º 2182 de 23-7-1953 e n.º 3068 de 14-7-1955 e no Decreto n.º 24806 de 25-7-1955.

As duas leis citadas estabelecem em essência o que segue:

Os efluentes das rêdes de esgotos, os resíduos líquidos das indústrias e os resíduos sólidos domiciliares ou industriais sòmente poderão ser lançados nas águas "in natura" ou depois de tratados, quando as águas receptoras, após o lançamento, não se tornarem poluídas.

Considera-se poluição qualquer alteração das propriedades físicas, químicas e biológicas das águas que possa constituir prejuízo à saúde, à segurança e ao bem estar das populações e ainda, possa comprometer a fauna ictiológica e a utilização das águas para fins agrícolas, comerciais, industriais e recreativos.

O lançamento dos resíduos referidos dependerá de autorização expressa do Centro de Saúde ou Pôsto de Assistência Médico-Sanitária local, que comunicará seu ato ao Conselho Estadual de Contrôle da Poluição das Águas.

As águas do Estado são classificadas de acôrdo com o seu uso preponderante, fixando-se taxas de poluição admissíveis para os efluentes domésticos e industriais e os padrões de poluição para os corpos de água receptores (Objeto do Decreto n.º 24806 de 25-7-1955, do qual trataremos oportunamente).

Ao Departamento de Obras Sanitárias da Secretaria da Viação e Obras Públicas compete o estudo e aprovação de planos e projetos das instalações depuradoras de resíduos, bem como a fiscalização de sua execução em todo o Estado, excetuadas as relativas à Capital que ficam a cargo do Departamento de Águas e Esgotos.

Às Secretarias da Saúde Pública e da Assistência Social e à Secretaria da Agricultura, por seus órgãos especializados, compete a fiscalização da poluição das águas do Estado.

As pessoas físicas e jurídicas infratoras das leis 2182 e 3068 serão punidas com multa de NCr$ 10,00 (dez cruzeiros novos) e NCr$ 200,00 (duzentos cruzeiros novos), elevada ao dôbro na reincidência, interditando a autoridade competente as instalações causadoras da poluição das águas, no caso de terceira infração, até que cesse o motivo. A aplicação dessas penalidades não impede que outras ações paralelas, de responsabilidade penal, sejam tomadas.

A lei 2182 criou ainda o Conselho Estadual de Contrôle da Poluição das Águas, integrado por cinco membros e fixou as suas atribuições.

O Decreto n.º 24806 de 25-7-1955 regulamentou as leis ns. 2182 de 23-7-1953 e 3068 de 14-7-1955. O seu Capítulo I estabelece as seguintes classes para as águas naturais do Estado:

CLASSE I

A — *Características:*

1 — Sólidos flutuantes — ausentes
2 — Óleos e graxas — ausentes
3 — Fenóis — menos do que 0,001 mg/litro
4 — Substâncias que causem gôsto ou cheiro — ausentes
5 — Substâncias tóxicas ou potencialmente tóxicas — ausentes
6 — Ácidos ou álcalis livres — ausentes
7 — Número mais provável (N. M. P.) de coliformes em qualquer dia, menos do que 50 coliformes por 100 mililitros
8 — Demanda bioquímica de oxigênio (B. O. D.), 5 dias, 20° C, em qualquer dia, menos do que 1 mg/litro
9 — Oxigênio Dissolvido (O. D.) em qualquer amostra, mais do que 7 mg/litro
10 — Concentração hidrogênio-iônica (pH) entre 5 e 10.

B — *Observações:*

1 — Não receberão despejos de qualquer natureza;
2 — Podem ser utilizadas para fins potáveis, sem tratamento, desde que os padrões de potabilidade sejam satisfeitos.

Classe II

A — *Características:*

1 — Sólidos flutuantes — ausentes
2 — Óleos e graxas — ausentes
3 — Fenóis — menos do que 0,001 mg/litro
4 — Substâncias que causem gôsto ou cheiro — ausentes
5 — Substâncias tóxicas ou potencialmente tóxicas — ausentes
6 — Ácidos e álcalis livres — ausentes
7 — Número mais provável (N. M. P.) eventualmente uma amostra com mais de 50 coliformes por 100 mililitros; normalmente abaixo dêsse valor
8 — Demanda bioquímica de oxigênio (B. O. D.), 5 dias, 20° C, entre 1 e 2 mg/litro
9 — Oxigênio dissolvido (O D.) em qualquer amostra, maior do que 6 mg/litro
10 — Concentração hidrogênio-iônica (pH) entre 5 e 10.

B — *Observações:*

1 — Só poderão receber despejos que, após depurados completamente, não alterem as características acima especificadas;
2 — Podem ser utilizadas para fins potáveis, mediante simples desinfeção, desde que os padrões de potabilidade sejam satisfeitos.

Classe III

A — *Características:*

1 — Sólidos flutuantes — ausentes
2 — Óleos e graxas — ausentes
3 — Fenóis — menos do que 0,001 mg/litro
4 — Substâncias que causem gôsto ou cheiro — ausentes
5 — Substâncias tóxicas ou potencialmente tóxicas — ausente
6 — Ácidos ou álcalis livres — ausentes
7 — Número mais provável (N. M. P.) em média mensal em um mínimo de 5 amostras colhidas em dias diferentes — menos do que 5.000 coliformes por 100 mililitros
8 — Demanda bioquímica de oxigênio (B. O. D.) em 5 dias, 20° C, menos do que 3 mg/litro
9 — Oxigênio dissolvido (O. D.) em qualquer dia, maior do que 5 mg/litro
10 — Concentração hidrogênio-iônica (pH) entre 5 e 10.

B — *Observações:*

1 — Só poderão receber despejos que, após depurados, não alterem as características acima especificadas;
2 — Podem ser utilizados para fins potáveis após filtração lenta ou filtração rápida precedida de coagulação, sendo a purificação completada com desinfecção.

CLASSE IV

A — *Características:*

1 — Sólidos flutuantes — ausentes
2 — Óleos e graxas — ausentes
3 — Fenóis — menos do que 0,001 mg/litro
4 — Substâncias que comuniquem gôsto ou cheiro em teores que não causem objeção
5 — Substâncias tóxicas ou potencialmente tóxicas, em teores que não constituam perigo potencial
6 — Ácidos ou álcalis livres — ausentes
7 — Número mais provável (N. M. P.), em média mensal, em um mínimo de 5 amostras, colhidas em dias diferentes — menor do que 20.000 coliformes por 100 mililitros
8 — Demanda bioquímica de oxigênio (B. O. D.), 5 dias, 20° C, em qualquer dia, menos do que 3,0 mg/litro
9 — Oxigênio dissolvido (O. D.) em qualquer amostra, maior do que 4,0 mg/litro
10 — Concentração hidrogeniônica (pH) entre 5 e 10.

B — *Observações:*

1 — Só poderão receber despejos que, após depurados, não alterem as condições acima fixadas;
2 — Só poderão ser utilizadas para fins potáveis, mediante filtração precedida de desinfecção prévia, coagulação e seguida de desinfecção final, se necessário;
3 — Outros usos possíveis são a rega de vegetais que não venham a ser ingeridos crús, piscicultura e dessedentação de rebanhos.

CLASSE V

A — *Características:*

1 — Sólidos flutuantes — em pequena quantidade
2 — Óleos e graxas — em teores que não causem objeção
3 — Fenóis — menos do que 0,04 mg/litro
4 — Substâncias que comuniquem cheiro — em teores que não causem objeções
5 — Substâncias tóxicas ou potencialmente tóxicas — em teores que não causem objeções
6 — Álcalis ou ácidos livres — em teores que não causem objeções
7 — Número mais provável (N. M. P.) — sem limite estabelecido
8 — Demanda bioquímica de oxigênio (B. O. D.), 5 dias, 20° C, maior do que 4 mg/litro
9 — Oxigênio dissolvido (O. D.) menor do que 4 mg/litro
10 — Concentração hidrogênio-iônica (pH) entre 5 e 10.

B — *Observações:*

1 — Constituem as águas da classe V o escoadouro natural de despejos;
2 — É vedado seu uso para fins potáveis, agrícolas ou recreacionais;

3 — Poderão ser utilizadas para fins industriais desde que não haja interligação com a rêde de água potável.

CLASSE VI

A — *Características* — inferiores às da Classe V.

B — *Observações* — São esgotos a céu aberto.

Êsses padrões não se aplicam às águas que, em conseqüência de causas naturais, apresentem características de excepção às enunciadas.

Nas águas naturais que por sua localização possam ser utilizadas para a prática da natação e de banho, o N. M. P. não poderá ultrapassar 1000 coliformes por 100 mililitros, média mensal em um mínimo de 5 amostras colhidas em dias diferentes.

O Capítulo II do Decreto n.° 24806 n.° 25-7-1955 cuida do tratamento dos resíduos.

Para a construção e ampliação de estabelecimentos industriais é obrigatória a aprovação prévia pelas autoridades sanitárias locais dos planos e projetos que incluam:

a) estimativas de consumo de água, do volume dos despejos líquidos, do número total de empregados e das quantidades de matérias primas a serem utilizadas;

b) o exame das condições locais no que diz respeito ao afastamento das águas residuárias, mostrando a necessidade ou não do tratamento;

c) o sistema adotado para o seu tratamento, sempre que necessário, e com a devida justificação.

Os projetos das instalações de tratamento de esgotos e resíduos industriais deverão ser aprovados pelo Departamento de Obras Sanitárias, exceção feita para as instalações localizadas no Município da Capital, cujo exame e aprovação competem ao Departamento de Águas e Esgotos.

As autoridades municipais não deverão permitir o início da construção de qualquer estabelecimento industrial ou rêde de esgotos sanitários antes da aprovação dos planos e projetos pelas autoridades sanitárias.

O Capítulo III do Decreto citado trata da fiscalização da poluição das águas do Estado e especifica as várias repartições que deverão exercer atividades fiscalizadoras; o Capítulo IV se refere às penalidades, às pessoas físicas e jurídicas infratoras; o Capítulo V contém artigos que definem a competência do Conselho Estadual de Contrôle da Poluição das Águas; finalmente os Capítulos VI e VII contêm várias disposições gerais e transitórias relativas ao contrôle da poluição das águas no Estado de São Paulo.

12.6.0. — BIBLIOGRAFIA

LINSLEY and FRANZINI — *"Elements of Hydraulic Engineering"* — McGraw-Hill Book Co., New York, 1955.

Divisão de Águas — Departamento Nacional da Produção Mineral — Ministério da Agricultura — *"Código de Águas e Leis Subseqüentes"* — Rio de Janeiro, 1951.

D.A.E. — Revista do Departamento de Águas e Esgôtos de São Paulo — Ano 16 — n.º 26 — Setembro de 1955.

13.0.0. — ALGUNS ASPECTOS ECONÔMICOS RELATIVOS AO USO DA ÁGUA

13.1.0. — GENERALIDADES

A solução de um problema de Engenharia Hidráulica e Sanitária implica sempre numa série de opções ou escolhas entre várias alternativas fìsicamente possíveis. Nos casos mais complexos, o engenheiro, via de regra, se encontra mesmo face a um conjunto de alternativas, cada uma das quais envolve opções parciais e, nesse particular, o problema do abastecimento de água é dos mais sugestivos. Qual o projetista dessa especialidade que já não tenha sentido a responsabilidade de uma decisão certa, frente ao conjunto de alternativas da captação, adução, reservação, tratamento e distribuição, cada uma das quais envolve uma série de opções parciais? A solução do problema é na realidade a combinação mais favorável das várias alternativas: Deve-se observar ainda que as grandezas que entram em jôgo são heterogêneas: tubulações, kilowatt-horas, equipamentos, mãos de obra especializada e comum, redução dos riscos devidos a paralizações do abastecimento, etc. Daí a necessidade de se procurar um denominador comum através de têrmos pecuniários, de modo a tornar comparáveis grandezas tão diferentes. Só assim torna-se possível o seu cotejo e as respostas a perguntas do tipo:

É o empreendimento econômicamente justificável?
É a obra absolutamente necessária?
Deve ser o melhoramento feito agora?
Com que recursos deve ser executado?
Quem o pagará?
De que modo deve ser feito o retôrno do dinheiro investido?

Para ressaltar a importância da escolha racional entre as várias alternativas de um projeto de Engenharia Hidráulica cabe bem aqui a seguinte citação do Relatório do Presidente da Comissão de Recursos Hídricos dos Estados Unidos ("A Water Policy for the American People", 1950): "Uma vez concluídas, as grandes estruturas hidráulicas não podem ser modificadas ou só o são com enormes dificuldades. Existem apenas poucos locais apropriados para barragens, e uma vez que sejam utilizados, as possibilidades de um empreendimento econômico de finalidades múltiplas são limitadíssimas. Desde que se execute um plano de irrigação êle não pode ser alterado pelo fato de se ter descoberto fatôres desfavoráveis quanto ao solo e quanto ao clima. Há uma grave responsabilidade na execução de um plano de aproveitamento de uma bacia e convém que se tenha a segurança de estar certo antes de prosseguir".

13.2.0. — FASES DE UM ESTUDO ECONÔMICO

A) Cada alternativa que pareça promissora deve ser *identificada* e claramente definida em têrmos físicos;

B) Para cada uma das alternativas definidas em têrmos físicos deve ser feita uma *"estimativa de custo"*, escalonando-se no tempo os investimentos a serem feitos e o retôrno do capital empatado (isso exige o conhecimento da vida provável das estruturas hidráulicas e a escolha do período de tempo para o qual o estudo econômico deve ser feito);

C) *Comparação* das estimativas econômicas, tornadas comensuráveis através de conversões apropriadas que se baseiam na matemática financeira (anuidades, amortizações, taxas de juros, custos anuais de manutenção e operação, etc.);

D) *Escolha* de uma das alternativas tendo em vista os aspectos econômicos e, às vêzes, outras causas intangíveis, que embora não redutíveis a têrmos monetários, podem ser de importância decisiva.

Um exemplo simples esclarece bem as fases de uma análise econômica. Suponhamos que os estudos para a implantação de um aqueduto tenham possibilitado a *identificação* (Fase A) de duas alternativas:

Alternativa I — Tunel aberto em rocha

Alternativa II — Canal revestido, seguido de uma calha metálica.

Admitem-se desprezíveis os valores monetários residuais das duas alternativas, as quais são também supostas produzir rendas idênticas.

Fase B — *Estimativa de Custo*:

Alternativa I — Vida provável: 100 anos
Custo estimado NCr$ 50.000
Custo anual de manutenção: NCr$ 600

Alternativa II — Vida provável do canal: 100 anos
Vida provável do revestimento do canal: 20 anos
Vida provável da calha de aço: 50 anos
Custo estimado canal: NCr$ 18.000
Custo revestimento canal: NCr$ 7.500
Custo da calha de aço: NCr$ 13.500
Custo anual de manutenção de alternativa II:

NCr$ 1.500

Fase C — *Comparação:*

Taxa de juros: 12% ao ano.

Alternativa I

Anuidade de juros e amortização (em NCr$ 1.000)

$$a = C \frac{r(1+r)^t}{(1+r)^t - 1}, \text{ p.}^{\text{a}} t = 100,\ r = 0{,}12,\ a = 0{,}120 \times 50{,}00 = 6{,}00$$

Custo anual de manutenção =	0,60
Custo total anual (em NCr$ 1.000)	6,60

Alternativa II

Anuidades de juros e amortização:

Canal (t = 100, r = 0,12)	$a_1 = 0{,}120 \times 18{,}00 = 2{,}16$
Revestimento do canal (t = 20, r = 0,12)	$a_2 = 0{,}1229 \times 7{,}50 = 1{,}00$
Calha metálica (t = 50, r = 0,12)	$a_3 = 0{,}1209 \times 13{,}50 = 1{,}63$
Custo anual de manutenção:	1,50
Custo total anual (em NCr$ 1.000)	6,29

Nos países de escassez de capitais, como o nosso, é também de grande interêsse o cotejo tendo em vista o investimento inicial.

No caso: (em NCr$ 1.000)

Alternativa II — 18,0 + 7,5 + 13,5 = 39,0

Alternativa I — = 50,0

Fase D — *Escolha*

Se não houver causas intangíveis de importância decisiva, a escolha recai na alternativa II que tem a dupla vantagem de exigir menor investimento inicial e de corresponder a um custo total anual mais baixo.

Para facilitar o estudo econômico das estruturas hidráulicas é apresentada a seguir uma tabela de valores das anuidades de juros e amortizações pagáveis no fim de cada ano para um empréstimo de 1 cruzeiro novo, calculados pela fórmula

$$a = C \frac{r\,(1 + r)^t}{(1 + r)^t - 1}$$

na qual: a = anuidade, C = montante do empréstimo, r = taxa percentual de juros, t = tempo em anos.

A tabela apresenta valôres de a para as taxas de juros de 6% a 24% e para tempo de 5 a 100 anos.

TABELA DE VALORES DAS ANUIDADES DE JUROS E AMORTIZAÇÃO PAGÁVEIS NO FIM DE CADA ANO PARA UM EMPRÉSTIMO DE NCr$ 1.

TEMPO	TAXA DE JUROS									
EM ANOS	6%	7%	8%	9%	10%	11%	12%	13%	14%	15%
5	0,23740	0,24389	0,25046	0 25709	0,26384	0,27058	0,27740	0,28384	0,29081	0,29680
10	0,13587	0,14238	0,14903	0,15582	0,16275	0,16981	0,17698	0,18429	0,19168	0,19924
15	0,10296	0,10979	0,11683	0,12406	0,13147	0,13904	0,14682	0,15473	0,16229	0,17101
20	0,08718	0,09439	0,10185	0,10955	0,11746	0,12558	0,13388	0,14235	0,15098	0,15975
30	0,07265	0,08059	0,08883	0,09734	0,10608	0,11503	0,12415	0,13341	0,14280	0,15230
40	0,06646	0,07501	0,08386	0,09296	0,10226	0,11172	0,12130	0,13098	0,14080	0,15056
50	0,06344	0,07246	0,08174	0,09122	0,10087	0,11060	0,12092	0,13052	0,14020	0,15013
60	0,06187	0,07123	0,08079	0,09051	0,10032	0,11021	0,12013	0,13008	0,14005	0,15003
70	0,06103	0,07061	0,08037	0,09022	0,10013	0,11007	0,12004	0,13003	0,14001	0,15001
80	0,06057	0,07031	0,08017	0,09009	0,10005	0,11003	0,12002	0,13002	0,14001	0,15001
90	0,06032	0,07015	0,08008	0,09004	0,10003	0,11002	0,12001	0,13001	0,14000	0,15000
100	0,06018	0,07008	0,08004	0,09002	0,10001	0,11000	0,12000	0,13000	0,14000	0,15000

TEMPO	TAXA DE JUROS								
EM ANOS	16%	17%	18%	19%	20%	21%	22%	23%	24%
5	0,29831	0,31258	0,31970	0,32698	0,33440	0,34171	0,34923	0,35669	0,36418
10	0,20688	0,21465	0,22250	0,23046	0,23852	0,24669	0,25489	0,26319	0,27159
15	0,17935	0,18781	0,19640	0,20510	0,21388	0,22270	0,23174	0,24079	0,24991
20	0,16866	0,17769	0,18681	0,19604	0,20535	0,21475	0,22420	0,23372	0,24329
30	0,16188	0,17150	0,18126	0,19103	0,20084	0,21069	0,22056	0,23046	0,24037
40	0,16042	0,17031	0,18024	0,19018	0,20013	0,21010	0,22007	0,23005	0,24004
50	0,16009	0,17005	0,18004	0,19003	0,20002	0,21001	0,22001	0,23000	0,24000
60	0,16002	0,17001	0,18000	0,19000	0,20000	0,21000	0,22000	0,23000	0,24000
70	0,16000	0,17000	0,18000	0,19000	0,20000	0,21000	0,22000	0,23000	0,24000
80	0,16000	0,17000	0,18000	0,19000	0,20000	0,21000	0,22000	0,23000	0,24000
90	0,16000	0,17000	0,18000	0,19000	0,20000	0,21000	0,22000	0,23000	0,24000
100	0,16000	0,17000	0, 8000	0,19000	0,20000	0,21000	0,22000	0,23000	0,24000

O exame da tabela permite observar a enorme importância da taxa de juros num estudo econômico. Em países francamente desenvolvidos, em períodos não inflacionários, pode-se mesmo fazer, caso por caso, a escolha de uma taxa de juros adequada às peculiaridades do problema.

Não é essa contudo a atual conjuntura brasileira, onde a taxa de juros é fixada em função de circunstâncias alheias à análise econômica pròpriamente dita.

13.3.0. — VIDA PROVÁVEL DAS ESTRUTURAS HIDRÁULICAS

A análise exemplificativa que vem de ser feita ressalta a influência da vida provável das estruturas hidráulicas num estudo econômico. Nos países desenvolvidos, meticulosos estudos permitem ao projetista ter idéia precisa da vida provável de milhares de bens móveis e imóveis. A Tabela seguinte foi adaptada de uma publicação do Departamento de Rendas Internas do Govêrno dos Estados Unidos (Bull. F. 1942 do US Internal Revenue Department).

Estrutura	*Vida provável (anos)*
1) Bacias de decantação	50
2) Barragens	
a) de terra, de concreto, de alvenaria	150
b) de pedra sôlta	60
c) com estruturas metálicas	40
3) Bombas	de 15 a 25
4) Calhas	
a) de concreto	75
b) de aço	50
c) de madeira	25
5) Canais	75
6) Condutos forçados de inst. hidroelétricas	50
7) Encanamentos	
a) de ferro fundido	de 50 a 75
b) de concreto	de 20 a 30
c) de aço	de 30 a 50
8) Filtros (constr. civil)	50
9) Geradores	de 15 a 25
10) Hidrantes	50
11) Poços	de 40 a 50
12) Reservatórios	75
13) Tuneis	100
14) Turbinas	35

É também prática difundida nos Estados Unidos adotar nos estudos preliminares para o aproveitamento múltiplo de uma bacia como vida média provável do conjunto das estruturas hidráulicas um prazo de 50 anos.

Deve-se observar que numa comparação de custo anual, via de regra, uma grande diferença na vida média provável tem influência muito menor que a devida a uma discreta diferença na taxa de juros.

13.4.0. — RELAÇÃO ENTRE A FREQÜÊNCIA PROVÁVEL DE EVENTOS EXTREMOS E O PROJETO ECONÔMICO DE CERTAS ESTRUTURAS HIDRÁULICAS.

Muitos problemas da Engenharia Hidráulica estão relacionados à ocorrencia de certos eventos extremos, como por exemplo as cheias periódicas de um curso d'água. No momento em que o projeto está sendo elaborado os períodos e os valôres dos eventos extremos só podem ser previstos no sentido probabilístico. Nunca é demais insistir que um dos principais objetivos dos estudos hidrológicos é exatamente o de predizer a intensidade e a freqüência dêsses valôres extermos.

Claro é que o objetivo econômico a atingir é tornar mínima a soma do custo anual total do sistema (anuidades + custo da manutenção + custos de operação, etc.) e do custo médio anual dos danos ocasionados pelos eventos extremos.

Por exemplo, os extravasores de barragens são freqüentemente dimensionados para atender a eventos extermos cuja freqüência de ocorrência ultrapassa a própria vida provável da estrutura.

Nesse caso, os custos relativos aos prejuízos ocasionados pela ocorrência dos eventos extremos não podem ser expressos como custos dos danos médios anuais durante a vida da estrutura mas sim em têrmos do custo anual do risco do dano, o qual é o produto da probabilidade que o evento ocorra em um ano qualquer pelo custo estimado dos danos se o evento efetivamente ocorresse.

13.5.0. — CONTRASTE ENTRE OS ESTUDOS ECONÔMICOS PARA OS EMPREENDIMENTOS PRIVADOS E PARA AS OBRAS PÚBLICAS.

Nos empreendimentos privados o estudo econômico costuma ser orientado no sentido de ocasionar o "cash-flow" ótimo; nas obras públicas há a necessidade de uma avaliação formal dos benefícios públicos.

Nem sempre essa avaliação pode se processar com facilidade, de vez que surgem causas intangíveis sujeitas a controvérsias veementes que tornam a análise extremamente complexa.

A título informativo a legislação específica norte-americana (Food Control Act de 1936) determina a participação do poder público "if the benefits to whomsorver they may accrue are in excess of the estimated costs, and if the lives and social security of people are otherwise adversely affected".

13.6.0. — EXEMPLO DE ANÁLISE ECONÔMICA DOS BENEFÍCIOS E CUSTOS DE UMA OBRA PÚBLICA.

Em uma certa bacia hidrográfica os prejuízos anuais médios ocasionados por enchentes são avaliados em NCr$110.000. Foram feitas estimativas de custo de várias alternativas de obras de proteção a enchentes. Existem dois locais possíveis para a construção de barragem e reservatório de acumulação A e B. Como o local da barragem A cai na área do reservatório B, uma das duas pode ser feita, mas não as duas simultâneamente. Cada barragem e seu respectivo reservatório pode ser feita isoladamente ou pode ser combinada com melhoramentos no rio. Também é possível fazer apenas melhoramentos no rio.

Vida média provável dos melhoramentos no rio: 20 anos
Vida média provável da barragem e reservatório: 100 anos
Taxa de juros 12%

O Quadro seguinte indica os custos de cada alternativa e os elementos envolvidos na análise econômica. Os números exprimem NCr$ 1.000.

O Quadro mostra que a soma é mínima para a alternativa II — Melhoramentos no leito do rio. Outro modo freqüente de analisar tais projetos de implantação de obras públicas é através da chamada "razão benefício/custo". No caso em exame, os benefícios seriam representados pelas reduções anuais estimadas nos prejuízos devidos às enchentes e os custos coincidiriam com os encargos anuais de anuidades acrescidos das despesas anuais de operação e manutenção.

Alternativa	Inversão	Prejuizo médio anual devido à enchentes	Anuidades	Operação e Manutenção anuais	Custo Total Anual
I) Ausência de obras de contrôle de enchentes	0	110,0	0	0	110,0
II) Melhoramentos no leito do rio	250,0	37,5	33,5	15,0	86,0
III) Barragem e reservatório em A ...	450,0	28,5	54,0	9,0	91,5
IV) Barragem e reservatório em B ...	600,0	20,0	72,0	12,0	104,0
V) Barragem em A + Melhoramentos no leito do rio	525,0	15,0	64,0	24,0	103,0
VI) Barragem em B + Melhoramentos no leito do rio	675,0	9,0	82,0	27,0	118,0

Pode-se organizar o seguinte Quadro para a análise da razão benefício/custo:

Alternativa	Benefícios Anuais	Custos Anuais	Razão Benefício/Custo
I	—	—	—
II	72,5	48,5	1,49
III	81,0	63,0	1,29
IV	90,0	84,0	1,07
V	95,0	88,0	1,08
VI	101,0	109,0	0,93

Nem sempre razões benefício/custo fornecem indicações suficientes para a escolha econômica entre as várias alternativas. Com freqüência são computados benefícios adicionais ocasionados por cada um dos incrementos de custos e são determinadas as razões dos incrementos dos benefícios para os incrementos de custos. Isso equivale a dizer que os custos extras só se justificam quando são excedidos pelos benefícios adicionais. O Quadro abaixo resume essa pesquisa suplementar.

Alternativa	Benefícios Anuais	Diferença de Benefícios	Custos Anuais	Diferença de Custos	Razões Dif. Benefícios/ Dif. Custos
II	72,5		48,5		
III	81,5	9,0	63,0	15,5	0,58
IV	90,0	8,5	84,0	21,0	0,41
V	95,0	5,0	88,0	4,0	1,25
VI	101,0	6,0	109,0	21,0	0,29

Êsse Quadro faz realçar ainda mais a vantagem econômica da Alternativa II.

Finalmente o gráfico seguinte sintetiza as observações que vem de ser feitas.

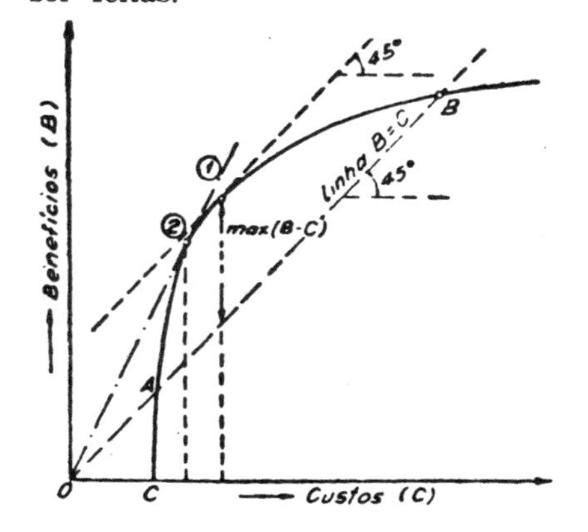

São pontos notáveis no diagrama:

ponto (1) — ponto de tangência de uma paralela à reta B = C; êste é o ponto para o qual B - C é máximo;

ponto (2) — ponto de tangência de uma reta passando pela origem; êste é o ponto para o qual a razão $\frac{B}{C}$ é máxima.

A abscissa à origem OC mostra que abaixo de um certo custo mínimo não há benefícios.

Ao longo da curva CAB, o trecho AB representa a região onde os benefícios excedem os custos.

O intervalo (1) (2) seria o correspondente aos melhores rendimentos econômicos.

13.7.0. — ANÁLISE ECONÔMICA DO APROVEITAMENTO DE RECURSOS HÍDRICOS PARA FINALIDADES MÚLTIPLAS

Um dos mais adequados campos de aplicação do exame econômico que acaba de ser indicado é o relativo ao aproveitamento de recursos hídricos para finalidades múltiplas. Nos últimos trinta anos vem se avolumando consideràvelmente a tendência para o planejamento integral dos recursos de uma bacia de modo a atender as mais variadas finalidades. Como a conservação e utilização dos recursos hidráulicos está intimamente relacionada à conservação e à utilização de todos os recursos naturais de uma região, dado que o aproveitamento dos recursos hídricos possibilita um vigoroso avanço no desenvolvimento econômico, o problema se enquadra, via de regra, num planejamento regional que se reflete sôbre a própria economia nacional. Principalmente nos países subdesenvolvidos ou em rápido desenvolvimento como o Brasil, o aproveitamento de recursos hídricos para finalidades múltiplas, além de importante é de extrema urgência, pois ao passo que alguns recursos básicos, como os minerais, podem ser preservados nos seus depósitos naturais constituindo riqueza potencial para as gerações futuras, as águas correntes não utilizadas estão perdidas como fonte de riqueza.

As bacias hidrográficas constituem as subdivisões naturais dos recursos hídricos; entretanto nem sempre elas se encontram totalmente dentro de um Estado ou de um país, e lamentàvelmente impecilhos políticos, constitucionais e legais podem interferir em seu aproveitamento.

O ideal, que deveria constituir um verdadeiro "slogan" na Engenharia Hidráulica, é que se pudesse ter *"Uma bacia, um plano"*, de maneira que os recursos de um rio não apenas fôssem encarados em conjunto como também desenvolvidos "dentro da mesma unidade com que a Natureza encara suas riquezas, suas águas, a terra e as matas reunidas numa trama inteiriça" na feliz expressão do historiador norte-americano Maitland.

Para mostrar a importância decisiva do estudo econômico dos aproveitamentos para finalidades múltiplas nada melhor do que recorrer mais uma vez à experiência norte-americana, citando alguns princípios fundamentais formulados pela United States President's Water Resources Policy Commission em 1950.

1. Metas regionais e nacionais claramente definidas englobando os planos de aproveitamento dos recursos hidráulicos.

2. Planejamento de uma bacia hidráulica como um todo, e não como um mosaico de planos organizados por Departamentos distintos com finalidades separadas.

3. Processo simples para determinar se o dinheiro a ser investido em um programa de uma bacia hidráulica será bem gasto.

4. Sistema de tarifas, de taxas e de retribuições que tratem equitativamente todos os que recebem benefícios com o investimento a ser feito.

5. Inserção do programa financeiro das emprêsas de aproveitamento hidráulico no programa ou plano da bacia. Caracterização do esquema anual de investimento como um efetivo de estabilidade econômica.

6. Conhecimentos apropriados por parte dos planejadores e dados capazes de assegurar bons planos.

7. Aplicação de sadios princípios conservacionistas do solo e exato conhecimento da hidrologia das águas subterrâneas em suas relações com as águas correntes.

8. Utilização racional dos recursos hidráulicos visando fundamentalmente o desenvolvimento econômico.

O simples enunciado dêsses princípios mostra à saciedade a predominância dos aspectos econômicos e sociais dos aproveitamentos para finalidades múltiplas.

Os mais grandiosos planos de aproveitamento de recursos hídricos para finalidades múltiplas são o do TVA norte-americano e o de fertilização das estepes da Rússia Meridional Européia.

A Tennessee Valley Authority foi criada pelo Presidente Roosevelt em 1933 com o objetivo de aproveitar para finalidades múltiplas o rio Tennessee, caudal de grande descarga alimentado pela maior precipitação pluviométrica da parte oriental dos Estados Unidos. O Tennessee junta-se ao Ohio e desagua no Rio Mississippi. A região abrangida pelo plano é de área equivalente a do Estado de São Paulo, com população da ordem de oito milhões de habitantes.

O plano soviético de fertilização das estepes do Sul da Rússia Européia abrange uma área cêrca de quatro vêzes a do Estado de São Paulo e deve realizar entre outros os seguintes objetivos:

a) aproveitamento hidráulico pròpriamente dito, com a construção de 44.000 reservatórios de acumulação;

b) reflorestamento de cêrca de 6 milhões de Ha;

c) formação de pastagens numa área aproximada de 14 milhões de Ha.

Dada a importância do assunto, permitimo-nos indicar um Quadro dos elementos de um plano de aproveitamento de recursos hidráulicos para finalidades múltiplas, o qual foi adatado de um anexo do Relatório do Presidente da Comissão de Política dos Recursos Hidráulicos dos Estados Unidos de 1950.

N.º	Elemento	Finalidade	Tipos de obras e medidas
1	Contrôle de enchentes	Prevenção ou redução de prejuízos devidos às enchentes, proteção do desenvolvimento econômico; reservação, regulação de vazão, recarregamento do lençol subterrâneo, suprimento de água, produção de energia, proteção à vida.	Barragens, reservatórios de acumulação, endicamentos, melhoria do álveo, condutos, estações de bombeamento, zoneamento de regiões sujeitas a alagamentos, previsão de enchentes.
2	Irrigação	Produção Agrícola	Barragens, reservatórios, poços, canais, bombas e estações elevatórias, contrôle de ervas daninhas, obras de dessalgamento, sistemas de distribuição, drenagem, terraceamento.
3	Aproveitamento Hidroelétrico	Provisão de energia para desenvolvimento econômico, elevação do padrão de vida.	Barragens, reservatórios, condutos forçados, casas de fôrça, linhas de transmissão.

N.º	Elemento	Finalidade	Tipos de obras e medidas
4	Navegação	Transporte de bens e passageiros	Barragens, reservatórios, canais, atracadouros, melhoria em canais abertos, obras portuárias.
5	Suprimento de água para finalidade doméstica ou industrial	Provisão de água para uso doméstico, industrial, comercial e municipal.	Barragens, reservatórios, poços, condutos, estações de bombeamento, estações de tratamento, sistemas de distribuição.
6	Conservação do solo	Conservação e melhoria do solo, combate à erosão, desenvolvimento e melhoria de florestas e pastagens, proteção das fontes de suprimento de água.	Práticas conservacionistas, métodos Agrícolas racionais, contrôle de enxurradas, açudes.
7	Uso recreacional da água	Melhoria do bem estar e aprimoramento da saúde do povo.	Reservatórios, oportunidades para uso recreacional, obras de contrôle da poluição, proteção de regiões panorâmicas.
8	Conservação da vida aquática	Melhoria do habitat de peixes e outros animais aquáticos; diminuição ou prevenção da perda de peixes ocasionada por obras hidráulicas, provisão para expansão da indústria e do esporte de pesca.	Refúgio de animais aquáticos e de peixes, escadas de peixes, grades, reservação, regulação de vazões, repovoamento de correntes e de reservatórios com peixes, contrôle de poluição, conservação do solo.

N.º	Elemento	Finalidade	Tipos de obras e medidas
9	Contrôle da poluição	Proteção ou melhoramento dos suprimentos de água destinados a usos doméstico, industrial e agrícola; proteção da vida aquática e melhoramento das condições recreacionais.	Estações de Tratamento, reservatórios de regularização de vazões, sistemas de esgotos, medidas legais de contrôle.
10	Contrôle de insetos	Saúde Pública, Proteção de condições recreacionais, proteção de florestas e de colheitas.	Projeto e operação apropriados de reservatórios e obras associadas, drenagem e medidas de extermínio.
11	Drenagem	Produção agrícola, desenvolvimento urbano, proteção da Saúde Pública.	Valas, linhas de drenos, endicamentos, estações de bombeamento, tratamento do solo.
12	Contrôle de Sedimentos	Redução da carga de sedimentos nas correntes; proteção dos reservatórios.	Conservação do solo, práticas de reflorestamento, construções rodo e ferroviárias adequadas, separação de areia, obras de revestimento e melhoria em canais.
13	Contrôle de Salinidade	Contrôle de contaminação de terrenos agrícolas por água salgada; idem de suprimentos de água industrial e municipal.	Reservatórios de regularização de vazões, barreiras, recarregamento do lençol subterrâneo, obras de Hidráulica Marítima.
14	Precipitação Artificial	Contrôle e regularização de precipitações.	Equipamento portátil de concentração da humidade das nuvens.

A análise econômica do aproveitamento de recursos hídricos para finalidades múltiplas é feita geralmente através da razão benefício/custo, servindo o exemplo apresentado no item 13.6.0 como elemento elucidativo.

Òbviamente, num aproveitamento para finalidades múltiplas, o exame econômico é bem mais complexo, intervindo fatôres relacionados aos processos orçamentários, à disposição dos custos entre as várias partes componentes do sistema e ao regime de taxas e tarifas.

Uma técnica especial está sendo desenvolvida para essa análise principalmente nos Estados Unidos.

13.8.0. — BIBLIOGRAFIA

LINSLEY and FRANZINI — "*Elements of Hydraulic Engineering*", *McGraw-Hill* Book Co., New York, 1955.

ECKSTEIN, OTTO — "*Water Resource Development*", Harvard University Press, Cambrige, 1958.

UNITED NATIONS — Economic Commission For Asia and far East — "*Multiple purpose River Basin Development*" — Part 1 — Manual of River Basin Planning — New York, 1955.

LILIENTHAL, DAVID E. — "TVA — *A Democracia em Marcha*" — Tradução de Octávio Alves Velho — Editôra Civilização Brasileira, Rio de Janeiro, 1956.

REPORT OF THE PRESIDENT'S WATER RESOURCES POLICY COMMISSION, 1950 — "*A Water Policy for the American People*" — US Government Printing Office, Washington DC.

FEDERAL INTERAGENCY RIVER BASIN COMMITTEE, SUB-COMMITTEE ON BENEFITS AND COSTS — "*Proposed Practices for Economic Analysis of River Basin Projects*", Washington, 1950.